全国电力行业"十四五"规划教材

浙江省普通高校"十三五"新形态教材

中国电力教育协会
高校电气类专业精品教材

U0642961

第三版
电工电子技术

主　编　瞿晓

副主编　刘西琳　郑玉珍　蔡伟建

编　写　孙月兰　孙丽慧　葛丁飞

　　　　施　祥　蔡炯炯

主　审　李　青

中国电力出版社
CHINA ELECTRIC POWER PRESS

内 容 提 要

本书为全国电力行业"十四五"规划教材。本书基于 OBE 理念的学生培养方案,根据工程教育认证的要求编写,共分为十二章, 主要内容包括电路的基本概念与基本定律, 电路定理及分析方法,单相及三相交流电路,电路的暂态过程分析,变压器和电动机,继电接触控制系统,半导体二极管、半导体三极管,基本放大电路,集成运算放大器,数字电子电路,配电与安全用电,电气测量技术。

本书采用线上与线下相结合的新形态数字教材模式。为方便教师同仁配套了教学导学案例、课程思政案例、多媒体课件、综合测试卷等,为方便学生,配套了授课视频、延伸阅读、课后答案、在线自测等,均可扫描书中二维码观看或练习。

本书可作为高等院校自动化、机械设计制造及其自动化、材料成型及控制工程、工业工程、车辆工程、给水排水工程等非电类专业电工电子技术课程的本科教材,也可作为高职高专院校教材和函授教材,同时可作为工程技术人员的参考用书。

图书在版编目(CIP)数据

电工电子技术 / 瞿晓主编 . —3 版 . —北京:中国电力出版社,2020.10(2024.12 重印)
"十四五"普通高等教育本科规划教材
ISBN 978-7-5198-4844-6

Ⅰ . ①电… Ⅱ . ①瞿… Ⅲ . ①电工技术—高等学校—教材②电子技术—高等学校—教材
Ⅳ . ① TM ② TN

中国版本图书馆 CIP 数据核字(2020)第 150014 号

出版发行:中国电力出版社
地　　址:北京市东城区北京站西街 19 号(邮政编码 100005)
网　　址:http://www.cepp.sgcc.com.cn
责任编辑:雷　锦
责任校对:黄　蓓　郝军燕　李　楠
装帧设计:赵姗姗
责任印制:吴　迪

印　　刷:三河市航远印刷有限公司
版　　次:2010 年 1 月第一版　2020 年 10 月第三版
印　　次:2024 年 12 月北京第十六次印刷
开　　本:787 毫米 ×1092 毫米　16 开本
印　　张:19.25
字　　数:467 千字
定　　价:59.00 元

前 言

视 频
电工电子技术
课程导学

为了应对新一轮的工业革命和产业升级，提升我国工科的教育水平势在必行。为深化工程教育改革，推进新工科的建设与发展，教育部发布了《关于开展新工科研究与实践的通知》进一步促进我国高等院校的工科课程改革。我们紧密关注当前新工科发展的趋势与现状，制定基于 OBE 理念的学生培养方案以及符合专业认证要求的课程教学目标，坚持"强调基础，侧重应用"的编写原则，参考浙江省新形态教材的编写要求，进行了第三版的改版修订工作。

本次第三版修订突出了如下特点。

（1）利用互联网信息技术开展线上与线下结合的新形态教学、教材出版模式。本教材第二版配有正式出版的多媒体课件，并且在浙江省高等学校在线开放课程共享平台（http：//www.zjooc.cn）上建设了配套的在线开发课程，各主要知识点都录制了微课视频，设置了配套作业、试题、工程应用案例等辅助学习资料。在第三版中，我们利用移动互联网技术，在教材中各个主要知识点处以嵌入二维码的纸质教材为载体，链接视频、音频、习题、试卷、延伸阅读、课程思政案例等线上数字资源，将教材、课堂、教学资源相融合，实现线上线下相结合的教材出版模式。

（2）根据工程认证的要求进一步调整课程教学的大纲和课程的知识点体系。对本教材第十一章、第十二章选学部分进行了精简，将节约用电和常用仪器仪表的介绍部分移到线上数字资源中展现。

（3）进一步调整完善课后习题和线上习题库。教材课后习题仍以分析计算题为主，另把基本概念和简单计算题编写成客观题放到线上，实现自动批阅和纠错。

（4）增加教学案例、授课视频和微课视频等课外学习资料，增加了工业现场视频、课程思政案例、动画等素材资源，辅助教师线下结合工程案例开展研讨式教学。

第三版是在全体编写人员的共同努力下完成的，在修订的过程中，还得到使用教材的相关院校老师提供的宝贵意见。在此，对主审及关心、帮助本书出版的同志和单位表示真挚的谢意。在本书的编写过程中参考和引用了许多业内同仁的优秀成果，在此对参考文献的原作者表示衷心的感谢！

由于编者学识水平有限，书中一定存在疏漏和不足之处，欢迎读者批评指正。意见请寄浙江省杭州市留和路 318 号浙江科技学院电气学院瞿晓（邮编为 310023），也可发送电子邮件至 quxiao@zust.edu.cn。

编者
于浙江科技学院

第一版前言

随着科学技术的发展，人们在生活、学习和生产实践中，对电工电子技术知识的需求日益增强。近年来，电子信息技术的迅速发展，使电工电子技术在各个领域也得到越来越广泛的应用。为了适应社会需求和教学改革的需要，许多高校，特别是应用型本科院校的各类非电类专业，如机械设计制造及其自动化、材料成型及控制工程、工业工程、车辆工程、给水排水工程、化学工程与工艺、食品科学与工程、制药工程、包装工程、轻化工程、印刷工程等都将电工电子技术作为一门重要的专业基础课程安排在课程教学体系中。其主要任务是为学生学习专业知识和从事工程技术工作打好电工电子技术的初步理论基础，并使他们受到必要的相关基本技能的训练。

为贯彻落实教育部《关于进一步加强高等学校本科教学工作的若干意见》和《教育部关于以就业为导向深化高等职业教育改革的若干意见》的精神，以教育部颁布的高等学校工科本科基础课程"电工学"教学基本要求作为依据，结合应用型本科院校的特色和适应高校扩招后教学改革实践的需要，将电工和电子技术进一步融会贯通，以适应学生将来进入社会后适应性强的需要，编写了本书。本书适用于应用型本科院校的非电类不同专业的"电工及电子技术""电工学""电路及电子技术""电工电子学"和"应用电子学"等课程的教学需要。

本书中对电工电子学的基本理论、基本定律、基本概念及基本分析方法进行了比较全面的阐述，并通过实例来说明理论在工程实践方面的应用，以加深学生对基础知识的掌握和理解。本书还介绍了电工电子技术的现状及发展，反映了现代科学技术发展的新成就。

在本书编写过程中，我们紧密关注当前学科发展的现状、市场需求导向及应用型本科院校非电类专业学生的特点，以"强调基础，侧重应用"为编写原则，编写出适合应用型本科院校非电类专业学生使用的"电工电子技术"教材。通过本课程的学习，使学生了解和掌握直流电路、交流电路及各种电气工作的基本原理，以及模拟电路和数字电路的基础理论，并在此基础上了解和掌握各种常见电路和常用电气知识在各种工业机械和装置中的应用，初步掌握电工电子技术的基础理论，并通过相应的实验培养学生的实验技能和动手能力，培养学生独立思考、分析解决实际问题的能力，为后续相关专业课和专业选修课打下一个良好的基础。因此在本书编写过程中着重强调了以下两点：

（1）强调基础性。本书编写的出发点是面向应用型本科院校的非电类专业的学生，所以强调基本电工电子方面知识的覆盖面，并适当降低知识点的深度和难度。

（2）强调应用性。非电类专业的学生重点要掌握的是各种电气设备的使用特性，而对其涉及的理论原理有一定程度的了解即可，所以本书在介绍原理的基础上对当前应用较为广泛的电工电子技术在工程实践方面的应用进行了重点介绍。

全书共分为十二章，第一、三章由蔡伟建编写，第二、四章由孙月兰编写，第五、十二章由瞿晓编写，第六、七、十一章由刘西琳编写，第八、九章由郑玉珍编写，第十章由孙丽慧编写，由瞿晓负责统稿。

本书由中国计量学院的李青教授审阅大纲和全稿，并提出了宝贵的意见和修改建议。在本书编写过程中，还得到浙江科技学院电气学院老师的关心和大力支持。在此，对主审及关心、帮助本书出版的同志和单位表示真挚的谢意。在本书的编写过程中参考和引用了许多业内同仁的优秀成果，在此对参考文献的作者表示衷心的感谢！

由于编者学识水平所限，书中一定存在疏漏和不足之处，欢迎读者批评指正。意见请寄浙江省杭州市留和路 318 号浙江科技学院自动化与电气工程学院（邮编：310023），瞿晓（收），也可发送电子邮件至 quxiao@zust.edu.cn。

编 者
于浙江科技学院

第二版前言

本书的第一版于 2009 年 12 月出版，前后进行了 5 次印刷。在第二版的编写过程中，我们持续关注当前学科发展的现状、市场需求导向及应用型本科院校"卓越工程师"培养目标的定位，继续坚持"强调基础，侧重应用"的原则，保留了基本概念和基础理论部分的内容，增加了更多工程实例以说明理论在实际中的应用，增加了目前应用非常广泛的可编程逻辑控制器的介绍，进一步加强学生对电工电子技术知识的掌握和理解。

与第一版相比较，第二版教材在内容上做了一些调整，具体如下：

（1）第一章增加了电路实例，增加了电路模型的概念，加强了学生对电路图的理解。

（2）第三章调整了部分例题，使其更接近工程实践。

（3）第五章删掉了变压器外特性。

（4）第六章增加了常用控制电器的实物图片，增加了目前应用非常广泛的可编程逻辑控制器的介绍，以扩展学生知识面，为相关后续课程打下基础。

（5）第八章增加了放大电路静态分析实例，加强了学生对这部分知识的掌握。

（6）对部分章节的习题进行了调整和重新编排，更利于与教学内容相衔接，但总的习题数量基本保持不变。

（7）同时还对第一版教材中存在的错误进行了修订。

第二版是在全体编写人员的共同努力下完成的，在修订过程中部分院校的任课老师也提出了宝贵的修改意见，在此向他们表示感谢。

教材虽经改版修订，但由于编者学识水平所限，书中一定还存在疏漏和不足之处，欢迎读者批评指正。意见请寄浙江省杭州市留和路 318 号浙江科技学院自动化与电气工程学院 瞿晓 （收）（邮编 310023），也可发送电子邮件至 quxiao@zust.edu.cn。

编者
于浙江科技学院

目 录

文本
选学内容

第一章 电路的基本概念与基本定律

本章主要介绍有关电路的基本概念与基本定律，这些基本概念和基本定律对直流电路和正弦交流电路的分析和理解起着重要的作用。

第一节 电路模型及组成

在现代工业、农业、国防建设、科学研究及日常生活中，广泛而又大量地使用着各种各样的电气设备或电气装置，这些设备或装置实际上是由各种各样的电器元件或部件组成，并按一定的方式连接起来，按照某种要求和规定进行工作。各种电器元件及其连接方式就构成了实际电路。

从理论分析的角度看，电路就是将各种电器元件或装置按一定的方式组合起来提供电流的通路。

实际电路种类繁多，但不管简单还是复杂，总可以将其从组成、功能等方面进行归类。从组成上讲，任何实际电路都由三部分组成。

（1）电源部分。它是提供电能或电信号的电器装置，作用是向电路中其他电器元件提供工作时所必需的电压、电流或功率。

（2）负载部分。它是消耗电能的电器装置，作用是将电源提供的电能转换成其他形式的能量。

（3）中间环节（连接部分）。它通常由金属导线组成，作用是将电源和负载连接起来使电路能正常工作。

例如常见的电灯电路如图 1-1 所示。

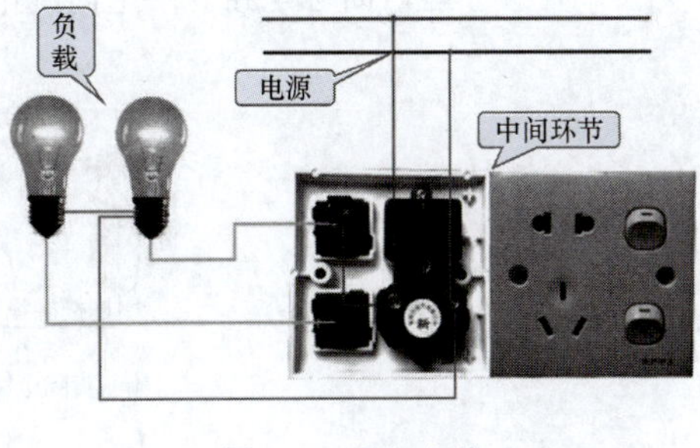

从功能上讲，实际电路主要体现在以下两个方面。

（1）能量的产生、传输与转换。以电力的产生、传输和分配为例，发电厂（水电站、火电厂、核电站等）首先利用各种电气装置将不同形式的能量转换成电能，然后利用输电线路将发电厂发出的电能传输到城市、乡村及所有需要用到电能的地方，在那里再将电能分配到各个工矿企业和千家万户，最终各个用户根据自己的需要将电能转换成机械能、光能、热能等其他形式的能量。

图 1-1 电灯电路

（2）信号的传递、变换与处理。以无线电通信为例，人们利用各种电子装置将声音、图像等转换成无线电信号，这个信号从能量上讲，远比电力系统小得多，无线电信号在大气层中传播，用户利用电子装置将接收到的无线电信号重新还原成声音、图像等，在这个过程中还可以对还原的信号进行适当的处理。

实际电气电子装置、设备和元件种类繁多、数量巨大，其工作时的物理过程也很复杂，不便于一一进行分析，但它们在电磁现象方面却又有着许多相同的地方。为了便于分析实际电路的主要特性和功能，必须对实际电气电子装置或元件进行科学抽象，找出其主要的电磁特性，忽略其次要的电磁特性，经过这种抽象后的电器元件称为**理想元件**，如同化学理论中的理想气体、力学理论中的理想刚体，都具有精确的数学定义。在一定的条件下，对由这些理想元件组成的理想电路进行分析计算，得到的结果与实际电路工作时的状况相同或非常接近，便可以对实际电路的工作状态进行理论上的预测。在电路理论中对实际电器装置或电路元件进行理论抽象后常用的理想元件主要有以下几种。

（1）**电阻元件**。凡是在实际电路中消耗电能的电器装置或元件都可抽象为电阻元件，用 R 表示。

（2）**电容元件**。凡是在实际电路中能储存电场能量的电器装置或元件都可抽象为电容元件，用 C 表示。

（3）**电感元件**。凡是在实际电路中能储存磁场能量的电器装置或元件都可抽象为电感元件，用 L 表示。

（4）**电源元件**。凡是在实际电路中能够提供电能的电器装置或元件都可抽象为电源元件，电源元件分为电压源和电流源，其参数分别用 u_s 和 i_s 表示。

上述四种元件的电气符号如图 1-2 所示。

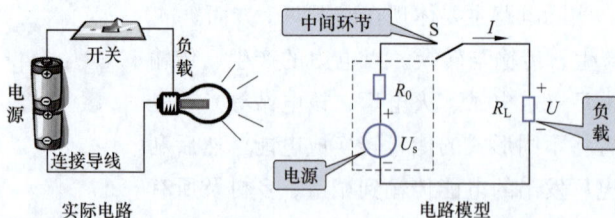

图 1-2　各种理想元件的电气符号

与实际电路相对应，由理想元件电气符号构成的电路图，称为实际电路的**电路模型**，简称**电路**。手电筒的电路如图 1-3 所示。

图 1-3　手电筒电路

第二节　电路物理量及电流和电压的参考方向

一、电路物理量

在电路理论中涉及的物理量主要有电流、电压、电荷、磁通、磁通链、功率和能量，其中电流、电压、功率和能量最为常用。

1. 电流

电流是电荷有规则的定向运动所形成的。规定正电荷流动的方向为电流的方向。电流的大小可用电流强度表示。电流强度为单位时间内通过导体横截面的电荷量，即

$$i(t) = \frac{\mathrm{d}q(t)}{\mathrm{d}t} \tag{1-1}$$

当电流强度与时间无关时，即为直流电流，用 I 表示。电流强度通常简称为电流，单位为 A（安培）。

2. 电压

电压定义为将单位正电荷从电路中一点移动到另一点时电场力所做的功，或表示为电路中任意两点之间的电位之差，即

$$u(t) = \frac{\mathrm{d}w(t)}{\mathrm{d}q(t)} \tag{1-2}$$

当电压与时间无关时，即为直流电压，用 U 表示。电压的单位是 V（伏特）。电压的极性规定为从高电位指向低电位。

3. 能量和功率

能量定义为在 t_0 到 t 的时间内，电场力将单位正电荷由 A 点移动到 B 点时所做的功，用 W 表示。根据电压的定义有

$$W = \int_{t_0}^{t} w(t)\,\mathrm{d}t = \int_{q(t_0)}^{q(t)} u(t)\,\mathrm{d}q(t) \tag{1-3}$$

将 $i(t) = \dfrac{\mathrm{d}q(t)}{\mathrm{d}t}$ 代入式（1-3）得

$$W = \int_{t_0}^{t} u(t)i(t)\,\mathrm{d}t \tag{1-4}$$

能量的单位为 J（焦耳）。

功率定义为单位时间内能量的变化率，即

$$p(t) = \frac{\mathrm{d}w(t)}{\mathrm{d}t} = u(t)i(t) \tag{1-5}$$

功率的单位为 W（瓦特）。

二、电压和电流的参考方向

在实际电路和理论分析中，电压和电流的方向有实际方向和参考方向。

1. 电流的参考方向（参考流向）

在电路分析计算中，对于简单电路，很容易判定电流的实际流动方向，但对复杂电路，很难直接判断电流的实际流向。因此，为列电路方程必须事先人为地假定电流的流向，称之为电流的参考方向。当通过对电路分析计算后得到的电流值为正值时，电流的参考方向就是电流的实际流向；当得到的电流值为负值时，电流的实际流向与参考方向相反。这样，在假定的电流参考方向下，计算得到的电流值的正或负就可以表明电流的实际流向。图 1-4（a）表示电流的实际流向与参考方向相同；图 1-4（b）

表示电流的实际流向与参考方向相反，其中实线表示电流的参考方向，而虚线表示电流的实际流向。电流的参考方向也可用 i_{ab} 表示，表示电流从 a 流向 b。

2. 电压的参考方向（参考极性）

同样，也可以对电路中任意两点之间的电压事先假定一个参考极性。当计算得到的电压值为正值时，电压的参考极性就是电压的实际极性；当计算得到的电压值为负值时，电压的实际极性与参考极性相反。这样，在假定的电压参考极性下，计算得到的电压值的正或负就可以表明电压的实际极性。图 1-5（a）表示电压的实际极性与参考极性相同；图 1-5（b）表示电压的实际极性与参考极性相反，其中虚线表示电压的参考极性。电压的参考极性也可用 u_{ab} 表示，表示电压的极性从 a 指向 b。

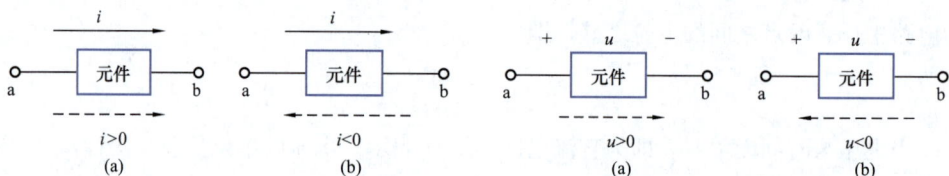

图 1-4 电流的参考方向

（a）电流的实际流向与参考方向相同；

（b）电流的实际流向与参考方向相反

图 1-5 电压的参考方向

（a）电压的实际极性与参考极性相同；

（b）电压的实际极性与参考极性相反

3. 关联参考方向

电路中每个元件的电流或电压的参考方向或参考极性是相互独立的，在对电路进行分析计算前可以任意假定。但为了便于分析电路的其他变量或性质，一般将电流的参考方向和电压的参考极性设为一致，将其称为**关联参考方向**。在后面电路分析计算中的公式都是在关联参考方向的前提下给出的。

当电路中任何一个元件指定其电压和电流的参考方向为关联参考方向后，根据计算得到的电压和电流的实际结果很容易判定该元件是消耗还是提供功率。

当 $P=UI>0$ 时，消耗功率；

当 $P=UI<0$ 时，提供功率。

例如，当一个元件的电压和电流的参考方向指定为关联参考方向，经过计算后得到该元件的电压和电流分别为 $U=2V$，$I=5A$，则 $P=UI=10W$，该元件消耗功率 10W；当经过计算得到 $U=-2V$，$I=5A$，则 $P=UI=-10W$，该元件提供功率 10W。

第三节 电路元件及其伏安特性关系

电路元件是对实际电器装置或元件进行抽象后得到的电路中最基本的理想元件，元件的电磁特性可以用精确的数学表达式描述。下面将介绍电路理论中常用的几种二端元件的电磁性质。

视频

电路元件及其伏安特性

一、电阻元件

凡是以消耗电能为主要电磁特性的实际电气装置或元件，从理论上都可以抽象成理想电阻元件，简称电阻。电阻有线性和非线性、时变和非时变之分。下面只讨论线性电阻。电路中讨论元件的电磁性质主要是研究元件的外特性，即元件二端的电压与元件中流过的电流之间的关系等。对于线性电阻，当其电压和电流采用关联参考方向时，线性电阻二端的电压和电流之间的关系服从欧姆定律，即

$$u = Ri \tag{1-6}$$

式中：R 为电阻元件的电阻，单位为 Ω（欧姆）。

电阻元件的外特性称为伏安特性关系。当电压和电流没有采用关联参考方向时，欧姆定律公式中需加一负号，即

$$u = -Ri$$

由于欧姆定律是线性方程，故在电阻元件的伏安特性图中是一条过原点的直线，直线的斜率与电阻 R 成正比，如图 1-6 所示。

当电阻元件的电压和电流采用关联参考方向时，电阻元件消耗的功率为

图 1-6　电阻元件及伏安特性关系

$$p = ui = Ri^2 = \frac{u^2}{R} \tag{1-7}$$

其中，R 是正实常数，功率 $p \geqslant 0$，所以线性电阻始终消耗功率，是一种无源元件。

从上面的分析可知，电阻 R 既表示线性电阻元件电压与电流的比例关系，同时表明电阻元件也是一个实际中存在的元件。

电阻元件在实际使用中，按制作材料可分为碳膜电阻、金属膜电阻、线绕电阻；按用途分为通用电阻、精密电阻、高压电阻、高阻电阻；按形状分为圆柱形电阻、片状电阻、排状电阻等。

电阻元件的主要技术参数如下。

（1）标称电阻值。为了便于工业化大量生产和使用者在一定范围内选用，国家规定了一系列的按一定规律分布的各种标称电阻值，使用者可根据需要进行选择和搭配，得到自己所需的电阻值。标称电阻值的单位为 Ω（欧）、$k\Omega$（千欧）、$M\Omega$（兆欧）。

（2）阻值误差。电阻允许误差为 $\pm 10\%$、$\pm 5\%$ 等。

（3）额定功率。标准有 1/8、1/4、1/2、1、2、5、10W 等。

目前电阻元件的标称电阻值的标注方法为在电阻元件上采用圆环形彩色的标注方法，颜色与数值的对应见表 1-1。标注方法有 4 环标注法和 5 环标注法，如图 1-7 所示。例如 4 环标注的电阻色环标志为"棕黑橙金"，则该电阻的阻值为 10kΩ，误差为 $\pm 5\%$；5 环标注的电阻色环标志为"红黄白橙银"，则该电阻的阻值为 249kΩ，误差为 $\pm 10\%$。

表 1-1　　　　通用电阻色环颜色与所对应的数字列表

色环颜色	棕	红	橙	黄	绿	兰	紫	灰	白	黑	金	银
代表数值	1	2	3	4	5	6	7	8	9	0	$\pm 5\%$	$\pm 10\%$

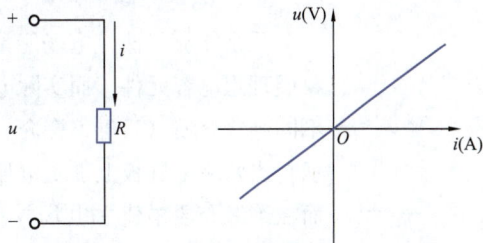

图 1-7 通用电阻色环颜色标注法及示例

(a) 4 环标注法；(b) 5 环标注法

二、电容元件

凡是能够以储存电场能量为主要电磁特性的实际电器装置或元件从理论上都可抽象成理想电容元件。而实际电容元件从构成上来说，都是在两块平行金属板中间放入不同绝缘介质（云母、瓷介、聚苯乙烯、涤纶、钽、铌、钛等材料），如图 1-8 (a) 所示。当两块金属板上加上电压时，就会在金属板上分别聚集起等量的正、负电荷，从而在绝缘介质中建立电场并具有电场能量，当把电压移去，电荷仍然保留在极板上，电场和电场能量继续存在。

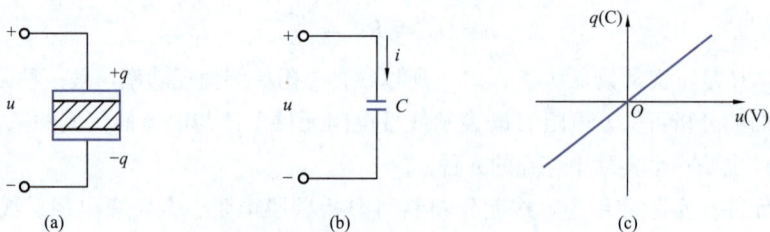

图 1-8 电容元件及库伏特性关系曲线

(a) 电容元件；(b) 电容元件图形符号；(c) 库伏特性曲线

线性电容的电路图形符号如图 1-8 (b) 所示，与电压正极相连的极板聚集的是正电荷，与电压负极相连的极板聚集的是负电荷。通过研究发现，极板上的电荷量 q 与所加的电压 u 成正比，于是有

$$q(t) = Cu(t) \tag{1-8}$$

其中，C 表示电容元件的参数，称为电容，电容的单位为 F（法拉）。如图 1-8 (c) 所示，线性电容的库伏特性是一条过原点的直线。

当电容元件上的电荷或电压随时间发生变化时，则会在电容电路中引起电流

$$i = \frac{dq}{dt} = C\frac{du}{dt} \tag{1-9}$$

电容极板上的电荷量和电容两端的电压分别为

$$q = \int i \, dt, \quad u = \frac{1}{C}\int i \, dt \tag{1-10}$$

电容元件能够储存电荷及电场能量，因而是一种储能元件，并且电容元件通过电路释放能量时也不会释放出多于它储存的能量，因此，它又是一种无源元件。

电容元件在实际使用中按制作材料分为瓷片电容、云母电容、纸介电容、聚酯电

容、钽电容、电解电容等数十种，除电解电容有极性外，其余电容都是无极性的。

电容元件的主要技术参数如下。

（1）标称电容值。为了便于工业化大量生产和使用者在一定范围内选用，国家规定了一系列的按一定规律分布的各种标称电容值，使用者可根据需要进行选择和搭配，以得到自己所需的电容值。标称电容值的单位为 F（法）、μF（微法）、pF（皮法），其中，$1F=10^6\mu F$，$1\mu F=10^6 pF$。

（2）电容值误差。标称电容值允许误差为 $\pm10\%$、$\pm5\%$、$\pm1\%$等。

（3）额定电压。电容在正常工作时所能承受的最大电压，一般规格有 6.3、10、16、25、36、50、100、160、250、400V 等。使用中不要超过额定值，否则电容会被击穿。

电容元件标称值的识别方法有数值标注法和色环标注法。数值标注法通常用在标注 $1\mu F$ 以下的电容，如某一瓷片电容上标有 104，表示有效数值为 10，后面再加 4 个 0，即电容标称值为 $10\times10^4 pF$，为 $0.1\mu F$。而色环标注法的规则与色环电阻的标注规则相同。

电解电容的容量一般大于 $0.1\mu F$，并在其上标有电容值和耐压值，在管脚的一端（短脚）标有极性"－"极，另一端是正极，在直流电路中不能接错。

三、电感元件

凡是能够以储存磁场能量为主要电磁特性的实际电器装置或元件从理论上都可抽象成理想电感元件。而实际电感元件从构成上来说，都是金属导线绕制的线圈。图 1-9（a）所示为一个绕制在非铁心材料上的线圈，工程上一般各圈的直径基本相同。当线圈通过电流时就会产生磁通 Φ_L，定义一个参数磁链 Ψ_L 为

$$\Psi_L = N\Phi_L \tag{1-11}$$

式中：N 为线圈的匝数。

Φ_L 和 Ψ_L 的方向与电流 i 的参考方向成右手螺旋关系，线性电感元件的电路图形符号如图 1-9（b）所示。研究发现，线性电感元件的自感磁链与线圈中通过的电流成正比

$$\Psi_L = Li(t) \tag{1-12}$$

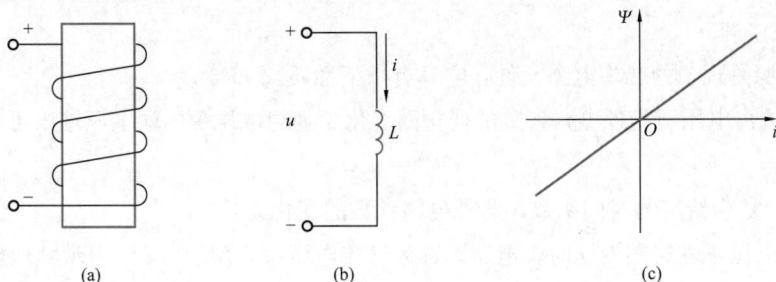

图 1-9　电感元件及韦安特性曲线

（a）电感元件；（b）电感元件图形符号；（c）韦安特性曲线

式中：L 为线圈的自感系数或简称为电感，单位为 H（亨利）。

线性电感元件的韦安特性曲线是一条过原点的直线，如图 1-9（c）所示。

根据电磁感应定律，当电感元件中的磁链或电流随时间发生变化时，会在电感元件两端产生感应电压

$$u = \frac{\mathrm{d}\Psi_{\mathrm{L}}}{\mathrm{d}t} = L\frac{\mathrm{d}i}{\mathrm{d}t} \tag{1-13}$$

电感的磁链和电感中的电流分别为

$$\Psi_{\mathrm{L}} = \int u\mathrm{d}t, \quad i = \frac{1}{L}\int u\mathrm{d}t \tag{1-14}$$

电感可以储存磁场能量，所以电感元件是一种储能元件，并且电感元件通过电路释放能量时也不会释放出多于它储存的能量，因此，它也是一种无源元件。

电感在实际使用中通常是用漆包线绕制在某种形状的物体上，如圆柱体、矩形体等，也可以绕好后将物体抽走形成空心电感。电感按绕制电感线圈的物体性质可分为线性电感和非线性电感。如果物体是非铁磁性物质，如硬纸版、胶木、木头、塑料等，则为线性电感，L 为确定的常量；如果物体是铁磁物质，如铁、镍、钴的合金等，则为非线性电感，L 不是常数，而是变量。

电感元件的主要技术参数如下：

（1）标称电感值。为了便于工业化大量生产和使用者在一定范围内选用，国家规定了一系列的按一定规律分布的各种标称电感值，使用者可根据需要进行选择和搭配，以得到自己所需的值。标称电感值的单位为 H（亨）、mH（毫亨）、μH（微亨）。

（2）电感值误差。标称电感值允许误差为±10%、±5%、±1%等。

（3）额定电流。电感在正常工作时所能承受的最大电流，一般规格有 0.5、1、2、5、10A 等，使用中流过电感的电流不能超过额定值，否则会烧毁电感。

电感标称值的识别方法有数值标注法和色环标注法。其标注规则如同电容。微亨数量级电感的封装形式如同电阻或电容，在使用中应加以注意，避免与电阻或电容元件混淆。

四、电压源和电流源

实际电源有各种形式，如电池、发电机、信号发生器等，根据使用中呈现的主要电磁特性可抽象成电压源和电流源两种。

1. 电压源

电压源是理想的二端电路元件，它具有以下性质：

（1）输出电压不随外电路参数的变化而变化。理想电压源的端电压输出可表示为

$$u(t) = u_{\mathrm{s}}(t) \tag{1-15}$$

式中：$u_{\mathrm{s}}(t)$ 为给定的时间函数，与外电路参数的变化无关。

当端电压不随时间变化时，电压源称为直流电压源，用 U_{s} 或 U 表示。理想电压源的伏安特性曲线为一条平行电流轴的直线［见图 1-10（c）］。

（2）输出电流随外电路参数的变化而变化。理想电压源的输出电流与外接负载的大小有关。

2. 电流源

电流源是理想的二端电路元件，它具有以下性质。

（1）输出电流不随外电路参数的变化而变化。理想电流源的端电流输出可表示为

$$i(t) = i_\mathrm{s}(t) \tag{1-16}$$

式中：$i_\mathrm{s}(t)$ 为给定的时间函数，与外电路参数的变化无关。

当电流不随时间变化时，电流源称为直流电流源，用 I_s 或 I 表示。理想电流源的伏安特性曲线为一条平行电压轴的直线〔见图 1-11（c）〕。

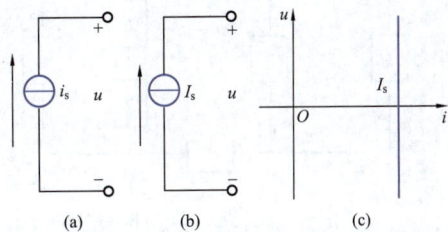

图 1-10　理想电压源及伏安特性曲线

（a）、（b）图形符号；（c）伏安特性曲线

图 1-11　理想电流源及伏安特性曲线

（a）、（b）图形符号；（c）伏安特性曲线

（2）输出电压随外电路参数的变化而变化。理想电流源的端电压与外接负载的大小有关。

无论是电压源还是电流源，在一般情况下都是向电路提供电能的，即

$$p(t) = u_\mathrm{s}(t)i_\mathrm{s}(t) \tag{1-17}$$

因此，根据前面关联参考方向的定义，当电源的端电压和通过电源的电流的实际计算结果为非关联参考方向时，即当 $p(t) \leqslant 0$，表示电压源或电流源向电路提供功率；当 $p(t) \geqslant 0$，表示电压源或电流源吸收功率，处于被充电状态。

这里介绍的电源称之为**独立电源**。

微 课

科学家小故事|古斯塔夫·罗伯特·基尔霍夫

第四节　电路的基本定律

电路分析的最基本的定律是基尔霍夫定律。基尔霍夫定律的内容包含两个定律，即电流定律和电压定律。这里首先介绍以下几个基本概念。

（1）**支路**。组成电路的每一个二端元件称为一条支路，实际上只要是几个二端元件串联在一起，且通过同一电流的电路都称为支路，如图 1-12 中元件 1 和元件 2 组成的路径为同一条支路。

（2）**节点**。不同支路的连接点，但实际上由三条及以上支路的连接点才是真正意义上的节点，如图 1-12 中的 a、b、c、d 四个节点。

（3）**回路**。由支路组成的闭合回路，如图 1-12 中的 acea 和 abdcea 等回路。

（4）**网孔**。内部不含其他支路的独立回路，如图 1-12 中 acea、abdcea。

一、基尔霍夫电流定律 （KCL）

基尔霍夫电流定律指出：任何时刻，对任何一个节点，连接该节点的所有支路电流的代数和恒等于零，用数学表达式表示为

$$\sum i = 0 \tag{1-18}$$

这里的代数和是按人们事先规定好的流入还是流出节点的电流方向决定的。例如，

若流入节点的电流前面取"＋"号，则流出节点的电流前面取"－"号。例如在图 1-13 中对节点 a 写基尔霍夫电流定律有

$$i_1 + i_2 + i_3 = 0$$

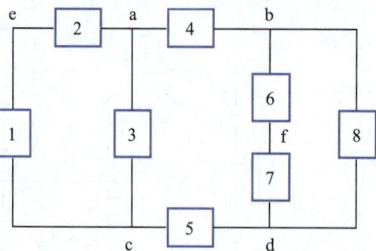

图 1-12　支路、节点和回路

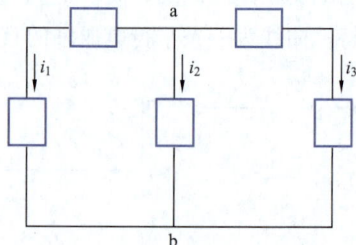

图 1-13　基尔霍夫电流定律

图 1-14　KCL 关于广义节点

同样也可以说，在任何时刻，对任何一个节点，流入该节点的电流等于流出该节点的电流，用数学表达式表示为

$$\sum i_{in} = \sum i_{out} \qquad (1-19)$$

这种特性称之为电流流动的连续性。这里的节点是具体的节点。实际上基尔霍夫电流定律还适用于由几个节点组成的闭合曲面，如图 1-14 所示，有

$$i_1 + i_2 + i_3 = 0$$

此结果很容易证明，只要对图 1-14 中三个节点 a、b、c 分别写基尔霍夫电流定律，然后三式相加便得上述结果。

二、　基尔霍夫电压定律　（KVL）

基尔霍夫电压定律指出：任何时刻，沿任何一回路，组成该回路的所有支路电压的代数和恒等于零，用数学表达式表示为

$$\sum u = 0 \qquad (1-20)$$

在写式（1-20）之前，应首先指定沿回路的绕行方向（顺时针或逆时针），当支路电压或元件电压的参考方向与回路的绕行方向一致时，该电压前面取"＋"号；当支路电压的参考方向与回路的绕行方向相反时，该电压前面取"－"号。如图 1-15 所示，在对指定的回路 1 写基尔霍夫电压定律之前，首先指定组成该回路的各支路电压的参考方向和回路的绕行方向，则根据 KVL 有

$$-u_1 + u_3 + u_6 + u_4 = 0$$

基尔霍夫电压定律不仅适用于闭合回路，也适合于不闭合的路径。如图 1-15 所示，若求 u_{ab}，仍可用 KVL 写出

得

$$u_8 + u_{ab} + u_9 - u_7 - u_6 = 0$$

$$u_{ab} = u_6 + u_7 - u_8 - u_9$$

KCL 和 KVL 分别对支路电流和支路电压进行线性结构约束，由于这两个定律仅与元件的连接方式有关，而与元件本身的性质无关，即与元件约束无关，因此，无论

视频
基尔霍夫电压
定律

元件是线性还是非线性，时变还是时不变，这两个定律始终成立。

应当注意的是，在对电路同时写 KCL 和 KVL 时，从理论上讲，这两个定律是相互独立的，因而电路中每个元件或每条支路的电压和电流的参考方向可任意设定。但在实际应用这两个定律时，一般要求电压和电流的参考方向取关联参考方向。

【例 1-1】 图 1-16 所示电路中，已知 $R_1=2\Omega$，$R_2=2\Omega$，$R_3=2\Omega$，$U_1=3V$，$U_3=1.5V$，试求电阻 R_2 两端的电压 U_2。

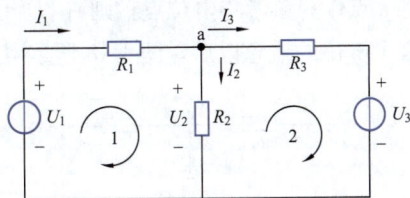

图 1-15　基尔霍夫电压定律　　　　　　　　图 1-16　［例 1-1］的图

解： 各支路电流和电压的参考方向如图 1-16 所示。根据欧姆定律和 KCL、KVL 有

回路 1：$-U_1+R_1I_1+U_2=0$；

回路 2：$-U_2+R_3I_3+U_3=0$；

节点 a：$I_1-I_2-I_3=0$。

将各元件参数代入上式，并求解上述联立方程有

$$I_2=0.75A \qquad U_2=R_2I_2=1.5V$$

第五节　电压和电位的区别

前面已经介绍了电压的定义，但在后面分析电子电路时，还会用到电位的概念。在模拟电路和数字电路的学习中，经常需要了解电路中某点电位的高低，或者是某点相对于另一点电位的高低，而电压只能表示电路中电路元件或支路两点之间的电位之差，不能说明电路中某点的电位具体是多少。下面举例说明电位的概念及其与电压的区别。

如图 1-17 所示电路，已知 $U_1=140V$，$U_2=90V$，各支路电流计算结果如图 1-17 所示，根据图可得

$$U_{ab}=U_a-U_b=6\times10=60（V）$$

这个结果只能说明 a、b 两点之间的电压值，或是两点之间的电位差，但无法知道 U_a 或 U_b 的电位值。因此，在需要计算电位时，必须选定电路中的任意一点作为参考点，它的电位称为**参考电位**，一般设参考电位为零。电路中其他各点的电位都与它做比较，比它高的为正，比它低的为负，正值越大则电位越高，负值越大则电位越低。参考点在电路图 1-18 中标上"接地"符号，所谓"接地"只是表示参考电位点或零电位点，并非真正与大地相接。

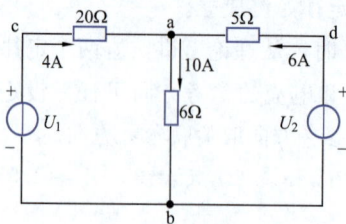

图 1-17　电压举例

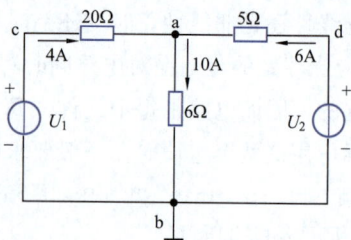

图 1-18　电位举例

如果将图 1-18 中的 b 点"接地"，作为参考零电位点，则有 $U_b=0$，$U_a=60V$。而如果将 a 点作为参考零电位点，则有 $U_a=0$，$U_b=-60V$。

有了电位的概念以后，图 1-18 所示电路可以简化成图 1-19 所示电路。

图 1-19　图 1-18 的简化图

从上面的结果可以看出：

（1）电路中任何一点的电位等于该点与参考电位点之间的电压，或者说电路中任意两点之间的电压等于这两点之间的电位之差。

（2）不选定参考电位点，而去讨论电路中某点的电位高低是没有意义的。电路中参考电位点选取的不同，电路中各点的电位值也会随着改变，但电路中任意两点之间的电位差是不会改变的。所以各点电位高低是相对的，而两点间的电压值是绝对的。

习　题

1.1　在图 1-20 中，5 个元件代表电源或负载。电压和电流的参考方向如图 1-20 所示，现通过实验测得 $I_1=-4A$，$I_2=6A$，$I_3=10A$，$U_1=140V$，$U_2=-90V$，$U_3=60V$，$U_4=-80V$，$U_5=30V$。试完成：

（1）标出各电流的实际方向和各电压的实际极性（可另画一图）。

（2）判断哪些元件是电源、哪些元件是负载。

（3）计算各元件的功率，电源发出的功率和负载消耗的功率是否平衡。

1.2　在图 1-21 中，已知 $I_1=3mA$，$I_2=1mA$。试确定电路元件 3 中的电流 I_3 及其两端电压 U_3，说明它是电源还是负载，并验证整个电路的功率是否平衡。

1.3　一只 110V、8W 的指示灯，现要接在 380V 的电源上，要串联多大阻值的电阻？该电阻应选用多大功率的电阻？

1.4　如图 1-22 所示，试求电路中每个元件的功率，并分析电路的功率是否守衡，说明哪个电源发出功率，哪个电源吸收功率。

图 1-20 习题 1.1 的图

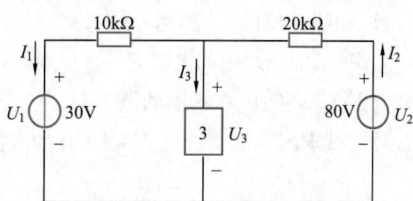

图 1-21 习题 1.2 的图

1.5 有两只电阻，其额定值分别为 40Ω、$10W$ 和 200Ω、$40W$，试问它们允许通过的电流是多少？如将两者串联起来，其两端最高允许电压加多大？

1.6 试求图 1-23 所示电路中的电流 i_1 和 i_2。

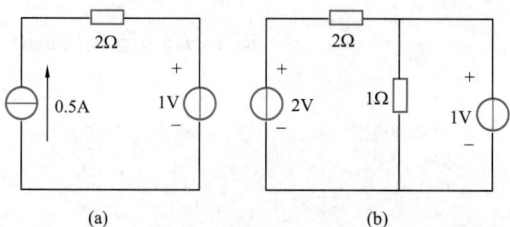

图 1-22 习题 1.4 的图

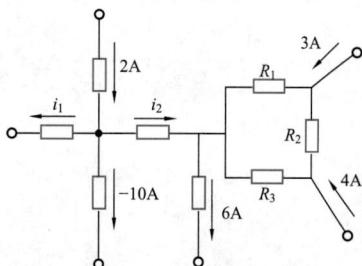

图 1-23 习题 1.6 的图

1.7 在图 1-24 所示电路中，已知 $U_1=10V$，$U_2=4V$，$U_3=2V$，$R_1=4\Omega$，$R_2=2\Omega$，$R_3=5\Omega$，1、2 两点处于开路状态，试计算开路电压 U_4。

1.8 试用 KCL 和 KVL 求图 1-25 所示电路电压 u。

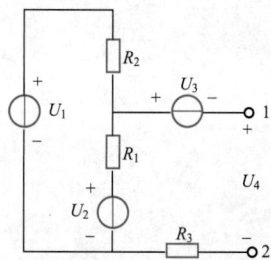

图 1-24 习题 1.7 的图

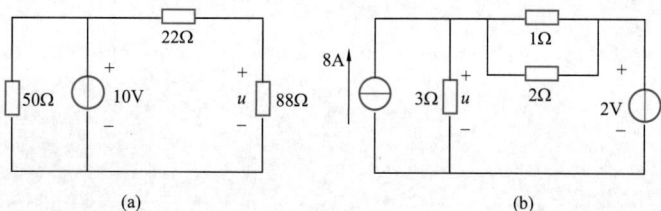

图 1-25 习题 1.8 的图

1.9 在图 1-26 所示电路中，已知 $U=3V$，试求电阻 R。

1.10 在图 1-27 所示电路中，R 为何值时，$I_1=I_2$？ R 又为何值时，I_1、I_2 中一个电流为零？并指出哪一个电流为零。

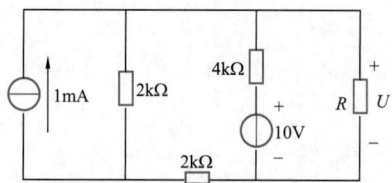

图 1-26 习题 1.9 的图

图 1-27 习题 1.10 的图

1.11 电路如图 1-28 所示，试求：

（1）图 1-28（a）中的电阻 R；

（2）图 1-28（b）中 A 点的电位 V_A。

1.12 试求图 1-29 所示电路中 A 点的电位。

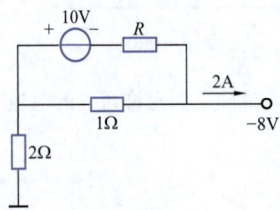

(a)

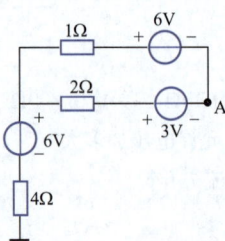

(b)

图 1-28 习题 1.11 的图

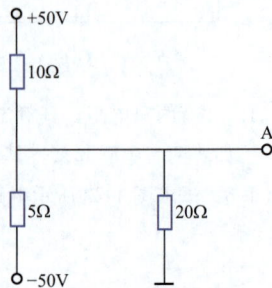

图 1-29 习题 1.12 的图

第二章 电路定理及分析方法

实际电路的结构形式有很多，最简单的电路只有一个回路，称为**单回路电路**。有的电路虽然有很多个回路，但是可以用串并联等效的方法变换为单回路电路。然而有的多回路电路不能用串并联的方法化为单回路电路，或者即使能化简也相当烦琐，这样的多回路电路称为**复杂电路**。

本章主要以直流电路为例，介绍几种分析复杂电路的基本方法和基本定理，包括电压源与电流源及其等效变换、支路电流法、节点电压法、叠加定理以及戴维南定理等。这些方法不仅适用于直流电路，也同样适用于交流电路，因此掌握这些基本的方法和定理非常重要。

第一节　电阻、电感、电容元件的串联与并联

一、电阻元件的串联与并联

1. 电阻的串联

将若干个电阻元件按顺序依次连接在一起，这种连接方式称为电阻的**串联**，如图 2-1（a）所示，串联的电阻中流过同一个电流。

n 个电阻串联可以用一个等效电阻 R 来代替，如图 2-1（b）所示，R 又称为串联电路的总电阻，其大小等于各串联电阻之和，即

$$R = R_1 + R_2 + \cdots + R_n = \sum_{i=1}^{n} R_i \tag{2-1}$$

串联电阻具有分压作用，图 2-1（a）所示电路中，第 i 个电阻两端的电压为

$$U_i = R_i I = \frac{R_i}{R} U \quad i = 1, 2, \cdots, n \tag{2-2}$$

式（2-2）称为电阻串联电路的分压公式。

在图 2-2 中只有两个电阻串联，则 R_1、R_2 上分得的电压 U_1、U_2 分别为

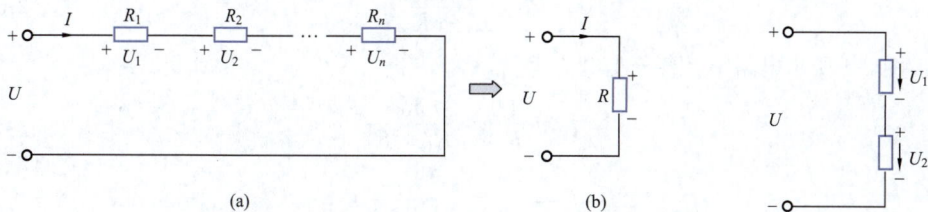

(a)　　　　　　　　(b)

图 2-1　电阻的串联及等效电路

（a）电阻的串联；（b）等效电路

图 2-2　两个电阻的串联

$$\begin{cases} U_1 = \dfrac{R_1}{R_1 + R_2}U \\[3mm] U_2 = \dfrac{R_2}{R_1 + R_2}U \end{cases} \qquad (2\text{-}3)$$

电阻串联在实际中的应用很多，例如当负载的额定电压低于电源电压时，可用串联电阻的方法进行分压。另外，通过电阻的串联，可以限制和调节电路中电流的大小。

2. 电阻的并联

将若干个电阻元件连接于两个公共点之间，这种连接方式称为电阻的**并联**，如图 2-3（a）所示，并联电阻两端的电压相同。

n 个电阻并联可以用一个等效电阻 R 来代替，如图 2-3（b）所示，R 又称为并联电路的总电阻，等效电阻的倒数为

$$\frac{1}{R} = \frac{1}{R_1} + \frac{1}{R_2} + \cdots + \frac{1}{R_n} = \sum_{i=1}^{n}\frac{1}{R_i} = \sum_{i=1}^{n}G_i \qquad (2\text{-}4)$$

式中：G 称为电导，是电阻 R 的倒数，单位为 S（西门子）。

并联电阻具有分流作用，图 2-3（a）所示电路中，流过第 i 个电阻的电流为

$$I_i = \frac{U}{R_i} = G_i U = \frac{G_i}{G}I \quad i = 1, 2, \cdots, n \qquad (2\text{-}5)$$

式（2-5）称为电阻并联电路的分流公式。

在并联电路的计算中，最常遇到的是两个电阻并联的电路，如图 2-4 所示，其等效电阻为

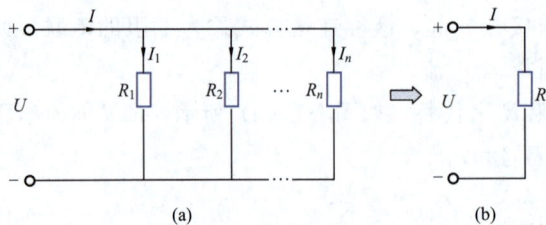

图 2-3　电阻的并联及等效电路

（a）电阻的并联；（b）等效电路

图 2-4　两个电阻的并联

$$\frac{1}{R} = \frac{1}{R_1} + \frac{1}{R_2}$$

得

$$R = \frac{R_1 R_2}{R_1 + R_2} \qquad (2\text{-}6)$$

图 2-4 所示电路中，各分支电流为

$$\begin{cases} I_1 = \dfrac{U}{R_1} = \dfrac{R_2}{R_1 + R_2}I \\[3mm] I_2 = \dfrac{U}{R_2} = \dfrac{R_1}{R_1 + R_2}I \end{cases} \qquad (2\text{-}7)$$

实际应用中的负载都是并联连接的，这些并联连接的负载处于同一电压下工作，任何一个负载的工作情况基本上不受其他负载的影响。

电路中往往既有电阻的串联又有电阻的并联，电路中电阻的串联和电阻的并联相结合的连接方式叫电阻的**混联**。混联电路求等效电阻时，首先要搞清楚各电阻之间的串并联关系，然后再利用电阻串联和并联的特点进行计算。

【例 2-1】 试求图 2-5（a）所示电路 ab 两端点间的等效电阻 R_{ab}。

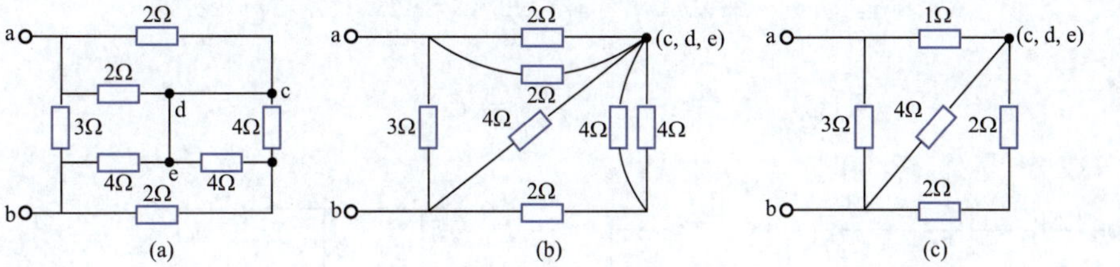

图 2-5 〔例 2-1〕的图

解：由图 2-5（a）可以看出 cd、de 是两条短路线，所以 c、d、e 三个点可以合为一点，如图 2-5（b）所示，将能看出串并联关系的电阻用其等效电阻代替，如图 2-5（c）所示，可知两个 2Ω 的电阻串联后与 4Ω 的电阻并联，其等效电阻为 $\frac{(2+2)\times 4}{2+2+4}=2$（Ω），然后再与 1Ω 电阻串联，最后与 3Ω 电阻并联，所以 ab 两端点间的等效电阻为

$$R_{ab}=\frac{(2+1)\times 3}{2+1+3}=1.5（\Omega）$$

二、电容元件的串联与并联

和电阻元件的串联、并联一样，当电容元件为串联或并联组合时，它们也可以用一个等效电容来代替。

1. 电容的串联

图 2-6（a）所示为 n 个电容的串联，与电阻串联一样，串联的电容中流过相同的电流 i。根据式（1-10），每个电容两端的电压与电流的关系为（设每个电容的初始储能即初始电容量为零）

$$u_k=\frac{1}{C_k}\int_0^t i\mathrm{d}t \quad k=1,2,\cdots,n$$

根据 KVL，总电压为

$$u=u_1+u_2+\cdots+u_n$$
$$=\frac{1}{C_1}\int_0^t i\mathrm{d}t+\frac{1}{C_2}\int_0^t i\mathrm{d}t+\cdots+\frac{1}{C_n}\int_0^t i\mathrm{d}t$$
$$=\left(\frac{1}{C_1}+\frac{1}{C_2}+\cdots+\frac{1}{C_n}\right)\int_0^t i\mathrm{d}t$$
$$=\frac{1}{C}\int_0^t i\mathrm{d}t$$

其中，C 称为图 2-6（a）中 n 个串联电容的等效电容，其值由下式决定

$$\frac{1}{C}=\frac{1}{C_1}+\frac{1}{C_2}+\cdots+\frac{1}{C_n}=\sum_{k=1}^n \frac{1}{C_k} \tag{2-8}$$

可以看出，串联电容等效电容量的倒数等于各个电容的电容量的倒数和，所以电容串联时，其等效电容比每一个电容都小。当每个电容的额定电压小于外加电压时，可将电

容串联使用。

2. 电容的并联

图 2-7（a）所示为 n 个电容的并联，由于各电容两端的电压相等，都等于 u，根据 KCL，总电流为

$$i = i_1 + i_2 + \cdots + i_n = C_1 \frac{\mathrm{d}u}{\mathrm{d}t} + C_2 \frac{\mathrm{d}u}{\mathrm{d}t} + \cdots + C_n \frac{\mathrm{d}u}{\mathrm{d}t}$$

$$= (C_1 + C_2 + \cdots + C_n) \frac{\mathrm{d}u}{\mathrm{d}t} = C \frac{\mathrm{d}u}{\mathrm{d}t}$$

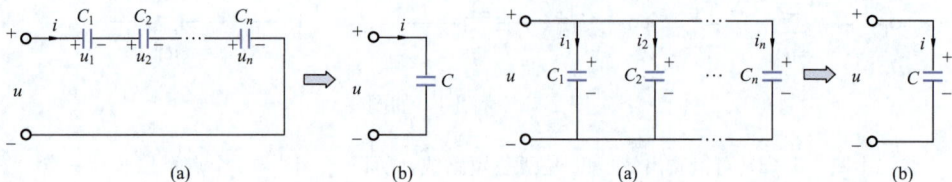

图 2-6　电容的串联及等效电路
（a）电容的串联；（b）等效电路

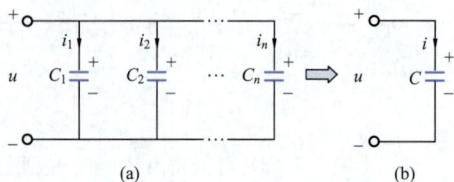

图 2-7　电容的并联及等效电路
（a）电容的并联；（b）等效电路

其中，C 称为图 2-7（a）中 n 个并联电容的等效电容，其值为

$$C = C_1 + C_2 + \cdots + C_n = \sum_{k=1}^{n} C_k \tag{2-9}$$

可见，当需要较大的电容量时，可以把电容并联起来使用。

三、电感元件的串联与并联

当电感元件为串联或并联组合时，它们同样可以用一个等效电感来代替。

1. 电感的串联

图 2-8（a）为 n 个电感的串联，同样，串联的电感中流过相同的电流 i。根据式 (1-19) 及 KVL，总电压（设备电感间无互感）

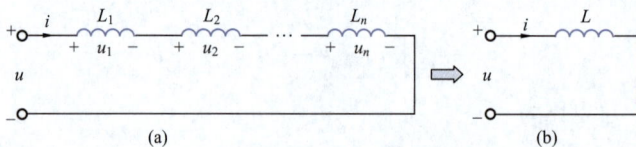

图 2-8　电感的串联及等效电路
（a）电感的串联；（b）等效电路

$$u = u_1 + u_1 + \cdots + u_n = L_1 \frac{\mathrm{d}i}{\mathrm{d}t} + L_2 \frac{\mathrm{d}i}{\mathrm{d}t} + \cdots + L_n \frac{\mathrm{d}i}{\mathrm{d}t}$$

$$= (L_1 + L_2 + \cdots + L_n) \frac{\mathrm{d}i}{\mathrm{d}t} = L \frac{\mathrm{d}i}{\mathrm{d}t}$$

L 称为等效电感，其值为

$$L = L_1 + L_2 + \cdots + L_n = \sum_{k=1}^{n} L_k \tag{2-10}$$

2. 电感的并联

n 个电感做并联组合时，并联电感两端的电压相等，都等于 u，如图 2-9（a）所

示。根据 KCL，很容易得出并联后的等效电感为（设备电感间无互感）

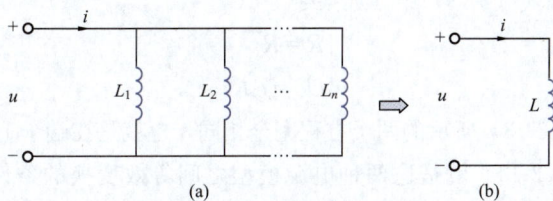

图 2-9　电感的并联及等效电路

（a）电感的并联；（b）等效电路

$$\frac{1}{L} = \frac{1}{L_1} + \frac{1}{L_2} + \cdots + \frac{1}{L_n} = \sum_{k=1}^{n} \frac{1}{L_k} \tag{2-11}$$

第二节　实际电源的模型及其等效变换

第一章中所定义的理想电压源和理想电流源实际上是不存在的。实际电源既做不到电压源端电压不变，也做不到电流源的输出电流不变，这是因为电源内部都存在电阻。

一、实际电源模型

一个实际电源既可以用图 2-10（a）所示的电压源模型表示，又可以用图 2-10（c）所示的电流源模型表示。

电压源模型［见图 2-10（a）］为理想电压源 U_s 和电阻 R 的串联组合，端子 1-1′处的电压 U 与输出电流 I（外电路在图中没有画出）的关系为

$$U = U_s - RI \tag{2-12}$$

电压 U 与电流 I 的特性曲线如图 2-10（b）所示。

电流源模型［见图 2-10（c）］为理想电流源 I_s 和电阻 R' 的并联组合，端子 1-1′处的电压 U 与输出电流 I（外电路在图中没有画出）的关系为

$$I = I_s - \frac{U}{R'} \tag{2-13}$$

电压 U 与电流 I 的特性曲线如图 2-10（d）所示。

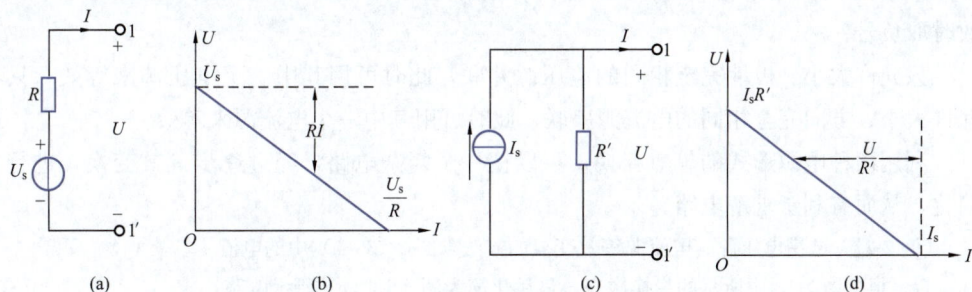

图 2-10　电源的两种电路模型

（a）电压源模型；（b）电压源伏安特性曲线；（c）电流源模型；（d）电流源伏安特性曲线

二、电压源和电流源等效变换

在式（2-12）和式（2-13）中，如果令

$$\begin{cases} R = R' \\ U_s = I_s R' \end{cases} \tag{2-14}$$

则式（2-12）和式（2-13）所示的两个方程完全相同，也就是在端子 1-1′处的 U 和 I 的关系将完全相同。式（2-14）就是这两种电源模型之间等效变换的条件。变换时注意 U_s 和 I_s 的参考方向，I_s 的参考方向由 U_s 的负极指向正极。

两种电源模型之间的这种等效变换仅保证端子 1-1′外部电路的电压、电流和功率相同（即**只是对外部等效**），对内部并无等效可言。例如，端子 1-1′开路时，两电路对外均不发出功率，但此时电压源发出的功率为零，电流源发出的功率为 $I_s^2 R'$，全部消耗在 R' 上。另外，理想的电压源和理想的电流源之间没有等效的关系。在电路分析时，常会遇到电压源串联和电流源并联的情况。

n 个电压源串联可用一个电压源等效代替（见图 2-11），这个等效电压源电压为

$$U_s = U_{s1} + U_{s2} + \cdots + U_{sn} = \sum_{k=1}^{n} U_{sk} \tag{2-15}$$

如果 U_{sk} 的参考方向与 U_s 的参考方向一致时，式（2-15）中 U_{sk} 的前面取正号，不一致时取负号。

n 个电流源并联可用一个电流源等效代替（见图 2-12），这个电流源电流为

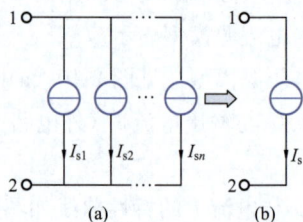

图 2-11 两个电压源串联及等效电路
（a）两个电压源串联；（b）等效电路

图 2-12 两个电流源并联及等效电路
（a）两个电流源并联；（b）等效电路

$$I_s = I_{s1} + I_{s2} + \cdots + I_{sn} = \sum_{k=1}^{n} I_{sk} \tag{2-16}$$

如果 I_{sk} 的参考方向与 I_s 的参考方向一致时，式（2-16）中 I_{sk} 的前面取正号，不一致时取负号。

只允许大小、极性完全相同的电压源并联，此时可用其中一个电压源来等效。只允许大小、方向完全相同的电流源串联，此时可用其中一个电流源来等效。

利用两种电源形式的等效互换，可以把一个复杂电路，经过逐步等效变换，进行简化，从而有利于求解电路。

【例 2-2】 试用电压源、电流源等效变换的方法求图 2-13（a）中的电流 I。

解： 根据图 2-13 中所示的变换次序，最后化简为图 2-13（c）所示电路。

由此可得

$$I = \frac{7}{7 + 21} = 0.25 \, (A)$$

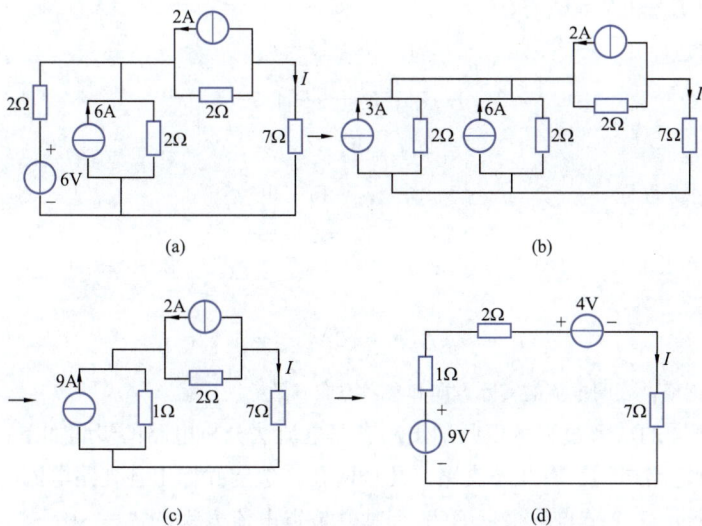

图 2-13　［例 2-2］的图

【例 2-3】　试求图 2-14（a）所示电路中的电流 I。

解：图 2-14（a）电路可简化为图（d）所示单回路电路。简化过程如图 2-14（b）～图 2-14（d）所示。由化简后的电路可求得电流为

$$I = \frac{9-4}{1+2+7} = 0.5 \text{（A）}$$

图 2-14　［例 2-3］的图

第三节　支路电流法与节点电压法

一、支路电流法

支路电流法是各种电路分析方法中最基础的方法，它以支路电流为未知量，应用基尔霍夫电流定律（KCL）和基尔霍夫电压定律（KVL），分别对节点和回路列出所需要的方程组求解，从中解出各支路电流。

假设电路有 b 条支路，n 个节点，则有 b 个未知量需要求解。应用基尔霍夫电流定律，只能列出 $n-1$ 个独立方程，其余的 $b-(n-1)=b-n+1$ 个独立方程可根据基尔霍夫电压定律列出。通常情况下选择电路中的网孔列 KVL 方程，且网孔的个数恰好是 $b-n+1$ 个。

图 2-15　［例 2-4］的图

【例 2-4】　电路如图 2-15 所示，已知 $U_{s1}=15V$，$R_1=15\Omega$，$U_{s2}=4.5V$，$R_2=1.5\Omega$，$U_{s3}=9V$，$R_3=1\Omega$，用支路电流法计算各支路电流。

解：本题电路有 $n=2$ 个节点，$b=3$ 条支路，故有 3 个未知量。

假设各支路电流参考方向如图 2-15 所示。图 2-15 所示电路有两个节点 A、B，根据 KCL 先对两个节点列节点电流方程如下

$$\text{节点 A：} \qquad I_1+I_3-I_2=0 \qquad\qquad ①$$
$$\text{节点 B：} \qquad -I_1-I_3+I_2=0 \qquad\qquad ②$$

观察以上列出的两个 KCL 方程，发现两个方程实际上是相同的，因此只能任取其中一个方程作为独立方程。因为有 3 个未知量，还需要列出两个独立方程才能求解电路。

选取两个网孔 Ⅰ、Ⅱ，并假定两个网孔的绕行方向为顺时针（已在图 2-15 中标出），根据 KVL 列出两个网孔的回路电压方程如下：

$$\text{网孔 Ⅰ：} I_1R_1-I_3R_3=U_{s1}-U_{s3}$$
$$\text{网孔 Ⅱ：} I_2R_2+I_3R_3=U_{s3}-U_{s2}$$

代入数据得
$$15I_1-I_3=15-9 \qquad\qquad ③$$
$$1.5I_2+I_3=9-4.5 \qquad\qquad ④$$

①、③、④式联立
$$\begin{cases} I_1+I_3-I_2=0 \\ 15I_1-I_3=15-9 \\ 1.5I_2+I_3=9-4.5 \end{cases}$$

解得
$$I_1=0.5A,\ I_2=2A,\ I_3=1.5A$$

所得电流均为正值，表明电流的实际方向和参考方向一致。

由以上例题的求解过程可以归纳出用支路电流法分析电路的步骤如下：

（1）分析电路结构：有几条支路、几个网孔，选定并标出各支路电流的参考方向。

（2）任取 $n-1$ 个节点，根据 KCL 列独立节点电流方程。

（3）选定 $b-n+1$ 个独立的回路（通常可取网孔），指定网孔或回路电压的绕行方向，根据 KVL 列写独立回路的电压方程。

（4）求解联立方程组，得到各支路电流。

【例 2-5】　在图 2-16 所示电路中，$R_1=R_2=10\Omega$，$R_3=4\Omega$，$R_4=R_5=8\Omega$，$R_6=2\Omega$，$U_{s3}=20V$，$U_{s6}=40V$，试用支路电流法列写出求解电路所必需的独立方程组。

解：本题电路有 $n=4$ 个节点（节点 A、B、C、D），$b=6$ 条支路，故有 6 个未知量。

假设各支路的电流方向如图 2-16 中所示，由 KCL 列 $n-1=3$ 个节点电流方程如下（设流出节点的电流取正号）：

节点 A：$I_1+I_2+I_6=0$
节点 B：$-I_2+I_3+I_4=0$
节点 C：$-I_4+I_5-I_6=0$

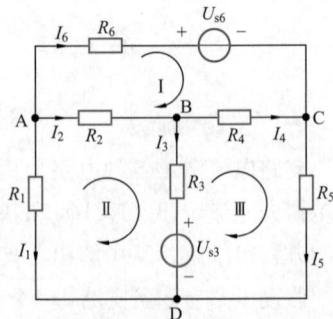

图 2-16　［例 2-5］的图

假设 3 个独立回路（取网孔）的绕行方向为顺时针（已在图 2-16 中标出），由 KVL 可列 3 个回路电压方程：

回路 Ⅰ：$2I_6 - 8I_4 - 10I_2 = -40$

回路 Ⅱ：$-10I_1 + 10I_2 + 4I_3 = -20$

回路 Ⅲ：$-4I_3 + 8I_4 + 8I_5 = 20$

联立上述 6 个方程即为求解电路所必需的独立方程组。联立求解此方程组即可求解各支路电流。

显然，支路较多时，用支路电流法求解电路的工作量较大。

二、节点电压法

节点电压法是以节点电压为未知量，对电路进行分析求解的方法。在电路中任意选择某一节点为参考节点，并假定该节点的电位为零，其他节点与参考节点之间的电压称为**节点电压**。节点电压的参考极性是以参考节点为负，其余节点为正。

如果电路有 n 个节点，则有 $n-1$ 个节点电压，用节点电压表示各支路电流，根据基尔霍夫电流定律对这 $n-1$ 个独立节点建立关于节点电压的 KCL 方程，联立方程组即可求得节点电压。在求出节点电压后，可应用基尔霍夫定律或欧姆定律求出各支路的电流或电压。

【例 2-6】 在图 2-17 所示的电路中，已知 $U_{s1}=15\text{V}$，$R_1=4\Omega$，$U_{s2}=10\text{V}$，$R_2=2\Omega$，$R_3=6\Omega$，$R_4=1\Omega$，$R_5=3\Omega$，试用节点电压法求解各支路电流。

解：图示电路有 5 条支路，3 个节点（节点 a、b、c）。选 c 为参考节点，用接地符号表示（见图 2-17），则节点 c 的电位为零，节点 a 的节点电压为 U_a，节点 b 的节点电压为 U_b，各支路电流的参考方向如图 2-17 所示。

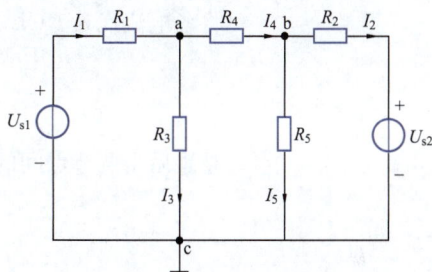

图 2-17　［例 2-6］的图

根据欧姆定律和基尔霍夫电压定律，各支路电流可用节点电压表示为

$$U_a = U_{s1} - I_1R_1，I_1 = \frac{U_{s1}-U_a}{R_1} = \frac{15-U_a}{4}$$

$$U_b = U_{s2} + I_2R_2，I_2 = \frac{U_b-U_{s2}}{R_2} = \frac{U_b-10}{2}$$

$$U_a = I_3R_3，I_3 = \frac{U_a}{R_3} = \frac{U_a}{6}$$

$$U_a - U_b = I_4R_4，I_4 = \frac{U_a-U_b}{R_4} = \frac{U_a-U_b}{1}$$

$$U_b = I_5R_5，I_5 = \frac{U_b}{R_5} = \frac{U_b}{3}$$

对节点 a、b 列 KCL 电流方程如下：

节点 a：$I_1 - I_3 - I_4 = 0$，即

$$\frac{15-U_a}{4} - \frac{U_a}{6} - \frac{U_a-U_b}{1} = 0 \tag{①}$$

节点 b：$I_4 - I_5 - I_2 = 0$，即

$$\frac{U_a - U_b}{1} - \frac{U_b}{3} - \frac{U_b - 10}{2} = 0 \qquad ②$$

联立①、②两式求解，解得各节点电压为

$$U_a = 7.434V, \quad U_b = 6.783V$$

可得各支路电流为

$$I_1 = 1.891A, \quad I_2 = -1.609A, \quad I_3 = 1.239A, \quad I_4 = 0.651A, \quad I_5 = 2.261A$$

如果用支路电流法对上面的例题进行求解，需要列两个独立的节点电流方程和三个独立的回路电压方程，用节点电压法求解只需要列两个独立的节点电流方程。所以节点电压法更适用于求解支路数较多、节点数较少的电路。

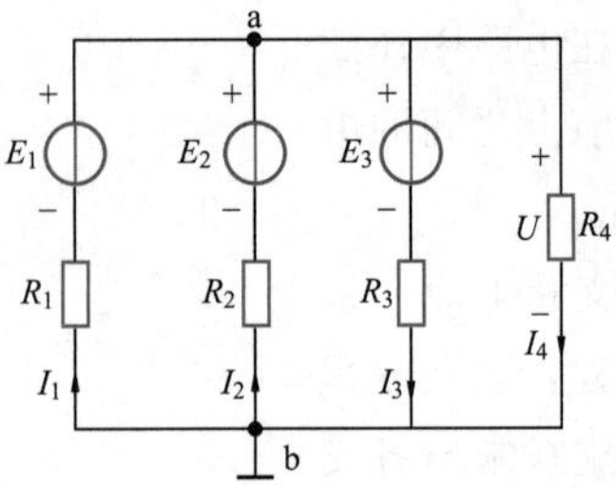

电路分析中经常会遇到只有两个节点的电路，如图 2-18 所示。

选 b 为参考节点，用接地符号表示，则节点 b 的电位为零，节点 a 的节点电压设为 U，各支路电流用节点电压表示为

$$I_1 = \frac{E_1 - U}{R_1}, \quad I_2 = \frac{E_2 - U}{R_2}, \quad I_3 = \frac{-E_3 + U}{R_3}, \quad I_4 = \frac{U}{R_4}$$

对节点 a 列 KCL 电流方程

$$I_1 + I_2 - I_3 - I_4 = 0$$

图 2-18 具有两个节点的电路

将各电流代入 KCL 方程则有

$$\frac{E_1 - U}{R_1} + \frac{E_2 - U}{R_2} = \frac{U}{R_3} + \frac{-E_3 + U}{R_3}$$

整理后得两节点间的电压公式为

$$U = \frac{\dfrac{E_1}{R_1} + \dfrac{E_2}{R_2} + \dfrac{E_3}{R_3}}{\dfrac{1}{R_1} + \dfrac{1}{R_2} + \dfrac{1}{R_3} + \dfrac{1}{R_4}} = \frac{\sum \dfrac{E}{R}}{\sum \dfrac{1}{R}} \qquad (2\text{-}17)$$

式（2-17）中，分母各项总为正，分子各项可以为正，也可以为负。当电源两端电压的参考方向与节点电压的参考方向相同时取正号，相反时取负号，与支路电流的参考方向无关。

【例 2-7】 试用节点电压法计算［例 2-4］。

解：电路只有两个节点 A、B，选 B 为参考节点，利用式（2-17），得节点 A 的节点电压为

$$U = \frac{\sum \dfrac{E}{R}}{\sum \dfrac{1}{R}} = \frac{\dfrac{E_1}{R_1} + \dfrac{E_2}{R_2} + \dfrac{E_3}{R_3}}{\dfrac{1}{R_1} + \dfrac{1}{R_2} + \dfrac{1}{R_3}} = \frac{\dfrac{15}{15} + \dfrac{9}{1} + \dfrac{4.5}{1.5}}{\dfrac{1}{15} + 1 + \dfrac{1}{1.5}} = 7.5 \text{ (V)}$$

由此可计算各支路电流为

$$I_1 = \frac{E_1 - U}{R_1} = \frac{15 - 7.5}{15} = 0.5 \text{ (A)}$$

$$I_2 = \frac{-E_2 + U}{R_2} = \frac{-4.5 + 7.5}{1.5} = 2 \text{ (A)}$$

$$I_3 = \frac{E_3 - U}{R_3} = \frac{9 - 7.5}{1} = 1.5 \text{ (A)}$$

图 2-18 所示的电路中只含有电压源，不含理想电流源，如果电路中含有理想的电流源支路（见图 2-19），则两节点间的节点电压公式为

$$U = \frac{\dfrac{E_1}{R_1} + \dfrac{E_2}{R_2} + I_s}{\dfrac{1}{R_1} + \dfrac{1}{R_2} + \dfrac{1}{R_3}} = \frac{\sum \dfrac{E}{R} + \sum I_s}{\sum \dfrac{1}{R}} \qquad (2\text{-}18)$$

当电流源电流流入节点时取正号，流出时取负号。其他项的正负号选取原则和式（2-17）相同。

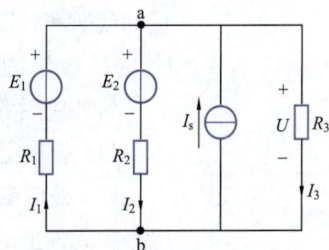

图 2-19 含理想电流源的两节点电路

第四节 叠 加 定 理

电路元件可分为线性元件和非线性元件。线性元件的参数（如 R、L、C、U_s、I_s）是常量，与元件两端的电压和通过元件的电流无关。由线性元件组成的电路称为**线性电路**。叠加定理是线性电路的重要定理之一。

叠加定理：在线性电路中，多个独立电源共同作用时在任一支路中产生的电压或电流，等于各独立电源单独作用时在该支路所产生的电压或电流的代数和。

下面以图 2-20（a）所示电路为例说明应用叠加定理分析线性电路的方法、步骤及需要注意的问题。在图 2-20（a）中，用叠加定理求电流 I 和电压 U。首先画出各独立源单独作用时的电路图，当电压源 U_s 单独作用时，电流源 I_s 置零（即电流源作开路处理），如图 2-20（b）所示；当电流源 I_s 单独作用时，电压源 U_s 置零（即电压源作短路处理），如图 2-20（c）所示。

图 2-20 叠加定理

（a）线性电路；（b）电流源开路；（c）电压源短路

由图 2-20（b）电路可求出电压源单独作用时的电流分量和电压分量，即 I' 和 U'，由于电流源支路开路，电阻 R_1 与 R_2 串联，所以

$$I' = \frac{U_s}{R_1 + R_2}, \quad U' = \frac{R_2 U_s}{R_1 + R_2}$$

同理，由图 2-20（c）电路可求出电流源单独作用时的电流分量和电压分量，即 I'' 和 U''，由于电压源支路短路，电阻 R_1 与 R_2 并联，所以

$$I'' = \frac{R_2 I_s}{R_1 + R_2}, \quad U'' = \frac{R_1 R_2}{R_1 + R_2} I_s$$

由叠加定理得二者共同作用时的电路电流 I 和电压 U，即为各电流分量和电压分

量的代数和，因 I' 与 I 参考方向一致，而 I'' 与 I 参考方向相反，所以 $I=I'-I''$；而 U'、U'' 与 U 参考方向均一致，所以 $U=U'+U''$。

另外应用叠加定理分析电路时，应该注意如下几点。

（1）叠加定理只适用于线性电路，而不适用于非线性电路。

（2）叠加定理适用于求解电压、电流及电位，但并不适用于求解功率。这是因为电路中元件上的功率并不等于每个独立源单独作用在元件上所产生的功率之和。例如图 2-20（a）中 R_1 电阻吸收的功率为

$$P = I^2R = (I'-I'')^2R \neq I'^2 + I''^2R = P_1 + P_2$$

（3）叠加时注意各电流分量和电压分量的参考方向，当分量与总量的参考方向一致时，分量前取"＋"号；参考方向相反时，分量前取"－"号。

【例 2-8】 用叠加定理求图 2-21 所示电路中的电流 I，并求阻值为 5Ω 的电阻上的功率。

解： 首先画出各独立源单独作用时的电路图，并标出各电流分量的参考方向，如图 2-22 所示。

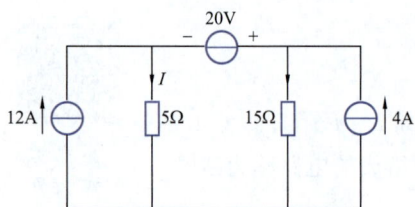

图 2-21 ［例 2-8］的图

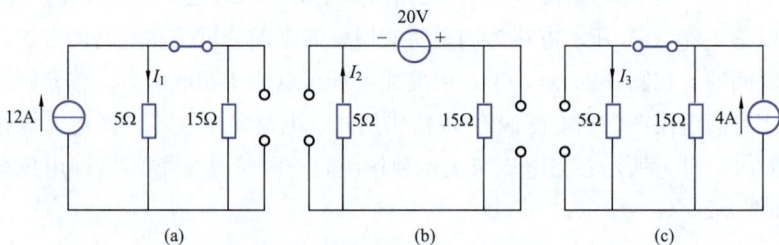

图 2-22 各独立源单独作用时的电路图

（a）12A 的电流源单独作用；（b）20V 的电压源单独作用；（c）4A 的电流源单独作用

由图 2-22 分别求得各电流分量为

$$I_1 = \frac{15 \times 12}{5+15} = 9 \text{ (A)}, \quad I_2 = \frac{20}{5+15} = 1 \text{ (A)}, \quad I_3 = \frac{15 \times 4}{5+15} = 3 \text{ (A)}$$

所以

$$I = I_1 - I_2 + I_3 = 11A$$

阻值为 5Ω 的电阻上的功率为

$$P = (I_1 - I_2 + I_3)^2 R = I^2R = 605W$$
$$\neq I_1^2R + I_2^2R + I_3^2R = 845W$$

由以上分析可知，元件上的功率并不等于每个独立源单独作用在元件上所产生的功率之和。另外，可以看出，应用叠加定理就是把多电源的复杂电路化解为单电源的简单电路，然后对电压和电流求代数和。

微课
科学家小故事
莱昂·夏尔·
戴维南

第五节　戴维南定理和诺顿定理

工程实际中，常常碰到只需研究某一支路的情况。这时，如果将需要保留支路外

的其余部分的电路化简为最简电路，可大大方便分析和计算。其余部分的电路具有两个出线端，通常称为**二端网络**。如果这个二端网络中含有独立电源，则称为**有源二端网络**；如果不含独立电源，则称为**无源二端网络**。

一、戴维南定理

戴维南定理指出：对外电路而言，任何一个线性有源二端网络，都可以用一个理想电压源 U_s 和电阻 R_0 的串联组合来等效代替；此理想电压源的电压 U_s 等于该有源二端网络的开路电压 U_{ab}，而电阻 R_0 等于该二端网络中全部独立电源置零后 a、b 两端子之间的等效电阻。戴维南定理可用图 2-23 所示的电路表示。

应用戴维南定理的关键在于正确的理解和求出有源二端网络 a、b 两端子之间的开路电压 U_{ab} 和等效电阻 R_0。求解 U_{ab} 的方法比较灵活，可以在 a、b 两端子之间任找一条通路，这条通路上各部分电压的代数和即 U_{ab}，也可以用叠加定理或节点电压法等电路分析方法求解 U_{ab}。求解 R_0 时，应将有源二端网络中全部独立电源置零（电压源置零是将电压源视为导线，电流源置零是将电流源视为开路）变成无源二端网络，则此无源二端网络 a、b 两端子之间的电阻可以等效为一个电阻，即 R_0，如图 2-24 所示。

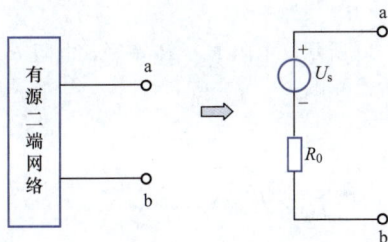
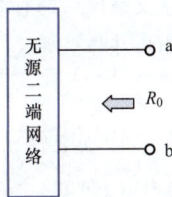

图 2-23　戴维南等效电源　　　　图 2-24　等效电阻

【例 2-9】 电路如图 2-25 所示，已知 $U_{s1}=40\text{V}$，$U_{s2}=20\text{V}$，$R_1=R_2=4\Omega$，$R_3=13\Omega$，试用戴维南定理求电流 I_3。

解： 断开待求支路以后的有源二端网络如图 2-26 所示，由图可得

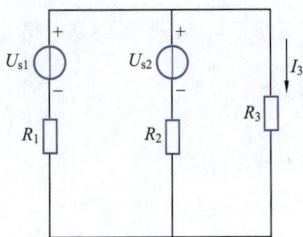
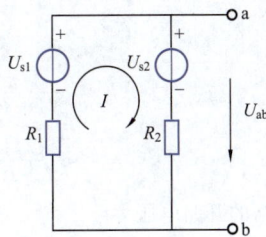

图 2-25　[例 2-9] 的图　　　　图 2-26　待求支路断开后的有源二端网络

$$I = \frac{U_{s1} - U_{s2}}{R_1 + R_2} = \frac{40 - 20}{4 + 4} = 2.5\ (\text{A})$$

有源二端网络的开路电压为

$$U_{ab} = U_{s2} + IR_2 = U_{s1} - IR_1 = 30\text{V}$$

将有源二端网络中的电压源 U_{s1} 和 U_{s2} 置零后的电路如图 2-27 所示。从 a、b 两端看进去，R_1 和 R_2 并联，所以

$$R_0 = \frac{R_1 \times R_2}{R_1 + R_2} = 2\Omega$$

有源二端网络的戴维南等效电路如图 2-28 虚线框内的部分，将断开支路接上得

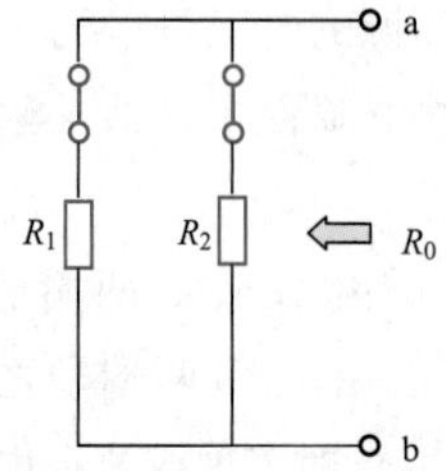

图 2-27 独立源置零后的电路

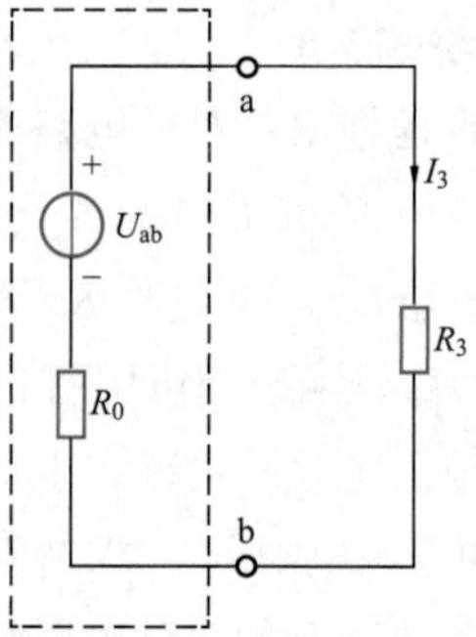

图 2-28 戴维南等效后电路

$$I_3 = \frac{U_{ab}}{R_0 + R_3} = \frac{30}{2 + 13} = 2 \text{ (A)}$$

【例 2-10】 电路如图 2-29 所示，已知 $R_1 = 5\Omega$，$R_2 = 5\Omega$，$R_3 = 10\Omega$，$R_4 = 5\Omega$，$U_s = 12\text{V}$，$R_G = 10\Omega$，试用戴维南定理求检流计中的电流 I_G。

解：断开待求支路以后的有源二端网络如图 2-30 所示，电阻 R_1、R_2 串联，电阻 R_3、R_4 串联，然后两组电阻再并联，所以

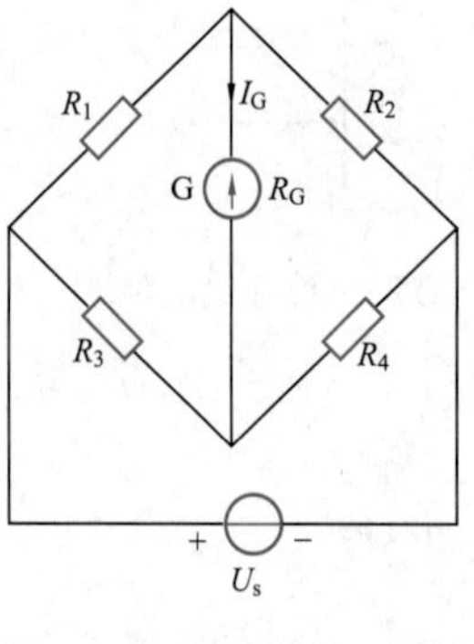

图 2-29 ［例 2-10］的图

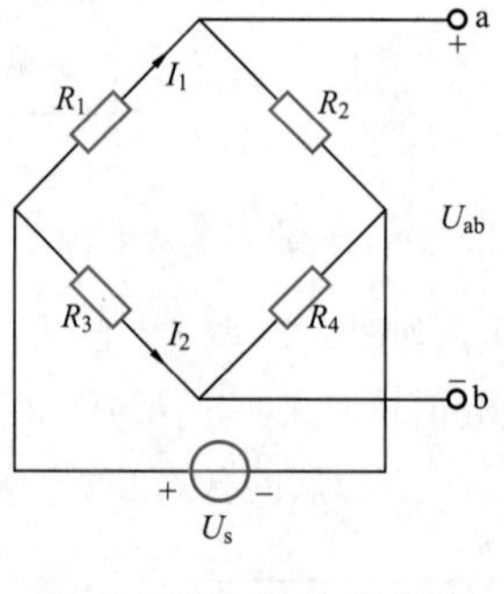

图 2-30 待求支路开路后的有源二端网络

$$I_1 = \frac{U_s}{R_1 + R_2} = \frac{12}{5 + 5} = 1.2 \text{ (A)}$$

$$I_2 = \frac{U_s}{R_3 + R_4} = \frac{12}{10 + 5} = 0.8 \text{ (A)}$$

有源二端网络的开路电压为

$$U_{ab} = I_1 R_2 - I_2 R_4 = 1.2 \times 5 - 0.8 \times 5 = 2 \text{ (V)}$$

或

$$U_{ab} = I_2 R_3 - I_1 R_1 = 0.8 \times 10 - 1.2 \times 5 = 2 \text{ (V)}$$

将有源二端网络中的独立源置零后的电路如图 2-31 所示，从 a、b 两端看进去，电阻 R_1 和 R_2 并联，电阻 R_3 和 R_4 并联，然后两组电阻再串联，所以

$$R_0 = \frac{R_1 \times R_2}{R_1 + R_2} + \frac{R_3 \times R_4}{R_3 + R_4} = 5.8\Omega$$

戴维南等效后的电路如图 2-32 所示。

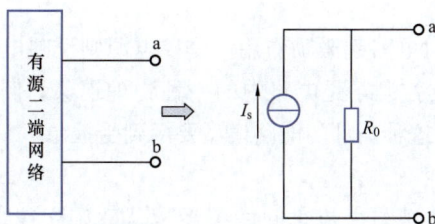

图 2-31　独立源置零后的电路　　　图 2-32　戴维南等效后的电路

$$I_{\mathrm{G}} = \frac{U_{\mathrm{ab}}}{R_0 + R_{\mathrm{G}}} = \frac{2}{5.8 + 10} = 0.126 \ (\mathrm{A})$$

二、诺顿定理

诺顿定理：对外电路而言，任何一个线性有源二端网络，都可以用一个理想电流源和电阻的并联组合来等效代替；此理想电流源的电流 I_{s} 等于该有源二端网络 a、b 两端子之间的短路电流，而电阻 R_0 等于该二端网络中全部独立电源置零后 a、b 两端子之间的等效电阻。

诺顿定理可用如图 2-33 所示的电路表示。

可见，一个有源二端网络既可以用戴维南定理化为图 2-23 所示的电压源，也可以用诺顿定理化为如图 2-33 所示的电流源。两者对外电路来讲是等效的。

应用诺顿定理的关键在于正确求解出有源二端网络 a、b 两端子之间的短路电流，其等效电阻 R_0 的求解方法和戴维南定理中求解 R_0 的方法相同。

【例 2-11】 用诺顿定理求［例 2-9］的电流 I_3。

解： 将待求支路用短路线代替，如图 2-34 所示。I_{sc} 为有源二端网络 a、b 两端子之间的短路电流，得

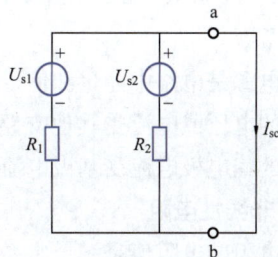

图 2-33　诺顿等效电源　　　图 2-34　待求支路用短路线代替后的电路

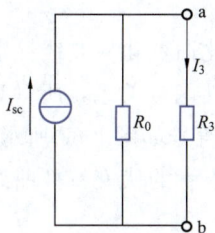

图 2-35　诺顿等效
后的电路

$$I_{\mathrm{sc}} = \frac{U_{\mathrm{s1}}}{R_1} + \frac{U_{\mathrm{s2}}}{R_2} = \frac{40}{4} + \frac{20}{4} = 15 \ (\mathrm{A})$$

等效电阻 R_0 的求法和［例 2-9］中相同。

由图 2-27 可得

$$R_0 = \frac{R_1 \times R_2}{R_1 + R_2} = 2\Omega$$

所以诺顿等效后的电路可用图 2-35 表示。

$$I_3 = \frac{R_0 I_{\mathrm{sc}}}{R_0 + R_3} = \frac{2 \times 15}{2 + 13} = 2 \ (\mathrm{A})$$

第六节　受控电源与非线性电阻

一、受控电源

上面讨论的电压源或电流源都是**独立电源**。所谓独立电源，就是指电压源电压或电流源电流不受外电路控制而独立存在。

受控电源又称为**非独立电源**，与独立电源不同，它的输出电压或电流受电路中某部分电压或电流的控制。受控电源分受控电压源和受控电流源。根据控制量是电压还是电流又分为**电压控制电压源（VCVS）、电压控制电流源（VCCS）、电流控制电压源（CCVS）、电流控制电流源（CCCS）**，它们的电路图形符号如图 2-36 所示，μ、γ、g、β 分别表示相应的控制系数。当各控制系数为常数时，被控量与控制量呈线性关系，则相应的受控源称之为线性受控源。

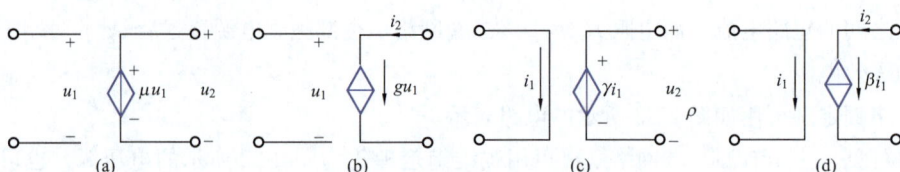

图 2-36　各种受控源的电路图形符号

（a）VCVS；（b）VCCS；（c）CCVS；（d）CCCS

由图 2-36 可知

$$u_2 = \mu u_1 \text{（VCVS）}; \quad i_2 = g u_1 \text{（VCCS）} \tag{2-19}$$

$$u_2 = \gamma i_1 \text{（CCVS）}; \quad i_2 = \beta i_1 \text{（CCCS）} \tag{2-20}$$

式（2-19）和式（2-20）中，μ 和 β 为无量纲的常数；γ 和 g 分别为具有电阻和电导量纲的常数。

独立电源是电路中能量和信号的"输入"，对电路起激励作用。受控电源则反映电路中某处的电压或电流受其他支路电压或电流的控制，是电路中的一种物理现象。例如三极管的集电极电流受基极电流的控制，所以这种器件的电路模型要用到受控源。

二、非线性电阻

线性电阻的电阻值是一个常数，其两端的电压与电流之间的关系遵从欧姆定律，可用 $U = RI$ 表示（设 U、I 为关联参考方向），线性电阻的伏安特性曲线为一条通过坐标原点的直线。

非线性电阻的电阻值不是一个常数，而是随电压或电流的变化而变化。非线性电阻的电压与电流之间不遵从欧姆定律，而是遵从某种特定的非线性函数关系，所以其伏安特性曲线不是通过坐标原点的直线。非线性电阻的电路图形符号如图 2-37 所示。非线性电阻元件在生产技术中应用很广，例如半导体二极管、三极管的伏安特性曲线都是非线性的，图 2-38 所示就是半导体二极管的伏安特性曲线。

非线性电阻元件的电阻有两种表达方式。一种是**静态电阻**（或称为直流电阻），它等于工作点 P 的电压与电流的之比，即

图 2-37 非线性电阻的电路图形符号

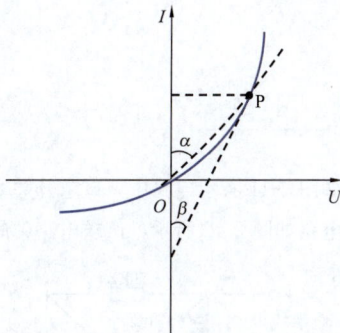

图 2-38 半导体二极管的伏安特性曲线

$$R = \frac{U}{I}$$

P 点的静态电阻 R 正比于 $\tan\alpha$。

另一种是**动态电阻**（或称为交流电阻），它等于工作点 P 附近的电压增量与电流增量之比，即

$$R_d = \frac{dU}{dI}$$

P 点的动态电阻 R_d 正比于 $\tan\beta$。β 为 P 点的切线与纵轴的夹角。

由于非线性电阻的阻值不是常数，在分析与计算非线性电阻电路时一般都采用图解法。

图 2-39 所示电路为一非线性电阻电路，非线性元件的伏安特性曲线如图 2-40 所示，要求出电路中的电流 I 以及非线性元件两端的电压 U。应用 KVL 可列出电路方程

图 2-39 非线性电阻电路

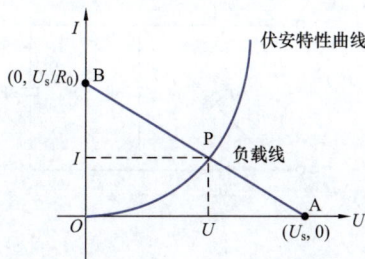

图 2-40 非线性电阻元件的伏安特性曲线

$$U = U_s - IR_0$$

这是一个直线方程，在 $U-I$ 的坐标平面上很容易画出这条直线：令 $I=0$，则 $U=U_s$，在横轴上得到点 A $(U_s，0)$；令 $U=0$，则 $I=\dfrac{U_s}{R_0}$，在纵轴上得到点 B$\left(0，\dfrac{U_s}{R_0}\right)$，连接 A、B 两点就得到了 $U-I$ 的关系曲线，常称为负载线，如图 2-40 所示。

非线性电阻的电压和电流之间的关系，既要满足自身的伏安特性，又要满足负载线方程，因此，非线性电阻元件的工作点只能在负载线和伏安特性的交点上，如图 2-40 中的 P 点，由 P 点分别向纵轴和横轴做垂线，可得电路电流 I 和非线性元件两端的

电压 U。

📖 习 题

2.1 如图 2-41 所示电路中，试求开关 S 断开和闭合时 a 和 b 之间的等效电阻 R_{ab}。

2.2 电路如图 2-42 所示，试求电路中的电流 I。

图 2-41 习题 2.1 的图　　　　图 2-42 习题 2.2 的图

2.3 试求如图 2-43 所示电路中电阻 R、电流 I、电压 U。

2.4 试求如图 2-44 所示电路的 I、U 及电流源发出的功率。

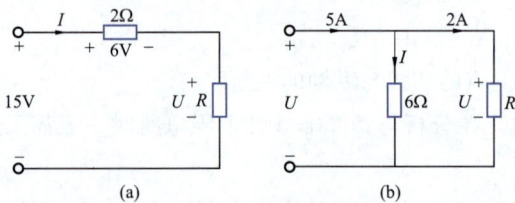

图 2-43 习题 2.3 的图　　　　图 2-44 习题 2.4 的图

2.5 电路如图 2-45 所示，试求 a、b 两端的等效电容与等效电感。

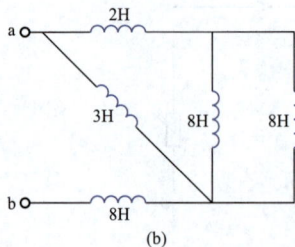

图 2-45 习题 2.5 的图

2.6 电路如图 2-46 所示，试用电压源和电流源等效变换的方法，求各电路的等效电压源和电流源模型。

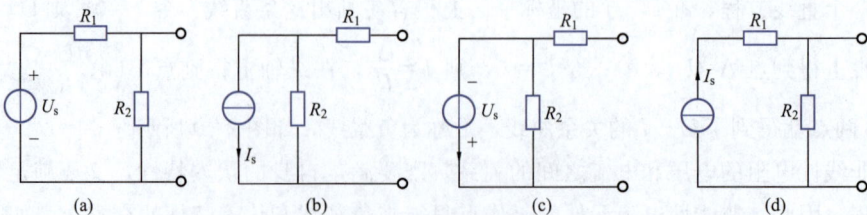

图 2-46 习题 2.6 的图

2.7　电路如图 2-47 所示，试用电压源和电流源等效变换的方法，求电路中的电流 I。

2.8　如图 2-48 所示电路中，已知 $U_{s1}=12V$，$R_1=3\Omega$，$U_{s2}=15V$，$R_2=1.5\Omega$，$R_3=9\Omega$，试用支路电流法计算各支路电流。

图 2-47　习题 2.7 的图

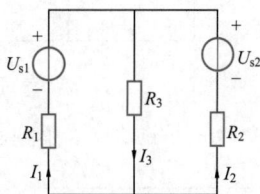

图 2-48　习题 2.8 和习题 2.9 的图

2.9　试用节点电压法求图 2-48 中的电流 I_3。

2.10　电路如图 2-49 所示，试用节点电压法求各支路电流。

2.11　试用叠加定理求图 2-50 所示电路中的电流 I_x。

2.12　电路如图 2-51 所示，试用叠加定理求电路中电压 U。

2.13　如图 2-52 所示，试求各电路在 ab 端口的戴维南等效电路或诺顿等效电路。

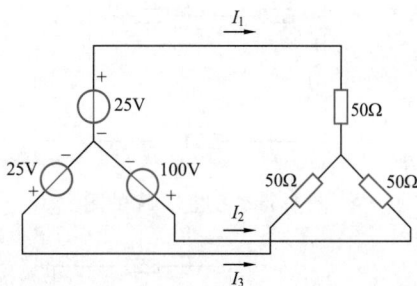

图 2-49　习题 2.10 的图

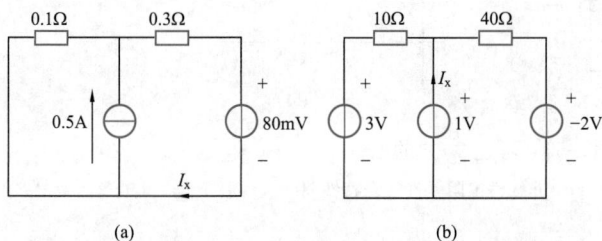

图 2-50　习题 2.11 的图

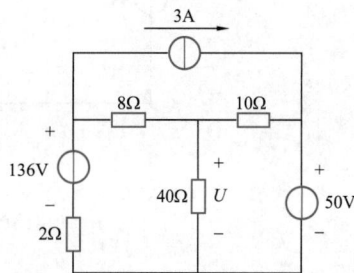

图 2-51　习题 2.12 的图

2.14　试用戴维南定理求图 2-53 中的电流 I。

2.15　试用戴维南定理求图 2-54 所示电路中的电压 U_{ab}。

2.16　电路如图 2-55（a）所示，试用图解法计算非线性电阻元件中的电流 I 及其两端的电压 U，非线性电阻元件的伏安特性曲线如图 2-55（b）所示。

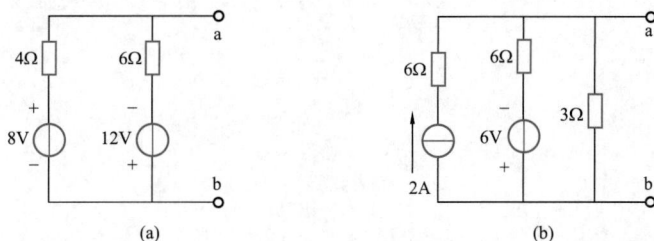

图 2-52　习题 2.13 的图（一）

(c)   (d)

图 2-52 习题 2.13 的图（二）

图 2-53 习题 2.14 的图

图 2-54 习题 2.15 的图

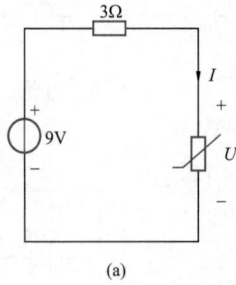

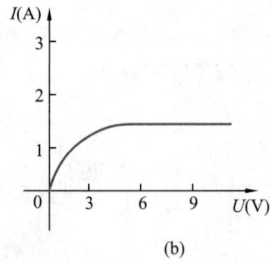

(a)   (b)

图 2-55 习题 2.16 的图

（a）电路图；（b）非线性电阻元件伏安特性曲线

第三章　单相及三相交流电路

正弦交流电路是指电路中含有随时间按正弦函数规律变动的电源，且电路各部分所产生的电压和电流均按正弦规律变化的电路。在正弦交流电源的激励下，电路各处电压和电流均为同频率正弦量。正弦交流电路有单相正弦交流电路和三相正弦交流电路之分，通常简称为单相及三相交流电路。

从理论分析和实际应用两方面来看，正弦交流电路在电路分析中占有重要地位。在工农业生产和居民生活中广泛使用正弦交流电，因为正弦电压容易产生和获得。交流发电机在结构和工艺上比直流发电机简单，且易于以整流方式获得直流；交流电动机性能优于直流电动机；传输电能时可应用变压器进行高压输送、低压供电。

第一节　单相正弦交流电路

随时间按正弦规律变动的变量称为**正弦量**。在交流电路中，变量用得最多的是正弦量，如正弦电流、正弦电压、正弦电动势等。**频率、幅值**和**初相位**三个值被称为确定一个**正弦量的三要素**。下面以正弦电流为例，说明正弦量的各个要素及其不同的表示方法。

一、频率

正弦量变化一次所需时间称为**周期** T，以 s（秒）为单位，如图 3-1 所示。每秒变化的次数称为**频率** f，单位为 Hz（赫兹）。

频率与周期互为倒数，即

$$f = \frac{1}{T} \tag{3-1}$$

我国电力系统所用的频率是 50 Hz，称为工频，它的周期是 0.02 s。实验室中的信号发生器可提供频率为 20 Hz～2 MHz 的正弦电压。

正弦量变化的快慢除用周期和频率表示外，还可用角频率 ω 来表示，它的单位是 rad/s（弧度/秒）。

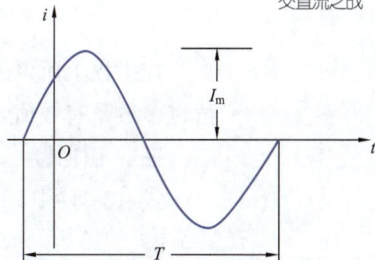

图 3-1　正弦波

$$\omega = \frac{2\pi}{T} = 2\pi f \tag{3-2}$$

二、幅值

正弦量在任一瞬时的值称为**瞬时值**，用小写字母表示，如 i、u 分别表示电流、电压的瞬时值。以正弦电流 i 为例，瞬时值的标准表达式为

$$i = I_m \sin(\omega t + \varphi_i) \tag{3-3}$$

式中：I_m 为瞬时值中的**幅值**或**最大值**，用带下标 m 的大写字母表示。

周期电流、电压的瞬时值都随时间而变，往往不能确切地反映周期电流、电压对电路平均作用的效果。为了与直流电流、电压在同一个电路产生作用的效果做比较，在工程实际中，常采用一个称为有效值的量来衡量周期量作用电路时产生的平均效果。

以电流为例，可以根据电流的热效应来规定它的有效值：如果一个周期电流和一个直流电流通过阻值相同的电阻，在相同的时间内所产生的热量相等，就把这个直流电流的数值规定为周期电流的**有效值**。由于周期电流的变化是一个周期重复一次，所以必须取一个周期 T 作为计算电流产生热量的时间。综上所述，可得

$$\int_0^T i^2 R \mathrm{d}t = I^2 RT$$

则周期电流的有效值

$$I = \sqrt{\frac{1}{T}\int_0^T i^2 \mathrm{d}t} \tag{3-4}$$

式（3-4）适用于任何周期量，但不能用于非周期量。

当周期电流为正弦量时，将 $i = I_m \sin(\omega t + \varphi_i)$ 代入式（3-4），得

$$I = \sqrt{\frac{1}{T}\int_0^T I_m^2 \sin^2(\omega t + \varphi_i)\mathrm{d}t} = \sqrt{\frac{1}{T}I_m^2\int_0^T \sin^2(\omega t + \varphi_i)\mathrm{d}t}$$

$$= \frac{I_m}{\sqrt{2}} \approx 0.707 I_m \tag{3-5}$$

同样可知，正弦电压的有效值与最大值关系为

$$U = \frac{U_m}{\sqrt{2}} \approx 0.707 U_m$$

按照规定，有效值用大写字母表示，与表示直流量的字母一样。

引入有效值概念后，正弦量的标准表达式也可以写成如下形式

$$电流 \ i = \sqrt{2}I\sin(\omega t + \varphi_i) \tag{3-6}$$

在工程上所说的正弦电压、电流的大小通常都是指有效值，交流测量仪表上的示值也多数是有效值。但各种电器和元件的耐压值，则按最大值考虑。

三、初相位

式（3-3）中，$(\omega t + \varphi_i)$ 称为正弦量的**相位角**或**相位**，反映正弦量变动的进程。当 $t=0$ 时，$(\omega t + \varphi_i) = \varphi_i$，$\varphi_i$ 称为正弦量的**初相位角**或**初相位**。初相位不同，正弦波的起始点不同。初相位的单位可以用（°）或 rad 表示。由于正弦量是周期性变化量，其值经 2π 后又重复，所以一般取主值，$|\varphi_i| \leqslant \pi$。在一个正弦电流电路的计算中，可以任意指定其中某一个正弦量的初相位为零，该正弦量称为参考正弦量，从而根据其他正弦量与参考正弦量之间的相互关系确定它们的初相角。不同的初相位对应不同的波形起点，如图 3-2 所示。

在一个正弦交流电路中，电压 u 和电流 i 的频率是相同的，但初相位却可以不同。设

$$u = U_m \sin(\omega t + \varphi_u), \ i = I_m \sin(\omega t + \varphi_i)$$

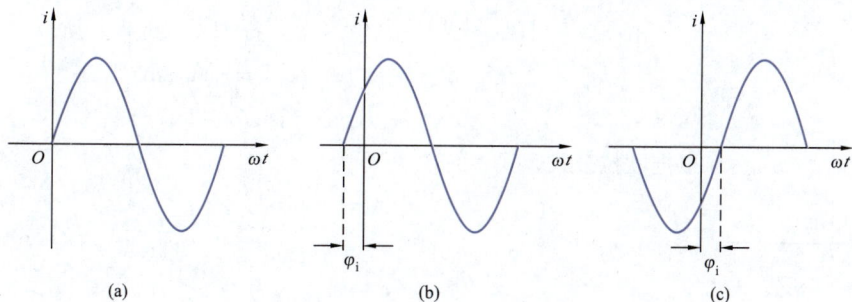

图 3-2　正弦波不同 φ_i 时对应的波形

(a) $\varphi_i = 0$；(b) $\varphi_i > 0$；(c) $\varphi_i < 0$

两个同频率正弦量的相位角之差或初相角之差，称为**相位差**，用 φ 表示。u 和 i 相位差为 $\varphi = (\omega t + \varphi_u) - (\omega t + \varphi_i) = \varphi_u - \varphi_i$。可见两个同频率正弦量的相位差等于初相角之差，与时间 t 无关。

如果 $\varphi > 0$（见图 3-3），电压 u **超前**电流 i 一个 φ 角；反过来也可以说电流 i **滞后**于电压 u 一个 φ 角；如果 $\varphi = 0$，称两个正弦量**同相位**或**同相**［见图 3-4（a）］；如果 $\varphi = 180°$，称两个正弦量**反相**［见图 3-4（b）］。

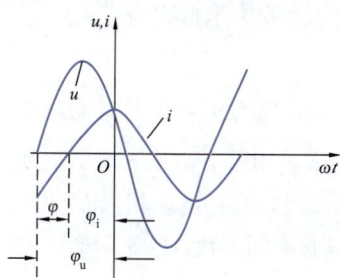

图 3-3　两个同频率正弦量相位差

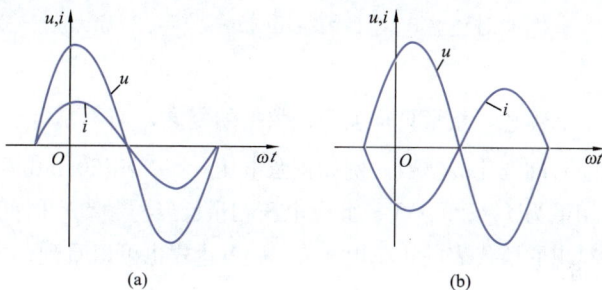

图 3-4　正弦量的相位差

(a) 同相；(b) 反相

第二节　正弦量的相量表示法

在时间域中含有正弦函数的代数运算、方程组和微分方程的求解是非常费时费力的。为了摆脱正弦函数运算的繁琐和微分方程求解的困难，利用数学中有关变换的概念，以复数为变换工具，用复平面上的复数相量表示时间域的正弦时间函数。从而将在时间域中求解正弦交流电路的微分方程问题转化为复数域中求解相量的代数方程问题，简化了正弦交流电路的分析与运算。

一、用复数表示正弦量

下面从数学角度探讨复数的几种表示形式，如图 3-5 所示。

以横轴为实轴，用 $+1$ 为单位，纵轴为虚轴，用 $+j$ 为单位，构成复平面。复数 A 实部为 a，虚部为 b，可写成

$$A = a + jb \tag{3-7}$$

微课

科学家小故事
斯坦·梅茨

视频

正弦量的相量
表示法

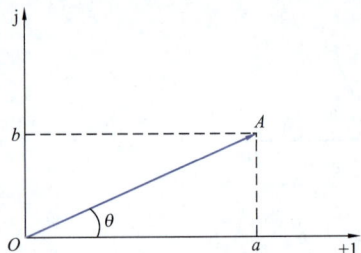

图 3-5　复数的几种表示形式

由图 3-5 可见，$|A| = \sqrt{a^2+b^2}$，称为复数的模，所以

$$A = a + jb = |A|\cos\theta + j|A|\sin\theta$$

$$= |A|(\cos\theta + j\sin\theta) \tag{3-8}$$

根据欧拉公式，式（3-8）可写为

$$A = |A|e^{j\theta} \tag{3-9}$$

或简写为

$$A = |A|\angle\theta \tag{3-10}$$

复数有 4 种形式，式（3-7）称为直角坐标式，式（3-8）称为三角函数式，式（3-9）称为指数式，式（3-10）称为极坐标式，四者之间可以互相转换。

前面已指出，一个正弦量是由有效值、角频率和初相位三要素来决定的。在线性电路中，若激励是正弦量，则电路中各部分响应均是与激励同一频率的正弦量，因此频率作为已知值。所以，要确定响应的正弦电流和电压，只要确定它们的幅值（有效值）和初相就可以了。从上面的复数分析可知，一个复数由模和幅角两个特征来确定，将两者进行对比可知，用复数可**表示**正弦量。复数的模代表正弦量的幅值（有效值），幅角代表正弦量的初相位。为了与一般的复数加以区别，把表示正弦量的复数称为**相量**，并在相应的表示电路变量的大写字母上打"·"。

例如对正弦电流 $i = I_m\sin(\omega t + \varphi) = \sqrt{2}I\sin(\omega t + \varphi)$，它的相量表示形式为

$$\dot{I} = I(\cos\varphi + j\sin\varphi) = Ie^{j\varphi} = I\angle\varphi \tag{3-11}$$

注意，相量只是表示正弦量的复数，而不是等于正弦量，因为正弦量是时间域中随时间变化的实数。例如正弦电压 $u = \sqrt{2} \times 220\sin(\omega t + 30°)$V，则可写出代表它的电压相量为 $\dot{U} = 220e^{j30°}$V，此时电压相量已经与频率和时间无关。反之，从电压相量 $\dot{U}$ 也可写出它所代表的正弦电压 u。从表达式也可以看到，电压 u 是时间函数，$\dot{U}$ 是复数，二者不可能等同。今后无特别指出，凡相量均指有效值相量。有关研究表明，**用相量表示正弦量后，电路中的基本定律如欧姆定律、基尔霍夫电压、电流定律等仍然成立**。

【例 3-1】 图 3-6 所示电路中，设 $i_1 = 100\sin(\omega t + 45°)$A，$i_2 = 60\sin(\omega t - 15°)$A，试求总电流 i。

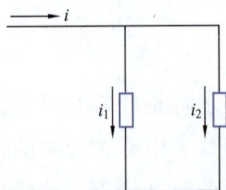

图 3-6　[例 3-1] 的图

解： 令

$$i_1 = \sqrt{2}I_1\sin(\omega t + \varphi_1)$$

$$i_2 = \sqrt{2}I_2\sin(\omega t + \varphi_2)$$

将 $i = i_1 + i_2$ 化为相量形式的基尔霍夫电流定律可得

$$\dot{I} = \dot{I}_1 + \dot{I}_2$$

根据题意 i_1、i_2 对应的相量分别为

$$\dot{I}_1 = \frac{100}{\sqrt{2}}e^{j45°} = \frac{100}{\sqrt{2}} \times (\cos45° + j\sin45°) = 50 + j50 \text{ (A)}$$

$$\dot{I}_2 = \frac{60}{\sqrt{2}}e^{j(-15°)} = \frac{60}{\sqrt{2}} \times [\cos(-15°) + j\sin(-15°)] = 41 - j11 \text{ (A)}$$

则 KCL 的相量形式为

$$\dot{I} = \dot{I}_1 + \dot{I}_2 = (50+41) + j(50-11) = 91 + j39 = 99e^{j23.2°} \text{ (A)}$$

对应的瞬时值 i 为

$$i = 99\sqrt{2}\sin(\omega t + 23.2°) = 140\sin(\omega t + 23.2°)\ (A)$$

从〔例 3-1〕得出两点结论：首先，将正弦量用相量表示后，正弦量的三角函数运算，如加、减、乘、除等就转换为复数的代数运算，使烦琐的计算大为简化；其次，对相量的加减运算采用直角坐标式较简便，对相量的乘除运算采用极坐标式或指数式较简便。

二、相量图

相量还可以用相量图表示。所谓相量图，指按照各相量的大小和相位关系在复平面上画出的图。图 3-7 表示了相量 $\dot{I} = 10\angle30°A$ 和 $\dot{U} = 5\angle45°V$，注意到有向线段的长度及与实轴夹角分别代表正弦量的有效值和初相位。电压相量 $\dot{U}$ 比电流相量 $\dot{I}$ 超前（45°－30°）=15°，也就是正弦电压 u 比正弦电流 i 超前 15°。根据相量的极坐标式能方便地做出相量图。

三、旋转因子

最后介绍旋转因子 $e^{j\alpha}$。设图 3-8 中，$\dot{I}_1 = Ie^{j\varphi_1}$，$\dot{I}_2 = Ie^{j\varphi_2}$，$\varphi_1 - \varphi_2 = \alpha$，可见 $\alpha > 0$，则 $\dot{I}_1$ 超前于 $\dot{I}_2$。有 $\dot{I}_1 = Ie^{j(\varphi_2 + \alpha)} = Ie^{j\varphi_2} \cdot e^{j\alpha} = \dot{I}_2 \cdot e^{j\alpha}$。

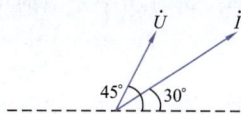

图 3-7　相量图

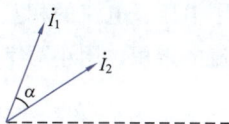

图 3-8　旋转因子在相量图中的意义

从相量图中可以看出，$\dot{I}_2$ 乘以 $e^{j\alpha}$ 后，相当于向前逆时针旋转一个 α 角，故称 $e^{j\alpha}$ 为**旋转因子**。当然，若 $\alpha < 0$ 时，则是顺时针旋转一个 $|\alpha|$ 角。

特别地，当 $\alpha = \pm90°$ 时，$e^{\pm j90°} = \cos(\pm90°) + j\sin(\pm90°) = \pm j$，称为 90°旋转因子。例如，一个复数乘以 j，就等于把该复数在复平面上逆时针旋转 90°；一个复数乘以（－j）或除以 j，等于把该复数顺时针转 90°。

第三节　电路元件伏安特性和电路定律的相量表示

一、电阻元件

如果有正弦电流通过电阻 R，按图 3-9（a）中电流、电压的参考方向，由欧姆定律知

$$u = Ri$$

若正弦电流为 $i = I_m\sin(\omega t + \varphi_i)$，则

$$u = Ri = RI_m\sin(\omega t + \varphi_i)$$
$$= U_m\sin(\omega t + \varphi_u) \tag{3-12}$$

比较式（3-12）中 $RI_m\sin(\omega t + \varphi_i)$ 和 $U_m\sin(\omega t + \varphi_u)$，它们应一致，即

$$U_m = RI_m \quad 或 \quad U = RI \tag{3-13}$$

视频

电路元件伏安特性和电路定律的相量表示

39

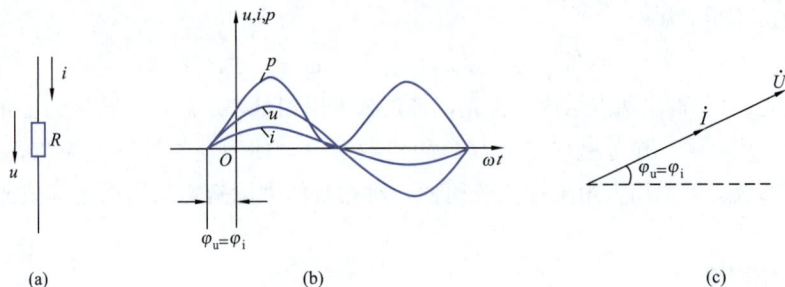

图 3-9　电阻元件的交流电路

(a) 电路图；(b) 波形图；(c) 相量图

$$\varphi_u = \varphi_i$$

即在电阻元件交流电路中，电压幅值或有效值与电流幅值或有效值的比值，就是电阻 R；电流和电压是同相的，波形如图 3-9 (b) 所示。

将电压 u 和电流 i 以相量表示，则 $\dot{I} = I\angle\varphi_i$，$\dot{U} = U\angle\varphi_u = RI\angle\varphi_i = R\dot{I}$，即

$$\dot{U} = R\dot{I} \tag{3-14}$$

这就是电阻元件欧姆定律的相量形式，此关系可用图 3-9 (c) 表示。

知道了电压、电流的相互关系后，便可找出电路中的功率。瞬时功率是瞬时电压与瞬时电流的乘积，用小写字母 p 表示，单位为 W。

$$p = ui = \sqrt{2}U\sin(\omega t + \varphi_u)\sqrt{2}I\sin(\omega t + \varphi_i)$$

设 $\varphi_u = \varphi_i = \varphi$，则

$$p = ui = UI[1 - \cos 2(\omega t + \varphi)] \tag{3-15}$$

p 随时间变化的波形如图 3-9 (b) 所示，由图可见 $p \geqslant 0$，且以 2ω 角频率按正弦规律变化，说明电阻元件总是吸收功率。

瞬时功率在一周期内的平均值，称为平均功率，用大写字母 P 表示，单位为 W。

$$P = \frac{1}{T}\int_0^T p\,\mathrm{d}t = \frac{1}{T}\int_0^T UI[1 - \cos 2(\omega t + \varphi)]\mathrm{d}t$$

$$= UI = RI^2 = \frac{U^2}{R} \tag{3-16}$$

二、电感元件

假定有一个阻值很小的非铁芯线圈（线性电感元件），忽略其电阻，认为仅由理想电感元件构成，电路如图 3-10 (a) 所示。

图 3-10 所示的电压 u 和电流 i 相同参考方向下，有 $u = L\dfrac{\mathrm{d}i}{\mathrm{d}t}$。设电感电流为 $i = I_m\sin(\omega t + \varphi_i)$，则电压 u 为

$$u = L\frac{\mathrm{d}[I_m\sin(\omega t + \varphi_i)]}{\mathrm{d}t} = I_m\omega L\cos(\omega t + \varphi_i)$$

$$= I_m\omega L\sin\left(\omega t + \varphi_i + \frac{\pi}{2}\right)$$

$$= U_m\sin(\omega t + \varphi_u) \tag{3-17}$$

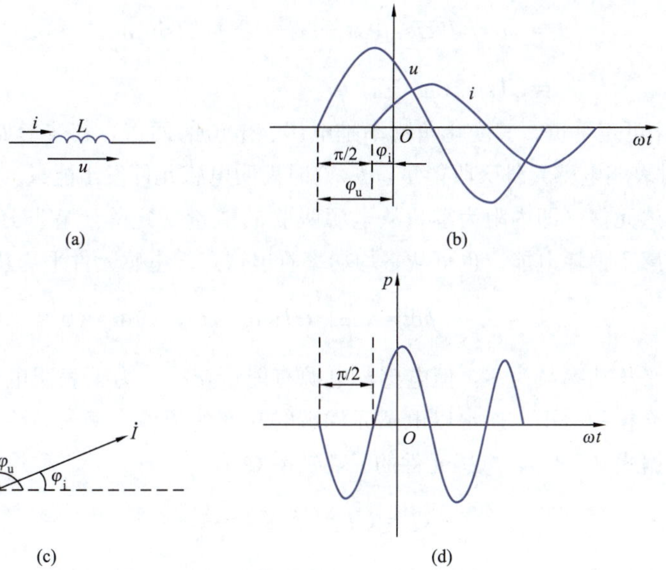

图 3-10　电感元件的交流电路

(a) 电路图；(b) 波形图；(c) 相量图；(d) 功率波形

比较式（3-17），得

$$U_m = \omega L I_m \quad \text{或} \quad U = \omega L I$$

$$\varphi_u = \varphi_i + \frac{\pi}{2} \tag{3-18}$$

因此，在电感元件交流电路中，电压的幅值或有效值与电流的幅值或有效值的比值为 ωL，电压比电流超前 $\pi/2$，波形如图 3-10（b）所示。

把 ωL 称为**感抗**，用 X_L 表示，即令 $X_L = \omega L = 2\pi f L$。$X_L$ 单位为 Ω（欧姆），X_L 表明电感对交流电路的阻碍作用随 f 和 L 的改变而改变。直流电路中，因为 $f = 0\text{Hz}$，所以 $X_L = 0\Omega$，即**电感在直流电路中相当于短路**。于是式（3-18）中有

$$U_m = X_L I_m \quad \text{或} \quad U = X_L I \tag{3-19}$$

U_m 与 I_m，U 与 I 之间有类似于欧姆定律的关系。

下面推导电感元件电压、电流关系的相量表达式

$$\dot{I} = I \angle \varphi_i$$

$$\dot{U} = U \angle \left(\frac{\pi}{2} + \varphi_i \right) = X_L I \angle \varphi_i \angle \frac{\pi}{2} = j X_L \dot{I}$$

即

$$\dot{U} = j X_L \dot{I} \tag{3-20}$$

式（3-20）所表达的电压、电流相量关系与式（3-14）欧姆定律所表达的电阻元件上的电压、电流相量关系在形式上是一致的。这就是电感元件上欧姆定律的相量形式。

式（3-20）表明，电压 $\dot{U}$ 的模是电流 $\dot{I}$ 的模的 X_L 倍，初相位比 $\dot{I}$ 超前 $90°$，从 $\dot{I}$ 逆时针转 $90°$ 得到电压 $\dot{U}$，相量图如图 3-10（c）所示。

电感元件的瞬时功率 p 为

$$p = ui = \sqrt{2}U\sin\left(\omega t + \varphi_i + \frac{\pi}{2}\right)\sqrt{2}I\sin(\omega t + \varphi_i)$$

$$= UI\sin 2(\omega t + \varphi_i) \tag{3-21}$$

p 随 t 的变化可正可负，其变化角频率是电压、电流的两倍，其波形如图 3-10（d）所示。$p>0$ 时表明电感元件吸收能量，$p<0$ 时表明电感元件发出能量。

理想电感元件（即内阻为零）从电源吸收的能量一定等于它归还给电源的能量，也就是说电感不消耗电能，也可从平均功率看出这点。电感元件平均功率 P

$$P = \frac{1}{T}\int_0^T p\,\mathrm{d}t = \frac{1}{T}\int_0^T UI\sin 2(\omega t + \varphi_i)\,\mathrm{d}t = 0 \tag{3-22}$$

电感的平均功率虽为零，但电感与电源有能量交换。为了表明电感元件与电源之间进行能量交换的大小，通常以电感元件瞬时功率的幅值来衡量，称为**无功功率**，用 Q 表示。根据式（3-21），电感元件的无功功率 Q 为

$$Q = UI = I^2 X_L = \frac{U^2}{X_L} \tag{3-23}$$

无功功率的单位是 var（乏）或 kvar（千乏）。与无功功率相对比，前面提到的平均功率是反映元件消耗电能的速率，因而也称平均功率为**有功功率**。

三、电容元件

图 3-11（a）中，当电容元件两端加上正弦交流电压 u，电压、电流参考方向一致，有

$$i = C\frac{\mathrm{d}u}{\mathrm{d}t} \quad 或 \quad u = u_0 + \frac{1}{C}\int_0^t i\,\mathrm{d}t$$

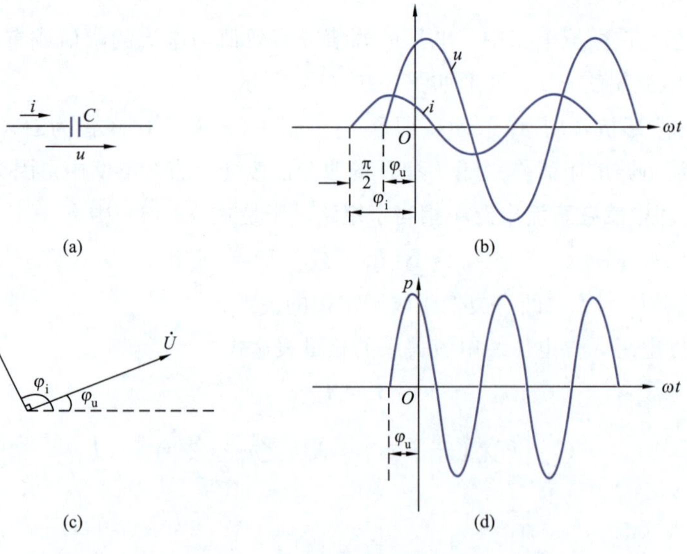

图 3-11 电容元件的交流电路

（a）电路图；（b）波形图；（c）相量图；（d）功率波形

设 $u = U_m\sin(\omega t + \varphi_u)$，则

$$i = C\frac{\mathrm{d}[U_m\sin(\omega t + \varphi_u)]}{\mathrm{d}t}$$

$$= \omega C U_m\sin(\omega t + \varphi_u + \pi/2)$$

$$= I_m \sin(\omega t + \varphi_i) \tag{3-24}$$

由式（3-24）得

$$U_m = \frac{1}{\omega C} I_m \quad 或 \quad U = \frac{1}{\omega C} I \tag{3-25}$$

$$\varphi_i = \varphi_u + 90°$$

U_m 与 I_m，U 与 I 之间有类似于欧姆定律的关系。式（3-25）中，令 $X_C = \frac{1}{\omega C}$，则有

$$U_m = X_C I_m \quad 或 \quad U = X_C I \tag{3-26}$$

$$\varphi_i = \varphi_u + \pi/2$$

称 X_C 为**容抗**，单位为 Ω（欧），是 ω 和 C 的函数。X_C 表明电容对电流有阻碍作用。当 $f = 0\,\mathrm{Hz}$ 时，$X_C \rightarrow \infty$，即**电容元件在直流电路中相当于断路**，因此称电容具有隔直作用。

于是，对于电容元件的交流电路，电压幅值或有效值与电流幅值或有效值之比为 X_C；且电流超前于电压 $90°$，波形如图 3-11（b）所示。

用相量表示电压 $\dot{U}$ 和电流 $\dot{I}$，则

$$\dot{U} = U \angle \varphi_u$$

$$\dot{I} = I \angle \varphi_u + \frac{\pi}{2} = \frac{U}{X_C} \angle \varphi_u \angle \frac{\pi}{2} = \frac{U \angle \varphi_u}{X_C \angle -\frac{\pi}{2}}$$

$$= \frac{\dot{U}}{-jX_C}$$

$$\dot{U} = -jX_C \dot{I} \tag{3-27}$$

式（3-27）表明相量 $\dot{I}$ 的模等于相量 $\dot{U}$ 的模除以容抗 X_C，且 $\dot{I}$ 的相位比 $\dot{U}$ 超前 $90°$，相量图如图 3-11（c）所示。

电容元件瞬时功率

$$p = ui = \sqrt{2} U \sin(\omega t + \varphi_u) \sqrt{2} I \sin\left(\omega t + \frac{\pi}{2} + \varphi_u\right)$$

$$= UI \sin 2(\omega t + \varphi_u) \tag{3-28}$$

p 是以 2ω 角频率变化的正弦量，随着 t 的变化可正可负。p 的波形如图 3-11（d）所示。在第一个和第三个 1/4 周期内，电压绝对值减小，电容元件放电，这时电容发出功率，所以 $p < 0$。在第二个和第四个 1/4 周期内，电压绝对值增大，电容元件充电，这时电容吸收功率，所以 $p > 0$。但一个周期内瞬时功率的平均值为零，吸收功率等于发出功率。

电容元件平均功率为

$$P = \frac{1}{T} \int_0^T ui \, dt = 0 \tag{3-29}$$

为了同电感元件的无功功率比较，也设电流 $i = I_m \sin(\omega t + \varphi_i)$，则 $u = U_m \sin(\omega t + \varphi_i - 90°)$，得瞬时功率

$$p = -UI \sin 2(\omega t + \varphi_i) \tag{3-30}$$

由此可见电容元件的无功功率为

$$Q = -UI = -I^2 X_C = -\frac{U^2}{X_C} \qquad (3\text{-}31)$$

对于电感元件和电容元件，必须注意感抗和容抗随电源频率改变，这是与电阻元件的阻值恒定不同之处。

第四节　RLC 串联交流电路

RLC 串联交流电路是典型的简单交流电路。图 3-12（a）的 RLC 串联电路根据 KVL 有

$$u = u_R + u_L + u_C \qquad (3\text{-}32)$$

用相量计算，与之相应的电路如图 3-12（b）所示，有

$$\dot{U} = \dot{U}_R + \dot{U}_L + \dot{U}_C \qquad (3\text{-}33)$$

这是相量形式的 KVL 在 RLC 串联电路的应用。

将 $\dot{U}_R = R\dot{I}$，$\dot{U}_L = jX_L\dot{I}$，$\dot{U}_C = -jX_C\dot{I}$，代入式（3-34）有

$$\dot{U} = R\dot{I} + jX_L\dot{I} + (-jX_C)\dot{I}$$
$$= \dot{I}[R + j(X_L - X_C)] \qquad (3\text{-}34)$$

令 $Z = R + j(X_L - X_C)$，Z 称为 RLC 串联电路的等效复阻抗（简称阻抗），则

$$\dot{U} = Z\dot{I} \qquad (3\text{-}35)$$

阻抗 Z 除有直角坐标式外，还有指数式及极坐标式，即

$$Z = |Z|e^{j\varphi} = |Z| \angle \varphi \qquad (3\text{-}36)$$

其中

$$|Z| = \sqrt{R^2 + (X_L - X_C)^2}, \quad \varphi = \arctan\frac{X_L - X_C}{R} \qquad (3\text{-}37)$$

图 3-12　RLC 串联电路

（a）典型电路；（b）相量形式

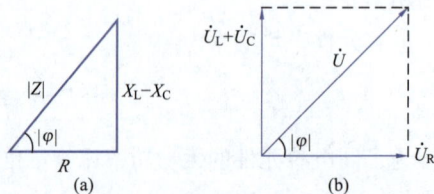

式中：$|Z|$ 为**阻抗模**，Ω；φ 为复阻抗的**阻抗角**。

可见 R、$X_L - X_C$、$|Z|$ 三者之间的关系可用一个直角三角形——阻抗三角形表示，如图 3-13（a）所示。注意，它不是相量三角形。

从式（3-35）可得

$$Z = \frac{\dot{U}}{\dot{I}} = \frac{U\angle\varphi_u}{I\angle\varphi_i} = \frac{U}{I}\angle\varphi_u - \varphi_i \qquad (3\text{-}38)$$

将式（3-38）与式 $Z = |Z|\angle\varphi$ 对比，有

$$|Z| = \frac{U}{I}, \quad \varphi = \varphi_u - \varphi_i \qquad (3\text{-}39)$$

式（3-37）和式（3-39）说明，电源频率 f 一定时，电路参数决定了电压 U 和电流 I 的比值，决定了电压 u 与电流 i 之间的相位差角。

当 $X_L > X_C$ 时，由式（3-37）知 $\varphi > 0$，称之为感性电路；当 $X_L < X_C$ 时，$\varphi < 0$，称

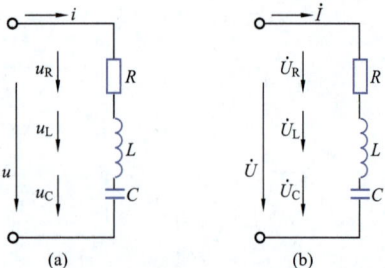

图 3-13　阻抗、电压三角形

（a）阻抗三角形；（b）电压三角形

之为容性电路；当$X_L = X_C$时，$\varphi = 0$，称之为阻性电路。

从式（3-34）利用电阻、电感和电容的电压相量关系可用一个直角三角形——电压三角形表示，如图3-13（b）所示，它是相量三角形。

【例3-2】 已知一个RLC串联电路，$R = 15\Omega$，$L = 12mH$，$C = 5\mu F$，端电压$u = 10\sqrt{2}\sin5000t$V。试求电路中的电流i和各元件上的电压瞬时表达式。

解：用相量法。先求电路复阻抗，然后解答。

复阻抗$Z = R + j\omega L - j\dfrac{1}{\omega C}$

$$j\omega L = j5000 \times 12 \times 10^{-3} = j60 \, (\Omega)$$

$$-j\frac{1}{\omega C} = -j\frac{1}{5000 \times 5 \times 10^{-6}} = -j40 \, (\Omega)$$

所以

$$Z = 15 + j60 - j40 = 15 + j20 = 25\angle53.1° \, (\Omega)$$

电流相量

$$\dot{I} = \frac{\dot{U}}{Z} = \frac{10\angle0°}{25\angle53.1°} = 0.4\angle-53.1° \, (A)$$

各元件上的电压相量分别为

$$\dot{U}_R = R\dot{I} = 15 \times 0.4\angle-53.1° = 6\angle-53.1° \, (V)$$

$$\dot{U}_L = j\omega L\dot{I} = j60 \times 0.4\angle-53.1° = 24\angle36.9° \, (V)$$

$$\dot{U}_C = -j\frac{1}{\omega C}\dot{I} = -j40 \times 0.4\angle-53.1° = 16\angle-143.1° \, (V)$$

它们的瞬时值表达式分别是

$$i = 0.4\sqrt{2}\sin(5000t - 53.1°) \, A$$
$$u_R = 6\sqrt{2}\sin(5000t - 53.1°) \, V$$
$$u_L = 24\sqrt{2}\sin(5000t + 36.9°) \, V$$
$$u_C = 16\sqrt{2}\sin(5000t - 143.1°) \, V$$

设RLC串联交流电路的电压u和电流i分别为

$$i = \sqrt{2}I\sin\omega t, u = \sqrt{2}U\sin(\omega t + \varphi) \tag{3-40}$$

则电路的瞬时功率为

$$p = ui = UI\cos\varphi - UI\cos(2\omega t + \varphi) \tag{3-41}$$

瞬时功率包括恒定分量和正弦分量两部分。瞬时功率的单位为W（瓦特）。

电路消耗的平均功率（有功功率）为

$$P = \frac{1}{T}\int_0^T p\mathrm{d}t = \frac{1}{T}\int_0^T [UI\cos\varphi - UI\cos(2\omega t + \varphi)]\mathrm{d}t$$
$$= UI\cos\varphi \tag{3-42}$$

可见交流电路的有功功率等于端电压有效值U和电流有效值I及系数$\cos\varphi$的乘积。P的单位为W（瓦），$\cos\varphi$称为电路的**功率因数**。

式（3-42）是计算交流电路有功功率的一般关系式，具有普通意义。RLC串联交流电路中的有功功率关系式可由此进一步写为

$$P = UI\cos\varphi = (U\cos\varphi)I = U_R I = I^2 R \qquad (3\text{-}43)$$

即计算平均功率只要计算电阻 R 上消耗的功率。式（3-43）也可以推广到任意连接的交流电路。

在交流电路中，电压有效值 U 和电流有效值 I 的乘积定义为**视在功率**，用字母 S 表示，即

$$S = UI \qquad (3\text{-}44)$$

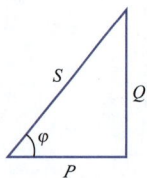

图 3-14　功率
三角形

S 的单位为 VA（伏安）或 kVA（千伏安）。实际用电设备的容量是由它们的额定电压和额定电流决定的，而且各种交流电器设备都必须在规定的额定电压和额定电流之下才能正常工作。因此各种电力设备容量往往用视在功率来表示。

交流电路的有功功率、无功功率和视在功率之间存在着一定的关系，即 $P=UI\cos\varphi$，$Q=UI\sin\varphi$，$S=UI$，故

$$P^2 + Q^2 = (UI)^2(\cos^2\varphi + \sin^2\varphi) = (UI)^2 = S^2 \qquad (3\text{-}45)$$

式（3-45）也可以看作一个直角三角形——功率三角形（见图 3-14），与阻抗三角形相似，但它也不是相量三角形。

【例 3-3】　有一个 RLC 串联电路，已知 $R=3\Omega$，$X_L=4\Omega$，$X_C=8\Omega$，电源电压 $u=220\sqrt{2}\sin(\omega t+10°)\text{V}$，试计算电路电流 i、有功功率和无功功率。

解：电路阻抗为

$$|Z| = |R+\mathrm{j}(X_L - X_C)| = |3+\mathrm{j}(4-8)| = 5\ (\Omega)$$

于是可算出电流有效值

$$I = \frac{U}{|Z|} = \frac{220}{5} = 44\ (\text{A})$$

电路阻抗角

$$\varphi = \arctan\frac{X_L - X_C}{R} = \arctan\frac{-4}{3} \approx -53°$$

负号说明电路为容性。故可写出电流的瞬时值为

$$i = 44\sqrt{2}\sin(\omega t + 53° + 10°) = 44\sqrt{2}\sin(\omega t + 63°)\ (\text{A})$$

有功功率

$$P = UI\cos\varphi = 220 \times 44 \times \cos(-53°) = 5.83\ (\text{kW})$$

无功功率

$$Q = UI\sin\varphi = 220 \times 44 \times \sin(-53°) = -7.73(\text{kvar}) < 0$$

第五节　复阻抗的串联和并联

在交流电路中，复阻抗的连接形式是多种多样的，其中最简单和最常用的是串联和并联。

一、复阻抗的串联

图 3-15（a）所示为两个复阻抗串联的电路。根据基尔霍夫电压定律可写出它的相

量表示式

$$\dot{U} = \dot{U}_1 + \dot{U}_2 = \dot{I}Z_1 + \dot{I}Z_2 = \dot{I}(Z_1 + Z_2) \qquad (3\text{-}46)$$

两个串联复阻抗可用一个等效复阻抗 Z 表示，根据定义，有 ［见图 3-15（b）］

$$\dot{U} = \dot{I}Z \qquad (3\text{-}47)$$

于是对比式（3-46）和式（3-47），有

$$Z = Z_1 + Z_2 \qquad (3\text{-}48)$$

注意：式（3-48）是复阻抗的求和，而不光是阻抗模的求和。

一般情况下，若有 n 个阻抗串联，等效复阻抗可写为

$$Z = \sum_{k=1}^{n} Z_k = \sum_{k=1}^{n} R_k + \mathrm{j}\sum_{k=1}^{n} X_k = |Z|\,\mathrm{e}^{\mathrm{j}\varphi} \qquad (3\text{-}49)$$

其中

$$|Z| = \sqrt{\left(\sum R_k\right)^2 + \left(\sum X_k\right)^2}, \quad \varphi = \arctan\frac{\sum X_k}{\sum R_k}$$

串联等效复阻抗等于对各复阻抗求和，即实部电阻和虚部电抗均应分别求和，R_k 恒为正，X_k 可正可负，感抗 X_L 前取正号，容抗 X_C 前取负号。

对图 3-15（a），有

$$\dot{U}_1 = \frac{Z_1}{Z}\dot{U}, \quad \dot{U}_2 = \frac{Z_2}{Z}\dot{U} \qquad (3\text{-}50)$$

以上两式就是两个串联阻抗的分压公式，推广到一般情况有

$$\dot{U}_k = \frac{Z_k}{Z}\dot{U} = \frac{Z_k}{\sum\limits_{k=1}^{n} Z_k}\dot{U} \qquad (3\text{-}51)$$

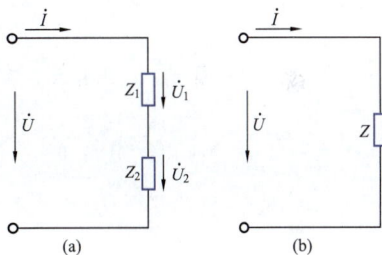

图 3-15　两个阻抗的串联

(a) 阻抗的串联；(b) 等效电路

二、复阻抗的并联

图 3-16（b）为两个复阻抗并联的电路。根据基尔霍夫电流定律可写出它的相量表示式

$$\dot{I} = \dot{I}_1 + \dot{I}_2 = \frac{\dot{U}}{Z_1} + \frac{\dot{U}}{Z_2} = \dot{U}\left(\frac{1}{Z_1} + \frac{1}{Z_2}\right) = \frac{\dot{U}}{Z} \qquad (3\text{-}52)$$

两个并联复阻抗也可用一个等效复阻抗 Z 表示，即

$$\frac{1}{Z} = \frac{1}{Z_1} + \frac{1}{Z_2} \quad \text{或} \quad Z = \frac{Z_1 Z_2}{Z_1 + Z_2} \qquad (3\text{-}53)$$

一般情况下，若有 n 个阻抗并联，等效复阻抗可写为

$$\frac{1}{Z} = \sum_{k=1}^{n} \frac{1}{Z_k} \qquad (3\text{-}54)$$

即等效复阻抗的倒数等于各个并联复阻抗的倒数的和。对每个 $Z_k = R_k + \mathrm{j}X_k$ 中的 X_k 同样可正可负，感抗 X_L 前取正号，容抗 X_C 前取负号。

对图 3-16（a），Z_1、Z_2 中的电流为

$$\dot{I}_1 = \frac{\dot{U}}{Z_1} = \frac{\dot{I}Z}{Z_1} = \frac{Z_2}{Z_1 + Z_2}\dot{I}, \quad \dot{I}_2 = \frac{\dot{U}}{Z_2} = \frac{\dot{I}Z}{Z_2} = \frac{Z_1}{Z_1 + Z_2}\dot{I}$$

以上两式就是两个并联阻抗分流公式，推广到一般情况有

$$\dot{I}_k = \frac{\dfrac{1}{Z_k}}{\displaystyle\sum_{k=1}^{n} \dfrac{1}{Z_k}} \dot{I} \tag{3-55}$$

【例 3-4】 已知图 3-17 电路中，$\omega=10\text{rad/s}$。试求电路的输入阻抗 Z。

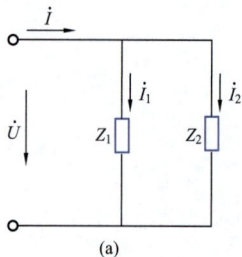

图 3-16　两个阻抗的并联

（a）阻抗的并联；（b）等效电路

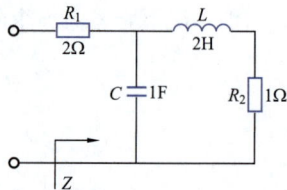

图 3-17　〔例 3-4〕的图

解： 由串并联关系可得输入阻抗

$$Z = \frac{(1+\text{j}2\omega)\dfrac{1}{\text{j}\omega}}{1+\text{j}2\omega+\dfrac{1}{\text{j}\omega}} + 2 = \frac{(1+\text{j}20)\dfrac{1}{\text{j}10}}{1+\text{j}20+\dfrac{1}{\text{j}10}} + 2$$

$$= \frac{\text{j}40-397}{\text{j}10-199} = \frac{399\angle-5.8°}{199\angle-2.9°}$$

$$= 2\angle-2.9° = 2-\text{j}0.1\,(\Omega)$$

视 频

交流电路的频率
特性

第六节　交流电路的频率特性

在具有电感和电容元件的电路中，在给定电路结构的情况下，电路的复阻抗 Z 是电路工作频率的函数。当电源的电压和电流或输入信号（激励）的频率不同时，电路中各部分的电压和电流（响应）不仅幅值或有效值不同，而且相位也会发生变化。这种响应和频率之间的关系称为交流电路的**频率响应**或**频率特性**。在无线通信和电子技术等领域需要研究电路在不同频率下的工作情况，这种研究称为**频域分析**。

一、滤波电路

滤波利用交流电路中的感抗和容抗随频率而变化的特性，使得输出信号对不同频率的输入信号产生不同的响应，让所需的某些频率的信号通过，而对不需要的频率信号进行抑制。下面介绍几种常用的滤波电路。

图 3-18　RC 低通滤波电路

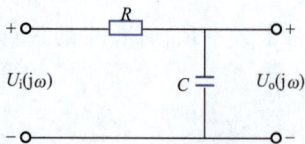

1. 低通滤波电路

常用电阻和电容或电阻和电感组成各种滤波电路，由于由电感组成的滤波电路体积较大，故一般常用电阻和电容组成的滤波电路。图 3-18 为 RC 串联电路，$U_\text{i}(\text{j}\omega)$ 是输入信号电压，$U_\text{o}(\text{j}\omega)$ 是输出信号电压，它们都是频率的函数。

定义输出信号电压和输入信号电压的比值为电路的传递函数，用 $T(j\omega)$ 表示，由图 3-18 可得

$$T(j\omega) = \frac{U_o(j\omega)}{U_i(j\omega)} = \frac{\dfrac{1}{j\omega C}}{R + \dfrac{1}{j\omega C}} = \frac{1}{1 + j\omega RC} = \frac{1}{\sqrt{1 + (\omega RC)^2}} \angle -\arctan(\omega RC)$$

$$= |T(j\omega)| \angle \varphi(\omega) \qquad\qquad (3-56)$$

其中

$$|T(j\omega)| = \frac{U_o(\omega)}{U_i(\omega)} = \frac{1}{\sqrt{1 + (\omega RC)^2}}$$

$$\varphi(\omega) = \arctan(\omega RC)$$

式中：$|T(j\omega)|$ 是传递函数 $T(j\omega)$ 的模；$\varphi(\omega)$ 是传递函数 $T(j\omega)$ 的幅角，二者都是角频率 ω 的函数。

表示 $|T(j\omega)|$ 随 ω 变化的特性称为**幅频特性**，表示 $\varphi(\omega)$ 随 ω 变化的特性称为**相频特性**，二者都称为 RC 滤波电路的**频率特性**。

设参数 $\omega_0 = \dfrac{1}{RC}$，选择几个特殊的频率点来观察幅频特性和相频特性随角频率变化的情况

$$\omega = 0,\ |T(j\omega)| = 1,\ \varphi(\omega) = 0$$

$$\omega = \infty,\ |T(j\omega)| = 0,\ \varphi(\omega) = -\frac{\pi}{2}$$

$$\omega = \omega_0,\ |T(j\omega)| = \frac{1}{\sqrt{2}} = 0.707,\ \varphi(\omega) = -\frac{\pi}{4}$$

低通滤波电路的幅频特性和相频特性随角频率变化的整体情况如图 3-19 所示。从图中看到，以 ω_0 作为分界点，低频信号很容易通过，而高频信号的幅值下降很快，表明该电路具有低频通过而抑制高频的能力。

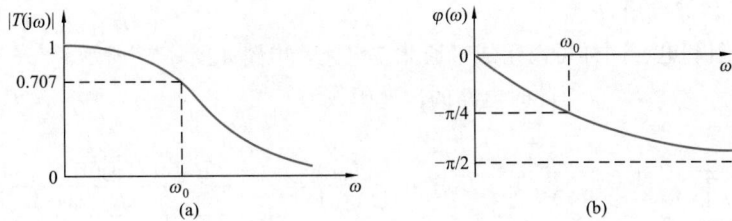

图 3-19　低通滤波电路的频率特性
（a）幅频特性；（b）相频特性

在实际应用中，信号输出电压不能下降太大，规定输出电压为输入电压的 70% 时的频率为截止频率，而此时的频率刚好有 $\omega = \omega_0$，因此又称 ω_0 为滤波电路的截止频率，将频率范围 $0 < \omega \leqslant \omega_0$ 称为滤波电路的**通频带**。

2. 高通滤波电路

将前面低通滤波电路的电阻和电容换位置得到图 3-20。此时电路的传递函数为

$$T(\mathrm{j}\omega) = \frac{U_\mathrm{o}(\mathrm{j}\omega)}{U_\mathrm{i}(\mathrm{j}\omega)} = \frac{R}{R + \dfrac{1}{\mathrm{j}\omega C}} = \frac{1}{1 - \mathrm{j}\,\dfrac{1}{\omega RC}} = \frac{1}{\sqrt{1 + \left(\dfrac{1}{\omega RC}\right)^2}} \angle \arctan\left(\frac{1}{\omega RC}\right)$$

$$= |T(\mathrm{j}\omega)| \angle \varphi(\omega) \tag{3-57}$$

其中

$$|T(\mathrm{j}\omega)| = \frac{U_\mathrm{o}(\omega)}{U_\mathrm{i}(\omega)} = \frac{1}{\sqrt{1 + \left(\dfrac{1}{\omega RC}\right)^2}}, \quad \varphi(\omega) = \arctan\left(\frac{1}{\omega RC}\right)$$

设参数 $\omega_0 = \dfrac{1}{RC}$，选几个特殊频率点

$$\omega = 0, \quad |T(\mathrm{j}\omega)| = 0, \quad \varphi(\omega) = \frac{\pi}{2}$$

$$\omega = \infty, \quad |T(\mathrm{j}\omega)| = 1, \quad \varphi(\omega) = 0$$

$$\omega = \omega_0, \quad |T(\mathrm{j}\omega)| = \frac{1}{\sqrt{2}} = 0.707, \quad \varphi(\omega) = \frac{\pi}{4}$$

幅频特性和相频特性随角频率变化的整体情况如图 3-21 所示。从图中看到，以 ω_0 作为分界点，高频信号很容易通过，而低频信号的幅值下降很快，表明该电路具有高频通过而抑制低频的能力，所以此电路称之为**高通滤波电路**。

图 3-20　RC 高通滤波电路

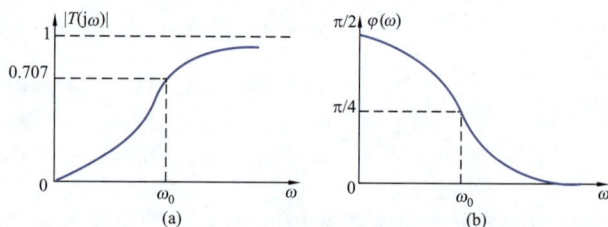

图 3-21　高通滤波电路的频率特性
（a）幅频特性；（b）相频特性

3. 带通滤波电路

利用电阻和电容同样可以组成带通滤波电路，电路如图 3-22 所示。

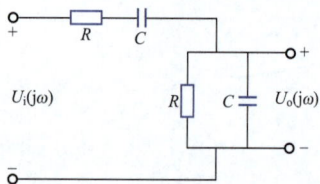

图 3-22　RC 带通滤波电路

此时电路的传递函数为

$$T(\mathrm{j}\omega) = \frac{U_\mathrm{o}(\mathrm{j}\omega)}{U_\mathrm{i}(\mathrm{j}\omega)} = \frac{\dfrac{R/(\mathrm{j}\omega C)}{R + 1/(\mathrm{j}\omega C)}}{R + \dfrac{1}{\mathrm{j}\omega C} + \dfrac{R/(\mathrm{j}\omega C)}{R + 1/(\mathrm{j}\omega C)}}$$

$$= |T(\mathrm{j}\omega)| \angle \varphi(\omega) \tag{3-58}$$

其中

$$|T(\mathrm{j}\omega)| = \frac{1}{\sqrt{9 + \left(\omega RC - \dfrac{1}{\omega RC}\right)^2}}, \quad \varphi(\omega) = -\arctan\left(\frac{\omega RC - \dfrac{1}{\omega RC}}{3}\right)$$

设参数 $\omega_0 = \dfrac{1}{RC}$，选几个特殊频率点

$$\omega = 0, \ |T(j\omega)| = 0, \ \varphi(\omega) = \frac{\pi}{2}$$

$$\omega = \infty, \ |T(j\omega)| = 0, \ \varphi(\omega) = -\frac{\pi}{2}$$

$$\omega = \omega_0, \ |T(j\omega)| = \frac{1}{3}, \ \varphi(\omega) = 0$$

由图 3-23 可见，当 $\omega = \omega_0$ 时，输出电压与输入电压同相，同时输出也达到最大值 $\dfrac{U_o}{U_i} = \dfrac{1}{3}$，并规定，当 $|T(j\omega)|$ 等于最大值的 70.7% 处之间频率的宽度称为**通频带宽度**，即

$$\Delta\omega = \omega_2 - \omega_1$$

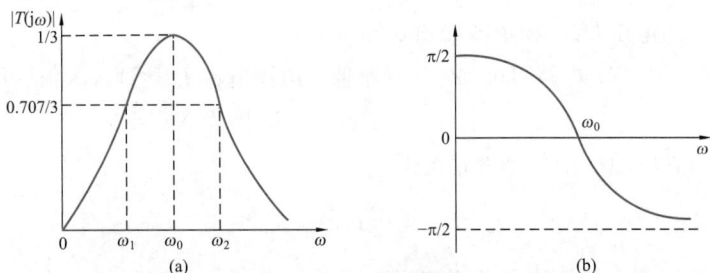

图 3-23　带通滤波电路的频率特性

（a）幅频特性；（b）相频特性

因而将频率范围 $\omega_1 \leqslant \omega \leqslant \omega_2$ 称为带通滤波器的通频带。

二、谐振电路

对于任何含有电感和电容的电路，在一定频率下可以呈现电阻性，即整个电路的总电压与电流同相位，这种现象称为正弦交流电路的**谐振**。从最简单的 RLC 电路来研究谐振现象，根据 RLC 组合的不同，谐振现象分**串联谐振**和**并联谐振**。下面将分别讨论这两种谐振发生的条件及特征，以及谐振电路的频率特性，从而进一步研究如何利用谐振现象和防范谐振现象给电路带来的危害。

1. RLC 串联谐振电路

RLC 串联电路如图 3-24 所示，输入阻抗为

$$Z = R + j(X_L - X_C)$$

当 $X_L = X_C$ 时，即

$$\omega_0 L = \frac{1}{\omega_0 C} \qquad\qquad (3\text{-}59)$$

则有

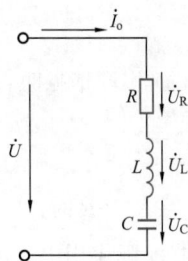

图 3-24　RLC 串联电路

$$\varphi = \arctan\frac{X_L - X_C}{R} = 0$$

即电源电压 u 与电路电流 i 同相。这时电路发生**谐振现象**。式（3-59）是 RLC 串联电路发生串联谐振的条件，由此得到谐振频率为

$$\omega_0 = \frac{1}{\sqrt{LC}} \quad \text{或} \quad f_0 = \frac{1}{2\pi\sqrt{LC}} \qquad\qquad (3\text{-}60)$$

使电路发生谐振有两种方法：①当电源频率一定时，调节电路参数 L 或 C 可使电路发生谐振；②当电路参数固定时，可改变电源或输入信号的频率也可使电路发生谐振。

串联谐振具有下列特征。

（1）串联谐振时外加电压与电路电流同相（$\varphi=0$），因此电路呈阻性。电源供给电路的能量全部消耗在电阻上，电源与电路不存在能量交换，电感和电容之间相互交换能量，以满足无功功率的需要。

电感电压、电容电压以及总电压分别为

$$\dot{U}_L = jX_L\dot{I} = -jX_C\dot{I} = -\dot{U}_C \quad \dot{U} = \dot{U}_R + \dot{U}_L + \dot{U}_C = \dot{U}_R$$

即 $\dot{U}_L$ 与 $\dot{U}_C$ 在相位上相反、相量模相等，互相抵消，外加电压 $\dot{U}$ 等于电阻电压 $\dot{U}_R$，相量图如图 3-25 所示。

（2）电路阻抗 $|Z|$ 达最小值，电路电流 I_o 达到最大值。即

$$|Z| = |Z|_{min} = R（因为 X_L = X_C）$$

在电源电压 U 不变情况下

$$I_o = I_{omax} = \frac{U}{R}$$

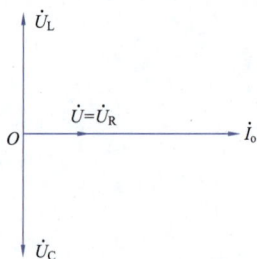

图 3-25　串联谐振时的相量图

图 3-26 分别画出了阻抗和电流随频率变化的曲线，由图可知，当 $f > f_0$ 时，由于 $X_L > X_C$，电路呈感性；当 $f < f_0$ 时，由于 $X_L < X_C$，电路呈容性。

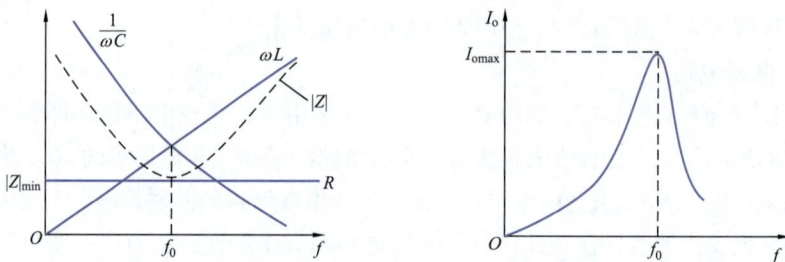

图 3-26　阻抗与电流随频率变化的曲线

（3）串联谐振时，U_L、U_C 可能大于电源电压 U。因为

$$U_L = U_C = \omega_0 L I_{omax} = \omega_0 L \frac{U}{R} = \frac{\omega_0 L}{R} U$$

当 $X_L = X_C > R$ 时，U_L 和 U_C 都高于电源电压 U，所以串联谐振也称**电压谐振**。

在实际应用中，定义参数 Q 来表示 U_L 或 U_C 与电源电压之比值

$$Q = \frac{U_L}{U} = \frac{U_C}{U} = \frac{\omega_0 L}{R} = \frac{1}{\omega_0 CR} = \frac{\sqrt{\dfrac{L}{C}}}{R} \tag{3-61}$$

则

$$U_L = U_C = QU$$

称 Q 为串联谐振电路的**品质因数**，是由串联电路的参数 R、L、C 决定的无量纲的量。它的意义是表示谐振时电容或电感电压是电源电压的 Q 倍。

在电力工程中一般应避免发生电压谐振，因为谐振时，在电容元件上和电感上可能出现比电源电压大得多的过电压，而击穿电容器和电感线圈的绝缘层。在电信工程中则相反，常利用串联谐振来获得较高电压。例如收音机中就可利用串联谐振电路（又称调谐电路）来选择所要收听的某个电台的广播。

RLC 串联电路中，电流及各电压随频率变动，在图 3-27 中画出了电流随频率变动的曲线，称为电流的**谐振曲线**。谐振曲线的尖锐或平坦同 Q 值有关，Q 值越大，在 f_0 附近曲线越尖锐。

当谐振曲线比较尖锐时，稍有偏离谐振频率 f_0 的信号，电路响应 I 将显著减弱。就是说，谐振曲线越尖锐，选择性就越强。

此外还常引用通频带的概念。在图 3-28 中，电流 I_0 值在等于最大值 I_{omax} 的 70.7%（即 $1/\sqrt{2}$）处，频率的上下限之间宽度称为通频带，即 $\Delta f = f_2 - f_1$，其中 f_2 是上限频率，f_1 是下限频率。

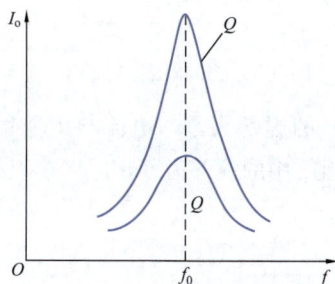

图 3-27　Q 与谐振曲线的关系　　　　　图 3-28　通频带

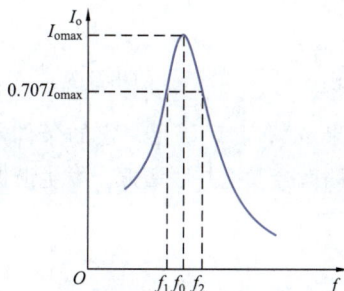

可以证明，通频带与品质因数成反比。Q 值越大，谐振曲线线越尖锐，选择性越好，但通频带越窄。

【例 3-5】　将一线圈（$R=1\Omega$，$L=2\text{mH}$）与电容器串联，接在 $U=10\text{V}$，$\omega=2500\text{rad/s}$ 的电源上，试问 C 为何值时电路发生谐振？并试求谐振电流 I_{omax}、电容端电压 U_C、线圈端电压 U_{RL} 及品质因数 Q。

解：因为 $\omega L = \dfrac{1}{\omega C}$ 时发生串联谐振，故所需电容值

$$C = \frac{1}{\omega^2 L} = \frac{1}{2500^2 \times 2 \times 10^{-3}} = 80 \ (\mu\text{F})$$

电路品质因数

$$Q = \frac{\omega_0 L}{R} = \frac{\sqrt{\dfrac{L}{C}}}{R} = \sqrt{\frac{2 \times 10^{-3}}{80 \times 10^{-6}}} \Big/ 1 = 5$$

谐振时电流

$$I_{omax} = \frac{U}{R} = \frac{10}{1} = 10 \ (\text{A})$$

电容端电压

$$U_C = QU = 5 \times 10 = 50 \ (\text{V})$$

线圈两端电压

$$U_{RL} = \sqrt{U_R^2 + U_L^2} = \sqrt{U^2 + U_C^2} = \sqrt{10^2 + 50^2} = 51 \ (V)$$

谐振时电路的相量图如图 3-29 所示。

2. RLC 并联谐振电路

图 3-30 表示一个由正弦电压源激励的电阻、电感与电容相并联的电路。并联电路的复阻抗为

$$\frac{1}{Z} = \frac{1}{R} + j\left(\omega C - \frac{1}{\omega L}\right) \tag{3-62}$$

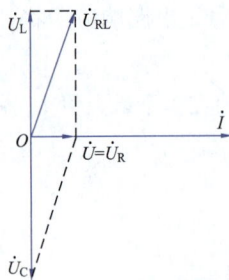

图 3-29 ［例 3-5］的相量图   图 3-30 并联谐振电路

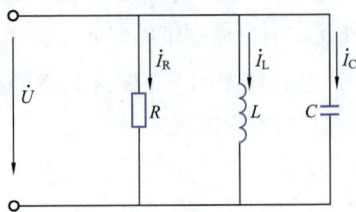

如果 ω、L 和 C 满足一定的条件，使式（3-62）的虚部为零，电流与电压就将同相，电路就会发生**并联谐振**。发生谐振的条件为复阻抗中的虚部为零，即

$$\omega_0 C - \frac{1}{\omega_0 L} = 0$$

$$\omega_0 = \frac{1}{\sqrt{LC}}$$

或

$$f_0 = \frac{1}{2\pi \sqrt{LC}} \tag{3-63}$$

并联谐振具有以下特征。

（1）谐振时电源电压与电路电流同相（$\varphi = 0$），因此电路呈阻性。电源供给电路的能量全部消耗在电阻上，电源与电路不存在能量交换，电感和电容之间相互交换能量，以满足无功功率的需要。

（2）谐振时电路的复阻抗的模 $|Z|$ 最大，电路中电流 I_0 最小，则有

$$I_0 = \frac{U}{|Z|}$$

阻抗与电流的谐振曲线如图 3-31 所示。

（3）定义参数品质因数 Q 来表示 I_L 或 I_C 与总电流 I_0 之比值，即

$$Q = \frac{I_L(\omega_0)}{I_0} = \frac{I_C(\omega_0)}{I_0} = \frac{\dfrac{U}{\omega_0 L}}{\dfrac{U}{R}} = \frac{R}{\omega_0 L} = \frac{\dfrac{U}{1/(\omega_0 C)}}{\dfrac{U}{R}} = \omega_0 RC \tag{3-64}$$

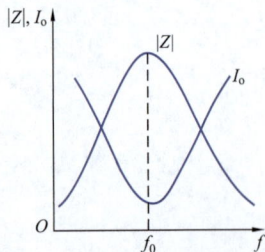

图 3-31 $|Z|$ 和 I_0 的
谐振曲线

即有

$$I_L = I_C = QI$$

电感和电容支路的电流大小相等，适当的选择电路参数，可以使电感和电容支路的电流比总电流大许多倍。因此并联谐振也叫**电流谐振**。

并联谐振在工业技术和无线电工程中具有广泛应用，如在高频信号的接收、滤波中的应用等。

而对于不是上述两种情况的其他电路，应首先写出电路的复阻抗的表达式，然后令其虚部等于零，即可求得该电路的谐振频率。

第七节　电路功率因数的提高

前面在分析正弦交流电路的平均功率时有

$$P = UI\cos\varphi$$

可见，正弦交流电路消耗的平均功率除了与电路电压和电流的有效值有关外，还与电路电压和电流之间的相位差 φ 有关。$\cos\varphi$ 定义为**功率因数**，它的大小取决于电路参数，除了纯电阻负载（如白炽灯），$\cos\varphi = 1$；对其他负载，功率因数介于 0 和 1 之间。

在正弦交流电路中，一般情况电压和电流都存在相位差，功率因数不等于 1，因此会在正弦交流电路的应用中存在下列问题。

首先，交流电源在额定容量 S_N 下向负载输送多少平均功率，与负载的功率因数有关，即

$$P = S_N\cos\varphi$$

例如，容量为 10^5 kVA 的发电机，当负载的 $\cos\varphi$ 为 0.6 时，它对外可提供的有功功率 $P = 60\ 000$kW；若负载的 $\cos\varphi$ 提高到 0.9，则它对外提供的有功功率 $P = 90\ 000$kW。因此为了充分提高发电设备的利用率，应设法提高负载的功率因数。

其次，由于输电线的电流 $I = \dfrac{P}{U\cos\varphi}$，在有功功率 P 和电压 U 一定时，$\cos\varphi$ 越小，线路电流越大，线路上的功率损耗越大。这样既不利于电能的节约，又影响供电质量。故提高功率因数有很大经济意义。在工农业生产和日常生活中大量使用的各种电气设备往往是感性的，因此功率因数不会太高。如何既要满足感性负载对无功功率的需要，又能提高电路的功率因数，这就是工业企业研究的问题。

对于工业企业中的感性负载，提高这类负载功率因数的常用方法就是在感性负载的两端并联电容器，其电路图和相量图如图 3-32 所示。

并联电容器以前，感性负载功率因数 $\cos\varphi_1 = \dfrac{R}{\sqrt{R^2 + X_L^2}}$。并联以后，由于电容电流 $\dot{I}_C$ 比电压 $\dot{U}$ 超前90°，$(\dot{I}_1 + \dot{I}_C)$ 的结果使总电流 $\dot{I}$ 减小，如图 3-32（b）所示，此时电压 $\dot{U}$ 和电流 $\dot{I}$ 间的相位差变成 φ，比 φ_1 小，因此 $\cos\varphi$ 变大了。

但对感性负载来说，并联前后其电流 I_1 不变，仍为 $I_1 = \dfrac{U}{\sqrt{R^2 + X_L^2}}$，功率因数不

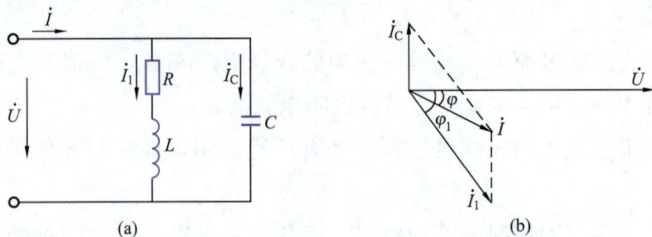

图 3-32　电容器与感性负载并联以提高功率因数

（a）电路图；（b）相量图

变，仍为 $\cos\varphi$。由于电容 C 不消耗有功功率，因此电路的有功功率不变，为 $P=UI_1\cos\varphi_1=UI\cos\varphi$，但无功功率 Q 却从 $UI_1\sin\varphi_1$ 减小至 $UI\sin\varphi$，即减少了电源与负载之间的能量交换。此时负载所需的无功功率大部分或部分由电容供给，使发电机容量得到充分利用。

现在计算功率因数从 $\cos\varphi_1$ 提高到 $\cos\varphi$ 所需并联电容器的电容值。由图 3-32（b）可得

$$I_{\mathrm{C}}=I_1\sin\varphi_1-I\sin\varphi=\left(\frac{P}{U\cos\varphi_1}\right)\sin\varphi_1-\left(\frac{P}{U\cos\varphi}\right)\sin\varphi$$

$$=\frac{P}{U}(\tan\varphi_1-\tan\varphi)$$

式中：P 为电路的有功功率。

又因

$$I_{\mathrm{C}}=\frac{U}{X_{\mathrm{C}}}=U\omega C$$

$$U\omega C=\frac{P}{U}(\tan\varphi_1-\tan\varphi)$$

由此得
$$C=\frac{P}{\omega U^2}(\tan\varphi_1-\tan\varphi) \tag{3-65}$$

并联电容的电容量 C 应选择适当。如果 C 过大，则增加了投资和成本，若 $\cos\varphi>0.9$ 以后，再增加 C 值对减小线路电流的作用也无明显效果。因此供用电规则规定，高压供电的企业平均功率因数不低于 0.95，其他单位不低于 0.9 即可。

【例 3-6】　现有 40W 的日光灯一个，使用时灯管与镇流器串联接在电压为 220V，频率为 50Hz 的交流电源上。灯管视为电阻，镇流器视为电感，灯管二端电压为 110V，试求：

（1）镇流器的电感 L 为多大？

（2）此时电路的功率因数是多少？

（3）若将功率因数提高到 0.9，则应并联的电容应为多大？

解：（1）电路中电流的有效值为
$$I=\frac{P}{U_{\mathrm{R}}}=\frac{40}{110}=0.36\,(\mathrm{A})$$

电感二端的电压的有效值为
$$U_{\mathrm{L}}=\sqrt{U^2-U_{\mathrm{R}}^2}=\sqrt{220^2-110^2}=190.5\,(\mathrm{V})$$

根据感抗与电感电压和电流的有效值之间的关系有

$$U_L = \omega L I$$

$$L = \frac{U_L}{\omega I} = \frac{190.5}{2\pi \times 50 \times 0.36} = 1.68 \ (\text{H})$$

（2）根据 $P = UI\cos\varphi$ 有

$$\cos\varphi_1 = \frac{P}{UI} = \frac{40}{220 \times 0.36} = 0.5$$

（3）

$$\cos\varphi_1 = 0.5, \ \varphi_1 = 60°$$

$$\cos\varphi = 0.9, \ \varphi = 25.8°$$

$$C = \frac{P}{\omega U^2}(\tan\varphi_1 - \tan\varphi) = \frac{40}{2\pi \times 50 \times 220^2}(\tan 60° - \tan 25.8°)$$

$$= 3.68 \ (\mu F)$$

第八节　三相交流电路的基本概念

在电力系统中一般采用三相交流电路来产生和传输电能。这表现在几乎所有的发电厂都用三相交流发电机，绝大多数的输电线都是三相输电线，而且电气设备中的大部分是三相交流电动机。三相交流电路的应用如此广泛，是由于它有着许多技术和经济上的优点。

三相电源是具有三个频率相同、幅值相等、初相位依次相差 120° 的正弦电压源，按一定方式连接而成，这组电压源称为对称三相电源，如图 3-33 所示。用三相电源供电的电路称为三相交流电路。工程上把三相电源的参考正极分别标记为 A、B、C，负极分别标记为 X、Y、Z。若取 A 相为参考正弦量，则瞬时表达式为

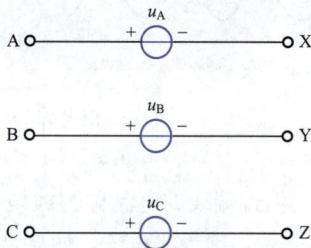

图 3-33　对称三相电源

$$\begin{cases} u_A = U_m \sin\omega t \\ u_B = U_m \sin(\omega t - 120°) \\ u_C = U_m \sin(\omega t + 120°) \end{cases} \tag{3-66}$$

它们的相量表达式为

$$\begin{cases} \dot{U}_A = U\angle 0° \\ \dot{U}_B = U\angle -120° \\ \dot{U}_C = U\angle 120° \end{cases} \tag{3-67}$$

图 3-34 所示为对称三相电源的电压波形和相量图。

对称三相电源的电压瞬时值之和为零，即

$$u_A + u_B + u_C = 0 \tag{3-68}$$

或

$$\dot{U}_A + \dot{U}_B + \dot{U}_C = 0 \tag{3-69}$$

三相电源中，各相电压经过同一值（例如最大值）的先后次序称为三相电源的**相序**。在图 3-34（b）中，假设把 A 相作为第一相，B 相作为第二相，C 相作为第三相，如果 A 相比 B 相领先 120°，B 相又比 C 相领先 120°，那么通常称这种 A-B-C 相序为正

序或顺序。相反，如果第一相滞后于第二相，第二相滞后于第三相，那么称这种相序为**负序**或逆序。通常，如无特别说明，三相电源都认为是正序。在实际工作中，人们可以改变三相电源的相序来改变电动机的旋转方向。

对称三相电源以一定方式连接起来就形成三相供电的电源。通常的连接方式是星形连接（也称Ｙ连接）和三角形连接（也称△连接），目前电源从使用的角度考虑，基本上全部采用星形连接。

把对称三相电源的负极 X、Y、Z 连在一起，如图 3-35 所示，就形成了对称三相电源的**星形连接**。X、Y、Z 连在一起形成的节点称为对称三相电源的中性点，用 N 表示。从中性点 N 引出的导线称为**中性线**或**零线**。从三个电源的正极 A、B、C 引出的三条导线称为**相线**或**端线**（俗称**火线**）。

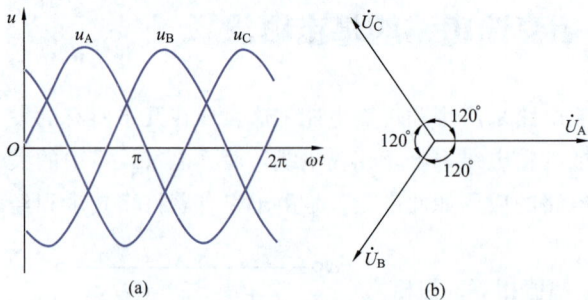

图 3-34　对称三相电源的电压波形和相量图
（a）电压波形；（b）相量图

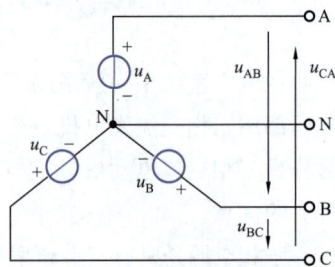

图 3-35　星形连接的对称三相电源

流过端线的电流称为**线电流**，用 i_l 表示。端线 A、B、C 之间的电压用 u_{AB}、u_{BC}、u_{CA} 表示，称为**线电压**，如果是对称三相电源，可用 u_l 表示。每一相始端与末端之间的电压，即相线与中性线间的电压用 u_A、u_B、u_C 表示，称为**相电压**，如果是对称三相电源，可用 u_{ph} 表示。流过每条端线的电流称为**线电流**，用 i_l 表示。流过电源每相绕组的电流称为**相电流**，用 i_{ph} 表示。

下面讨论星形连接的对称三相电源的线电压与相电压的关系。由图 3-35 得

$$\begin{cases} u_{AB} = u_A - u_B \\ u_{BC} = u_B - u_C \\ u_{CA} = u_C - u_A \end{cases} \quad 或 \quad \begin{cases} \dot{U}_{AB} = \dot{U}_A - \dot{U}_B \\ \dot{U}_{BC} = \dot{U}_B - \dot{U}_C \\ \dot{U}_{CA} = \dot{U}_C - \dot{U}_A \end{cases}$$

如设 $\dot{U}_A = U\angle 0°$，$\dot{U}_B = U\angle -120°$，$\dot{U}_C = U\angle 120°$，即 A-B-C 相序是正序，则有

$$\begin{cases} \dot{U}_{AB} = U\angle 0° - U\angle -120° = \sqrt{3}U\angle 30° = \sqrt{3}\dot{U}_A\angle 30° \\ \dot{U}_{BC} = U\angle -120° - U\angle 120° = \sqrt{3}U\angle -90° = \sqrt{3}\dot{U}_B\angle 30° \\ \dot{U}_{CA} = U\angle 120° - U\angle 0° = \sqrt{3}U\angle 150° = \sqrt{3}\dot{U}_C\angle 30° \end{cases}$$

从上式可以看出，对称星形连接的三相电源的线电压也是对称的。线电压的有效值（用 U_l 表示）是相电压有效值（用 U_{ph} 表示）的 $\sqrt{3}$ 倍，即

$$U_l = \sqrt{3}U_{ph} \tag{3-70}$$

线电压的相位分别超前各自对应的相电压 30°，各线电压之间的相位差为 120°。它们的相量关系如图 3-36 所示。

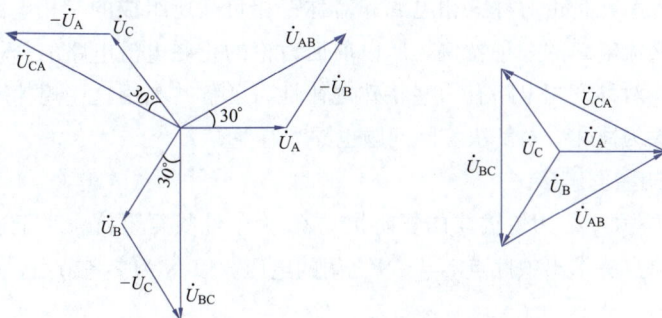

图 3-36　星形连接对称三相电源的电压相量图

显然，对星形连接的三相电源来说，线电流等于相电流，即

$$I_1 = I_{ph} \tag{3-71}$$

图 3-35 所示的供电方式称为**三相四线制**（三条端线和一条中性线），如果没有中性线，就称为**三相三线制**。

第九节　负载星形连接、三角形连接的三相电路

由三相电源供电的负载称为三相负载。通常可将三相负载划分为两类：一类是如电灯、电烙铁等由三个各自独立的单相负载组成的负载；另一类就是如三相电动机等三相负载。

三相制中的三相负载由三个负载连接成星形或三角形组成，分别称为负载的星形连接和负载的三角形连接，如图 3-37 所示。从 A′、B′、C′ 向外引出三相负载的端线。每一个负载称为一相，若星形负载分别称为 A 相、B 相和 C 相负载，则记为 Z_A、Z_B 和 Z_C；若三角形负载分别称为 AB 相、BC 相和 CA 相负载，则记为 Z_{AB}、Z_{BC} 和 Z_{CA}。如果三个负载完全相同，有 $Z_A = Z_B = Z_C$ 或 $Z_{AB} = Z_{BC} = Z_{CA}$，则称为**对称三相负载**；否则，就称为**不对称三相负载**。

图 3-37　对称三相负载的连接
（a）星形；（b）三角形

三相电路就是由对称三相电源和三相负载用输电线（端线）A-A′，B-B′，C-C′ 连接起来所组成的系统。工程上可以根据实际需要组成多种类型，如星形—星形系统

59

（简称Ｙ-Ｙ连接的三相制），星形—三角形系统（简称Ｙ-△连接的三相制），三角形—星形系统（简称△-Ｙ连接的三相制），三角形—三角形系统（简称△-△连接的三相制）。

对称三相电路就是由对称三相电源和对称三相负载所组成的三相电路。三相电路实质上是复杂交流电路的一种特例，所以前面讨论的正弦电流电路的分析方法对三相电路完全适用。对称三相电路有一些特殊规律性，了解并利用这些规律不仅使三相电路的分析计算大为简化，对解决实际问题也颇为有益。

一、负载的星形连接

如图 3-38 所示，Z_1 为传输线的复阻抗，Z_N 为中性线复阻抗。对于这种结构的电路，一般可用节点法求出中性点 N′ 与 N 之间的电压。以 N 为参考节点，得

图 3-38　对称三相四线制的Ｙ-Ｙ系统

$$\dot{U}_{N'N}\left(\frac{3}{Z+Z_1}+\frac{1}{Z_N}\right)=(\dot{U}_A+\dot{U}_B+\dot{U}_C)\frac{1}{Z+Z_1}$$

因为 $\dot{U}_A+\dot{U}_B+\dot{U}_C=0$，所以 $\dot{U}_{N'N}=0$，也就是 N′ 点与 N 点同电位，因此各线电流为

$$\begin{cases}\dot{I}_A=\dfrac{\dot{U}_A-\dot{U}_{N'N}}{Z+Z_1}=\dfrac{\dot{U}_A}{Z+Z_1}=\dot{I}_A\angle 0° \\[2mm] \dot{I}_B=\dfrac{\dot{U}_B-\dot{U}_{N'N}}{Z+Z_1}=\dfrac{\dot{U}_B}{Z+Z_1}=\dot{I}_A\angle -120° \\[2mm] \dot{I}_C=\dfrac{\dot{U}_C-\dot{U}_{N'N}}{Z+Z_1}=\dfrac{\dot{U}_C}{Z+Z_1}=\dot{I}_A\angle 120°\end{cases} \qquad (3\text{-}72)$$

可见，线电流（即相电流）是对称的。因此中性线电流 $\dot{I}_N$ 为零，即

$$\dot{I}_N=\dot{I}_A+\dot{I}_B+\dot{I}_C=0 \qquad (3\text{-}73)$$

负载端的相电压分别为

$$\begin{cases}\dot{U}_{A'}=Z\dot{I}_A=Z\dot{I}_A\angle 0° \\[2mm] \dot{U}_{B'}=Z\dot{I}_B=Z\dot{I}_A\angle -120° \\[2mm] \dot{U}_{C'}=Z\dot{I}_C=Z\dot{I}_A\angle 120°\end{cases} \qquad (3\text{-}74)$$

也是对称的。

与电源星形接法分析相同，在负载为对称星形接法时，有

$$I_1=I_{ph} \qquad (3\text{-}75)$$

$$\begin{cases}\dot{U}_{A'B'}=\dot{U}_{A'}-\dot{U}_{B'}=U\angle 0°-U\angle -120°=\sqrt{3}U\angle 30°=\sqrt{3}\dot{U}_{A'}\angle 30° \\[2mm] \dot{U}_{B'C'}=\dot{U}_{B'}-\dot{U}_{C'}=U\angle -120°-U\angle 120°=\sqrt{3}U\angle -90°=\sqrt{3}\dot{U}_{B'}\angle 30° \\[2mm] \dot{U}_{C'A'}=\dot{U}_{C'}-\dot{U}_{A'}=U\angle 120°-U\angle 0°=\sqrt{3}U\angle 150°=\sqrt{3}\dot{U}_{C'}\angle 30°\end{cases}$$

$$(3\text{-}76)$$

即线电流等于相电流,线电压等于相电压的$\sqrt{3}$倍,并超前相应的相电压30°。

由以上分析可见,对称三相丫-丫电路的一些特殊规律性。

(1)由于$\dot{U}_{N'N}=0$,即星形的中性点N'点与N点同电位,中线阻抗的大小对负载电路的电压、电流没有影响。在计算时为了方便,不考虑中线阻抗,中性点N'与N之间可以直接短接起来,每相的电流、电压仅由该相的电源和阻抗决定,使得各相计算有其独立性。

(2)电路中电源和负载的三相电压和电流都是对称的,所以只要分析计算一相的电压和电流,其他两相的相量表达式可根据对称性直接写出,同样负载的电压和电流的相量图也是对称的。这就是对称三相电路归结为一相计算的方法。在分析计算时,常常单独画出等效的一相电路,再用短接线把中性点N'与N连接起来,如图3-39所示。注意:因为$\dot{U}_{N'N}=0$,所以一相电路中不包括中性线阻抗Z_N。实际上,在进行对称的丫-丫三相电路的计算时,不管有无中性线所得结果是一样的。

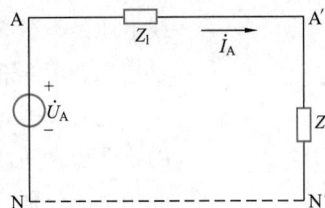

图3-39 图3-38电路的单相图

丫-丫系统归结为一相的计算方法,原则上可以推广到其他型式的对称系统中应用。根据星形—三角形的等效互换,其他型式的对称系统也可以变换成丫-丫三相电路来计算分析。

【例3-7】 图3-40所示对称三相电路,对称三相电源的相电压为220V,对称三相负载阻抗$Z=100\angle30°\Omega$,输电线阻抗$Z_l=1+j2\Omega$,试求三相负载的电压和电流。

解:设$\dot{U}_A=220\angle0°$V。取A相的单相等效电路如图3-41所示。A相线电流

$$\dot{I}_A=\frac{\dot{U}_A}{Z+Z_l}=\frac{220\angle0°}{100\angle30°+(1+j2)}=\frac{220\angle0°}{101.9\angle30.7°}=2.159\angle-30.7°(A)$$

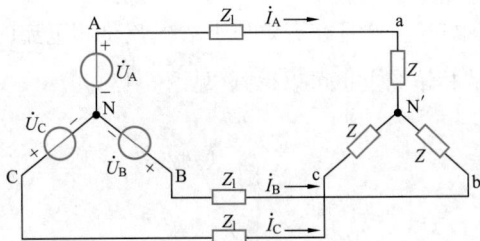

图3-40 [例3-7]的图

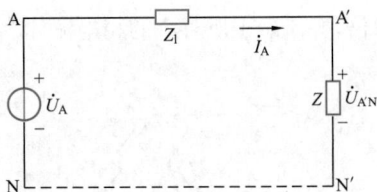

图3-41 图3-40的单相图

根据对称性可以写出

$$\dot{I}_B=2.159\angle-150.7°A$$
$$\dot{I}_C=2.159\angle89.3°A$$

A相负载相电压

$$\dot{U}_{A'N}=Z\dot{I}_A=100\angle30°\times2.159\angle-30.7°$$
$$=215.9\angle-0.7°(V)$$

同样由对称性写出

$$\dot{U}_{B'N}=215.9\angle-120.7°V$$

$$\dot{U}_{C'N'} = 215.9\angle119.3° \text{ V}$$

A、B 两相负载间的线电压

$$\dot{U}_{A'B'} = \sqrt{3}\dot{U}_{A'N'}\angle30° = 373.9\angle29.3° \text{ V}$$

同样由对称性写出

$$\dot{U}_{B'C'} = 373.9\angle-90.7° \text{ V}$$

$$\dot{U}_{C'A'} = 373.9\angle149.3° \text{ V}$$

[例 3-7]仍为星形连接三相电路，只不过每相阻抗由 Z_1 与 Z 串联组成。计算时仍可用一相等效电路进行计算。但应注意，此电路里负载的相电压、线电压与电源的相电压、线电压是不相等的，原因是输电线上有压降。

二、负载的三角形连接

电路如图 3-42 所示，对称三相负载以三角形方式连接时，由于各相负载都接在电源的线电压之间，所以负载的相电压与线电压相等，但相电流和线电流是不相等的。负载的相电流分别为

$$\dot{I}_{AB} = \frac{\dot{U}_{AB}}{Z}, \quad \dot{I}_{BC} = \frac{\dot{U}_{BC}}{Z}, \quad \dot{I}_{CA} = \frac{\dot{U}_{CA}}{Z} \tag{3-77}$$

设负载为感性负载，由于三相负载对称，故有

$$\dot{I}_{AB} = I\angle-\varphi, \quad \dot{I}_{BC} = I\angle-120°-\varphi, \quad \dot{I}_{CA} = I\angle120°-\varphi$$

根据基尔霍夫电流定律负载的线电流对 A′、B′、C′ 分别有

$$\begin{cases} \dot{I}_A = \dot{I}_{AB} - \dot{I}_{CA} = \sqrt{3}I\angle-\varphi-30° = \sqrt{3}\dot{I}_{AB}\angle-30° \\ \dot{I}_B = \dot{I}_{BC} - \dot{I}_{AB} = \sqrt{3}I\angle-120°-\varphi-30° = \sqrt{3}\dot{I}_{BC}\angle-30° \\ \dot{I}_C = \dot{I}_{CA} - \dot{I}_{BC} = \sqrt{3}I\angle120°-\varphi-30° = \sqrt{3}\dot{I}_{CA}\angle-30° \end{cases} \tag{3-78}$$

同样，在负载为对称三角形接法时有

$$U_1 = U_{ph}$$

从计算结果看到，当相电流对称，线电流也对称，并且在有效值上线电流是相电流的 $\sqrt{3}$ 倍，并滞后于所对应的相电流 30°，这一点从相量图上也可以得到（见图 3-43）。

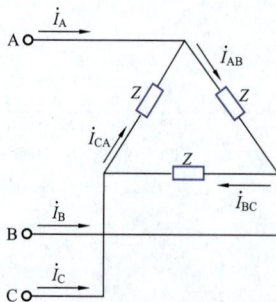

图 3-42　负载为三角形连接的电路　　　图 3-43　三角形负载的电压和电流相量图

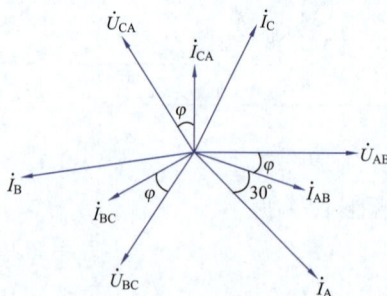

一般在计算负载是三角形连接时，可利用 Y-△ 等效变换的方法，先将三角形负载变换成星形负载，再利用计算星形负载的方法进行计算，最后计算出三角形负载的相关参数。

【例 3-8】　对称三相电路如图 3-44 所示。已知：$Z = 45 + \text{j}45\Omega$，对称线电压 $U_\text{l} = 380\text{V}$。试求负载端的相电流和线电流。

解：设 $\dot{U}_\text{AB} = 380\angle 0°\text{V}$，负载的相电流为

$$\dot{I}_\text{AB} = \frac{\dot{U}_\text{AB}}{Z} = \frac{380\angle 0°}{45 + \text{j}45} = \frac{380\angle 0°}{45\sqrt{2}\angle 45°} = 5.97\angle -45°\,(\text{A})$$

根据对称性有

$$\dot{I}_\text{BC} = 5.97\angle -165°\text{A}$$

$$\dot{I}_\text{CA} = 5.97\angle 75°\text{A}$$

负载的线电流为

$$\dot{I}_\text{A} = \sqrt{3}\dot{I}_\text{AB}\angle -30° = \sqrt{3}\times 5.97\angle -45°\angle -30° = 10.34\angle -75°\,(\text{A})$$

同样根据对称性有

$$\dot{I}_\text{B} = 10.34\angle 165°\text{A}$$

$$\dot{I}_\text{C} = 10.34\angle 45°\text{A}$$

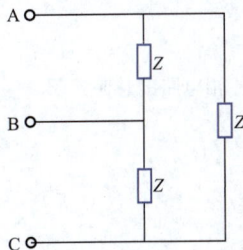

图 3-44　［例 3-8］的图

第十节　三相交流电路的功率计算

在三相电路中，无论负载是星形接法还是三角形接法，三相负载吸收的有功功率 P、无功功率 Q 分别等于各相负载所吸收的有功功率和无功功率的和，即

$$P = P_\text{A} + P_\text{B} + P_\text{C} \tag{3-79}$$
$$Q = Q_\text{A} + Q_\text{B} + Q_\text{C}$$

在三相对称负载的情况下，有功功率 P 和无功功率 Q 分别等于各相负载所吸收的有功功率和无功功率的 3 倍，即

$$P = 3P_\text{A} = 3U_\text{A}I_\text{A}\cos\varphi_\text{A} = 3U_\text{ph}I_\text{ph}\cos\varphi = \sqrt{3}U_\text{l}I_\text{l}\cos\varphi$$
$$Q = 3Q_\text{A} = 3U_\text{A}I_\text{A}\sin\varphi_\text{A} \tag{3-80}$$

图 3-45　［例 3-9］的图

有功功率、无功功率和视在功率的关系与单相电路的相同。

【例 3-9】　图 3-45 所示对称三相电源的线电压是 380V，负载 $Z_1 = 3 + \text{j}4\Omega$，$Z_2 = -\text{j}12\Omega$。求电流表 PA1 和 PA2 的读数及三相负载所吸收的总有功功率、总无功功率、总视在功率和功率因数。

解：因为 Z_1 与三相电路是星形连接，Z_2 与三相电路是三角形连接，而电流表只能测量电流的有效值，根据星形连接和三角形连接线电流和相电流的关系可得

$$\dot{I}_1 = \dot{I}_\text{A'} + \dot{I}_\text{B'} + \dot{I}_\text{C'} = 0$$

$$I_2 = \sqrt{3}I_\text{A'} = \frac{380}{12}\sqrt{3} = 55\,(\text{A})$$

因电路中既有感性负载，又有容性负载，所以计算功率的方法必须利用丫-△变换的方法将三星形连接的 Z_2 负载变换成星形连接，根据丫-△变换的法则可得

$$Z_2' = \frac{1}{3}Z_2 = -\text{j}4 \ (\Omega)$$

因各相电路的总阻抗 Z 为

$$Z = Z_1 // Z_2' = \frac{(3+\text{j}4) \times (-\text{j}4)}{3} = \frac{16-\text{j}12}{3}$$

$$|Z| = \sqrt{\frac{256+144}{9}} = \frac{20}{3}$$

所以

$$P = 3P_{A'} = 3\left(\frac{U_{A'}}{|Z|}\right)^2 R = 3 \times \left(\frac{3 \times 220}{20}\right)^2 \times \frac{16}{3} = 17.424 \ (\text{kW})$$

$$Q = 3Q_{A'} = 3\left(\frac{U_{A'}}{|Z|}\right)^2 X = 3 \times \left(\frac{3 \times 220}{20}\right)^2 \times 4 = -13.068 \ (\text{kvar})$$

$$S = \sqrt{P^2 + Q^2} = 21.718 \ (\text{kVA})$$

$$\cos\varphi = \frac{P}{S} \approx 0.8$$

在线测试
自测与练习3

习 题

3.1 试求下列各正弦量的周期、频率和初相角。

(1) $3\cos314t$ (2) $8\sin(5t+20°)$ (3) $4\sin2\pi t$ (4) $6\sin(10\pi t-45°)$

3.2 试用相量的极坐标形式表示下列正弦量：

(1) $u=5\sqrt{2}\sin\omega t\text{V}$ (2) $u=5\sqrt{2}\sin(\omega t+60°)\text{V}$

(3) $u=5\sqrt{2}\sin(\omega t-210°)\text{V}$ (4) $u=5\sqrt{2}\sin(\omega t+120°)\text{V}$

(5) $-0.12\angle-60°\text{V}$ (6) $0.7\angle-120°\text{A}$

3.3 已知 $i_1(t)=10\sin(314t-45°)\text{A}, i_2(t)=5\sin(314t+90°)\text{A}$，试求 $i_1(t)+i_2(t)$。

3.4 电路如图 3-46 所示，试求 $\dot{U}_1$、$\dot{U}_4$ 及 $\dot{I}_4$。已知 $\dot{U}_2=10\angle0°\text{V}$，$\dot{U}_3=5\angle30°\text{V}$，$\dot{I}_1=3\angle0°\text{A}$，$\dot{I}_3=1\angle45°\text{A}$。

3.5 在单一电容元件的正弦电路中，$C=4\mu\text{F}$，$f=50\text{Hz}$。

(1) 已知 $u=220\sqrt{2}\sin\omega t\text{V}$，试求电流 i；

(2) 已知 $\dot{I}=1\angle60°\text{A}$，求 $\dot{U}$，并试画出相量图。

3.6 在单一电感元件的正弦交流电路中，$L=10\text{mH}$，$f=50\text{Hz}$。

(1) 已知 $i=7\sqrt{2}\sin\omega t\text{A}$，试求电压 u；

(2) 已知 $\dot{U}=127\angle60°\text{V}$，试求 $\dot{I}$，并画出相量图。

3.7 在图 3-47 中，$i_1=10\sin(\omega t+36.9°)\text{A}$，$i_2=6\sin(\omega t+120°)$ A，试求 i 并绘相量图。

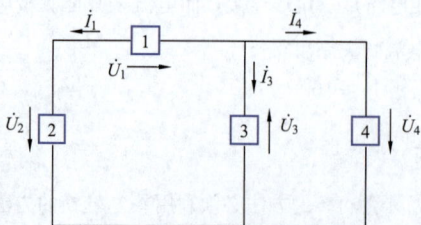

图 3-46 习题 3.4 的图

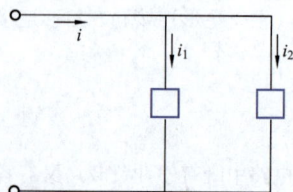

图 3-47 习题 3.7 的图

3.8 一个 *RL* 串联交流电路，其复阻抗为 $Z=(4+\mathrm{j}4)\Omega$，试问该电路的功率因数为多少？电压、电流之间的相位差角是多少？

3.9 在如图 3-48 所示各电路中，各电流表指示有效值，试求电流表 PA2 的读数。

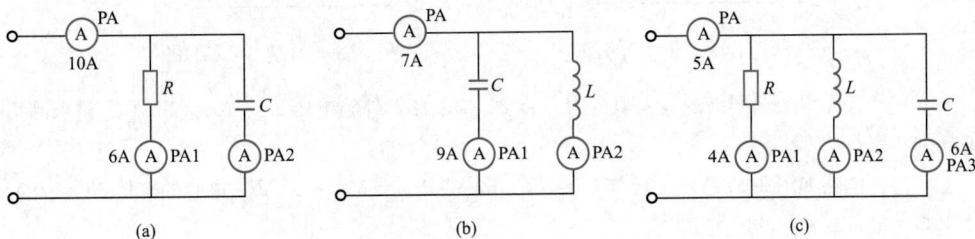

图 3-48 习题 3.9 的图

3.10 在图 3-49 中，各电压表指示有效值，试求电压表 PV2 的读数。

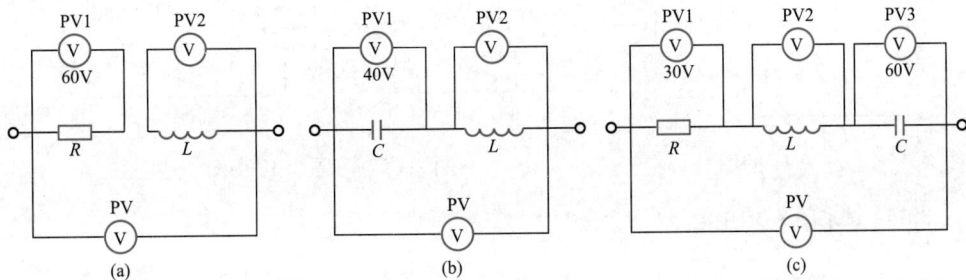

图 3-49 习题 3.10 的图

(a) 100V；(b) 20V；(c) 50V

3.11 试求图示 3-50 电路的戴维南等效电路。

3.12 试用节点分析法求图示 3-51 电路中的 $\dot{U}_1$ 和 $\dot{U}_2$。

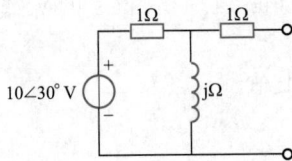

图 3-50 习题 3.11 的图

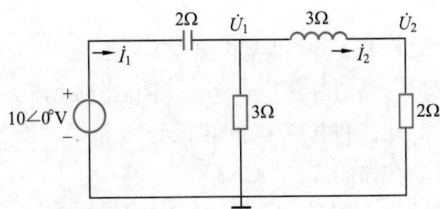

图 3-51 习题 3.12 的图

3.13 今有 40W 的日光灯一个，使用时灯管与镇流器串联在电压为 220V，频率为 50Hz 的电源上。灯管和镇流器分别视作电阻 *R* 和纯电感 *L*，灯管两端电压为 110V。试求镇流器的感抗和电感。这时电路的功率因数等于多少？若将功率因数提高到 0.8，应并联多大电容。

3.14 图 3-52 为一移相电路。已知 $C=0.01\mu\mathrm{F}$，输入电压 $u_1=\sqrt{2}\sin 6280t\mathrm{V}$，今欲使输出电压 u_2 在相位上前移 $60°$，试求应配多大的电阻 *R*？此时输出电压的有效值 U_2 等于多少？

3.15 在图 3-53 所示 *RLC* 串联电路中，已知 $R=30\Omega$，$L=127\mathrm{mH}$，$C=40\mu\mathrm{F}$，信号电压 $U=220\mathrm{V}$，$f=50\mathrm{Hz}$，试求电路中的电流 i 和元件上的电压瞬时表达式。

图 3-52　习题 3.14 的图

图 3-53　习题 3.15 的图

3.16　某无源二端网络的输入阻抗为 $Z = 20\angle 60°\Omega$，外施电压 $\dot U = 100\angle 30°\text{V}$。试求网络消耗的功率及功率因数。

3.17　电路如图 3-54 所示。已知 $\dot U = 10\angle 60°\text{V}$，$\dot U_C = 5\angle -30°\text{V}$，电容的容抗 $X_C = 10\Omega$，试求与所接负载相应的阻抗 Z。

3.18　试求图 3-55 电流 $\dot I$。

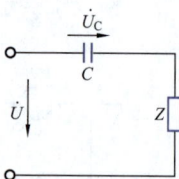

图 3-54　习题 3.17 的图

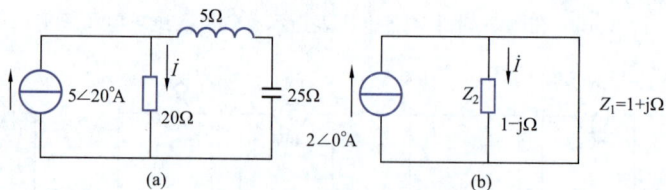

图 3-55　习题 3.18 的图

3.19　试求图 3-56 中电压 $\dot U$。

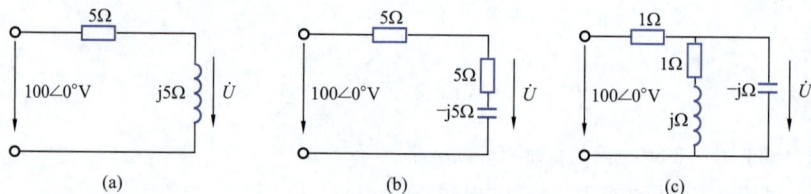

图 3-56　习题 3.19 的图

3.20　RLC 串联谐振电路，$R=5\Omega$，$L=10\text{mH}$，$C=1\mu\text{F}$。输入正弦电压有效值为 100V。试求

（1）电路的谐振角频率 ω_0、谐振电路电流 $I_{0\text{max}}$；

（2）电感和电容两端的电压值 U_L 和 U_C，及与电源电压 U 的比值；

（3）电路的品质因数 Q。

3.21　试如图 3-57 所示电路的谐振频率 f_0 为多少？

3.22　电路如图 3-58 所示。

试求：（1）$\dot I$；

（2）整个电路吸收的平均功率和功率因数。

3.23　三相电源线电压为 380V，负载为星形连接，每相阻抗均为 $Z = 45\angle 25°\Omega$。试求各相的电流，并画出相量图。

3.24　三相四线制 380V 电源供电给三层大楼，每一层作为一相负载，装有数目相同的 220V 的日光灯和白炽灯，每层总功率 1075kW，总功率因数都为 0.91。试求：

（1）负载如何接入电源？并画出线路图；

（2）全部满载时的线电流及中性线电流；

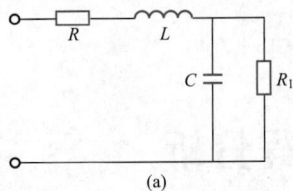

图 3-57 习题 3.21 的图   图 3-58 习题 3.22 的图

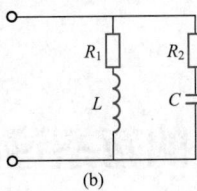

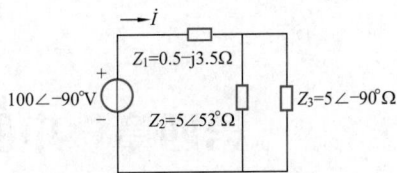

（3）如第一层仅用 1/2 的照明灯具，第二层仅用 3/4 的照明灯具，第三层满载。各层的功率因数不变，问各线电流和中性线电流为多少？

3.25 把图 3-59（a）三角形连接的三相对称负载，不改变元件参数但改接为图 3-59（b）所示的星形连接，接在同一个三相交流电源上。设三相电源的线电压为 U_1，每相负载阻抗为 $Z = |Z| \angle \varphi$。试求：

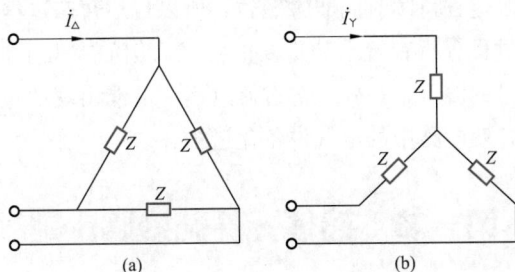

图 3-59 习题 3.25 的图

（1）两种接法的电流有效值之比 $I_\triangle / I_Y$ 是多少？
（2）两种接法电源供给的有功功率之比 $P_\triangle / P_Y$ 是多少？

第四章 电路的暂态过程分析

前面几章讨论的直流和交流电路中的电压、电流或是恒定不变，或是按某种规律做周期性变化，电路的这种工作状态称为**稳定状态**，简称**稳态**。

在含有电感、电容元件的电路中，当电路的结构或元件参数发生变化时（如电路的电源断开或接入、元件参数的变化、电路结构的变化等），电路就会从一种稳定状态转变到另一种稳定状态，这种转变需要经历一个时间过程，将这个时间过程称为**过渡过程**。一般情况下过渡过程持续时间非常短暂，所以也称**暂态过程**。

学习电路的暂态过程分析有着十分重要的意义。例如在电子技术中常常利用过渡过程来改善或变换信号的波形；另外，对过渡过程中可能出现的过电压和过电流现象，应当采取适当的措施，使电路中的电气设备免遭损坏。

储能元件和
换路定则

第一节 储能元件和换路定则

由于电路结构（例如电路的接通、断开、短路等）或参数的变化而引起电路从一种状态转变到另一种状态称之为**换路**。

理想的电感和电容元件本身不消耗能量，它们都是储能元件。在本书第一章中已介绍，若初始时刻无储能，电容、电感中储存的能量与任一时刻电压与电流的关系为

$$W_C = \frac{1}{2} C u_C^2 \tag{4-1}$$

$$W_L = \frac{1}{2} L i_L^2 \tag{4-2}$$

其中，W_C、W_L 分别代表了储存在电容和电感中的电场能量和磁场能量。由于电容和电感中能量的积累和释放都需要一定的时间，所以换路发生后，电容和电感上的能量不能跃变，由于 L、C 为常量，可见 u_C、i_L 不能跃变，这就是**换路定则**。

为了便于分析比较，将换路的那一瞬间定为 $t=0$，把换路前的最终时刻定为 $t=0_-$，将换路后的最初时刻定为 $t=0_+$，这样换路经历的时间为从 0_- 到 0_+。根据理论分析计算表明，从 0_- 到 0_+ 瞬间，电容元件上的电压和电感元件中的电流不能发生跃变，因此换路定则用公式表示为

$$u_C(0_+) = u_C(0_-) \tag{4-3}$$

$$i_L(0_+) = i_L(0_-) \tag{4-4}$$

换路定则仅适用于换路瞬间，可根据它来确定 $t=0_+$ 时刻电路中的电压和电流，也就是暂态过程的初始值。但值得注意的是，只有电容元件二端的电压 $u_C(0_+)$ 和电感元件中流过的电流 $i_L(0_+)$ 满足换路定则，而电路中其他参数的初始值如 $i_C(0_+)$、u_L

(0_+)、$i_R(0_+)$、$u_R(0_+)$ 等都不满足换路定则。初始值是暂态过程分析的关键，其求解步骤如下：

（1）先由 $t=0_-$ 时的电路求出 $i_L(0_-)$ 或 $u_C(0_-)$。换路前如果储能元件储有能量，并设电路已处于稳态，则在 $t=0_-$ 时的直流电路中，电容元件可视作开路，电感元件可视作短路。

（2）由换路定则，求出 $u_C(0_+)$、$i_L(0_+)$。

（3）画出 $t=0_+$ 时刻的等效电路，电容用电压为 $u_C(0_+)$ 的电压源替代，电感用电流为 $i_L(0_+)$ 的电流源替代。而当 $u_C(0_+)=0$、$i_L(0_+)=0$ 时，电容可用短路替代，电感可用开路替代。

（4）由 $t=0_+$ 时的电路求所需的 $u(0_+)$、$i(0_+)$。

【例 4-1】 图 4-1 所示的电路在换路前已处于稳态，在 $t=0$ 时打开开关 S，试求换路后的 $u_C(0_+)$、$i_C(0_+)$。

解：$t=0_-$ 时，电容相当于开路，可得

$$u_C(0_-) = \frac{10 \times 40}{10 + 40} = 8 \ (\text{V})$$

由换路定则

$$u_C(0_+) = u_C(0_-) = 8\text{V}$$

画出 $t=0_+$ 时刻的等效电路如图 4-2 所示，可得

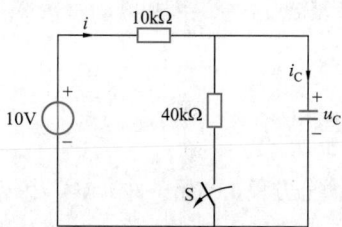

图 4-1　［例 4-1］的电路　　　　图 4-2　$t=0_+$ 时的等效电路

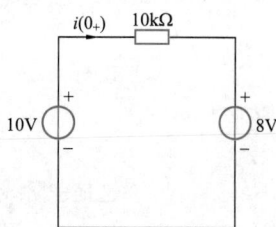

$$i_C(0_+) = \frac{10 - 8}{10} = 0.2 \ (\text{mA})$$

【例 4-2】 图 4-3 所示的电路在换路前已处于稳态，在 $t=0$ 时闭合开关 S，试求换路后的 $u_L(0_+)$、$i_L(0_+)$。

解：$t=0_-$ 时，电感相当于短路，可得

$$i_L(0_-) = \frac{10}{1 + 4} = 2 \ (\text{A})$$

由换路定则（见图 4-4），有

$$i_L(0_+) = i_L(0_-) = 2\text{A}$$

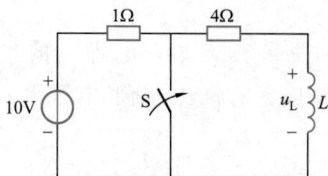

图 4-3　［例 4-2］的电路　　　　图 4-4　$t=0_+$ 时的等效电路

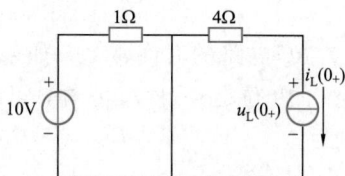

画出 $t=0_+$ 时刻的等效电路如图 4-4 所示，可得

$$u_L(0_+)=-2\times4=-8 \text{ (V)}$$

第二节 RC 电路的响应

根据激励（电源电压或电流），通过求解电路的微分方程得出电路的响应（电压或电流），这种分析电路的方法称为**经典法**。本节主要介绍利用经典法分析 RC 电路的响应。

一、RC 电路的零输入响应

视频

RC电路的零输入
响应

电路的外接激励为零，而由电容元件的初始储能引起的电路响应，称为 RC 电路的**零输入响应**。

在图 4-5 所示 RC 电路中，换路前开关 S 是合在位置 1 上的，电源对电容元件充电。在 $t=0$ 时将开关从位置 1 合到位置 2，使电路脱离电源，输入电能为零，此时电容元件已储存场能量，其二端的电压初始值为 $u_C(0_+)=U=u_C(0_-)$，电容元件通过电阻开始将储存的电场能量释放出来（简称放电）。根据基尔霍夫电压定律，列出 $t\geqslant0$ 时的电路方程

$$u_R+u_C=0$$

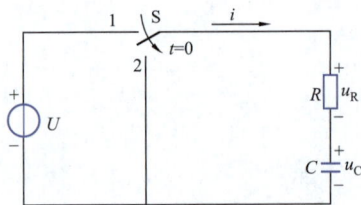

图 4-5 RC 电路的零输入响应

将电容元件的伏安特性关系式 $i=C\dfrac{du_C}{dt}$ 和欧姆定律 $u_R=Ri$ 代入上式有

$$RC\frac{du_C}{dt}+u_C=0 \tag{4-5}$$

这是一阶线性常系数齐次微分方程，初始条件 $u_C(0_+)=u_C(0_-)=U$，令此方程的通解为 $u_C=Ae^{pt}$，代入式（4-5）后得特征方程为

$$RCp+1=0$$

特征根为

$$p=-\frac{1}{RC}$$

将初始条件代入方程的通解，则可求得积分常数 $A=u_C(0_+)=U$。这样就得到满足初始条件的一阶微分方程的解

$$u_C=Ae^{pt}=Ue^{-\frac{1}{RC}t} \tag{4-6}$$

从式（4-6）看出，电容二端的电压是按指数规律进行衰减的，衰减的快慢取决于指数中的 $\dfrac{1}{RC}$，定义参数

$$\tau=RC \tag{4-7}$$

τ 称为 RC 电路的时间常数，如果电阻 R 的单位是 Ω（欧），电容 C 的单位是 F（法），则 τ 的单位是 s（秒）。这样，可以求出 $t\geqslant0$ 时电容的放电电流和电阻 R 上电路的电压分别为

$$i=C\frac{du_C}{dt}=C\frac{d}{dt}(Ue^{-\frac{t}{\tau}})=-\frac{U}{R}e^{-\frac{t}{\tau}} \tag{4-8}$$

$$u_R = Ri = -Ue^{-\frac{t}{\tau}} = -u_C \tag{4-9}$$

式（4-8）和式（4-9）中的负号表示 i 和 u_R 的实际方向与图 4-5 中所选定的参考方向相反。时间常数 τ 的大小反映了电路过渡过程的快慢。表 4-1 给出了在不同的时间常数（τ 的整数倍）情况下，电容两端电压随时间的变化规律。

表 4-1　　　　　　　　　　　电容两端电压随时间的变化规律

t	0	τ	2τ	3τ	4τ	5τ	$\cdots$	∞
$u_C(t)$	U	$0.368U$	$0.135U$	$0.05U$	$0.018U$	$0.007U$	$\cdots$	0

从表 4-1 看出，从理论上讲电容元件两端的电压 u_C 经过无限长时间才能衰减至零，但在工程上一般认为换路后，经过时间 $4\tau \sim 5\tau$ 过渡过程即结束。图 4-6 所示曲线分别为 u_C、i、u_R 随时间变化的曲线。

【例 4-3】　在图 4-7 中，开关 S 长期合在位置 1 上，当 $t=0$ 时把它合到位置 2 上，试求换路后电容元件上电压 u_C 和放电电流 i。已知，$R_1=1\text{k}\Omega$，$R_2=2\text{k}\Omega$，$R_3=3\text{k}\Omega$，$C=1\mu\text{F}$，电流源 $I_s=3\text{mA}$。

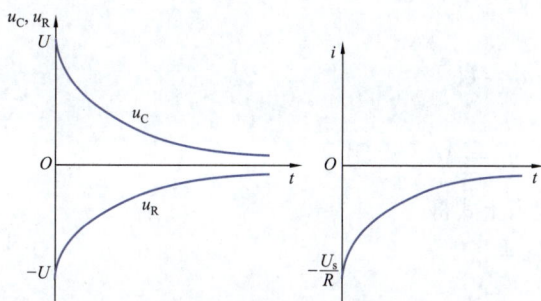

图 4-6　RC 电路零输入各变量响应曲线　　　　图 4-7　［例 4-3］的图

解：在 $t=0_-$ 时，电容相当于开路，则按图 4-7 所标出 i 和 u_C 的参考方向，$t \geqslant 0$ 时有

$$u_R - u_C = 0$$

因为

$$u_R = R_3 i,\ i = -C\frac{du_C}{dt}$$

由此得

$$R_3 C\frac{du_C}{dt} + u_C = 0$$

由前面的 RC 电路的零输入分析有

$$\tau = R_3 C = 3 \times 10^3 \times 1 \times 10^{-6} = 3 \times 10^{-3}\ \text{(s)}$$

$$u_C = u_C(0_+)e^{-\frac{t}{\tau}} = u_C(0_-)e^{-\frac{t}{\tau}} = 6e^{-3.3 \times 10^2 t}\text{V}$$

$$i = -C\frac{du_C}{dt} = 2e^{-3.3 \times 10^2 t}\text{mA}$$

二、RC 电路的零状态响应

电路中的电容元件在换路前没有初始储能，即 $u_C(0_-)=0$，换路后由外接激励引起的电路响应，称为 RC 电路的**零状态响应**。

视　频

RC 零状态和全响应

在图 4-8 所示 RC 电路中，在开关 S 合上前，电容元件的两端电压为零，没有初始储能，即 $u_C(0_-)=0$。在 $t=0$ 时刻，开关 S 合向电路，根据基尔霍夫电压定律，列出 $t \geqslant 0$ 时的电路方程为

$$u_R + u_C = U_s$$

将电容元件的伏安特性关系 $i = C\dfrac{\mathrm{d}u_C}{\mathrm{d}t}$ 和欧姆定律 $u_R = Ri$ 代入上式有

$$RC\frac{\mathrm{d}u_C}{\mathrm{d}t} + u_C = U_s \tag{4-10}$$

方程为一阶常系数非齐次微分方程，通常方程的通解由两部分组成，即对应齐次方程的解 u'_C 和非齐次方程的特解 u''_C 组成

$$u_C = u'_C + u''_C$$

图 4-8 是电路图（图注：图 4-8 RC 电路的零状态响应）

对应齐次方程 $RC\dfrac{\mathrm{d}u'_C}{\mathrm{d}t} + u'_C = 0$ 的解 u'_C，在 RC 电路零输入响应的分析中已得出

$$u'_C = Ae^{-\frac{t}{\tau}}$$

其中，$\tau = RC$。一般情况下，非齐次方程的特解 u''_C 即是充电结束后电路达到新的稳态时电容两端的电压。因此，容易得到

$$u''_C = U_s$$

因此

$$u_C = u'_C + u''_C = Ae^{-\frac{t}{\tau}} + U_s$$

将初始条件 $u_C(0_+) = u_C(0_-) = 0$ 代入上式得

$$A = -U_s$$

因而

$$u_C = U_s - U_s e^{-\frac{t}{\tau}} = U_s(1 - e^{-\frac{t}{\tau}}) \tag{4-11}$$

这样，可以求出 $t \geqslant 0$ 时电容元件的充电电流和电阻 R 上的电压分别为

$$i = C\frac{\mathrm{d}u_C}{\mathrm{d}t} = \frac{U_s}{R}e^{-\frac{t}{\tau}} \tag{4-12}$$

$$u_R = Ri = U_s e^{-\frac{t}{\tau}} \tag{4-13}$$

图 4-9 所示曲线分别为 u_C、i、u_R 随时间变化的曲线。

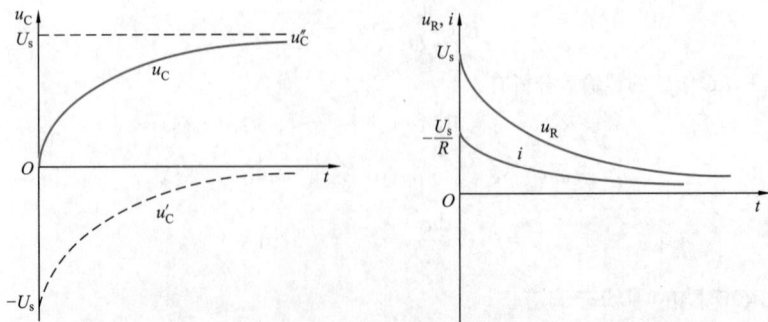

图 4-9 RC 电路零状态各变量响应曲线

从图 4-9 所示的曲线可以看出，电容元件的电压 u_C 由齐次方程的解 u_C' 和特解 u_C'' 叠加而成，过渡过程结束后 u_C 最终趋于稳定值 U_s，而电路中的电流和电阻二端的电压都等于零，电路达到新的稳定状态，因此称特解 u_C'' 为**稳态分量**。而对应齐次方程的解 u_C' 是随指数规律衰减的，过渡过程结束后它就不再存在，因此称之为**暂态分量**。

从电路的响应过程分析可知，零状态 RC 电路接通直流电源的过程实际上是电容元件储存电场能量的过程，也就是充电过程，和放电过程一样，时间常数 $\tau = RC$。τ 越大，充电时间越长。

在分析较为复杂电路的暂态过程时，也可以应用戴维南定理或诺顿定理将换路后的电路化简为一个简单电路，然后再利用经典法求解电路。

【**例 4-4**】 在图 4-10 所示电路中，$U = 9\text{V}$，$R_1 = 6\text{k}\Omega$，$R_2 = 3\text{k}\Omega$，$C = 1000\text{pF}$，$u_C(0_-) = 0$，试求 $t \geqslant 0$ 时的电压 u_C。

解：首先，根据戴维南定理，将除电容以外的电路用戴维南等效电路代替。

戴维南等效电压源的电压为

$$E = \frac{R_2 U}{R_1 + R_2} = \frac{3 \times 10^3 \times 9}{(6+3) \times 10^3} = 3 \ (\text{V})$$

利用戴维南定理求等效电阻的方法，求出从电容二端看进去的等效电阻 R_0（电压源短路）

$$R_0 = \frac{R_1 R_2}{R_1 + R_2} = \frac{(6 \times 3) \times 10^6}{(6+3) \times 10^3} = 2 \times 10^3 \ (\Omega) = 2 \ (\text{k}\Omega)$$

所以，戴维南等效后的电路如图 4-11 所示，电路的时间常数为

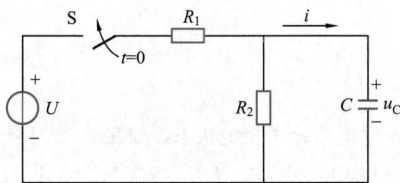

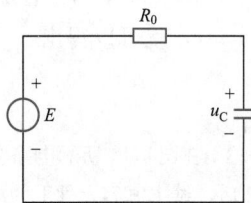

图 4-10 〔例 4-4〕的图   图 4-11 戴维南等效后的电路

$$\tau = R_0 C = 2 \times 10^3 \times 1000 \times 10^{-12} = 2 \times 10^{-6} \ (\text{s})$$

由式（4-11）得

$$u_C = E(1 - e^{-\frac{t}{\tau}}) = 3(1 - e^{-\frac{t}{2 \times 10^{-6}}}) = 3(1 - e^{-5 \times 10^5 t}) \ (\text{V})$$

三、RC 电路的全响应

由电容元件的初始储能和外接激励共同作用所产生的电路响应，称为 RC 电路的**全响应**。

在图 4-12 所示电路中，电容元件已具有初始储能 $u_C(0_-) = U_0 < U_s$，当开关 S 在 $t = 0$ 时刻合向电路，根据基尔霍夫电压定律，列出 $t \geqslant 0$ 时的电路方程

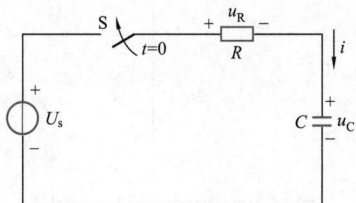

图 4-12 RC 电路的全响应

$$u_R + u_C = U_s$$

将电容元件的伏安特性关系式 $i = C\dfrac{\mathrm{d}u_C}{\mathrm{d}t}$ 和欧姆定律 $u_R = Ri$ 代入上式有

$$RC\frac{\mathrm{d}u_C}{\mathrm{d}t} + u_C = U_s \tag{4-14}$$

可以看出，式（4-14）和 RC 电路零状态响应的方程［即式（4-10）］相同，但是两个方程的初始条件不同，所以两个方程具有相同形式的解，只是积分常数 A 不同。因此，将初始条件 $u_C(0_+) = u_C(0_-) = U_0$ 代入到解 $u_C = u_C' + u_C'' = A\mathrm{e}^{-\frac{t}{\tau}} + U_s$ 中，可得

$$A = U_0 - U_s$$

因此

$$u_C = (U_0 - U_s)\mathrm{e}^{-\frac{t}{\tau}} + U_s \tag{4-15}$$

式（4-15）还可写成

$$u_C = U_0\mathrm{e}^{-\frac{t}{\tau}} + U_s(1 - \mathrm{e}^{-\frac{t}{\tau}}) \tag{4-16}$$

式（4-15）和式（4-16）都是电容电压在换路后的全响应，但在理解上有不同的含义。对于式（4-15），等式右边第一项是暂态分量，它随着过渡过程的结束而趋于零；第二项是稳态分量，它等于电路中施加的独立电源电压。因而从普遍意义上讲，有

$$\text{全响应} = \text{暂态分量} + \text{稳态分量} \tag{4-17}$$

但从式（4-16）中又看到，等式右边第一项是当外接独立电源为零时，电容具有初始储能时的零输入响应，而第二项是当电容没有初始储能而外接独立电源时的零状态响应，二者根据叠加定理就构成了 RC 电路的全响应，即

$$\text{全响应} = \text{零输入响应} + \text{零状态响应} \tag{4-18}$$

可见，RC 电路的全响应可以看成暂态分量和稳态分量的叠加，也可以看成零输入响应和零状态响应的叠加，两种叠加方式的波形图如图 4-13 所示。

求出 u_C 后，就可以得出

$$i = C\frac{\mathrm{d}u_C}{\mathrm{d}t}, \quad u_R = Ri$$

【例 4-5】 在图 4-14 所示电路中，开关合在位置 1 时电路处于稳定状态，如在 $t=0$ 时将开关合向位置 2 后，试求电容元件上的电压 u_C 和电流 i_C。已知 $R_1 = 1\text{k}\Omega$，$R_2 = 2\text{k}\Omega$，$C = 3\mu\text{F}$，$U_1 = 3\text{V}$，$U_2 = 5\text{V}$。

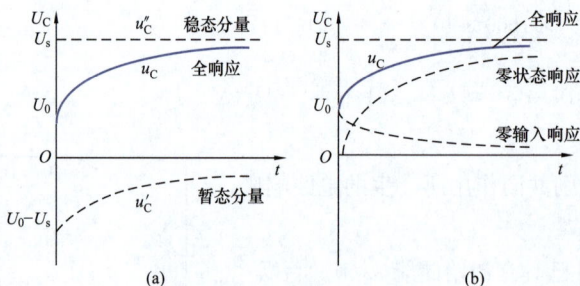

图 4-13 RC 电路全响应的波形

（a）式（4-15）的波形图；（b）式（4-16）的波形图

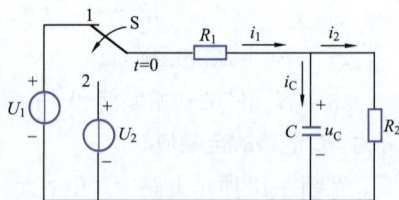

图 4-14 ［例 4-5］的图

解： 开关在位置 1 时，电容相当于开路，电阻 R_1、R_2 串联，则

$$u_C(0_-) = \frac{R_2}{R_1 + R_2}U_1 = \frac{2 \times 10^3}{(1+2) \times 10^3} \times 3 = 2 \text{ (V)}$$

在 $t \geqslant 0$ 时，根据基尔霍夫电流定律列出电流方程

$$i_1 - i_2 - i_C = 0$$

由元件的伏安特性关系有

$$\frac{U_2 - u_C}{R_1} - \frac{u_C}{R_2} - C\frac{\mathrm{d}u_C}{\mathrm{d}t} = 0$$

整理后得

$$R_1 C\frac{\mathrm{d}u_C}{\mathrm{d}t} + \left(1 + \frac{R_1}{R_2}\right)u_C = U_2$$

这是一阶常系数非齐次微分方程，将各元件的参数代入，根据前面介绍的解法，可得时间常数

$$\tau = R_0 C = \frac{R_1 R_2}{R_1 + R_2}C = \frac{1 \times 10^3 \times 2 \times 10^3}{(1+2) \times 10^3} \times 3 \times 10^{-6} = 2 \times 10^{-3} \ (\mathrm{s})$$

齐次方程的解

$$u'_C = Ae^{-\frac{t}{\tau}} = Ae^{-500t} \ (\mathrm{V})$$

非齐次方程的特解 u''_C 即是充电结束后电路达到新的稳态时电容两端的电压，即

$$u''_C = \frac{R_2}{R_1 + R_2} \times U_2 = \frac{2 \times 10^3}{(1+2) \times 10^3} \times 5 = \frac{10}{3} \ (\mathrm{V})$$

所以

$$u_C = u'_C + u''_C = \frac{10}{3} + Ae^{-500t} \ (\mathrm{V})$$

将 $u_C(0_+) = u_C(0_-) = 2\mathrm{V}$，代入上式有 $A = -\frac{4}{3}$，得

$$u_C = \frac{10}{3} - \frac{4}{3}e^{-500t} \ (\mathrm{V})$$

于是有

$$i_C = C\frac{\mathrm{d}u_C}{\mathrm{d}t} = 2e^{-500t} \ (\mathrm{mA})$$

第三节　一阶线性电路暂态分析的三要素法

视　频

一阶线电路暂
态分析的三要
素法

一般情况下，如果电路中只有一个储能元件或电路可等效为一个储能元件的线性电路，称为**一阶线性电路**，描述一阶线性电路的微分方程都是一阶常系数线性微分方程。

通过对一阶线性 RC 电路的全响应分析知道，全响应可看成是暂态分量和稳态分量的叠加，从式（4-15）可知，只要确定了所求变量的初始值、过渡过程结束后的稳态值、时间常数这三个量值，就可以直接写出在直流电源作用下一阶电路全响应的表达式，这种方法称为一阶电路的**三要素法**。

设一阶线性电路中所求变量为 $f(t)$，变量的初始值为 $f(0_+)$，变量在过渡过程结束后的稳态值为 $f(\infty)$，时间常数为 τ，则可直接写出全响应的表达式为

$$\begin{aligned}
f(t) &= f'(t) + f''(t) \\
&= f(\infty) + [f(0_+) - f(\infty)]e^{-\frac{t}{\tau}}
\end{aligned} \quad (4\text{-}19)$$

式中：$f'(t)$ 和 $f''(t)$ 分别表示全响应中对应齐次方程的解和对应非齐次方程的特解。

与经典法相比较，三要素法省略了求解微分方程的过程，简便易行，所以在电路的过渡过程分析中得到了广泛的应用。但在使用一阶电路的三要素法对电路进行暂态分析时应当注意：三要素法仅适用于直流电源作用下一阶电路暂态过程的分析，对二阶以及二阶以上的电路并不适用。

【例 4-6】 试用一阶电路三要素法求图 4-15 所示电路在 $t \geqslant 0$ 时的 u_C 和 u_o。设 $U = 6\mathrm{V}$，$R_1 =$

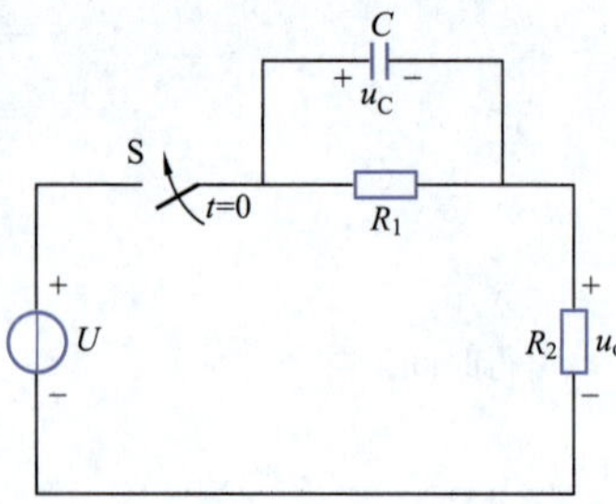

图 4-15 ［例 4-6］的图

$10\text{k}\Omega$，$R_2=20\text{k}\Omega$，$C=1000\text{pF}$，$u_C(0_-)=0$。

解： 根据一阶电路三要素法

(1) 确定各变量的初始值 $u_C(0_+)$、$u_o(0_+)$。

$u_C(0_+)=u_C(0_-)=0$。由于 $u_C(0_+)=0$，故 $t=0_+$ 电容相当于短路，则 $u_o(0_+)=U=6\text{V}$。

(2) 确定各变量的稳态值 $u_C(\infty)$、$u_o(\infty)$。电路换路后达到稳态时，电容相当于开路，电阻 R_1、R_2 串联，所以

$$u_C(\infty) = \frac{R_1}{R_1+R_2}U = \frac{10\times10^3}{(10+20)\times10^3}\times6 = 2\ (\text{V})$$

$$u_o(\infty) = U - u_C(\infty) = 6-2 = 4\ (\text{V})$$

(3) 确定时间常数 τ。利用戴维南定理求等效电阻的方法，先求出从电容二端看进去的等效电阻 R_0（电压源短路），则时间常数

$$\tau = R_0C = \frac{R_1R_2}{R_1+R_2}C = \frac{10\times10^3\times20\times10^3}{(10+20)\times10^3}\times1000\times10^{-12} = \frac{2}{3}\times10^{-5}\ (\text{s})$$

最后得

$$u_C = u_C(\infty) + [u_C(0_+) - u_C(\infty)]\text{e}^{-\frac{t}{\tau}} = 2 + (0-2)\text{e}^{-1.5\times10^5 t} = 2 - 2\text{e}^{-1.5\times10^5 t}\ (\text{V})$$

$$u_o = u_o(\infty) + [u_o(0_+) - u_o(\infty)]\text{e}^{-\frac{t}{\tau}} = 4 + (6-4)\text{e}^{-1.5\times10^5 t} = 4 + 2\text{e}^{-1.5\times10^5 t}\ (\text{V})$$

【例 4-7】 利用一阶电路三要素法求 ［例 4-5］ 中电容元件上的电压 u_C 和电流 i_C。

解： $u_C(0_-) = \frac{R_2}{R_1+R_2}U_1 = \frac{2\times10^3}{(1+2)\times10^3}\times3 = 2\ (\text{V})$

(1) 确定初始值 $u_C(0_+)$

$$u_C(0_+) = u_C(0_-) = 2\ (\text{V})$$

(2) 确定稳态值 $u_C(\infty)$

$$u_C(\infty) = \frac{R_2}{R_1+R_2}\times U_2 = \frac{2}{(1+2)}\times5 = \frac{10}{3}\ (\text{V})$$

(3) 确定时间常数 τ。换路后，从电容二端看进去的等效电阻为 R_0，则时间常数

$$\tau = R_0C = \frac{R_1R_2}{R_1+R_2}C = \frac{1\times2\times10^6}{(1+2)\times10^3}\times3\times10^{-6} = 2\times10^{-3}\ (\text{s})$$

于是有

$$u_C = u_C(\infty) + [u_C(0_+) - u_C(\infty)]\text{e}^{-\frac{t}{\tau}}$$

$$= \frac{10}{3} + \left(2 - \frac{10}{3}\right)\text{e}^{-\frac{1}{2\times10^{-3}}t}$$

$$= \left(\frac{10}{3} - \frac{4}{3}\text{e}^{-500t}\right)\ (\text{V})$$

$$i_C = C\frac{\text{d}u_C}{\text{d}t} = 2\times10^{-3}\text{e}^{-500t}\ (\text{A})$$

第四节　RL 电 路 的 响 应

一、RL 电路的零输入响应

在图 4-16（a）所示电路中，开关在位置 1 时，电感元件中有电流流过，电感元件

储存磁场能量，此时电感中的电流 $i_L(0_-) = \dfrac{U_s}{R_0} = I_0$。在 $t=0$ 时，将开关从位置 1 合到位置 2，电路如图 4-16（b）所示。此时电路脱离电源，输入电能为零，电感元件通过电阻开始将储存的磁场能量释放出来，因此，换路后 RL 电路的响应为零输入响应。

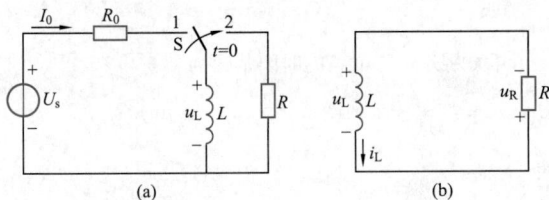

图 4-16　RL 电路的零输入响应

（a）开关在位置 1；（b）开关在位置 2

对一阶线性 RL 电路零输入响应的分析可以应用本章第二节中介绍的经典法，也可以应用三要素法。为分析方便，应用三要素法分析 RL 电路的零输入响应。

根据换路定则，换路后电感电流的初始值 $i(0_+) = i(0_-) = \dfrac{U_s}{R_0} = I_0$；换路后稳态时，电感电流 $i(\infty) = 0$；RL 电路的时间常数 $\tau = \dfrac{L}{R}$，R 为换路后电路中的等效电阻，如果 R 用 Ω（欧）做单位，L 用 H（亨）做单位，则 τ 的单位为 s（秒）。由三要素公式（4-19）得

$$i_L = i_L(\infty) + [i_L(0_+) - i_L(\infty)] e^{-\frac{t}{\tau}}$$

$$= 0 + \left(\frac{U_s}{R_0} - 0\right) e^{-\frac{Rt}{L}}$$

$$= \frac{U_s}{R_0} e^{-\frac{Rt}{L}} = I_0 e^{-\frac{t}{\tau}} \tag{4-20}$$

这样，$t \geqslant 0$ 时电感元件和电阻元件上的电压分别为

$$u_L = L \frac{\mathrm{d}i_L}{\mathrm{d}t} = L \frac{\mathrm{d}}{\mathrm{d}t}(I_0 e^{-\frac{t}{\tau}}) = -RI_0 e^{-\frac{t}{\tau}} \tag{4-21}$$

$$u_R = Ri_L = RI_0 e^{-\frac{t}{\tau}} = -u_L \tag{4-22}$$

图 4-17 所示曲线分别为 i_L、u_L、u_R 随时间变化的曲线。

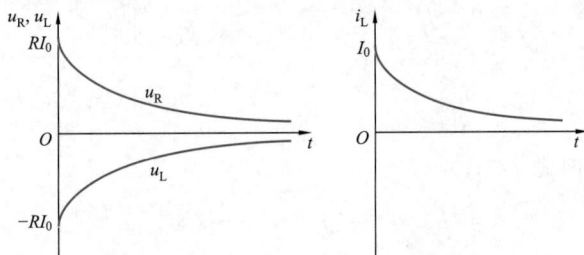

图 4-17　RL 电路零输入各变量响应曲线

和 RC 电路一样，RL 电路在换路后经过 $4\tau \sim 5\tau$ 的时间，过渡过程即结束。

【例 4-8】 图 4-18 所示 RL 电路是发电机的励磁绕组电路。已知绕组的电阻 $R=0.2\Omega$，$L=$

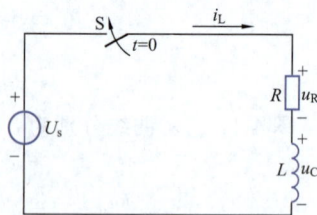

图 4-18 ［例 4-8］的图

0.5H，直流电压源的电压 $U=40$V，在绕组二端加一个直流电压表，测量绕组电压，电压表的量程为 50V，其内阻 $R_V=5$kΩ。电路此时处于稳定状态。在 $t=0$ 时打开开关 S，求开关打开后电路中的电流 i 和电压表二端的电压 u_V。

解：
$$i(0_-) = \frac{U}{R} = \frac{40}{0.2} = 200 \text{ (A)}$$

开关断开后，电路的时间常数为

$$\tau = \frac{L}{R+R_V} = \frac{0.5}{0.2+5000} = 100 \text{ (μs)}$$

由式（4-20），可得

$$i = i(0_+)e^{-\frac{t}{\tau}} = i(0_-)e^{-\frac{t}{\tau}} = 200e^{-10\,000t} \text{ (A)}$$

根据电压表的电压参考方向和电流的实际流向，得电压表两端的电压为

$$u_V = -R_V i = -5000 \times 200e^{-10\,000t}$$
$$= -1 \times 10^6 e^{-10\,000t} \text{ (V)}$$

从［例 4-8］看出，RL 电路与 RC 电路不同，电容上的电荷在连接电容的电路断开后仍能长时间保存在电容上，而电感储存的磁场能量在连接电感的电路断开后无法保存在电感中，因此将具有初始储能的电感从电源断开时，必须给电感留有放电回路，以便电感储存的磁场能量释放出来。［例 4-8］中，直流电压表与电感构成了零输入回路，在开关断开的瞬间，电压表的反向电压高达 100 万 V，直流电压表瞬间被击穿。在此电路中，如果没有直流电压表，当电感从电源断开的瞬间，电感产生的高感应电压加在开关两端，使其间空气被击穿，在开关处产生电弧，电感储存的磁场能量通过开关释放出来，巨大的能量很容易使开关烧毁。因此，将大电感或通有大电流的电感从电路中断开时，应设有放电回路，便于电感的能量释放出来，以延长开关的寿命。

二、RL 电路的零状态响应

在图 4-19 所示 RL 电路中，在开关 S 合向电路之前，电感元件中通过的电流为零，没有初始储能，即 $i_L(0_-)=0$。在 $t=0$ 时刻，开关 S 合向电路，电源为电感充电。因此，换路后 RL 电路的响应为零状态响应。这里仍然应用三要素法求解电路响应。

对于图 4-19 所示的电路，根据换路定则有

初始值 $i_L(0_+) = i_L(0_-) = 0$

稳态值 $i_L(\infty) = \frac{U_s}{R}$

时间常数 $\tau = \frac{L}{R}$

图 4-19 RL 电路的零状态响应

由三要素法，即式（4-19）得

$$i_L = i_L(\infty) + [i_L(0_+) - i_L(\infty)]e^{-\frac{t}{\tau}}$$
$$= \frac{U_s}{R} + \left(0 - \frac{U_s}{R}\right)e^{-\frac{Rt}{L}}$$
$$= \frac{U_s}{R}(1 - e^{-\frac{t}{\tau}}) \tag{4-23}$$

这样，$t \geqslant 0$ 时电感元件和电阻元件上的电压分别为

$$u_L = L \frac{di_L}{dt} = U_s e^{-\frac{t}{\tau}} \qquad (4\text{-}24)$$

$$u_R = Ri = U_s(1 - e^{-\frac{t}{\tau}}) \qquad (4\text{-}25)$$

i_L、u_L、u_R 的波形分别如图 4-20 所示。

三、RL 电路的全响应

在图 4-21 所示的电路中，开关 S 闭合前电感中已有电流流过，因而电感具有初始储能，且 $i_L(0_-) = \dfrac{U_s}{R_0 + R} = I_0$。在 $t = 0$ 时刻，开关 S 合向电路，接入激励 U_s，因此，换路后 RL 电路的响应为全响应。这里应用三要素法求解电路响应。

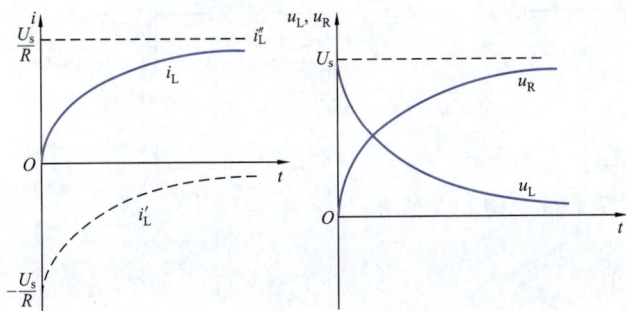

图 4-20　RL 电路零状态各变量响应曲线

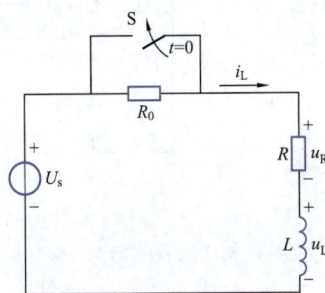

图 4-21　RL 电路的全响应

初始值

$$i_L(0_+) = i_L(0_-) = \frac{U_s}{R_0 + R} = I_0$$

稳态值

$$i_L(\infty) = \frac{U_s}{R}$$

时间常数

$$\tau = \frac{L}{R}$$

则

$$i_L = i_L(\infty) + [i_L(0_+) - i_L(\infty)]e^{-\frac{t}{\tau}} = \frac{U_s}{R} + \left(I_0 - \frac{U_s}{R}\right)e^{-\frac{t}{\tau}} \qquad (4\text{-}26)$$

从式（4-26）可以看出，RL 电路中的全响应可以看作是稳态分量 $\dfrac{U_s}{R}$ 和暂态分量 $\left(I_0 - \dfrac{U_s}{R}\right)e^{-\frac{t}{\tau}}$ 的叠加。

式（4-26）还可写成

$$i_L = I_0 e^{-\frac{t}{\tau}} + \frac{U_s}{R}(1 - e^{-\frac{t}{\tau}}) \qquad (4\text{-}27)$$

式（4-27）右边的第一项为零输入响应，第二项为零状态响应，所以 RL 电路中的全响应又可以看作是零输入响应和零状态响应的叠加，用波形图 4-22 来表示这两种形式的叠加。

【例 4-9】　如图 4-23 所示，开关 S 在位置 1 时，电路已处于稳态。在 $t = 0$ 时开关由位置 1 合向位置 2，试求 $t \geqslant 0$ 时电感中的电流 i_L 和电感二端的电压 u_L。已知 $U_1 = 20\text{V}$，$U_2 = 35\text{V}$，$R_1 = 5\Omega$，$R_2 = 10\Omega$，$R_3 = 10\Omega$，$L = 40\text{mH}$。

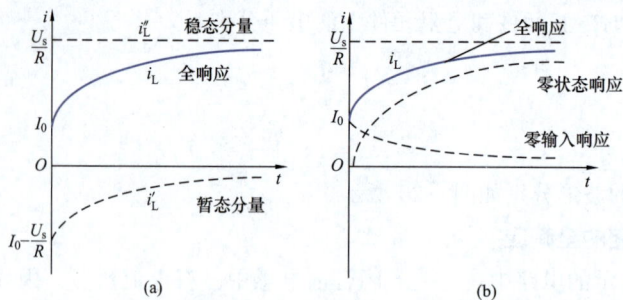

图 4-22　*RL* 电路全响应的波形叠加

(a) 式 (4-26) 的波形图；(b) 式 (4-27) 的波形图

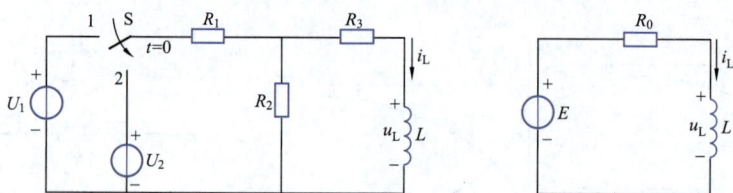

图 4-23　[例 4-9] 的图

解：利用三要素法

$$i_L(0_-) = \frac{U_1}{R_1 + \dfrac{R_2 R_3}{R_2 + R_3}} \cdot \frac{R_2}{R_2 + R_3} = \frac{20}{5 + \dfrac{10 \times 10}{10 + 10}} \times \frac{10}{10 + 10} = 1 \ (\text{A})$$

根据换路定则，初始值

$$i_L(0_+) = i_L(0_-) = 1\text{A}$$

稳态值

$$i_L(\infty) = \frac{U_2}{R_1 + \dfrac{R_2 R_3}{R_2 + R_3}} \cdot \frac{R_2}{R_2 + R_3} = \frac{35}{5 + \dfrac{10 \times 10}{10 + 10}} \times \frac{10}{10 + 10} = 1.75 \ (\text{A})$$

换路后，从电感两端看进去的等效电阻为 R_0

$$R_0 = R_3 + \frac{R_1 R_2}{R_1 + R_2} = 10 + \frac{5 \times 10}{5 + 10} = \frac{40}{3} \ (\Omega)$$

所以，时间常数

$$\tau = \frac{L}{R_0} = \frac{40 \times 10^{-3}}{\dfrac{40}{3}} = 3 \times 10^{-3} \ (\text{s})$$

于是有

$$i_L = i_L(\infty) + [i_L(0_+) - i_L(\infty)]e^{-\frac{t}{\tau}} = \frac{7}{4} - \frac{3}{4}e^{-\frac{10^3}{3}t} \ (\text{A})$$

$$u_L = L\frac{\mathrm{d}i_L}{\mathrm{d}t} = 10e^{-\frac{10^3}{3}t} \text{V}$$

习　题

4.1　图 4-24 所示的电路在换路前已处于稳态，在 $t=0$ 时合上开关 S，试求初始值 $i(0_+)$ 和稳态值 $i(\infty)$。

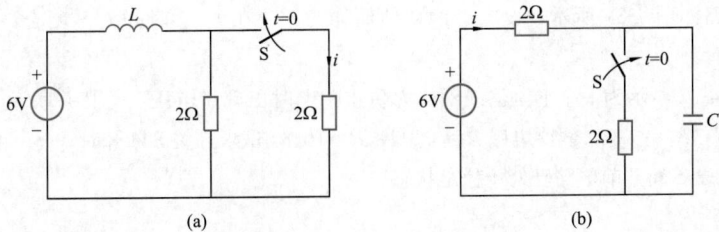

图 4-24　习题 4.1 的图

4.2　在图 4-25 所示电路中，已知 $I_s = 10\text{mA}$，$R_1 = R_2 = 3\text{k}\Omega$，$R_3 = 6\text{k}\Omega$，电路处于稳定状态，在 $t = 0$ 时开关 S 合上，试求初始值 $u_C(0_+)$、$i_C(0_+)$。

4.3　图 4-26 所示电路已处于稳定状态，在 $t = 0$ 时开关 S 闭合，试求初始值 $u_C(0_+)$、$i_L(0_+)$、$u_R(0_+)$、$i_C(0_+)$、$u_L(0_+)$。

图 4-25　习题 4.2 的图

图 4-26　习题 4.3 的图

4.4　如图 4-27 所示电路，在 $t = 0$ 时开关 S 由位置 1 合向位置 2，试求零输入响应 $u_C(t)$。

4.5　在图 4-28 所示电路中，设电容的初始电压为零，在 $t = 0$ 时开关 S 闭合，试求此后的 $u_C(t)$、$i_C(t)$。

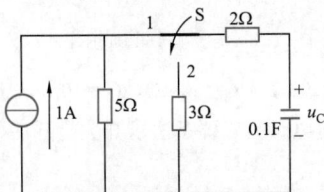

图 4-27　习题 4.4 的图

图 4-28　习题 4.5 的图

4.6　如图 4-29 所示电路，开关 S 在位置 a 时电路处于稳定状态，在 $t = 0$ 时开关 S 合向位置 b，试求此后的 $u_C(t)$、$i(t)$。

4.7　图 4-30 所示电路在开关 S 打开前处于稳定状态，在 $t = 0$ 时打开开关 S，试求 $i_C(t)$ 和 $t = 2\text{ms}$ 时电容储存的能量。

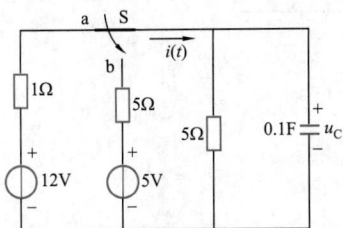

图 4-29　习题 4.6 的图

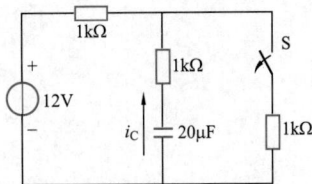

图 4-30　习题 4.7 的图

4.8 电路如图 4-31 所示，设电感的初始储能为零，在 $t=0$ 时开关 S 闭合，试求此后的 $i_L(t)$、$u_R(t)$。

4.9 图 4-32 所示为一个继电器线圈。为防止断电时出现过电压，与其并联一个放电电阻，已知 $U_s=12V$，$R_1=30\Omega$，线圈电感 $L=0.5H$，$R=10\Omega$，试求开关 S 断开时 $i_L(t)$ 和线圈两端的电压 $u_{RL}(t)$。设 S 断开前电路已处于稳定状态。

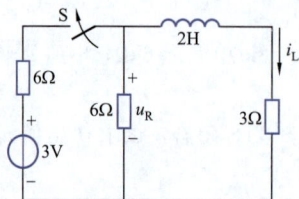

图 4-31 习题 4.8 的图   图 4-32 习题 4.9 的图

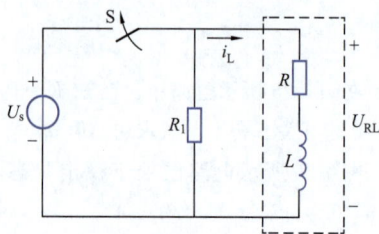

4.10 电路如图 4-33 所示，在 $t=0$ 时开关 S 合上，试用一阶电路的三要素求电流 $i_L(t)$。

4.11 图 4-34 所示电路中，开关 S 合上前电路处于稳定状态，在 $t=0$ 时开关 S 合上，试用一阶电路的三要素法求 i_1、i_2、i_L。

图 4-33 习题 4.10 的图   图 4-34 习题 4.11 的图

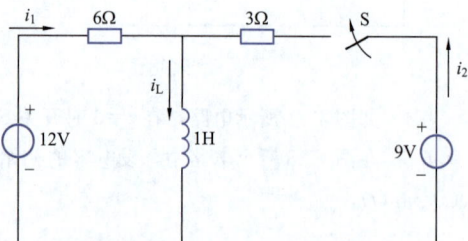

4.12 图 4-35 所示电路中，已知 $I_s=1mA$，$R_1=R_2=10k\Omega$，$R_3=30k\Omega$，$C=10\mu F$，开关 S 断开前电路处于稳定状态，在 $t=0$ 时打开开关 S，试用一阶电路的三要素法求开关打开后的 u_C、i_C、u。

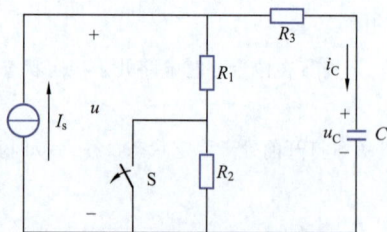

图 4-35 习题 4.12 的图

第五章 变压器和电动机

随着社会经济的发展，现代化和信息化不断推进，电能成为应用最为广泛的能源之一。变压器是一种将一定电压的交流电转换为频率相同的另一电压交流电的静止电气设备，在电力系统、电子通信系统和电子线路中有广泛的应用。电动机是一种将电能转换为机械能的电气设备，被广泛应用于工农业生产和家庭生活。两者均是通过电磁感应原理实现能量的传递。本章回顾了磁路的基础知识和交流铁芯线圈的工作原理，重点介绍了单相变压器及三相异步电动机的工作原理及特性，还介绍了电磁铁和几种常用的特种电动机。

第一节 磁路及交流铁芯线圈

一、磁路及其基本定律

（一）磁路的概念

磁力线所通过的路径称为**磁路**。磁路主要由具有良好导磁性能的磁性材料构成，如硅钢片、铸铁等。如图 5-1 所示，当线圈中通入电流时，在线圈周围会形成磁场，由于铁芯的导磁性能比空气要好得多，所以绝大部分的磁通将在铁芯内通过，称为**主磁通**或**工作磁通**；同时有少量磁通会通过空气交链，称为**漏磁通**，工程计算中通常忽略不计。主磁通和漏磁通所通过的路径分别称为主磁路和漏磁路。当产生磁场（工程上称为励磁）的电流为直流时，磁路称为直流磁路；当励磁电流为交流时，磁路称为交流磁路。变

图 5-1　闭合铁芯的磁路

压器、单相和三相异步电动机的磁路均为交流磁路。要研究磁路的性质首先要了解磁场的有关知识和特性。

（二）磁路的基本物理量

磁场中的基本物理量有磁感应强度 B、磁通 Φ、磁场强度 H、磁导率 μ。这些物理量的出处及定义在物理学中已学习过，这里只做简单的回顾。

1. 磁感应强度 B

磁感应强度 B 是表示磁场内某点磁场强弱和方向的物理量，是一个矢量。它与电流之间的方向关系可用右手螺旋法则来确定。如果磁场内各点的磁感应强度的大小相等，方向相同，称之为**均匀磁场**。磁感应强度的单位是 T（特斯拉）。

2. 磁通 Φ

磁通 Φ 表示垂直通过某一截面的磁力线总数，在均匀磁场中，磁通等于磁感应强

度 B 与磁场方向相垂直的单位面积的乘积，所以磁感应强度 B 又可以看成与磁场方向垂直的单位面积内所通过的磁通，故又称 B 为**磁通密度**。磁通的单位是 Wb（韦伯）。

$$\Phi = BS \quad \text{或} \quad B = \frac{\Phi}{S} \tag{5-1}$$

3. 磁场强度 H

磁场强度 H 是计算磁场时引用的一个物理量，也是个矢量。根据安培环路定理，沿任意闭合路径 l，磁场强度 H 的线积分 $\oint_l H \mathrm{d}l$ 等于该回路所包围的导体电流 I 的代数和。规定穿过回路 l 的电流方向与回路的环绕方向服从右手螺旋法则关系的 I 为正，反之为负。

$$\oint_l H \mathrm{d}l = \sum I \tag{5-2}$$

磁场强度的单位是 A/m（安/米）。

4. 磁导率 μ

磁导率 μ 是一个用来表示磁场媒质磁性的物理量，也是用来衡量物质导磁能力的物理量。它与磁场强度的乘积等于磁感应强度。磁导率的单位是 H/m（亨/米）

$$B = \mu H \tag{5-3}$$

真空中的磁导率 μ_0 为一常数，可由实验测得 $\mu_0 = 4\pi \times 10^{-7} \mathrm{H/m}$。

任意一种物质的磁导率和真空磁导率的比值，称为该物质的**相对磁导率**。

$$\mu_r = \frac{\mu}{\mu_0} = \frac{\mu H}{\mu_0 H} = \frac{B}{B_0} \tag{5-4}$$

（三）磁性材料的磁性能

自然界中有导电的良导体，如各类金属材料；也有导磁性能好的材料，如硅钢、坡莫合金等。按导磁性能的好坏，大体上可将物质分为非磁性材料和磁性材料两类。

1. 非磁性材料

非磁性材料主要有水银、铜、硫、氯、氢、银、金、锌、铅、氧、氮、铝、铂等，具有以下几大特点。

（1）$\mu_r \approx 1$，不能被强烈磁化。

（2）B 正比于 H，无磁饱和现象。

（3）μ 为一常数，不随 H 的变化而变化。

（4）无磁滞特性。

2. 磁性材料（也称为铁磁材料）

磁性材料主要有铁、钴、镍、钆及其合金等，具有以下几大特点。

（1）高导磁性。磁性材料 $\mu_r \gg 1$，在磁场中可被强烈磁化；被放入磁场后，磁感应强度会显著增强，称为高导磁性。

磁性物质内部形成许多小区域，其分子间存在的一种特殊的作用力使每一区域内的分子磁场排列整齐，显示磁性，称这些小区域为磁畴。在没有外磁场作用的普通磁性物质中，各个磁畴排列杂乱无章，磁场互相抵消，整体对外不显磁性。在外磁场作用下，磁畴方向发生变化，使之与外磁场方向趋于一致，物质整体显示出磁性来，称为磁化（见图 5-2），即磁性物质能被磁化。

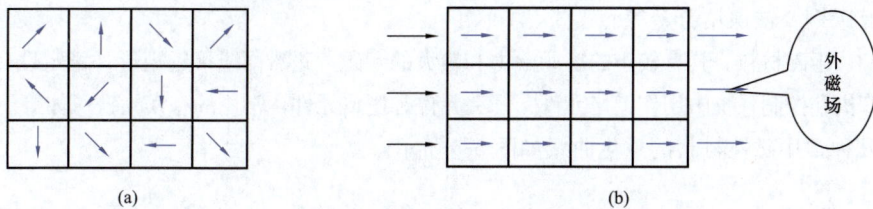

图 5-2 磁性物质的磁化

(a) 磁化前；(b) 磁化后

在电机、变压器等电气设备的线圈中，均放有由磁性材料制成的一定形状的铁芯，在这种线圈中通入不大的励磁电流，便可在铁芯材料中产生足够大的磁通和磁感应强度，利用高性能的磁性材料可使同一容量的电机或变压器的质量和体积大大减轻和减小。几种常用磁性材料的磁导率见表 5-1。

表 5-1　　　　　　　　　　几种常用磁性材料的相对磁导率

材料名称	铸铁	硅钢	镍锌铁氧体	锰锌铁氧体	坡莫合金
相对磁导率 μ_r	200～400	7000～10 000	10～1000	300～5000	$2 \times 10^4 \sim 2 \times 10^5$

（2）磁饱和性。将磁性材料放入磁场强度为 H 的磁场，会被强烈磁化，其磁化曲线（$B\text{-}H$）如图 5-3 所示。由于磁化所产的磁化磁场不会随着外磁场的增强而无限地增强，当外磁场增大到一定值时，磁感应强度达到饱和值，这种现象称为**磁饱和性**。从图 5-3 中还可看出 B 和 H 不成正比，所以磁性材料的 μ 不是常数。

（3）磁滞特性。若将磁性材料进行周期性磁化，磁感应强度 B 随磁场强度 H 变化的曲线称为**磁滞回线**，如图 5-4 所示。从图 5-4 可见，当 H 已减到零时，B 并未回到零值，而等于 B_r。这种磁感应强度滞后于磁场强度变化的性质称为磁性物质的**磁滞特性**。B_r 称为**剩磁感应强度**。要使 B 值从 B_r 减小到零，必须加反向外磁场，对应的反向外磁场强度 H_c 称为**矫顽磁力**。铁芯在反复交变磁化的情况下，其磁化过程是不可逆的。

图 5-3　磁性材料的磁化曲线

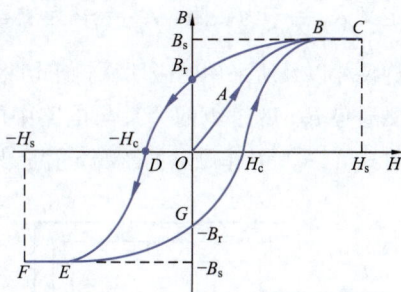

图 5-4　磁滞回线

按磁性物质的磁性能，磁性材料可以分以下三种类型。

（1）软磁材料。具有较小的矫顽磁力，磁滞回线较窄，一般用来制造电机、电器及变压器等的铁芯，常用的有铸铁、硅钢、坡莫合金及铁氧体等。

（2）永磁材料。具有较大的矫顽磁力，磁滞回线较宽，一般用来制造永久磁铁，常用的有碳钢及铁镍钴合金等。

（3）矩磁材料。具有较小的矫顽磁力和较大的剩磁，磁滞回线接近矩形，稳定性良好，在计算机和控制系统中用作记忆元件、开关元件和逻辑元件，常用的有镁锰铁氧体等。

几种常用磁性材料的磁化曲线如图 5-5 所示。

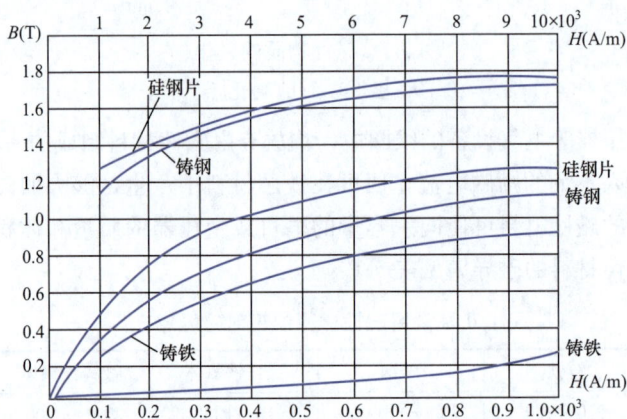

图 5-5　几种常用磁性材料的磁化曲线

（四）磁路的基本定律

1. 磁路的欧姆定律

将全电流定律应用到材料相同、截面积相等的无分支闭合磁路上，则有

$$\oint_l H \mathrm{d}l = Hl = \sum I = NI \tag{5-5}$$

假设如图 5-6 的铁磁回路，其磁导率为 μ，铁芯的截面积为 S，磁路的平均长度为 l。定义**磁通势** $F = NI$，且 $B = \mu H = \dfrac{\Phi}{S}$，带入式（5-5）可得

$$F = NI = Hl = \frac{Bl}{\mu} = \Phi \frac{l}{\mu S} = \Phi R_{\mathrm{m}} = \frac{\Phi}{\Lambda_{\mathrm{m}}} \tag{5-6}$$

定义 $R_{\mathrm{m}} = \dfrac{l}{\mu S}$ 为**磁阻**，$\Lambda_{\mathrm{m}} = \dfrac{1}{R_{\mathrm{m}}}$ 为**磁导**，它反映磁路的导磁能力，显然磁阻与磁路的结构尺寸以及所采用的磁性材料密切相关。

磁通势 F、磁通 Φ 的关系与电路中的电压和电流的关系相似，磁阻和电阻相似，因此将式（5-6）看作磁路的欧姆定律，其等效图如图 5-7 所示。

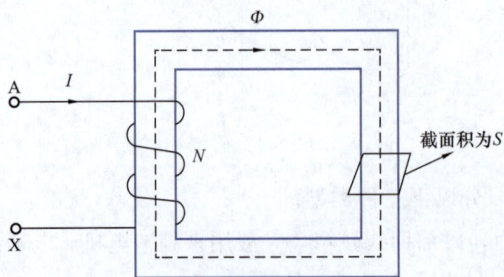

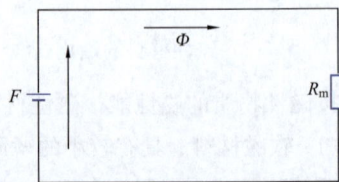

图 5-6　磁路　　　　　　　　　图 5-7　磁路的欧姆定律等效电路

与电路中的基尔霍夫定律一样，磁路也有类似的定律。

2. 磁路基尔霍夫第一定律

对有分支的磁路而言，在磁通汇合处的封闭面上磁通的代数和为零，即

$$\sum \Phi = 0 \tag{5-7}$$

此定律反映了磁通的连续性原理。

3. 磁路基尔霍夫第二定律

沿任一闭合磁路，磁压降的代数和等于磁动势的代数和，即

$$\oint H \mathrm{d}l = \sum Hl = \sum NI = \sum F = \sum \Phi R_{\mathrm{m}} \tag{5-8}$$

【例 5-1】 在图 5-8 所示的磁路中，线圈 N_1、N_2 中通入直流电流 I_1、I_2，设铁芯的磁路长度为 L，截面积为 S，磁导率为 μ，试问：

(1) 电流方向如图所示时，该磁路的总磁通势为多少？

(2) N_2 中电流 I_2 反向时，总磁通势又为多少？磁感应强度是多少？

(3) 若在图中 a、b 处切开，形成一空气气隙 δ，总磁通势又为多少？铁芯及空气气隙中的磁感应强度又是多少？

解：（1）该磁路的总磁通势为

$$F_1 = I_1 N_1 - I_2 N_2$$

(2) 此时磁路的总磁通势为

$$F_2 = I_1 N_1 + I_2 N_2$$

$$B = \mu H = \mu \frac{F_2}{L} = \frac{\mu}{L}(I_1 N_1 + I_2 N_2)$$

(3) 此时磁路的总磁通势为

$$F_3 = I_1 N_1 + I_2 N_2$$

$$B = \frac{\mu}{L - \delta}(I_1 N_1 + I_2 N_2)$$

$$B_0 = \mu_0 H_0 = \mu_0 \frac{F_3}{\delta} = \frac{\mu_0}{\delta}(I_1 N_1 + I_2 N_2)$$

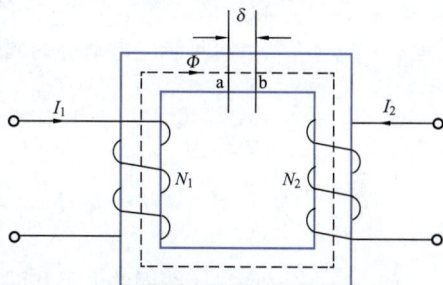

图 5-8 有空气隙的磁路

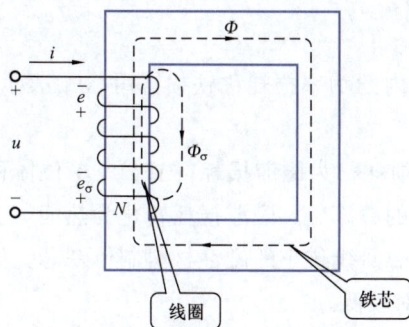

图 5-9 交流铁芯线圈

二、交流铁芯线圈

铁芯线圈按励磁电流的不同分为两种：当励磁电流为直流时，称为直流铁芯线圈（如直流电磁铁、直流继电器的线圈）；当励磁电流为交流时，称为交流铁芯线圈（如交流电机、变压器的线圈）。对直流铁芯线圈而言，励磁电流是直流，产生的磁场恒定，线圈中没有感应电动势存在，计算比较简单。而交流铁芯线圈的电磁关系，电压、电流关系及功率损耗各方面都有其自己的特点。

（一）电磁关系

交流铁芯线圈如图 5-9 所示，磁通势产生的磁通绝大部分通过铁心而闭合，这部

分磁通称为主磁通或工作磁通 Φ。此外还有少部分磁通通过空气或其他非导磁媒质而闭合，这部分磁通称为漏磁通 Φ_σ。这两个磁通分别在线圈中产生主磁感应电动势 e 和漏磁感应电动势 e_σ（通常忽略不计）。根据法拉第电磁感应定律，可知

$$e = -\frac{\mathrm{d}\psi}{\mathrm{d}t} = -N\frac{\mathrm{d}\Phi}{\mathrm{d}t}$$

（二）电压、电流关系

设定主磁磁通 $\Phi = \Phi_\mathrm{m}\sin\omega t = \Phi_\mathrm{m}\sin 2\pi f t$，则

$$e = -N\frac{\mathrm{d}\Phi}{\mathrm{d}t} = -N\frac{\mathrm{d}(\Phi_\mathrm{m}\sin\omega t)}{\mathrm{d}t} = -N\Phi_\mathrm{m}\omega\cos\omega t$$

$$= E_\mathrm{m}\sin(\omega t - 90°) = \sqrt{2}E\sin(\omega t - 90°)$$

可见感应电动势的幅值为

$$E_\mathrm{m} = \omega N\Phi_\mathrm{m}$$

有效值为

$$E = \frac{E_\mathrm{m}}{\sqrt{2}} = \frac{\omega N\Phi_\mathrm{m}}{\sqrt{2}} = \frac{2\pi f N\Phi_\mathrm{m}}{\sqrt{2}} = 4.44 f N\Phi_\mathrm{m} \tag{5-9}$$

由于线圈的电阻和漏磁通较小，与主磁电动势相比电阻压降和漏磁电动势通常忽略不计，所以电源电压和电动势的关系为大小相等，方向相反，即

$$\dot{U} \approx -\dot{E}, U \approx E = 4.44 f N\Phi_\mathrm{m} = 4.44 f N B_\mathrm{m} S \tag{5-10}$$

式中：B_m 为铁芯中磁感应强度的最大值；S 为铁芯截面积。

（三）功率损耗

交流铁芯线圈的功率损耗主要有铜损和铁损两种。

1. 铜损（ΔP_Cu）

在交流铁芯线圈中，线圈电阻 R 上的功率损耗称铜损，用 ΔP_Cu 表示，公式为

$$\Delta P_\mathrm{Cu} = RI^2 \tag{5-11}$$

式中：R 为线圈的电阻；I 为线圈中电流的有效值。

2. 铁损（ΔP_Fe）

在交流铁心线圈中，处于交变磁通下的铁芯内的功率损耗称铁损，用 ΔP_Fe 表示。铁损由磁滞和涡流产生。

（1）磁滞损耗（ΔP_h）。由磁滞所产生的能量损耗称为**磁滞损耗（ΔP_h）**。单位体积内的磁滞损耗正比于磁滞回线的面积和交变磁场的频率 f。磁滞损耗转化为热能，引起铁芯发热。减少磁滞损耗的措施通常是选用磁滞回线狭小的磁性材料制作铁芯。如变压器和电机中使用的硅钢等材料的磁滞损耗相对较低。

（2）涡流损耗（ΔP_e）。交变磁通在铁芯内产生感应电动势和感应电流。感应电流在垂直于磁通的平面内环流，称为**涡流**。由涡流所产生的功率损耗称为**涡流损耗（ΔP_e）**。涡流损耗转化为热能，引起铁芯发热。减少涡流损耗措施是将铁芯用彼此绝缘的钢片叠成，把涡流限制在较小的截面内，如图 5-10 所示。

涡流的形成　　　　　　涡流的抑制

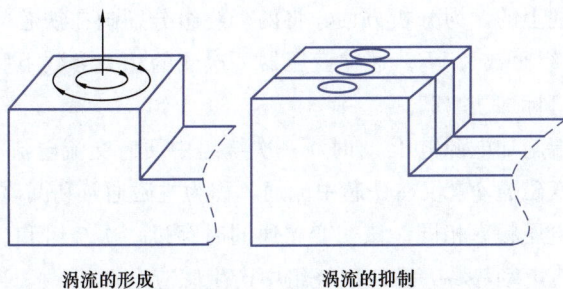

图 5-10　涡流的形成及抑制

铁芯线圈交流电路的功率损耗为

$$P = \Delta P_{\text{Cu}} + \Delta P_{\text{Fe}} = RI^2 + \Delta P_{\text{Fe}} \qquad (5\text{-}12)$$

第二节　变　压　器

視頻

变压器及其工作
原理

变压器是一种最常见的电气设备，在电力系统和电子线路中起着重要的作用。它的主要功能是通过电磁感应原理，将一定数值的交流电转换为同频率的另一数值交流电，起到电能传递的作用。随着社会现代化的发展，电能的利用率不断地提高。在电力系统中，在输电方面，当输送的电功率及负载的功率因数一定时，根据 $P = UI\cos\varphi$，提高电压值，就可以减小电流值。这不仅可以减少线路自身的功率损耗，还可以减小输电线的截面积，节省材料。我国普遍采用 220、500kV 等高压进行电能的长距离传输，而由发电站（厂）发出的交流电，由于受绝缘材料和制造工艺的限制，发电机的输出电压不可能太高，一般最高不超过 18kV，必须用升压变压器将电压升高。在用电方面，电能传送到用电区域后为了配合用电设备的需要及保证用电的安全，必须采用低压配电的方式，要利用降压变压器将电压降低。在电力系统中能够实现高低压变换的变压器称作电力变压器，电力变压器是实际使用中应用最为广泛的一种变压器。图 5-11 所示为油浸式变压器，是电力变压器中最常见的一种。

在电子线路中，变压器还具有耦合电路、传递信号、实现阻抗匹配的功能。变压器的种类很多，但其构造及工作原理基本上是相同的。

一、变压器的结构

变压器主要由铁芯和绕组两部分组成。

（1）铁芯主要起到固定变压器绕组和其他组成部分的骨架作用，是变压器主磁通经过的路径。为减少铁芯损耗和提高磁路导磁性，铁芯一般由薄硅钢片叠加而成，片间彼此绝缘。

（2）绕组是变压器的电路组成部分，有铜线和铝线两种，导线外面均包有绝缘材质。和电源相连的称为一次绕组（原绕组），和负载相连的称为二次绕组（副绕组），按照一、二次绕组的排列方式又分为同芯式和交叠式两种。

二、变压器的工作原理

如图 5-12 所示，单相变压器由闭合铁芯和一次、二次绕组构成，两个绕组实际上

是套在同一个铁芯柱上的，为分析方便，将两个绕组分别画在铁芯的两侧。一次绕组匝数为 N_1，二次绕组匝数为 N_2。通常变压器一次侧的相关参数下脚标加注"1"，二次侧的相关参数下脚标加注"2"。

当一次绕组两端施加电源电压 u_1 时，一次绕组中便有交流电流 i_1 流过，i_1 在变压器铁芯中产生了交变磁通 Φ（仅在铁芯中流通，称为主磁通）和漏磁通 $\Phi_{1\sigma}$，交变磁通的频率与外加电源电压频率相同。该交变磁通同时穿过一次绕组和二次绕组，并且在一次绕组中产生感应电动势 e_1，在二次绕组中产生感应电动势 e_2，当变压器二次侧外接负载时，e_2 就会在二次绕组中产生电流 i_2，并在负载两侧得到输出电压 u_2。

总之，变压器的工作原理实质就是**利用电磁感应原理，将一次绕组从电源吸收的电能量转变为磁场能量，然后再经磁场将磁能转变为二次绕组中的电能，传递给所连接的负载，从而实现能量的传递。**

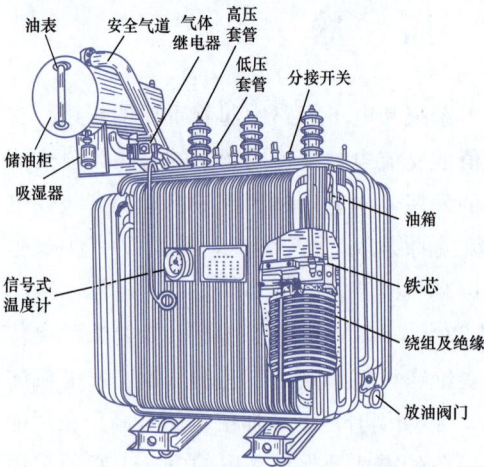

图 5-11　油浸式电力变压器

图 5-12　单相变压器结构示意图

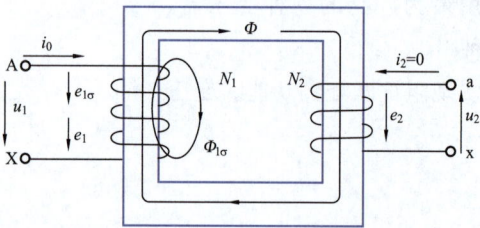

图 5-13　变压器工作原理图

下面以单相变压器为例，讨论变压器的电压变换、电流变换和阻抗变换的工作原理。

1. 电压变换

变压器空载运行时，一次侧电流称为空载电流，用 i_0 表示。按照图 5-13 所标注的各个变量的正方向。

根据基尔霍夫电压定律，写出变压器一次绕组和二次绕组的电压平衡方程式。变压器一次绕组电压平衡方程式为

$$u_1 = e_1 + e_{1\sigma} + i_0 R_1$$

空载电流 i_0 较小，同时一次绕组的电阻和感抗（漏阻抗）也比较小，所以通常都会将变压器空载电流 i_0 在一次绕组漏阻抗上的压降忽略不计，$e_{1\sigma}$ 也很小可忽略，这样一来，变压器的一次绕组电压平衡方程式就可以近似表示为

$$u_1 \approx e_1$$

根据式（5-9），得

$$E_1 = 4.44 f N_1 \Phi_m \approx U_1 \tag{5-13}$$

可见，当变压器的结构确定之后，变压器的一次绕组匝数 N_1 不变，则变压器的主磁通 Φ_m 只取决于变压器一次绕组外接电压 u_1 的大小和频率 f。

变压器二次绕组空载，所以二次绕组电压平衡方程式为

$$i_2 = 0, \quad u_2 = -e_2$$

$$U_2 = E_2 = 4.44 f N_2 \Phi_m \tag{5-14}$$

变压器一次绕组和二次绕组感应电动势之比称为变压器的变比，用 K 表示为

$$K = \frac{E_1}{E_2} = \frac{N_1}{N_2} \approx \frac{U_1}{U_2} \tag{5-15}$$

可见，变压器的变比实际上等于变压器一次绕组和二次绕组匝数之比，改变了一次绕组和二次绕组的匝数，就可以在二次侧得到不同于一次侧的电压值，这就是改变电压的原理。

2. 电流变换

当变压器带负载运行时，由于二次绕组形成闭合回路，存在负载电流 i_2，所以此时变压器的主磁通 Φ 是由一次绕组电流 i_1 所建立的磁通势 $i_1 N_1$ 以及二次绕组电流 i_2 所建立的磁通势 $i_2 N_2$ 共同建立起来的，如图 5-14 所示。

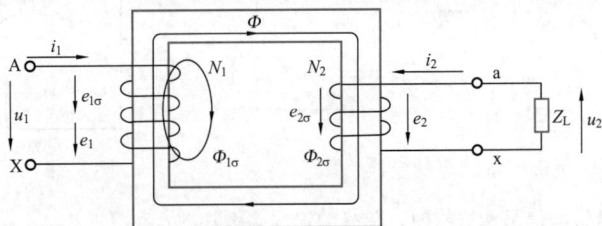

图 5-14　变压器有载运行的工作原理图

由前面讨论可知当变压器的结构确定之后，变压器的一次绕组匝数 N_1 不变，则变压器的主磁通 Φ 只取决于变压器一次绕组外接电压 u_1 的大小和频率 f。也就是说铁芯中的主磁通的最大值在变压器空载或有负载时是差不多恒定的。因此有负载时产生的合成磁通势和空载时产生主磁通的一次绕组的磁通势差不多相等，即

$$F_m = F_1 + F_2 = i_1 N_1 + i_2 N_2 \approx i_0 N_1$$

变压器的空载电流 i_0 是励磁用的，由于铁芯的磁导率很高，通常 i_0 很小，常可忽略，所以上式可写成相量式

$$I_1 N_1 + I_2 N_2 \approx 0$$

由此可知，一、二绕组的电流有效值关系为

$$\frac{I_1}{I_2} \approx \frac{N_2}{N_1} = \frac{1}{K} \tag{5-16}$$

式（5-16）表明变压器一、二次绕组的电流之比近似等于它们的匝数比的倒数。

3. 阻抗变换

在电子线路中，变压器还经常用来实现阻抗变换的作用，如图 5-15 所示，负载阻抗接在变压器二次侧，图中虚线框中的部分可以用一个阻抗 Z' 来代替。

由图可知

$$|Z| = \frac{U_2}{I_2}, \quad |Z'| = \frac{U_1}{I_1} = \frac{KU_2}{\frac{1}{K}I_2} = K^2|Z| \tag{5-17}$$

由式（5-17）可知变压器一次侧的等效阻抗模，为二次侧所带负载的阻抗模的 K^2 倍。采用不同的匝数比，可把负载阻抗模变换为所需要的合适的数值，这就是**阻抗匹配**。

【例 5-2】 如图 5-16 所示，交流信号源的电动势 $E = 100$V，内阻 $R_0 = 500\Omega$，负载为扬声器，其等效电阻为 $R_L = 5\Omega$。试求：

（1）当 R_L 折算到一次侧的等效电阻 $R'_L = R_0$ 时，求变压器的匝数比和信号源输出的功率。

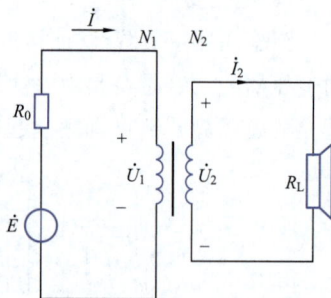

图 5-15　负载阻抗的等效变换　　　　图 5-16　［例 5-2］的图

（2）当将负载直接与信号源连接时，信号源输出多大功率？

解：（1）变压器的匝数比应为

$$K = \frac{N_1}{N_2} = \sqrt{\frac{R'_L}{R_L}} = \sqrt{\frac{500}{5}} = 10$$

信号源的输出功率为

$$P = \left(\frac{E}{R_0 + R'_L}\right)^2 R'_L$$

$$= \left(\frac{100}{500 + 500}\right)^2 \times 500$$

$$= 5 \ (\text{W})$$

（2）将负载直接接到信号源上时，输出功率为

$$P = \left(\frac{E}{R_0 + R_L}\right)^2 R_L = \left(\frac{100}{500 + 5}\right)^2 \times 5 = 0.196 \ (\text{W})$$

比较 ［例 5-2］（1）、（2）输出功率可得，接入变压器以后，输出功率大大提高。这是因为满足了最大功率输出的条件 $R'_L = R_0$。所以在电子线路中，常利用阻抗匹配实现最大输出功率。

三、变压器损耗与效率

变压器的主要作用除了可以实现电压变换之外，还可以实现能量的传递，那么在

能量传递过程中，肯定会出现能量的损耗，所以变压器输出功率比输入功率小。变压器负载运行时，产生的损耗分为铁损和铜损两类，而每一类损耗又可以细分为基本损耗和附加损耗。

基本铁损其实就是由铁芯的材料、频率和质量等因数决定的磁滞损耗和涡流损耗；附加铁损是指变压器铁芯硅钢片绝缘损伤所引起的局部涡流损耗、主磁通在变压器结构件产生的涡流损耗和高压变压器中的介质损耗。基本铁损是铁损耗的主要组成部分，附加铁损一般不超过铁损总量的 20%。注意的是，只要变压器一次绕组所接电压不变，变压器空载运行和负载运行时铁芯中的主磁通近似不变，则铁损的大小与负载的变化无关，不会随着负载的改变而改变，所以铁损也称为不变损耗。

基本铜损是指变压器一次绕组和二次绕组中的直流电阻损耗，附加铜损则是指由集肤效应导致导线电阻改变而带来的损耗。两类铜损均与电流的平方成正比，随负载的变化而发生变化，所以铜损也称为可变损耗。

变压器的总损耗

$$\sum \Delta P = \Delta P_{Fe} + \Delta P_{Cu} \tag{5-18}$$

变压器效率的定义是指变压器输出功率 P_2 和输入功率 P_1 之比，可以表示为

$$\eta = \frac{P_2}{P_1} \times 100\% = \frac{P_2}{P_2 + \sum \Delta P} \times 100\% = \frac{P_2}{P_2 + \Delta P_{Fe} + \Delta P_{Cu}} \times 100\% \tag{5-19}$$

因为变压器的功率损耗相对较小，一般变压器的效率会达到 95% 以上。在一般电力变压器中，当负载为额定负载的 50%～75% 时，效率达到最大。

四、变压器的铭牌与额定值

下面介绍变压器铭牌上给出的相关额定值，以便于正确、合理地使用变压器。变压器的额定值是制造厂对变压器正常使用所做的规定，变压器在规定的额定值状态下运行，可以保证长期可靠的工作，并且有良好的性能。

1. 变压器型号

变压器型号由字母和数字两部分构成，通常字母表示变压器类型，数字表示变压器的额定容量和额定电压。如型号 SJL-1000/10 中，S 表示三相（D 为单相），J 表示油浸自冷式（F 为风冷式），L 表示铅线圈，1000/10 表示高压绕组额定电压为 1000V，额定容量为 10kVA。

2. 额定容量 S_N

额定容量指变压器在额定状态下的输出能力的保证值，单位用 VA（伏安）、kVA（千伏安）或 MVA（兆伏安）表示。由于变压器有很高运行效率，通常一、二次绕组的额定容量设计值相等。

3. 额定电压 U_{1N} 和 U_{2N}

一次侧额定电压 U_{1N} 指变压器在额定运行时一次绕组两端所接电压；二次侧额定电压 U_{2N} 指变压器一次绕组接额定电压，二次侧空载时的端电压，单位用 V（伏）、kV（千伏）表示。如不做特殊说明，三相变压器的额定电压指线电压。

4. 额定电流 I_{1N} 和 I_{2N}

额定电流指根据变压器的额定容量和相应额定电压计算出来的电流，单位用 A

（安）表示。如不作特殊说明，三相变压器的额定电流指线电流。

5. 额定频率 f_N

我国规定标准工业用电额定频率为 50 Hz，欧美国家为 60 Hz。

五、特殊变压器

下面介绍几种特殊用途的变压器。

1. 自耦变压器

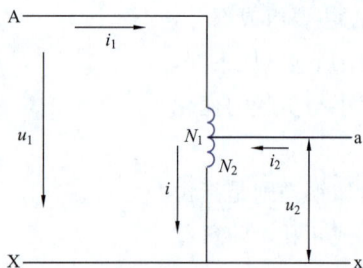

图 5-17　降压自耦变压器原理图

普通变压器是一次绕组和二次绕组缠绕在同一根铁芯柱上，彼此绝缘，互相之间没有直接电的联系，只有磁的关系，通过电磁感应原理工作。而自耦变压器不同，它只有一个绕组，二次绕组是一次绕组的一部分。如图 5-17 所示，自耦变压器同普通变压器不一样，它的一次绕组和二次绕组之间既有磁路联系，又有电的联系。

自耦变压器和额定容量相同的普通变压器相比，自耦变压器体积小、节省了原材料和投资费用、损耗小、效率高，主要用于联系不同电压等级的电力系统。在专业实验室中常见的是可调式自耦变压器。

值得指出的是，当自耦变压器工作时，必须安装保护装置，避免高压侧发生故障的时候直接影响到低压侧。三相自耦变压器中，中性点必须可靠接地。

同普通变压器一样，当自耦变压器一次绕组侧外接工频正弦电压时，会在铁芯中产生交变磁通 ϕ，该磁通在一次绕组和二次绕组中分别产生了感应电动势 e_1 和 e_2，自耦变压器的变比可以表示为

$$K = \frac{e_1}{e_2} = \frac{U_1}{U_2} = \frac{N_1}{N_2}$$

在分析自耦变压器时，特别要注意的是虽然自耦变压器结构和普通变压器不同，但是磁通势的关系却没有改变。

2. 电压互感器

普通仪器在测量高电压、大电流信号时往往容易发生损坏，同时可能危害到测量人员的人身安全，所以在这两种情况下，均需要对被测量的电压或电流信号先进行变换，于是应运而生出了能够实现电压和电流信号变换的装置——电压互感器和电流互感器，统称为**仪用互感器**。

电压互感器实际上就是一台降压变压器，所以结构和单相变压器一样，其接线图如图 5-18 所示。由图可以看出，电压互感器的一次绕组接在被测量的高电压上，二次绕组则通过具有很大内阻的电压表形成回路，但是由于电压表的内阻非常大，所以实际上此时的互感器相当于工作在开路状态，也就是空载运行状态。

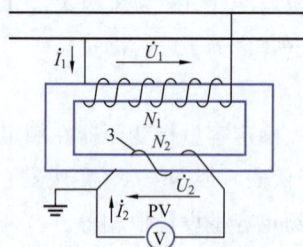

图 5-18　电压互感器的接线图

和前面分析的普通变压器空载运行情况一样，电压互感器的变比为

$$K = \frac{e_1}{e_2} = \frac{U_1}{U_2} = \frac{N_1}{N_2}$$

由于 N_1 远远大于 N_2，所以 K 总是大于 1 的。要想知道被测量的高电压大小，只

要读出二次绕组所并联的电压表读数，再乘上变比 K 就可以了。

电压互感器在使用时应该注意以下问题。

（1）电压互感器的二次绕组不允许短路，否则会产生很大的短路电流，损坏互感器的绕组。

（2）电压互感器的二次绕组和铁芯必须可靠接地，以保证安全。

（3）当所测量的电压值一定时，二次负载的阻抗值不能太小，否则负载上所流经的电流过大，影响互感器的测量精度。

3. 电流互感器

电流互感器实际上就是一台升压变压器，其结构和单相变压器一样，如图 5-19 所示。由图可以看出，电流互感器的一次绕组接在被测量的高电流回路中，二次绕组则串接电流表形成回路，但是由于电流表的内阻非常小，所以实际上此时的电流互感器相当于工作在短路状态，也就是一台工作在短路状态的升压变压器。

和前面分析的普通变压器空载运行情况一样，电流互感器的变比为

图 5-19　电流互感器的接线图

$$K = \frac{e_1}{e_2} = \frac{U_1}{U_2} = \frac{N_1}{N_2} = \frac{I_2}{I_1}$$

由于 N_1 远远小于 N_2，所以 K 总是小于 1 的，要想知道被测量的电流数值，只要读出二次绕组所串联的电流表读数，再除以变比 K 就可以了。

早期的显示仪表大部分是指针式的电流、电压表，所以电流互感器的二次电流大多数是安培级的（如 5A 等）。而现在的电量测量大多采用数字仪表，而计算机的采样信号一般为毫安级（0～5V、4～20mA 等），所以微型电流互感器二次电流一般为毫安级。

电流互感器在使用时应该注意以下问题。

（1）二次绕组不允许开路，当二次绕组侧开路时，电流互感器就等同于变压器空载运行状况，一次绕组流经的电流就全部成为励磁电流，使铁芯中的磁通迅速增加，不但会使铁芯过热损坏。同时会在二次绕组侧产生很高的电动势，击穿绝缘设备，危及操作人员的生命安全，所以在使用或者更换电流表时，二次绕组必须短路。

（2）电流互感器的二次绕组和铁芯必须可靠接地，以保证安全。

（3）二次绕组侧所接仪表阻抗必须很小，否则会产生较大的阻抗压降，影响测量精度。

第三节　电　磁　铁

电磁铁是利用通电的铁芯线圈吸引衔铁或保持机械零件、工件于固定位置的一种电气设备。当电源断开时，电磁铁的磁性消失，衔铁或其他零件即被释放。电磁铁根据使用电源类型又分为直流电磁铁（用直流电源励磁）和交流电磁铁（用交流电源励磁）。

电磁铁由线圈、铁芯及衔铁三部分组成，常见的结构如图 5-20 所示。

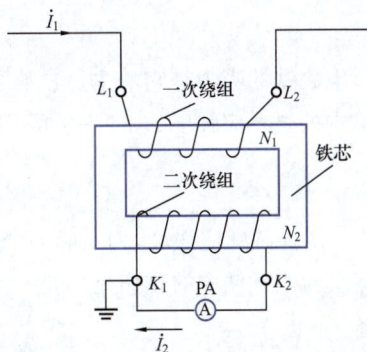

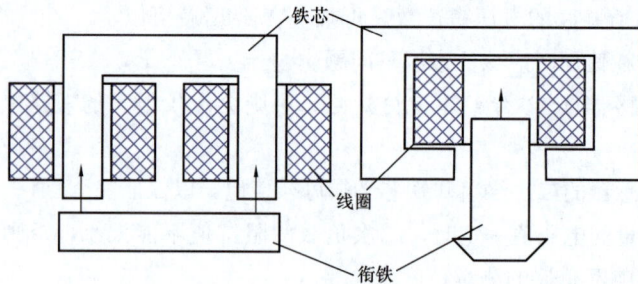

图 5-20　电磁铁的型式

电磁铁的吸力是它的主要参数之一。直流电磁铁吸力的大小与气隙的截面积 S_0 及气隙中的磁感应强度 B_0 的平方成正比，其基本公式如下

$$F = \frac{10^7}{8\pi} B_0^2 S_0 \tag{5-20}$$

式中：B_0 为磁感应强度，T（特）；S_0 为气隙的截面积，m^2；F 为电磁吸力，N（牛）。

交流电磁铁中的磁场是交变的，在计算时只考虑吸力的平均值

$$F = \frac{1}{T} \int_0^T f \mathrm{d}t = \frac{1}{2} F_m = \frac{10^7}{16\pi} B_m^2 S_0 \tag{5-21}$$

式中：B_m 为气隙中磁感应强度的最大值。

电磁铁在生产中获得广泛应用。其主要应用原理是用电磁铁衔铁的动作带动其他机械装置运动，产生机械联动，实现控制要求。如在机床中经常被用来操纵气动或液压传动机构的阀门和控制变速机构。在各种电磁继电器和接触器中，电磁铁的任务是开闭电路。

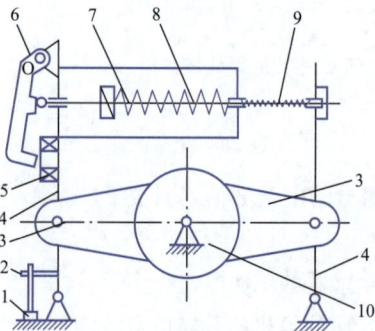

图 5-21 所示为短行程电磁铁双瓦块式制动器的工作原理。在图示状态中，电磁铁线圈 5 断电，主弹簧 8 将左、右两制动臂 4 收拢，两个瓦块 3 同时闸紧制动轮 10，此时为制动状态。当电磁铁线圈通电时，电磁铁 6 绕 O 点逆时针转动，迫使推杆 7 向右移动，于是主弹簧 8 被压缩，左、右两

图 5-21　短行程电磁铁双瓦块式制动器
原理图

1—限位固定端；2—限位螺钉；3—瓦块；4—制动臂；5—电磁铁线圈；6—电磁铁；7—推杆；8—主弹簧；9—副弹簧；10—制动轮

制动臂 4 的上端距离增大，两个瓦块 3 离开制动轮 10，制动器处于开启状态。将两个制动臂对称布置在制动轮两侧，并将两个瓦块铰接在其上，这样可使两瓦块下的正压力相等及两制动臂上的合闸力相等，从而消除制动轮上的横向力。将电磁铁装在制动臂上，可使制动行程较短（小于 5mm）。主弹簧的压力可由位于其端部、装在推杆 7 上的螺母来调节。两制动臂的张开程度由限位螺钉 2 调节限定。

在交流电磁铁中，为了减小铁损，铁芯采用薄的硅钢片叠加而成。而直流电磁铁的铁芯则用整块软钢制成。

第四节　三相异步交流电动机

在现代各种生产机械中，为了简化机械的结构，提高生产率和产品质量，实现自

动控制和远距离操纵，减轻繁重的体力劳动，均广泛应用电动机来驱动。电动机是一种将电能转换为机械能的电气设备，通常分为交流电动机和直流电动机两大类。交流电动机又分为异步电动机和同步电动机，直流电动机按照励磁方式的不同分为他励、并励、串励和复励 4 种。

交流异步电动机是当今应用最广、需要量最大的电动机。它又可分为三相交流异步电动机和单相交流异步电动机。与其他类型电动机相比，它的结构简单，制造、使用和维护方便，运行可靠，效率较高、价格较低，因此广泛用于工农业生产中。例如机床、水泵、冶金、矿山设备与轻工机械等都用三相交流异步电动机作为原动机，其容量从几千瓦到几兆瓦。而在日益普及的家用电器中，如在洗衣机、风扇、电冰箱、空调器中则多采用单相异步电动机，其容量从几瓦到几千瓦。

除了上述动力用电动机外，在自动控制系统和计算装置中还用到各种控制电动机。本节主要讨论三相交流异步电动机。

一、基本结构

三相交流异步电动机主要由固定部分（称为定子）和旋转的部分（称为转子）两个基本部分构成，如图 5-22 所示。定、转子之间有一个很小的空气隙。此外，还有端盖、转轴、风扇等部件。

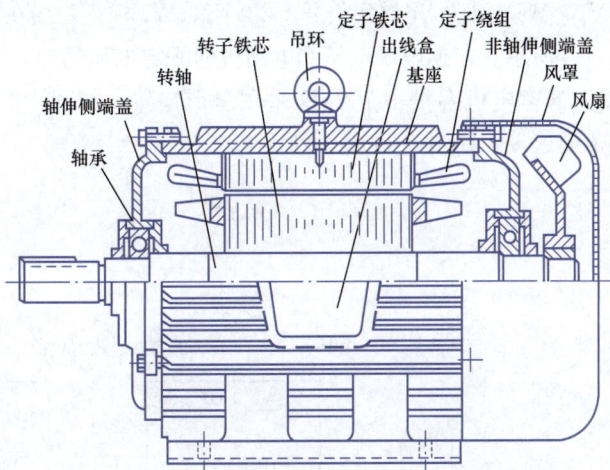

视 频
三相交流异步
电动机

图 5-22 异步电动机的结构图

1. 定子

异步电动机定子主要包括定子绕组、铁芯和机座三部分。定子铁芯的作用是作为电动机磁路的一部分和嵌放定子绕组，结构如图 5-23 所示。为了减少交变磁场在铁芯中引起的损耗，铁芯一般采用导磁性能良好、损耗小的 0.5mm 厚的硅钢片（冲片）叠成。为了嵌放定子绕组，在定子冲片中均匀地冲制若干个形状相同的槽。槽形有半闭口槽、半开口槽、开口槽三种，如图 5-24 所示。半闭口槽适用于小型异步电动机，其绕组是用圆导线绕成的。半开口槽适用于低压中型异步电动机，其绕组是成型线圈。开口槽适用于高压大中型异步电动机，其绕组是用绝缘带包扎并浸漆处理过的成型线圈。

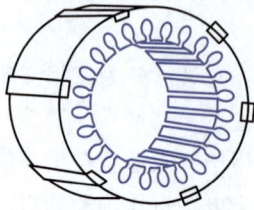

图 5-23　定子铁芯

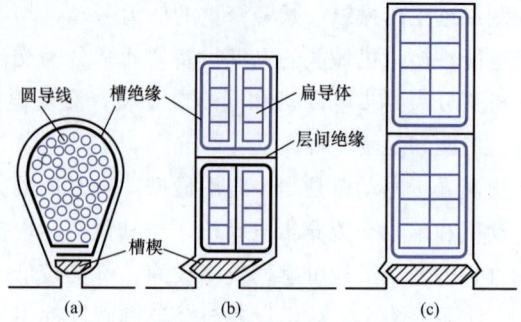

图 5-24　异步电动机的定子槽形
(a) 半闭口槽；(b) 半开口槽；(c) 开口槽

定子绕组是电动机的电路，其作用是产生感应电动势、流过电流和实现机—电能量转换。定子绕组在槽内部分与铁芯间必须可靠绝缘，槽绝缘材料及其厚度由电动机耐热等级和工作电压来决定。异步电动机的机壳主要起固定定子铁芯和支撑电动机的作用，要求其有足够的机械强度和刚度。中小型异步电动机一般采用铸铁或铸铝（合金）机座，微、小容量异步电动机可采用铸铝机座，而较大容量异步电动机采用钢板焊接机座。三相定子绕组空间 120°对称分布，共有 6 个线端引出机壳外，每相绕组的首端用符号 U1、V1、W1 标记，尾端用符号 U2、V2、W2 标记，接在接线盒中，接线盒布置如图 5-25（a）所示。根据电源电压和电动机的额定电压情况，三相定子绕组可接成星形或三角形。通常电机容量小于 3kW 采用星形连接，如图 5-25（b）所示；大于 4kW 多采用三角形连接，如图 5-25（c）所示。

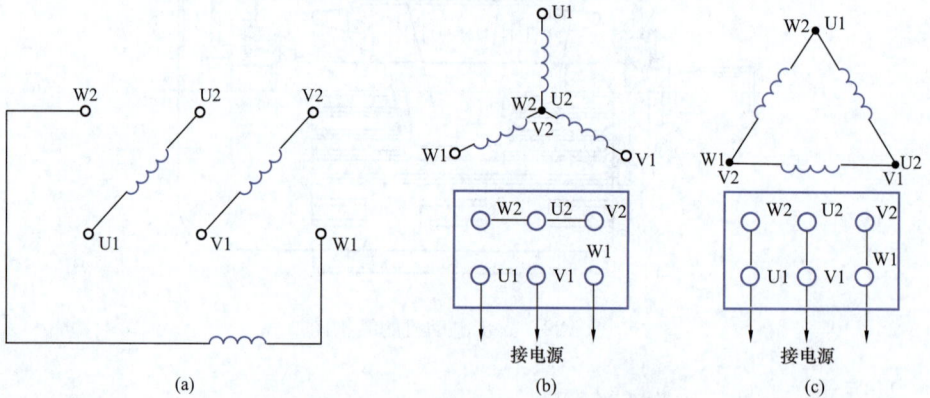

图 5-25　三相异步电动机接线图
(a) 接线盒布置；(b) 星形连接；(c) 三角形连接

2. 转子

异步电动机转子主要包括转子绕组、铁芯和转轴三部分。转子铁芯是电动机磁路的一部分，一般由 0.5mm 硅钢片冲制后叠压而成。转轴起支撑转子铁芯和输出机械转矩的作用，转子绕组的作用是产生感应电动势、流过电流和产生电磁转矩。其结构型式有笼型和绕线式两种。

（1）笼型转子。在转子铁芯均匀分布的每个槽内各放置一根导体，在铁芯两端放置两个端环，分别把所有的导体伸出槽外部分与端环连接起来。如果去掉铁芯，则剩下来的绕组的形状就像一个笼子。这种笼型转子可以用铜条焊接而成，如图 5-26（a）所示，也可以用铝浇铸而成，如图 5-26（b）所示。本节主要讨论铜条笼型转子。

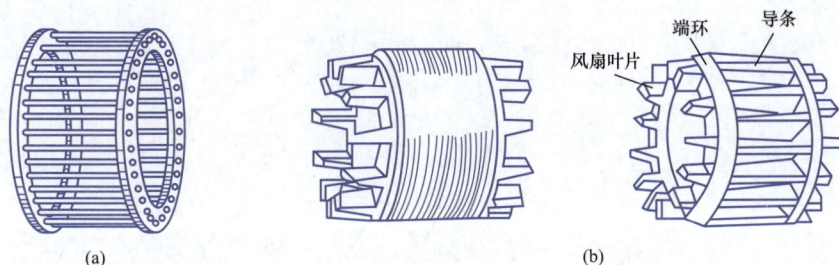

图 5-26　笼型转子

（a）铜条笼型转子；（b）铸铝的笼型转子

（2）绕线式转子。绕线式转子是与定子绕组相似的对称三相绕组，一般接成星形，将三个出线端分别接到转轴上三个集电环上，再通过电刷引出电流。绕线式转子的特点是可以通过电刷在转子回路中接入附加电阻，以改善电动机的起动性能、调节其转速，其接线示意图如图 5-27 所示。

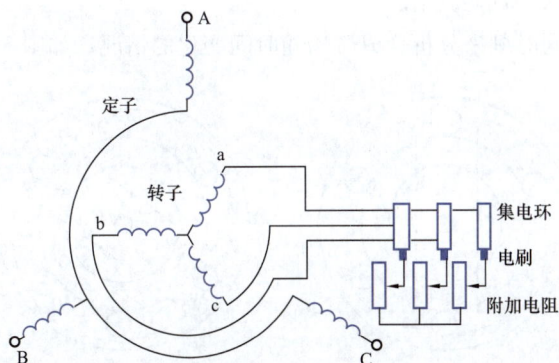

图 5-27　绕线式转子异步电动机接线示意图

3. 气隙

定、转子之间的空气隙称为**气隙**，它对电动机的性能有重大的影响。对于中小型异步电动机，气隙一般为 0.2~1.5mm。气隙大小对异步电机的性能影响很大。为了降低电动机的空载电流和提高电动机的功率，气隙应尽可能小，但气隙太小又可能造成定、转子在运行中发生摩擦。因此异步电动机气隙长度应为定、转子在运行中不发生机械摩擦所允许的最小值。

二、工作原理

电动机是利用电磁耦合实现能量的传递及转换的。在三相异步电动机中，三相定子绕组接通电源后产生一旋转磁场，旋转磁场在转子中产生感应电流，转子感应电流与旋转磁场相互作用产生转矩，使转子转动。

（一）旋转磁场

1. 旋转磁场的产生

由于三相定子绕组对称、匝数相同，将电动机接上三相对称电源后，在定子绕组中便流有三相对称电流，如图 5-28 所示，电流波形如图 5-29 所示。

$$\begin{cases} i_A = I_m \sin\omega t \\ i_B = I_m \sin(\omega t - 120°) \\ i_C = I_m \sin(\omega t + 120°) \end{cases}$$

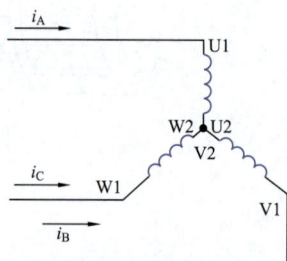

图 5-28　三相绕组接三相交流电　　　　图 5-29　三相交流电电流波形

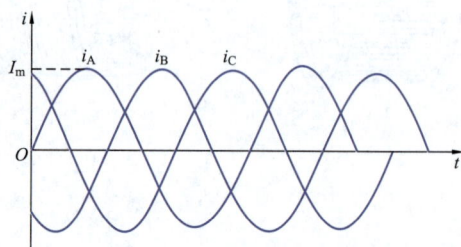

每相绕组通入电流后都会产生各自的交变磁场，三个交变磁场在整个定子空间有一个合成磁场，规定 i 为"＋"时，表示电流从首端流入，尾端流出；i 为"－"时，表示电流从尾端流入，首端流出。

下面选几个不同时刻来分析合成磁场随时间变化的情况，如图 5-30 所示。

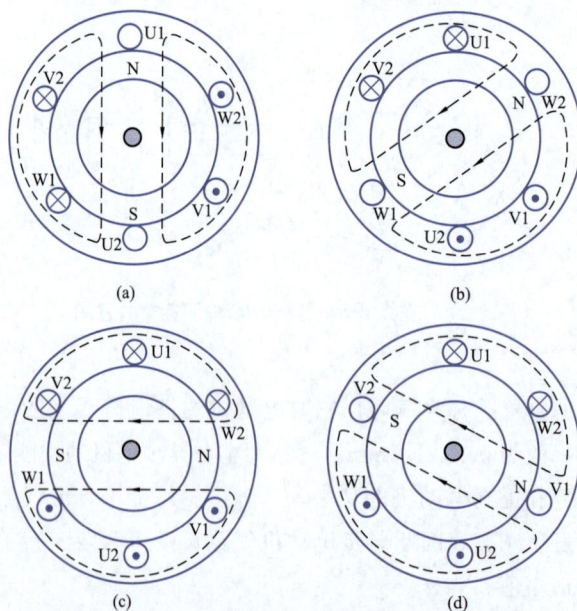

图 5-30　三相电流产生的旋转磁场（$p = 1$）

（a）$\omega t = 0°$；（b）$\omega t = 60°$；（c）$\omega t = 90°$；（d）$\omega t = 120°$

（1）$\omega t=0°$时，$i_A=0$，$i_B<0$，$i_C>0$，合成磁场如图 5-30（a）所示。

（2）$\omega t=60°$时，$i_A>0$，$i_B<0$，$i_C=0$，合成磁场如图 5-30（b）所示，也顺时针旋转了60°。

（3）$\omega t=90°$时，$i_A>0$，$i_B<0$，$i_C<0$，合成磁场如图 5-30（c）所示，也顺时针旋转了90°。

（4）$\omega t=120°$时，$i_A>0$，$i_B=0$，$i_C<0$，合成磁场如图 5-30（d）所示，也顺时针旋转了120°。

由上述分析可知，当电流交变一周，合成磁场也顺时针方向旋转了360°，随着交流电周期性的变化，合成磁场在空间不断按顺时针方向匀速旋转，产生旋转磁场。

2. 旋转磁场的转向

同样，根据上述分析方法可知，只要将三相交流电中的任意两相交换接线位置，则旋转磁场就可实现逆时针方向转动。

3. 旋转磁场的极数

三相异步电动机的极数（p）指的就是旋转磁场的磁极对的个数。极数与定子绕组的安排有关。如图 5-30 所示的情况，产生旋转磁场的是一对磁极，即 $p=1$。如果将三相定子绕组分别由两个绕组串联而成，均匀分布在整个空间，绕组的始端之间相差60°（见图 5-31），则可以产生两对磁极（$p=2$），如图 5-32 所示。

同理，要产生三对磁极，则定子每相绕组用三个绕组串联，并均匀分布于整个空间，绕组的始端之间相差 $40°\left(\text{等于}\dfrac{360°}{3p}\right)$。

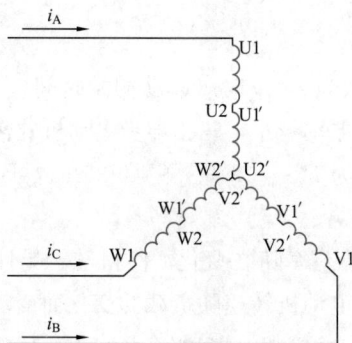

图 5-31　$p=2$ 时的定子绕组

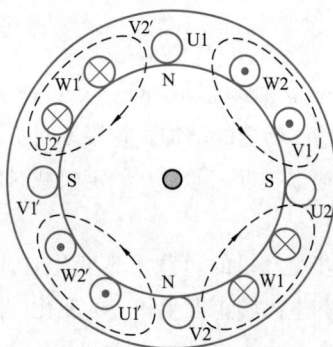

图 5-32　$p=2$ 时的旋转磁场

4. 旋转磁场的转速

旋转磁场的转速常又称为**同步转速**，它取决于磁场的极数。在一对磁极的情况下，交流电变化一周，磁场在空间旋转360°；当有两个磁极时，实验可以证明，交流电变化一周，磁场在空间旋转180°；当有三个磁极时，实验可以证明，交流电变化一周，磁场在空间旋转120°。

由上述分析可知，旋转磁场的旋转速度（即同步转速）与电流变化快慢有关，还和磁极对数有关，可表示为

$$n_0 = \frac{60 f_1}{p} \tag{5-22}$$

式中：f_1 为电源频率；p 为极数对；n_0 为同步转速（r/min）。

我国的标准工业频率为 50 Hz，则对应不同磁极对数的旋转磁场的转速见表 5-2。

表 5-2　　　　　　　　　　工频旋转磁场的转速

p	1	2	3	4	5	6
n_0（r/min）	3000	1500	1000	750	600	500

（二）转子转动原理

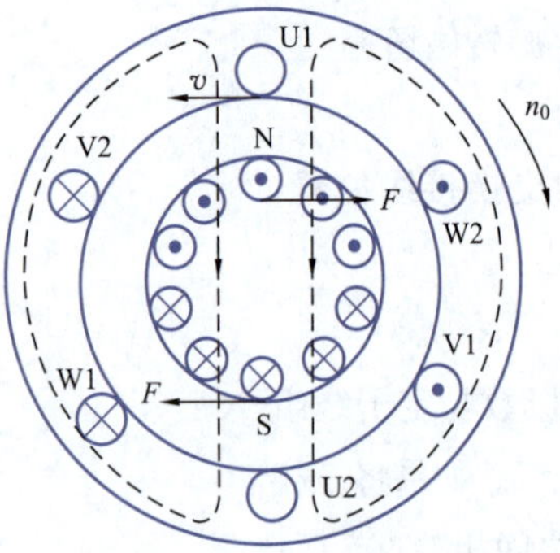

图 5-33　转子转动的原理图

磁场以同步转速 n_0 顺时针方向旋转，切割转子绕组，在转子绕组中产生感应电动势，形成感应电流，方向用右手法则判定（应用右手法则时，可假设磁极不动，而转子导条向逆时针方向旋转切割磁力线，如图 5-33 所示），得到上半部分感应电流垂直纸面向外，下半部分感应电流垂直纸面向内。该感应电流在磁场中要受电磁力作用，用左手法则判定，电磁力方向也如图 5-33 所示，形成转动力矩，使转子与旋转磁场发生同方向的旋转。

转子转速 n 在电动机正常运行时始终小于同步转速 n_0，这是因为如果 $n = n_0$，则转子相对旋转磁场来说没有相对运动，转子绕组就不切割磁力线，也就不存在转子感应电动势、感应电流和转子转动力矩，所以转子转速与旋转磁场转速之间始终存在差异，这就是异步电动机名称的由来。用**转差率 s** 来表示转子转速与同步转速的差别

$$s = \frac{n_0 - n}{n_0} \tag{5-23}$$

转差率是异步电动机的一个重要参数。显然当 $n = 0$ 时（起动初始瞬间），$s = 1$ 最大，随着转子转速的增加，越接近同步转速，转差率越小，三相异步电动机的额定转速与同步转速很接近，通常在额定负载时的转差率为 $1\% \sim 9\%$。式（5-23）也可以写成

$$n = (1 - s) n_0 \tag{5-24}$$

当异步电动机的负载发生变化时，转子的转差率随之变化，使得转子导体的电动势、电流和电磁转矩发生相应的变化，因此异步电动机转速随负载的变化而变动。按转差率的正负、大小，异步电动机可分为电动机、发电机、电磁制动三种运行状态，如图 5-34 所示。图中 n_0 为旋转磁场同步转速，并用旋转磁极来等效旋转磁场，2 个小圆圈表示一个短路线圈。

1. 电动机状态

如图 5-34（a）所示，当 $0 < n < n_0$，即 $0 < s < 1$ 时，转子中导体切割旋转磁场，导体中将产生感应电动势和感应电流，该电流与气隙中磁场相互作用而产生一个与旋转磁场转向相同的电磁力矩，即拖动性质的力矩。该力矩能克服负载制动力矩而拖动转子旋转，从轴上输出机械功率。根据功率平衡，该电动机一定从电网吸收有功电功率。

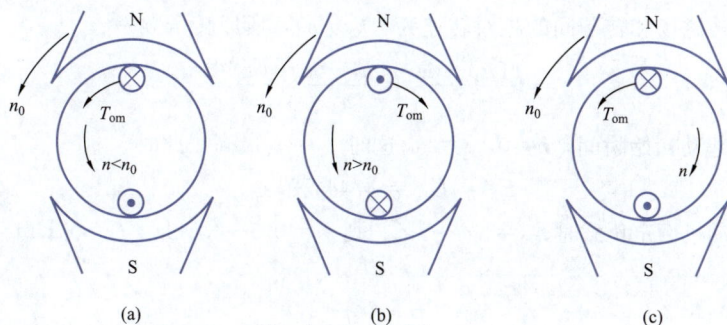

图 5-34　异步电动机的三种运行状态

（a）电动机状态；（b）发电机状态；（c）电磁制动状态

2. 发电机状态

用原动机拖动异步电动机转子，使其转速高于旋转磁场的同步转速，即 $n > n_0$、$s < 0$，如图 5-34（b）所示。转子上导体切割旋转磁场的方向与电动机状态时相反，从而导体上感应电动势、电流的方向与电动机状态相反，电磁转矩的方向与转子转向相反，电磁转矩为制动性质。此时异步电动机由转轴从原动机输入机械功率，通过电磁感应由定子向电网输出电功率。与电动机状态相反，电动机处于发电机状态。

3. 电磁制动状态

由于机械负载或其他外因，转子逆着旋转磁场的方向旋转，即 $n < n_0$、$s > 1$，如图 5-34（c）所示。此时转子导体中的感应电动势、电流与在电动机状态下的相同，但由于转子转向与旋转磁场方向相反，电磁转矩表现为制动转矩，电动机运行于电磁制动状态，即由转轴从原动机输入机械功率的同时又从电网吸收电功率（因电流与电动机状态同方向），两者都变成了电动机内部的损耗。

第五节　三相异步电动机的工作特性

一、三相异步电动机的电路分析

三相异步电动机内部的电磁关系同变压器相似，定子绕组与转子绕组相当于变压器的一、二次绕组，通过磁路耦合传递能量。

1. 定子电路

定子电路每相电路的电压方程和变压器一样，根据式（5-13）可得，定子电路的感应电动势为

$$E_1 = 4.44 f_1 N_1 \Phi_{1m} \approx U_1 \tag{5-25}$$

式中：U_1 为三相电源的相电压；f_1 为定子感应电动势的频率等于电源或定子电流的频率；N_1 为定子绕组的匝数；Φ_{1m} 为通过定子每相绕组的磁通最大值。

2. 转子电路

同理，转子电动势为

$$E_2 = 4.44 f_2 N_2 \Phi_{2m} \tag{5-26}$$

式中：f_2 为转子频率；N_2 为转子绕组的匝数；Φ_{2m} 为通过转子绕组的磁通的最大值。

因为旋转磁场和转子间的相对转速为 (n_0-n)，所以转子频率

$$f_2 = \frac{p(n_0-n)}{60} = \frac{n_0-n}{n_0} \times \frac{pn_0}{60} = sf_1 \tag{5-27}$$

电动机起动初始瞬间，$n=0$，$s=1$，这时 $f_2=f_1$ 最高，此时

$$E_2 = E_{20} = 4.44f_1N_2\Phi_{2m} \tag{5-28}$$

异步电动机额定负载时，$s=1\%\sim9\%$，则 $f_2=0.5\sim4.5\,\mathrm{Hz}$（$f_1=50\,\mathrm{Hz}$）。式（5-28）又可以写为

$$E_2 = sE_{20} \tag{5-29}$$

转子线圈的阻抗由线圈电阻 R_2 和电感 L_2 组成，线圈感抗 X_2 也是和转子磁通变化频率 f_2 有关

$$X_2 = 2\pi f_2 L_2 = 2\pi sf_1 L_2 = s2\pi f_1 L_2 = sX_{20} \tag{5-30}$$

式中：X_{20} 为转差率 $s=1$ 时（电动机起动初始瞬间）转子线圈的感抗，此时的感抗最大。

转子线圈的阻抗为

$$|Z_2| = \sqrt{R_2^2 + (sX_{20})^2} \tag{5-31}$$

转子线圈的电流为

$$I_2 = \frac{E_2}{|Z_2|} = \frac{sE_{20}}{\sqrt{R_2^2 + (sX_{20})^2}} \tag{5-32}$$

转子电路的功率因数为

$$\cos\varphi_2 = \frac{R_2}{\sqrt{R_2^2 + X_2^2}} = \frac{R_2}{\sqrt{R_2^2 + (sX_{20})^2}} \tag{5-33}$$

可见，电动机的转子电路中的各个参数，如电动势、电流、频率、感抗及功率因数均与转差率有关，即与转速有关。

二、转矩公式

转子的功率可以表示为

$$P_2 = E_2 I_2 \cos\varphi_2$$

由于定子与转子之间的磁路中有空气，不可避免地存在漏磁通，但是比较小，我们分析时通常忽略这部分漏磁通，认为转子磁通和定子磁通相等，用 Φ 表示。

转子上的机械功率 P_2 除以转子的角速度 $\Omega\left(\Omega=\dfrac{2\pi n}{60}\right)$，就是电磁转矩 T_2，即

$$T_2 = \frac{P_2}{\Omega} = \frac{E_2 I_2 \cos\varphi_2}{\dfrac{2\pi n}{60}} \tag{5-34}$$

将式（5-26）、式（5-32）、式（5-33）代入式（5-34），整理可得

$$T_2 = K\frac{sR_2}{R_2^2 + (sX_{20})^2}U_1^2 \tag{5-35}$$

式中：K 是一个与电动机结构有关的常数；T 的单位是 $\mathrm{N\cdot m}$。

由式（5-35）可见，转矩 T_2 与定子每相电压 U_1 的平方成正比；当电源电压一定时，T_2 是 s 的函数；R_2 的大小对 T_2 有影响。绕线式异步电动机可外接电阻来改变转子

电阻 R_2，从而改变转矩。

三、机械特性

电动机的机械特性是指在一定的电源电压 U_1 和转子电阻 R_2 之下，转矩与转差率的关系 $T=f(s)$ 或转速与转矩的关系 $n=f(T)$，机械特性曲线如图 5-35、图 5-36 所示。

在电动机的机械特性曲线上主要讨论三个转矩。

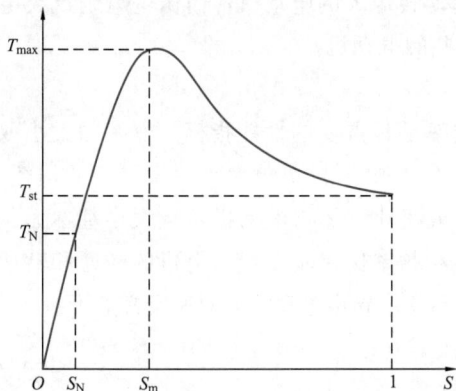

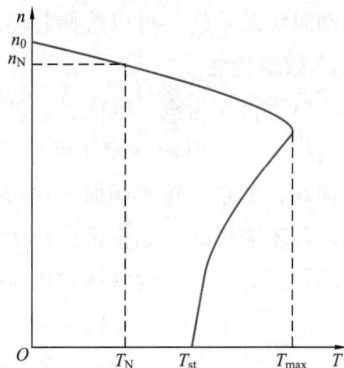

图 5-35　三相异步电动机的 $T=f(s)$ 曲线　　图 5-36　三相异步电动机的 $n=f(T)$ 曲线

1. 额定转矩 T_N

额定转矩表示电动机在额定负载时的转矩，它与输出功率及转速有关

$$T_N = 9.55 \frac{P_{2N}}{n_N} \tag{5-36}$$

式中：P_{2N} 为电动机的额定输出机械功率，单位为 W；n_N 是电动机的额定转速，单位为 r/min。两者均可从电动机的铭牌上读取。

异步电动机空载时，$P_2=0$，则 $T_2=0$，空载转子电流很小，转速接近于同步转速，转差率接近于零。随着负载增大，为维持转矩平衡需要较大电磁转矩，因此转差率随之增大，转速随之降低，但变化量不大，一般额定功率时转差率为 $1.5\%\sim5\%$。人们称这样的转速特性为硬特性。

2. 最大转矩 T_{max}

从机械特性曲线上可以看出，转矩有一个最大值，称为**最大转矩**或**临界转矩**。当负载转矩超过最大转矩时，电动机就带不动负载了，电动机发生闷车现象，电动机的电流马上增大，电动机严重过热，很快会烧坏电动机。当外负载超过额定负载接近最大转矩时，称为过载。如果过载时间较短，电动机不至于立即过热烧毁，所以短时间过载是容许的。因此最大转矩也表示电动机短时容许过载的能力。最大转矩与额定转矩之比 λ，称为**过载系数**，有

$$\lambda = \frac{T_{max}}{T_N} \tag{5-37}$$

一般三相异步电动机的过载系数为 $1.8\sim2.2$。

3. 起动转矩 T_{st}

电动机刚起动时（$n=0$，$s=1$）的转矩称为起动转矩，由式（5-35）可得

$$T_{st} = K \frac{R_2}{R_2^2 + X_{20}^2} U_1^2 \tag{5-38}$$

由式（5-38）可知，起动转矩与电源电压及转子电阻有关。当电源电压下降时，起动转矩会相应减小。

不同电气设备所需要的起动转矩不同，如起重机、电力机车等，由于负载固定，所需最大转矩可能就在起动阶段，需要选择起动转矩大的电动机；而像电风扇这类电器，起动时负载较轻，可以选择起动转矩小一些的电动机。

四、效率特性

异步电动机作为机—电能量转换装置，效率是其重要的性能指标。效率的大小取决于电动机的功率损耗。损耗可分为两大类：①与电动机负载大小关系密切的损耗，称**可变损耗**，如定、转子铜损，它与电流平方成正比；②与电动机负载大小基本无关的损耗，称**不变损耗**，如正常运行时电源电压和频率保持不变，则电机的磁通和转速变化很小，所以电动机的铁耗和机械损耗基本不变。异步电动机的效率定义如下

$$\eta = \frac{P_2}{P_1} \tag{5-39}$$

式中：P_2 为电动机输出功率；P_1 为电源输入功率。

空载时，$P_2 = 0$，则 $\eta = 0$。随着 P_2 增大，效率随之增大，直到某一负载时，其可变损耗等于不变损耗，效率达到最高。超过这一负载，铜损急剧增大，效率反而降低，设计电动机时，通常将最大效率出现在 $(0.7 \sim 1.0) P_N$（P_N 为电动机的额定输出机械功率）范围内，且使此范围内均有较高的效率。

效率和功率因数是衡量异步电动机运行性能的重要性能指标，它们一般都在额定负载附近达到最大值，因此，在选择电动机容量时，应使电动机容量与实际负载大小相匹配。如果容量过大，不仅投资大，而且因为电动机长期运行在轻载（一般指 $0.5P_N$ 以下）情况下，效率和功率因数都很低，运行费用增加，很不经济。但是也不宜选择容量过小的电动机，如果电动机长期处于过负荷运行，负载超过电动机的额定容量，将使其温升超过允许值，影响寿命甚至因过热而损坏电动机。

对于变动负载的异步电动机，当长时间运行在轻载或空载时，应该根据负载的特点，采用合理的运行方式及控制手段，达到运行节能的目的。例如空载、轻载时可用降低电压的方法，适当降低电源电压以减少铁损和励磁电流，从而提高效率和改善功率因数。对有的负载如风机、水泵、压缩机类负载，过去电动机转速不能变，只能用挡板、阀门等来调节流量，现在轻载时还可以采用调速的方法，降低电动机转速来实现流量调节，减少输入功率，取得系统节能的效果。

第六节　三相异步电动机的起动、反转、调速与制动

一、三相异步交流电动机的起动

电动机起动时由于转子原来是静止的，这时相对运动最大，转子电流也最大，进而电动机的输入电流也最大，一般中小型电动机的起动电流 I_{st} 是额定电流 I_N 的 $5 \sim 7$

倍。而起动转矩 T_{st} 不大，它一般是额定转矩的 1.0～2.2 倍。

电动机过大的起动电流会对供电电网造成冲击，短时间内会造成电网电压的较大下降，从而影响周围其他电气设备的正常工作。同时过大的起动电流也会使电动机本身发热，频繁地起动会对电动机造成损害。必须采用相应的方法进行控制。电动机的起动方法有直接起动和降压起动两种。

1. 直接起动

一般 20、30kW 以下的小型异步电动机一般都采用直接起动，因为小型电动机额定电流本来就不大，起动电流对电网的影响也有限。而对于中大型电动机，一般规定，用电单位如有独立的变压器，对于频繁起动的电动机，电动机功率小于电网容量 20％ 的可以采用直接起动；对不经常起动的电动机，电动机功率小于电网容量 30％ 的允许采用直接起动方式。如没有独立变压器，电动机直接起动时产生的电压降不得超过5％。

2. 降压起动

不满足上述条件的电动机必须采用降压起动，降压起动就是减小加在定子绕组上的电压，从而减小起动电流，笼型电动机的降压起动常用以下两种。

（1）星形—三角形（$\curlyvee$-$\triangle$）换接起动。利用 $\curlyvee$-$\triangle$ 转换器，将正常工作是 $\triangle$ 连接的电动机三相绕组在起动时接成 $\curlyvee$ 形，这时定子每相绕组上的电压降到正常工作电压的 $1/\sqrt{3}$，等到转速接近额定值时再换成三角形连接，恢复正常工作，这种起动方式称为**星形—三角形（$\curlyvee$-$\triangle$）换接起动**。利用负载 $\curlyvee$ 连接和 $\triangle$ 连接工作的基本原理，可知

星形—三角形（$\curlyvee$-$\triangle$）换接起动电路图如图 5-37 所示。

定子绕组为 $\curlyvee$ 形连接起动时　　$I_{l\curlyvee} = I_{ph\curlyvee} = \dfrac{U_1/\sqrt{3}}{|Z|}$

定子绕组为 $\triangle$ 形连接起动时　　$I_{l\triangle} = \sqrt{3} I_{ph\triangle} = \sqrt{3} \dfrac{U_1}{|Z|}$

比较两式可得　　　　　　　　　$\dfrac{I_{l\curlyvee}}{I_{l\triangle}} = \dfrac{1}{3}$　　　　　　　　　　(5-40)

即采用 $\curlyvee$-$\triangle$ 换接起动的起动电流是直接起动时的 1/3。

但是由于转矩和电压的平方也成正比，所以采用 $\curlyvee$-$\triangle$ 换接起动时的起动转矩也是直接起动时的 1/3。因此该方法只适合于轻载或空载起动。

$\curlyvee$-$\triangle$ 转换器体积小、成本低、寿命长、动作可靠，目前 4～100kW 的电动机都是三角形连接，所以 $\curlyvee$-$\triangle$ 转换器得到了广泛的应用。

（2）自耦降压起动。对于一些正常运行就是星形连接的笼型电动机来说，只能采用自耦降压起动。它是利用三相自耦降压器将电源电压降低后起动，原理接线图如图 5-38 所示。

自耦变压器的一次绕组通常有三个抽头可供选择，其输出电压分别为电源电压的 K 倍，K 通常等于 40％、60％ 和 80％（或 55％、64％ 和 73％），根据起动转矩的要求来选择。采用自耦降压起动的起动电流和起动转矩都是直接起动时的 K^2 倍。

图 5-37　星形—三角形换接起动电路图

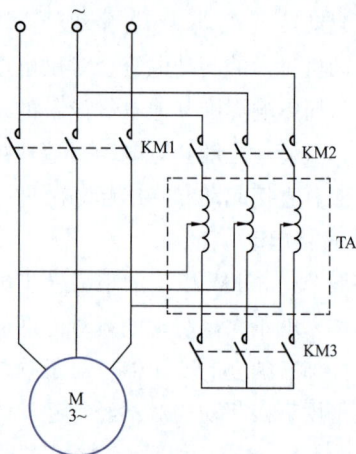

图 5-38　自耦降压起动接线图

笼型电动机采用降压起动时，虽减小了起动电流，但起动转矩也减小了，只适合于轻载或空载起动。对于必须要重载起动（例如起重机中的电动机）即要起动电流小，又要起动转矩大的场合，则要采用绕线式电动机。

二、三相异步电动机的反转

三相异步电动机的转子旋转方向取决于定子绕组产生的旋转磁场的转向。而前面讲到，只要改变三相电源任意两相的接线位置，旋转磁场就会逆时针方向转动。所以只要将定子绕组与电源相边的三条连接线中的任何两条调换一下既可实现电动机的反转，如图 5-39 所示。

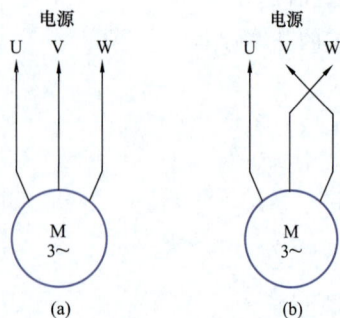

三、三相异步电动机的调速

在电动机的运行过程中，为了满足生产机械的工况需求，要对电动机的转速进行调整。根据转速公式

$$n = (1-s)n_0 = \frac{60f_1}{p}(1-s) \tag{5-41}$$

可知，要改变电动机的转子转速有下列三种方法。

图 5-39　电动机正反接线示意图

（a）电动机正转；（b）电动机反转

（1）变频调速。变频调速是利用变频调速器，通过改变定子绕组三相电的频率 f_1，达到调速的目的，调速原理如图 5-40 所示。它是一种无级调速方法，调速效率最高，性能最好，是交流调速系统的主要调速方法。

（2）变极调速。由式（5-26）可知，转子转速和极数对 p 成反比。极数对 p 减小一半，则转子转速也提高一倍。可以通过改变定子绕组的连接方式来改变极数对 p，如图 5-41 所示。变极调速是一种有级调速，转速是成倍地变化。所以调速平稳性差，多用在对调速性能要求不高的场合，如金属切削机床、通风机等设备上。

（3）变转差率调速。变转差率调速适用于绕线型电动机，只要在转子电路中接入一个调速电阻，改变电阻的大小，就可得到平滑调速，这种方法设备简单、投资少但能耗大，多用于起重设备中。

图 5-40 变频调速原理框图

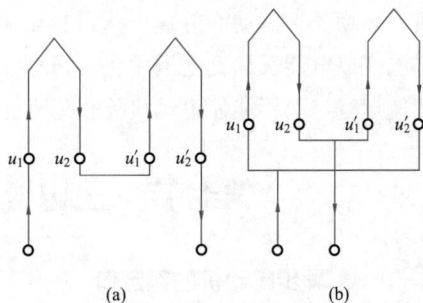

图 5-41 变极调速

(a) $p=2$；(b) $p=1$

四、三相异步电动机的制动

由于转动部分的惯性存在，所以当电源切断后，电动机还会继续转动再慢慢停止。为了生产安全及提高生产机械的生产率，要求三相异步电动机能迅速停车和反转。这就需要对电动机采取制动措施。异步电动机的制动方法主要有下列几种。

(1) 能耗制动。所谓能耗制动就是在切断三相电源的同时，将定子绕组接通直流电源，直流电源产生的磁场是固定不动的。转子由于惯性继续在原方向转动，转子绕组切割磁力线，产生感应电流及相应的力矩来阻止磁通的变化，如图 5-42 所示。根据右手定则和左手定则，得出该力矩方向与转子的转动方向相反，起到制动的作用，当转速下降至零时，转子感应电动势和感应电流均为零，制动过程结束。制动力矩的大小取决于直流电流的大小，一般为电动机额定电流的 0.5~1 倍。由于这种方法是用消耗转子的动能来进行制动的，所以称为**能耗制动**。该方法能耗小，制动平稳，广泛应用于要平稳准确停车的场合，也可应用于起重机上用来限制重物下降的速度，使重物均速下降。

(2) 反接制动。在电动机停车时，将三相电源的任意两相对换位置，使旋转磁场反向旋转，而转子由于惯性仍按原方向转动，如图 5-43 所示。这时产生的力矩起到制动的作用，当转速接零时，要将电源自动切断，否则电动机将会开始反转。

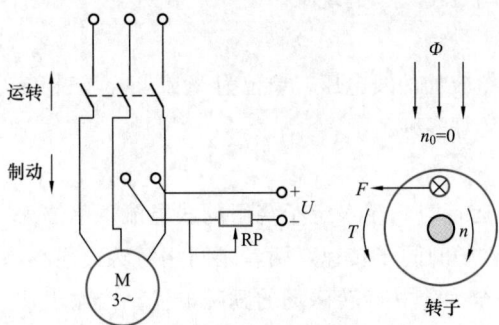

图 5-42 能耗制动

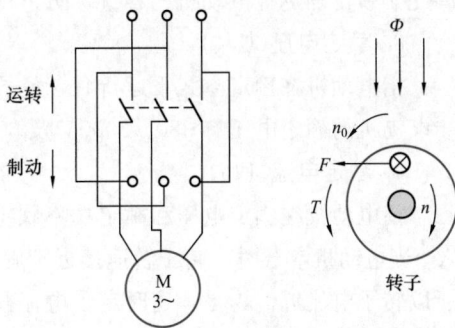

图 5-43 反接制动

(3) 反馈制动。当起重机快速放下重物时，重物拖动转子，力图使转子转速 $n >$ n_0，此时电动机变成了发电机，电磁转矩的方向与转子转向相反，电磁转矩为制动性质，重物受到制动而等速下降，起到制动的目的，这就是反馈制动。电动机将重物的势能变成电能反馈到电网中去，所以又被称**发电反馈制动**。这种方法只能使电动机不超速运行，而不能使电动机停止运行。

第七节　三相异步电动机的参数及选择

一、异步电动机的额定值

每台异步电动机的机座上都有一个铭牌，上面标明有型号、额定值和有关技术数据。

1. 型号

我国电动机的产品型号一般采用大写印刷体的汉语拼音字母和阿拉伯数字组成，其中当头的字母是根据电动机的全名称选择有代表意义的汉语拼音字母，见表 5-3。

表 5-3　　　　　　　　　　异步电动机产品名称代号

产品名称	代号	汉字意义	产品名称	代号	汉字意义
异步电动机	Y	异	防爆型异步电动机	YB	异爆
绕线转子异步电动机	YR	异绕	高起动转矩异步电动机	YQ	异起

例如型号 Y160L1-4 中，Y 表示三相异步电动机；160 表示机座中心高度，单位为 mm；L 表示长机座（S 为短机座，M 为中机座）；1 表示铁芯长度号；4 表示磁极数。

2. 额定功率 (P_N)

铭牌上所标的功率是指电动机在额定方式下运行时，转轴上输出的机械功率，单位为 W 或 kW。对于三相异步电动机，额定功率为

$$P_N = \sqrt{3} U_N I_N \eta_N \cos\varphi_N \tag{5-42}$$

式中：η_N 为额定运行时效率；$\cos\varphi_N$ 为额定运行时的功率因数。

三相异步电动机定子绕组可以接成星形或三角形。三相异步电动机的功率因数较低，在额定负载时为 0.7～0.9，而在轻载或空载时更低，通常空载时只有 0.2～0.3。因此必须正确选择电动机的容量，防止"大马拉小车"的现象。

3. 额定电压 (U_N)

指电动机在额定方式下运行时，定子绕组应加的线电压，单位为 V 或 kV。三相异步电动机的额定电压有 380、3000V 及 6000V 等多种。

4. 额定电流 (I_N)

指电动机在额定电压和额定功率状态下运行时，流入定子绕组的线电流，单位为 A。当电动机空载时，转子转速接近于旋转磁场的同步转速，两者之间相对转速很小，所以转子电流近似为零，这时定子电流几乎全为建立旋转磁场的励磁电流。当输出功率增大时，转子电流和定子电流都随着相应增大，如图 5-44 中的 $I_1 = f(P_2)$ 曲线所示。

5. 额定频率 (f_N)

额定状态电源的交变频率，我国电网频率为 50Hz。

6. 额定转速（n_N）

指电动机在额定电压、额定频率下，输出端有额定功率输出时，转子的转速，单位为转/分（r/min）。由于生产机械对转速的要求不同，需要生产不同磁极数的异步电动机，因此有不同的转速等级。其中最常用的是 4 个极的异步电动机（$n_0 = 1500\text{r/min}$）。

7. 额定效率（η_N）

指电动机在额定情况下运行时的效率，是额定输出功率与额定输入功率的比值，即

$$\eta_N = \frac{P_{2N}}{P_{1N}} \times 100\% = \frac{P_N}{\sqrt{3}U_N I_N \cos\varphi_N} \times 100\%$$

(5-43)

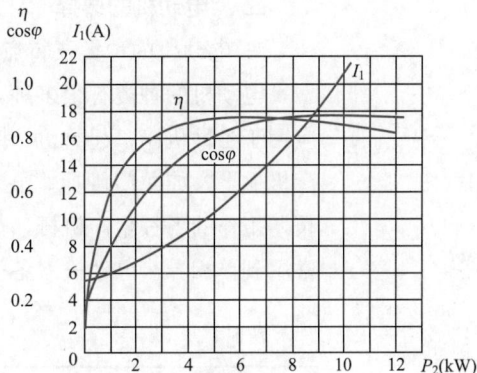

图 5-44　三相异步电动机的工作特性曲线

异步电动机的额定效率 η_N 为 $75\% \sim 92\%$。一般在额定功率的 75% 左右时效率最高。

8. 额定功率因数（$\cos\varphi_N$）

因为电动机是电感性负载，定子相电流比相电压滞后一个 φ 角，$\cos\varphi$ 就是异步电动机的功率因数。三相异步电动机的功率因数较低，额定负载时为 $0.7 \sim 0.9$，而在轻载和空载时更低，空载时只有 $0.2 \sim 0.3$。因此，必须正确选择电动机的容量，并力求缩短空载的时间，节约电能。图 5-44 中的 $\cos\varphi = f(P_2)$ 曲线反映的是功率因数和输出功率之间的关系。

除上述数据外，还会标出额定运行时电动机的相数、接线方式、防护等级、绝缘等级、温升、工作方式等有关项目。对于绕线转子异步电动机，还标明当定子外施额定电压时的转子开路电压和转子额定电流。

【例 5-3】 Y112M-4 型三相异步电动机的技术数据如下：4kW，380V，△连接，$n_N = 1440\text{r/min}$，$\cos\varphi = 0.82$，$\eta = 84.5\%$，$T_{st}/T_N = 1.9$，$I_{st}/I_N = 7.0$，$\lambda = 2.2$，$f = 50\text{Hz}$。试求：

(1) 额定转差率 s_N；

(2) 额定电流 I_N，起动电流 I_{st}；

(3) 额定转矩 T_N，起动转矩 T_{st}，最大转矩 T_{max}。

解：(1) 由 $n_N = 1440\text{r/min}$，可知电动机的极数 $p = 2$，$n_0 = 1500\text{r/min}$

$$s_N = \frac{n_0 - n_N}{n_0} = \frac{1500 - 1440}{1500} = 0.04$$

(2) $I_N = \frac{P_N}{\sqrt{3}U_N \cos\varphi\eta} = \frac{4 \times 10^3}{\sqrt{3} \times 380 \times 0.82 \times 0.845} = 8.77 \text{ (A)}$

$I_{st} = \left(\frac{I_{st}}{I_N}\right) I_N = 7.0 \times 8.77 = 61.39 \text{ (A)}$

(3) $T_N = 9.55 \frac{P_N}{n_N} = 9.55 \frac{4 \times 10^3}{1440} = 26.53 \text{ (N · m)}$

$T_{st} = 1.9 \times 26.53 = 50.41 \text{ (N · m)}$

$T_{max} = \lambda T_N = 2.2 \times 26.53 = 58.37 \text{ (N · m)}$

二、电动机的选择

1. 电动机的种类及特点

电动机的种类有很多种，其中应用最为广泛的是三相交流异步电动机，它被广泛应用于各种机床、起重机、锻压机、水泵等。直流电动机仅出现在需要均匀调速的生产机械上，如龙门刨床、轧钢机等。同步电动机主要应用于功率较大、不需要调速、长期工作的各种生产机械，如压缩机、通风机等。功率不大的电动工具和家用电器中常用到单相异步电动机。各类电动机的主要性能特点见表5-4。

表 5-4　　　　　　　　　　各类电动机主要性能特点

电 机 种 类		最主要的性能特点
直流电动机	他励、并励	机械特性硬，起动转矩大，调速性能好
	串励	机械特性软，起动转矩大，调速方便
	复励	机械特性软硬适中，起动转矩大，调速方便
三相异步电动机	普通笼型	机械特性硬，起动转矩不太大，可以调速
	高起动转矩	起动转矩大
	多速	多速（2～4速）
	绕线转子	机械特性硬，起动转矩大，调速方法多，调速性能好
三相同步电动机	转速不随负载变化，功率因数可调	
单相异步电动机	功率小，机械特性硬	
单相同步电动机	功率小，转速恒定	

2. 电动机种类的选择

选择电动机的种类主要是从交直流、机械特性、调速与起动性、经济等方面来考虑。

（1）电动机的机械特性。生产机械具有不同的转矩转速关系，要求电动机的机械特性与之相适应。例如，负载变化时要求转速恒定不变的，就应选择同步电动机；要求起动转矩大及特性软的如电车、电力机车等，就应选用串励或复励直流电动机。

（2）电动机的调速性能。电动机的调速性能包括调速范围、调速的平滑性、调速系统的经济性（设备成本、运行效率等）等各个方面。例如，调速性能要求不高的各种机床、水泵、通风机多选用普通笼型异步电动机；功率不大、有级调速的电梯及某些机床可选用多速电动机；而调速范围大、调速要求平滑的龙门刨床、高精度车床、可逆轧钢机等选用变频调速的同步电动机或异步电动机。

（3）电动机的起动性能。一些起动转矩要求不高的，可以选用普通笼型异步电动机，例如机床、功率不大的水泵、通风机等。如果起动、制动较为频繁，且起动、制动转矩要求比较大的生产机械就可选用绕线转子异步电动机，例如矿井提升机、起重机、不可逆轧钢机、压缩机等。

（4）电源。交流电源比较方便，直流电源则一般需要有整流设备。采用交流电动机时，还应注意，异步电动机易使电网功率因数下降，所以要求改善功率因数情况下，不调速的大功率电动机应选择同步电动机。

（5）经济性。满足了生产机械对于电动机起动、调速、各种运行状态运行性能等方面要求的前提下，优先选用结构简单、价格便宜、运行可靠、维护方便的电动机。一般来说，在这方面交流电动机优于直流电动机，笼型异步电动机优于绕线转子异步电动机。除电动机本身外，起动设备、调速设备等都应考虑经济性，如可考虑使用电动机加齿轮变速箱来降低成本。

3. 电动机结构型式的选择

电动机按防护方式分为开启式、防护式、封闭式和防爆式几种。

（1）开启式。开启式电动机的定子两侧和端盖上都有很大的通风口，它散热好，价格便宜，但容易进灰尘、水滴和铁屑等杂物，只能在清洁、干燥的环境中使用。

（2）防护式。防护式电动机的机座下面有通风口，它散热好，能防止水滴、沙粒和铁屑等杂物溅入或落入电动机内，但不能防止潮气和灰尘侵入，适用于比较干燥、没有腐蚀性和爆炸性气体的环境。

（3）封闭式。封闭式电动机的机座和端盖上均无通风孔，完全封闭。封闭式又分为自冷式、自扇冷式、他扇冷式、管道通风式及密封式 5 种，电动机外的潮气及灰尘不易进入电动机，适用于尘土多、特别潮湿、有腐蚀性气体、易受风雨、易引起火灾等较恶劣的环境。密封式的可以浸在液体中使用，如潜水泵。

（4）防爆式。防爆式电动机在封闭式基础上制成隔爆形式，机壳有足够的强度，适用于有易燃易爆气体的场所，如矿井、油库、煤气站等。

4. 电动机工作方式的选择

为了使用方便，我国把电动机分成三种工作方式。

（1）连续工作方式。连续工作方式是指电动机工作时间 $t_r > (3 \sim 4)\ T_\theta$，温升可以达到稳态值 τ_L，也称为长期工作制。其中 T_θ 为发热时间常数，其大小对小电动机约为十几分钟到几十分钟；τ_L 是当电动机处于发热与散热平衡的状态时的温升值。电动机铭牌上对工作方式没有特别标注的电动机都属于连续工作方式。通风机、水泵、纺织机、造纸机等很多连续工作方式的生产机械，都应使用连续工作方式电动机。

（2）短时工作方式。短时工作方式是指电动机的工作时间 $t_r < (3 \sim 4)\ T_\theta$，而停歇时间 $t_0 > (3 \sim 4)\ T_\theta$，这样工作时温升达不到 τ_L，而停歇后温升降为零。短时工作的水闸闸门启闭机等应该使用短时工作方式电动机。我国短时工作方式的标准工作时间有 15、30、60、90min 4 种。

（3）周期性断续工作方式。周期性断续工作方式指电动机工作与停歇交替进行，时间都比较短，即 $t_r < (3 \sim 4)\ T_\theta$，$t_0 < (3 \sim 4)\ T_\theta$。工作时温升达不到稳态值，停歇时温升降不到零。按国家标准规定每个工作与停歇的周期 $t_t = t_r + t_0 \leqslant 10\text{min}$。周期性断续工作方式又称作重复短时工作制。

每个周期内工作时间占的百分数叫做负载持续率（又称暂载率），用 $FS\%$ 表示，为

$$FS\% = \frac{t_r}{t_r + t_0} \times 100\%$$ 　　　　　　（5-44）

我国规定的标准负载持续率有 15%、25%、40%、60% 4 种。

113

周期性断续工作方式的电动机频繁起动、制动，其过载倍数强、机械强度好。起重机械、电梯、自动机床等具有周期性断续工作方式，这些生产机械应使用周期性断续工作方式电动机。但许多生产机械周期断续工作的周期并不很严格，这时的负载持续率只具有统计性质。

5. 电动机额定功率的选择

电动机额定功率的选择是一个很重要又很复杂的问题。拖动生产机械时，如果电动机额定功率比生产机械要求的小，电动机电流超过额定电流，电动机内损耗加大，影响了电动机的寿命，过载较多时会烧毁电动机。如果电动机额定功率过大，经常处于轻载运行，电动机运行效率低、功率因数低、性能也会不好。电动机额定功率选择一般分成以下三个步骤：

（1）计算负载功率 P_L。负载功率要针对具体生产机械的负载及效率进行计算，这是选择电动机额定功率的依据。很多情况下，负载功率具有周期性变化的特点，这时一个周期 T 内的平均负载功率为

$$P_L = \frac{1}{T} \sum_{i=1}^{n} P_{Li} t_i \tag{5-45}$$

式中：P_{Li} 为第 i 段负载功率；t_i 为第 i 段的时间，一周期共有 n 段。

生产机械的工作机构形式多样，千变万化，因此负载功率的计算也没有统一的公式。尽管如此，它仍是选择电动机额定功率的前提。选择时，只能根据具体生产机械工作机构实际情况进行计算。

（2）根据负载功率，预选电动机的额定功率及其他参数。电动机在工作时间内负载大小不变，不同的工作方式下额定功率的选择方法也有所不同。

1）标准工作时间。生产机械工作机构（负载）与电动机的工作方式和工作时间是一回事。所谓标准工作时间，是指电动机三种工作方式中所规定的有关时间。例如，连续工作方式标准工作时间是 3～4 倍以上发热时间常数，短时工作方式是 15、30、60、90min。

环境温度为 40℃、电动机不调速的前提下，按照工作方式及工作时间选择该类型电动机，那么电动机的额定功率应满足

$$P_N \geqslant P_L$$

这个条件本身是从发热温升的角度考虑的，因此不必再校核电动机发热问题，只需校核过载倍数和起动能力。

例如，离心式水泵负载功率（单位为 W）为

$$P_L = \frac{QH\rho g}{\eta_b \eta} \tag{5-46}$$

式中：Q 为泵的流量，m^3/s；H 为水的扬程，m；ρ 为水的密度，kg/m^3；g 为重力加速度，m/s^2；η_b 为水泵的效率；η 为传动机构的效率。

【例 5-4】 有一台离心式水泵，其数据为：$Q = 0.03m^3/s$，$H = 20m$，$n = 1460r/min$，$\eta_b = 0.55$。今用一台笼型电动机拖动做长期运行，电动机与水泵直接连接（$\eta \approx 1$）。试选择电动机的功率。

解：$P_{\mathrm{L}}=\dfrac{QH\rho g}{\eta_{\mathrm{b}}\eta}=\dfrac{0.03\times20\times1000\times9.8}{0.55\times1}=10.7$（kW）

可选用 Y160M-4 型电动机，其额定功率 11kW（$P_{\mathrm{N}}>P_{\mathrm{L}}$）。

2）非标准工作时间。例如短时工作时间为 20min 的属非标准工作时间。预选电动机额定功率时，按发热和温升等效的观点先把负载功率由非标准工作时间折算成标准工作时间，然后按标准工作时间预选额定功率。折算推导过程从略，只给出结果如下。

短时工作方式负载工作时间为 t_{r}，最接近的标准工作时间为 t_{rb}，预选电动机额定功率应满足

$$P_{\mathrm{N}}\geqslant P_{\mathrm{L}}\sqrt{\frac{t_{\mathrm{r}}}{t_{\mathrm{rb}}}} \qquad\qquad (5\text{-}47)$$

式（5-32）中，t_{rb} 应尽量接近 t_{r} 的标准工作时间，而 $\sqrt{\dfrac{t_{\mathrm{r}}}{t_{\mathrm{rb}}}}$ 则为折算系数，$t_{\mathrm{r}}>t_{\mathrm{rb}}$ 时，折算系数大于 1；$t_{\mathrm{r}}<t_{\mathrm{rb}}$ 时，折算系数小于 1。

由于折算系数本身就是从发热和温升等效观点推导出来的，因此经过向标准工作时间折算后，预选电动机肯定通过温升，不必再校核。

3）短时工作方式负载选连续工作方式电动机。从发热与温升的角度考虑，电动机在短时工作方式下输出功率应该比连续工作方式时大，才能充分发挥电动机的能力。或者说，预选电动机时也要把短时工作的负载功率折算到连续工作方式上去。

设电动机中不变损耗（空载损耗）为 P_0，额定负载运行时可变损耗为 P_{Cu}，前者与后者比值为 α，预选电动机额定功率应满足

$$P_{\mathrm{N}}\geqslant P_{\mathrm{L}}\sqrt{\frac{1-\mathrm{e}^{-\frac{t_{\mathrm{r}}}{T_{\theta}}}}{1+\alpha\mathrm{e}^{-\frac{t_{\mathrm{r}}}{T_{\theta}}}}}$$

式中：T_{θ} 为发热时间常数，s；t_{r} 为短时工作时间，s；α 的值因电动机而异。

一般来说，普通直流电动机 $\alpha=1\sim1.5$；冶金专用直流电动机 $\alpha=0.5\sim0.9$；冶金专用中、小型三相绕线转子异步电动机 $\alpha=0.45\sim0.6$；冶金专用大型三相绕线转子异步电动机 $\alpha=0.9\sim1.0$；普通笼型三相异步电动机 $\alpha=0.5\sim0.7$。对于具体电动机，T_{θ} 和 α 可以从技术数据中找出或估算。

若实际工作时间极短，$t_{\mathrm{r}}<(0.3\sim0.4)T_{\theta}$，只需从过载倍数及起动能力选电动机连续工作方式的额定功率，发热温升不是主要矛盾。

短时工作方式折算到连续工作方式预选电动机额定功率后，也不需要再进行温升校核了。

（3）校核预选电动机。一般先校核温升，再校核过载倍数，必要时校核起动能力。二者都通过，预选的电动机便选定；通不过，从步骤（2）重新开始，直到通过为止。

在满足负载需求的条件下，电动机的功率选择越小越经济。

习　题

5.1　已知环形铁芯线圈平均直径为 12.5cm，铁芯材料为铸钢，磁路有一气隙长为 0.2cm。

若线圈中电流为 1A，试问要获得 0.9T 的磁感应强度，线圈匝数应为多少？

5.2　有一台单相变压器，额定容量 $S_N = 500\text{kVA}$，额定电压 $U_{1N}/U_{2N} = 10/0.4\text{kV}$，试求一次侧和二次侧的额定电流。

5.3　有一台降压变压器，一次侧电压 380V，二次侧电压 36V，如果接入一个 36V、60W 的灯泡，试求：

(1) 一、二次绕组的电流各是多少？

(2) 一次侧的等效电阻是多少？（灯泡看成纯电阻）

5.4　实验室有一台单相变压器，其数据为：$S_N = 1\text{kVA}$，$U_{1N}/U_{2N} = 220/110\text{V}$，$I_{1N}/I_{2N} = 4.55/9.1\text{A}$。今将它改接为自耦变压器，接法如图 5-45 所示，试求此两种自耦变压器当低压边绕组 ax 接于 110V 电源时，AX 边的电压 U_1 及自耦变压器的额定容量 S_N 各为多少？

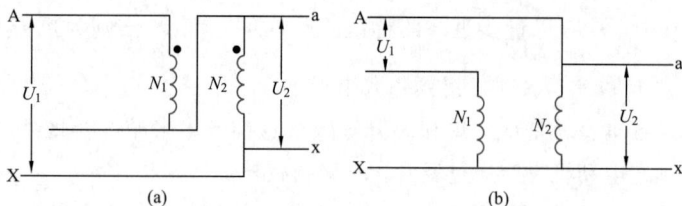

图 5-45　习题 5.4 的图

5.5　一台单相变压器，一次绕组匝数 $N_1 = 867$，电阻 $R_1 = 2.45\Omega$，漏电抗 $X_1 = 3.80\Omega$；二次绕组匝数 $N_2 = 20$，电阻 $R_2 = 0.0062\Omega$，漏电抗 $X_2 = 0.0095\Omega$。设空载和负载时 Φ_m 不变，且 $\Phi_m = 0.0518\text{Wb}$，$U_1 = 10\,000\text{V}$，$f = 50\text{Hz}$。空载时，$\dot{U}_1$ 超前于 $\dot{E}_1 180.2°$，负载阻抗 $Z_L = 0.0038 - \text{j}0.0015\Omega$。试求：

(1) 电动势 E_1 和 E_2；

(2) 空载电流 I_0；

(3) 负载电流 I_2 和 I_1。

5.6　将一个铁芯线圈接于电压 100V、50Hz 的正弦电源上，其电流 $I_1 = 5\text{A}$，$\cos\varphi_1 = 0.7$。若将铁芯去掉，则电流 $I_2 = 10\text{A}$，$\cos\varphi_2 = 0.05$，试求此线圈在具有铁芯时的铜损和铁损。

5.7　一台三相异步电动，额定频率 $f = 50\text{Hz}$，额定电压 380V，额定转速 $n_N = 578\text{r/min}$，试求：①同步转速 n_0；②极数对 p；③额定转差率 s_N。

5.8　Y205S-6 型三相异步电动机的技术数据为：45kW，380V，△连接，$n_N = 938\text{r/min}$，$\cos\varphi_N = 0.88$，$\eta = 92.3\%$，$T_{st}/T_N = 1.9$，$\lambda = 2.2$，$f = 50\text{Hz}$。试求：

(1) 额定转矩 T_N，起动转矩 T_{st}，最大转矩 T_{max}；

(2) 电源电压因故障降为 300V 时，电动机能否带额定负载运行？

5.9　Y132S-4 型三相异步电动机的技术数据为：5.5kW，380V，△连接，$n_N = 1440\text{r/min}$，$\cos\varphi_N = 0.84$，$\eta = 85.5\%$，$T_{st}/T_N = 2.2$，$\lambda = 2.2$，$I_{st}/I_N = 7.0$，$f = 50\text{Hz}$。试求：

(1) 额定转矩 T_N，起动转矩 T_{st}，最大转矩 T_{max}；

(2) 额定转差率 s_N；

(3) 额定电流 I_N，起动电流 I_{st}。

5.10　Y180L-4 型三相异步电动机的技术数据为：30kW，380V，△连接，$n_N = 1467\text{r/min}$，$\cos\varphi_N = 0.87$，$\eta = 90.5\%$，$T_{st}/T_N = 2.2$，$\lambda = 2.2$，$I_{st}/I_N = 7.0$，$f = 50\text{Hz}$。试求：

(1) 星—三角换接起动时的起动电流、起动转矩；

（2）当负载转矩为额定转矩 T_N 的 80% 时，是否可采用星—三角换接起动？

（3）当负载转矩为额定转矩 T_N 的 40% 时，是否可采用星—三角换接起动？

5.11　Y～225M-4 型三相异步电动机的技术数据为：45kW，380V，△连接，$n_N = 1480$r/min，$\cos\varphi_N = 0.88$，$\eta = 92.3\%$，$T_{st}/T_N = 1.9$，$I_{st}/I_N = 7.0$，$\lambda = 2.2$，$f = 50$Hz。若电动机运行在 60Hz、380V 的电源上，试问电动机的最大转矩、起动转矩和起动电流有什么变化？

5.12　若题 5.11 中电动机运行时电网电压突然降至额定电压的 65%，此时电动机能否拖动负载？会产生什么后果？

第六章　继电接触控制系统

应用电动机驱动生产机械，称为电力拖动。利用继电器、接触器等电气设备实现对电动机和生产设备的控制和保护，称为**继电接触控制**。实现继电接触控制的电气设备，统称为**控制电器**，如开关、按钮、继电器、接触器等。其中具有保护作用的电气设备，又称为**保护电器**，如熔断器、热继电器等。控制电器按动作形式不同还可把低压控制电器（直流1500V，交流1200V以下）分为手动控制电器和自动控制电器。

第一节　常用控制电器

一、组合开关（转换开关）

组合开关又称转换开关，由数层动、静触片组装在绝缘盒而成，如图6-1所示。动触点装在转轴上，用手柄转动转轴使动触片与静触片接通与断开。可实现多条线路、不同连接方式的转换。

转换开关中的弹簧可使动、静触片快速断开，利于熄灭电弧。但转换开关的触片通流能力有限，一般用于交流380V、直流220V，电流100A以下的电路中做电源开关。

结构：动触片、静触片、转动手柄。

用途：实现多条线路、不同连接方式的转换。可用于三相电动机手动起、停控制。

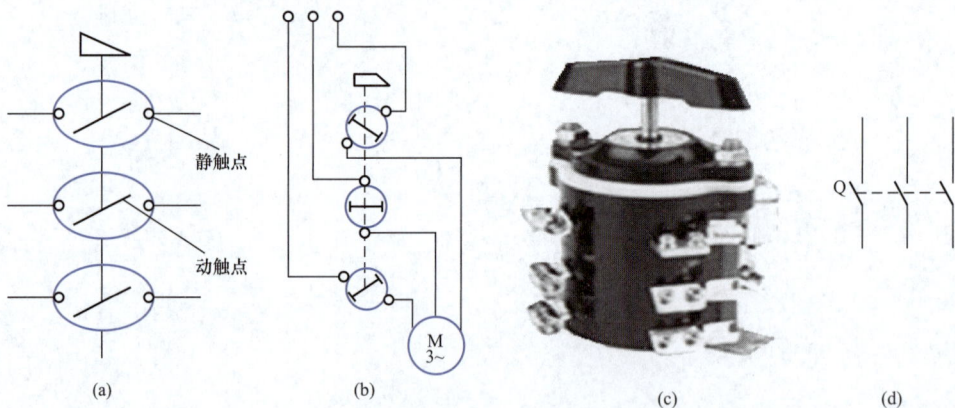

静触点

动触点

(a)　　　　(b)　　　　(c)　　　　(d)

图 6-1　组合开关

(a) 触点模型；(b) 转动开关控制三相电动机模型；(c) 实物图；(d) 图形符号

二、按钮（手动切换电器）

按钮通常（见图6-1）用来接通或断开控制电路（其中电流很小），从而控制电动机或其他电气设备的运行。常用按钮的结构、符号见表6-1。

表 6-1 常用按钮的结构、符号

名称	符号	结构
动断按钮（停止按钮）	$E-\overline{\big\vert}_{SB}$	
动合按钮（起动按钮）	$E-\big\vert_{SB}$	
复合按钮	$E-\vert\overline{\big\vert}_{SB}$	按钮帽 复位弹簧 支柱连杆 桥式动触头 动合静触头 外壳

原来就接通的触点，称为动断触点（或常闭触点）；原来就断开的触点，称为动合触点（或常开触点）。按下按钮帽，动合触点闭合，动断触点断开。图 6-2 所示的按钮有一个动断触点和一个动合触点。复合按钮相当于两个按钮的组成，一个用于电动机起动，一个用于电动机停止。

常用的按钮有 LA 和引进的 LAY 等系列。

图 6-2 按钮实物

三、交流接触器

交流接触器（见图 6-3）常用来接通和断开电动机或其他设备的主电路，每小时可开闭千余次。

接触器主要由电磁铁和触点两部分组成。它是利用电磁铁的吸引力而动作的。吸引线圈通电后，吸引衔铁，而使动合触点闭合。

根据用途不同，接触器的触点分主触点和辅助触点两种。主触点能通过较大电流，接在电动机的主电路中；辅助触点通过电流较小，常接在电动机的控制电路中。如 CJ10-20 型交流接触器有 3 个动合主触点，4 个辅助触点（两个动合，两个动断）。

当主触点断开时，其间易产生电弧，会烧坏触点，并使切断时间拉长，因此，必须采取灭弧措施。通常交流接触器的触点都做成桥式，它有两个断点，以降低当触点断开时加在断点上的电压，使电弧容易熄灭；并且相间有绝缘隔板，以免短路。在电流较大的接触器中还专门设有灭弧装置。

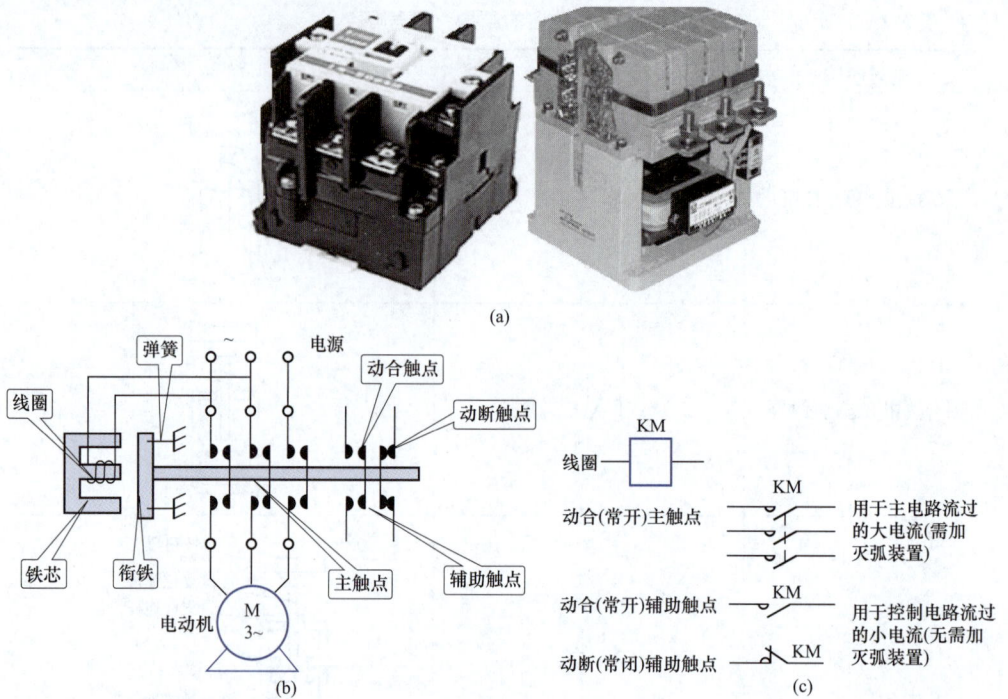

图 6-3　交流接触器

(a) 实物图；(b) 结构图；(c) 符号

为了减小铁损，交流接触器的铁芯由硅钢片叠加而成；并为了消除铁芯的颤动和噪声，在铁芯端面的一部分套有短路环。

在选用接触器时，应注意它的额定电流、线圈电压及触点数量等。CJ10 系列接触器的主触点额定电流有 5、10、20、40、60、100、150A 等数种；线圈额定电压通常是 220V 或 380V，也有 36V 和 127V 的。

常用的交流接触器还有 CJ40、CJ12、CJ20 和引进的 CJX、3TB、B 等系列。

四、中间继电器

中间继电器通常用来传递信号和同时控制多个电路，也可直接用它来控制小容量电动机或其他电气执行元件，其外形和符号如图 6-4 所示。

图 6-4　中间继电器外形和符号

(a) 外形图；(b) 符号

中间继电器的结构和交流接触器基本相同，只是电磁系统小些，触点多些。

常用的中间继电器有 JZ7 系列和 JZ8 系列两种，后者是交直流两用的。此外，还有 JTX 系列小型通用继电器，常用在自动装置上以接通或断开电路。

在选用中间继电器时，主要是考虑电压等级和触点（动合和动断）数量。

五、热继电器

热继电器是用来保护电动机使之免受长期过载的危害。

热继电器是利用电流的热效应而动作的，它的原理图如图 6-5（a）所示。热元件是一段电阻不大的电阻丝，接在电动机的主电路中。双金属片系由两种具有不同线膨胀系数的金属碾压而成。下层金属的膨胀系数大，上层的小。当主电路中电流超过容许值而使双金属片受热时，它便向上弯曲，因而脱扣，扣板在弹簧的拉力下将动断触点断开。触点是接在电动机的控制电路中的。控制电路断开而使接触器的线圈断电，从而断开电动机的主电路。

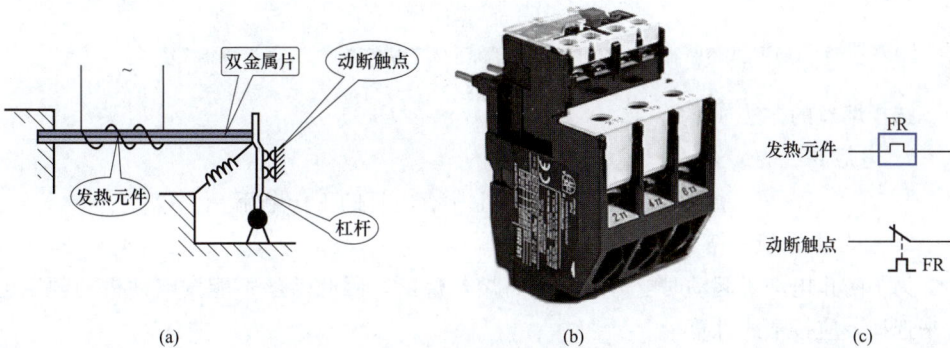

图 6-5 热继电器
(a) 原理图；(b) 实物图；(c) 符号

由于热惯性，热继电器不能用作短路保护。因为发生短路事故时，要求电路立即断开，而热继电器是不能立即动作的。但是这个热惯性也是合乎要求的，在电动机起动或短时过载时，热继电器不会动作，这可避免电动机的不必要的停车。

通常用的热继电器有 JR20、JR15 和引进的 JRS 等系列。热继电器的主要技术数据是整定电流。所谓整定电流，就是热元件中通过的电流超过此值的 20％ 时，热继电器应当在 20min 内动作。热元件有多种额定整定电流等级，例如 JR15-10 型有（2.4～11）A5 个等级。为了配合不同电流的电动机，热继电器配有整定电流调节装置，调节范围为额定整定电流的 66％～100％。整定电流与电动机的额定电流基本上一致。

六、熔断器

熔断器是最简便的而且是有效的短路保护电器，俗称保险。熔断器中的熔片或熔丝用电阻率较高的易熔合金制成，例如铅锡合金等；或用截面积甚小的良导体制成，例如铜、银等。线路在正常工作情况下，熔断器中的熔丝或熔片不应熔断。一旦发生短路或严重过载时，熔断器中的熔丝或熔片应立即熔断。图 6-6（a）～（c）是常用的三种熔断器的结构。

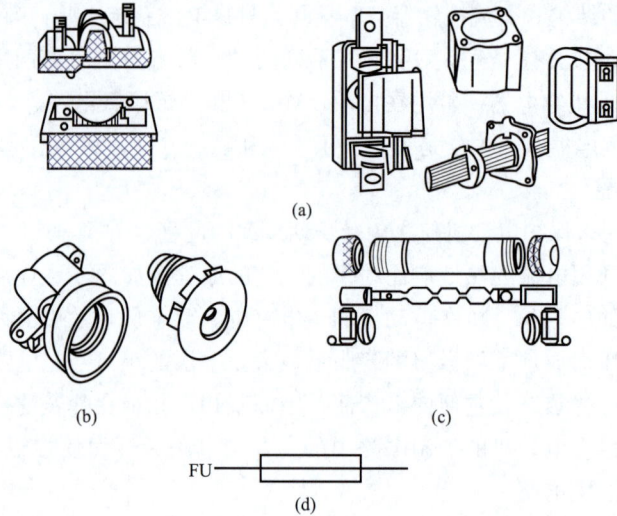

图 6-6　熔断器

（a）插式熔断器；（b）螺旋式熔断器；（c）管式熔断器；（d）熔断器符号

选择熔丝的方法如下。

1. 电灯支线的熔丝

熔丝额定电流≥支线上所有电灯的工作电流

2. 一台电动机的熔丝

为了防止电动机起动时电流较大而将熔丝烧断，因此熔丝不能按电动机的额定电流来选择，应按下式计算

$$熔丝额定电流 \geqslant \frac{电动机起动电流}{2.5}$$

如电动机起动频繁，则为

$$熔丝额定电流 \geqslant \frac{电动机起动电流}{1.6 \sim 2}$$

3. 几台电动机合用的总熔线

几台电动机合用的总熔线一般可粗略地按下式计算

熔丝额定电流＝(1.5－2.5)×容量最大的电动机的额定电流＋其余电动机的额定电流之和

七、低压断路器

低压断路器也叫自动空气开关，是常用的一种低压保护电器，可实现短路、过载和失电压保护。它的结构形式很多，图 6-7 所示的是一般原理图，其实物图片和符号如图 6-8 所示。主触点通常是由手动的操动机构来闭合的。开关的脱扣机构是一套连杆装置。当主触点闭合后就被锁钩锁住。如果电路中发生故障，脱扣机构就在有关脱扣器的作用下将锁钩脱开，于是主触点在释放弹簧的作用下迅速分断。脱扣器有过电流脱扣器和欠电压脱扣器等，它们都是电磁铁。在正常情况下，过电流脱扣器的衔铁是释放着的；一旦发生严重过载或短路故障时，与主电路串联的线圈（图中只画出一相）就将产生较强的电磁吸力把衔铁往下吸而顶开锁钩，使主触点断开。欠电压脱扣器的工作恰恰相反，在电压正常时，吸住衔铁，主触点才得以闭合；一旦电压严重下降或

122

断电时，衔铁就被释放而使主触点断开。当电源电压恢复正常时，必须重新合闸后才能工作，实现了失电压保护。

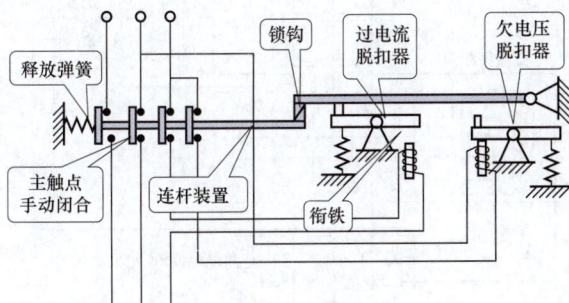

图 6-7　低压断路器原理图

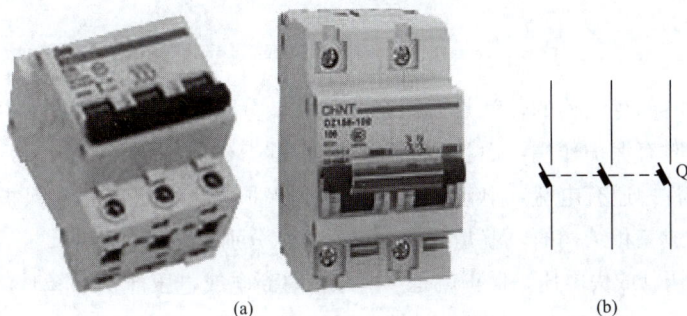

(a)　　　　　　　　　　　　(b)

图 6-8　低压断路器实物图片和符号

（a）实物图；（b）符号

常用的低压断路器有 DZ、DW 和引进的 ME、AE、3WE 等系列。

第二节　笼型电动机直接起动和正反转的控制线路

一、直接起动控制线路

如图 6-9 所示为中、小容量笼型电动机直接起动控制线路的结构图，其中用了组合开关 Q、交流接触器 KM、按钮 SB、热继电器 FR 及熔断器 FU 等几种电器。

先将组合开关 Q 闭合，为电动机起动做好准备。当按下起动按钮 SB2 时，交流接触器 KM 的线圈通电，动铁芯被吸合而将 3 个主触点闭合，电动机 M 便起动。当松开 SB2 时，它在弹簧的作用下恢复到断开位置。但是由于与起动按钮并联的辅助触点和主触点同时闭合，因此接触器线圈的电路仍然接通，而使接触器触点保持在闭合的位置。这个辅助触点称为**自锁触点**。如将停止按钮 SB1 按下，则将线圈的电路切断，动铁芯和触点恢复到断开的位置。

采用上述控制线路还可实现短路保护、过载保护和欠电压保护。起短路保护作用的是熔断器 FU。一旦发生短路事故，熔丝立即熔断，电动机立即停车。起过载保护作用的是热继电器 FR。当过载时，它的热元件发热，将动断触点断开，使接触器线圈断开，主触点断开，电动机也就停下来。

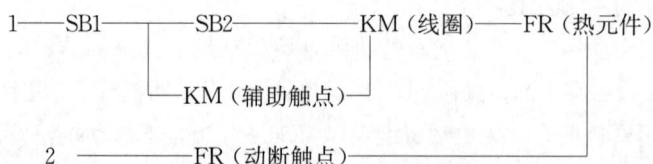

图 6-9　中、小容量笼型电动机直接起动控制线路的结构图

　　热继电器有两相结构的，就是有两个热元件，分别串接在任意两相中。这样不仅在电动机过载时有保护作用，而且当任意一相中的熔丝熔断后做单相运行时，仍有一个或两个热元件中通有电流，电动机因而也得到保护。为了更可靠地保护电动机，热继电器也有做成三相结构的，就是有 3 个热元件，分别串接在各相中。

　　所谓欠电压（或失电压）保护就是当电源暂时断电或电压严重下降时，电动机立即自动从电源切除。因为这时接触器的动铁芯释放而使主触点断开。当电源电压恢复正常时如不重按起动按钮，则电动机不能自行起动，因为自锁触点亦已断开。如果不是采用继电接触器控制而是直接用闸刀开关或组合开关进行手动控制时，由于在停电时未及时断开开关，当电源电压恢复时，电动机即自行起动，可能造成事故。

　　图 6-9 所示的控制电路可分为主电路和控制电路两部分。主电路是：三相电源——Q——FU——KM（主触点）——FR（热元件）——M（3~）。

　　控制电路如下：

```
1——SB1———SB2———————KM（线圈）——FR（热元件）
           |
           └—— KM（辅助触点）———
                                 |
2 ———————FR（动断触点）——————
```

　　控制电路的功率很小，因此可以通过小功率的控制电路来控制功率较大的电动机。

　　在图 6-9 中，各个电器都是按照其实际位置画出的，属于同一电器的各部件都集中在一起。这样的图称为控制线路的**结构图**。这种画法比较容易识别电器，便于安装和检修。但当线路比较复杂和使用的电器较多时，线路便不容易看清楚。因为同一电器的各部件在机械上虽然联系在一起，但是在电路上并不一定互相关联。因此，为了读图分析研究及设计线路的方便，控制线路常根据其作用原理画出，把控制电路和主电路清楚地分开。这样的图称为控制线路的**原理图**。原理图不考虑电器的结构和实际位置，突出的是电气原理。原理图的绘制原则及读图方法如下：

（1）按国家规定的电工图形符号和文字符号画图。常用的电气设备的图形符号和文字符号见书后附录 B。

（2）控制线路由主电路（控制负载所在电路，电流较大）和控制电路（控制主电路的状态，电流较小）组成。

（3）属同一电器元件的不同部分（如接触器的线圈和触点）按其功能和所接电路的不同分别画在不同的电路中，但必须标注相同的文字符号。

（4）所有电器的图形符号均按无电压、无外力作用下的正常状态画出，即原始状态绘制。

（5）与电路无关的部件（如铁芯、支架、弹簧等）在控制电路中不画出。

在上述的基础上，就可把图 6-9 画成相应的原理图，如图 6-10 所示。如果将图 6-10 中的自锁触点 KM 除去，则可对电动机实现点动控制，就是按下起动按钮 SB2，电动机就转动，一松手就停止。这在生产上也是常用的，例如吊车在调整物体摆放位置时用。

二、正、反转的控制线路

在生产上往往要求运动部件向正、反两个方向运动。例如，机床工作台的前进与后退，主轴的正转与反转，起重机的提升与下降等。为了实现正、反转，在学习三相异步电动机的工作原理时已经知道，只要将接到电源的任意两根连线对调即可。用两个交流接触器就能实现这一要求（见图 6-11）。当正转接触器 KMF 工作时，电动机正转；当反转接触器 KMR 工作时，由于调换了两根电源线，所以电动机反转。

如果两个接触器同时工作，那么从图 6-11 可以看出，将有两根电源线通过它们的主触点而将电源短路了。所以对正反转控制线路最根本的要求是：必须保证两个接触器不能同时工作。这种在同一时间里两个接触器只允许一个工作的控制作用称为**互锁**或**联锁**。下面分析两种有联锁保护的正、反转控制线路。

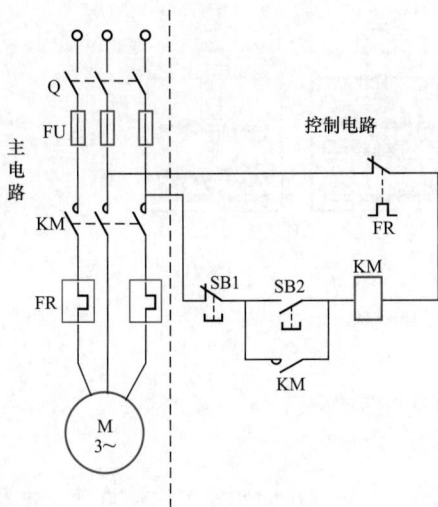

视频
电动机的正反转控制电路

图 6-10　笼型电动机直接起动控制线路的原理图　　图 6-11　笼型电动机正反转的控制线路

125

图 6-11 所示的控制线路中，正转接触器 KMF 的一个动断辅助触点串接在反转接触器 KMR 的线圈电路中，而反转接触器的一个动断辅助触点串接在正转接触器的线圈电路中。这两个动断触点称为**联锁触点**。这种联锁方式称为**电气联锁**。这样一来，当按下正转起动按钮 SBF 时，正转接触器线圈通电，KMF 主触点闭合，辅助触点断开。即使误按反转起动按钮 SBR，反转接触器也不能动作，避免产生短路。

但是这种控制电路有个缺点，就是在正转过程中要求反转时，必须先按停止按钮 SB，让联锁触点 KMF 闭合后，才能按反转起动按钮使电动机反转，带来操作上的不方便。为了解决这个问题，在生产上常采用复式按钮和触点联锁的控制电路，如图 6-12 所示。当电动机正转时，按下反转起动按钮 SBR，它的动断触点断开，而使正转接触器的线圈 KMF 断电，主触点 KMF 断开。与此同时，串接在反转控制电路中的动断辅助触点 KMF 恢复闭合，反转接触器的线圈通电，KMR 主触点闭合电动机就反转。同时串接在正转控制电路中的动断辅助触点 KMR 断开，起着联锁保护。这种联锁方式称为**机械式联锁**。

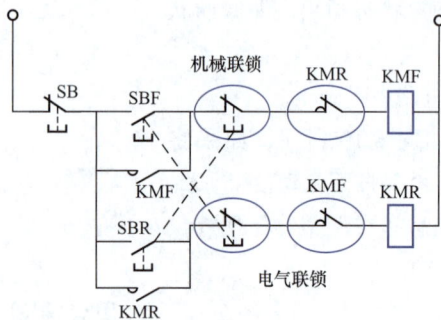

图 6-12　笼型电动机正反转采用复式按钮的控制线路

第三节　行程和时间控制

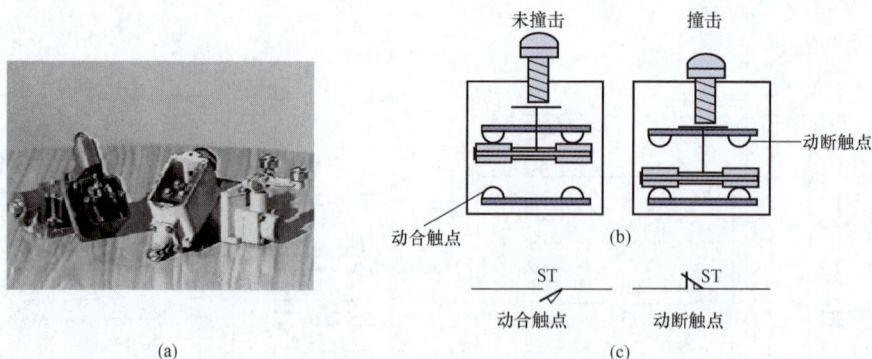

一、行程控制

行程控制，就是当运动部件到达一定行程位置时采用行程开关来进行控制。可用来控制电动机的正、反转，实现终端保护、自动循环、制动和变速等各项要求。

行程开关的种类很多，常用的有 LX 等系列。图 6-13 所示为行程开关的外形及符号。行程开关的结构和复合按钮有些类似，但是它是由装在运动部件上的挡块来撞动工作的。

图 6-13　行程开关的外形及符号

（a）外形图；（b）示意图；（c）符号

图 6-14 所示为用行程开关来控制电动机的正、反转，从而实现工作台自动前进与后退的示意图和控制电路。

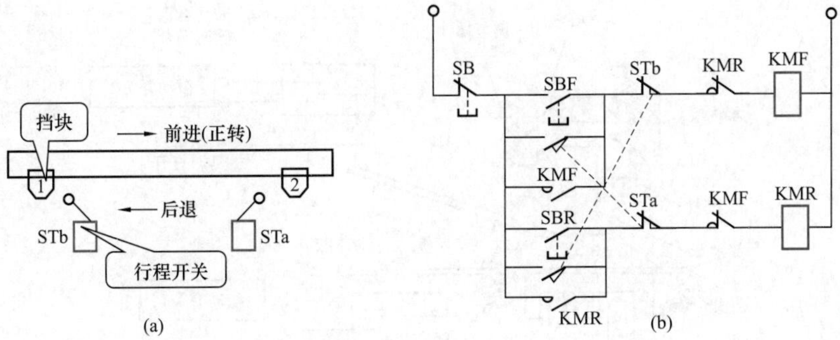

图 6-14　用行程开关控制工作台的前进与后退

(a) 示意图；(b) 控制线路

行程开关 STa 和 STb 分别装在工作台的原位和终点，由装在工作台上的挡块来撞动。工作台由电动机 M 带动。电动机的主电路和图 6-11 中的是一样的，控制电路也只是多了行程开关的三个触点。

工作台在原位时，其 2 号挡块将原位行程开关 STa 压下，将串接在反转控制电路中的动断触点压开。这时电动机不能反转。按下正转起动按钮 SBF，电动机正转，带动工作台前进。当工作台到达终点时（譬如这时机床加工完毕），挡块 1 压下终点行程开关 STb，将串接在正转控制电路中的动断触点 STb 压开，电动机停止正转。与此同时，将反转控制电路中的动合触点 STb 压合，电动机反转，带动工作台后退。退到原位，挡块 1 压下 STa，将串接在反转控制电路中的动断触点压开，于是电动机在原位停止。

如果工作台在前进中按下反转按钮 SBR，工作台立即后退，到原位停止。

二、时间控制

时间控制就是采用时间继电器进行延时控制。例如电动机的丫-△换接起动，先是丫连接，经过一定时间待转速上升到接近额定值时换成△连接。这就得用时间继电器来控制。

在交流电路中常采用空气式时间继电器，如图 6-15 所示，它是利用空气阻尼作用而达到动作延时的目的。当吸引线圈通电后就将动铁芯吸下，使动铁芯与活塞杆之间有一段距离。在释放弹簧的作用下，活塞杆就向下移动。在伞形活塞的表面固定有一层橡皮膜。因此当活塞向下移动时，在膜上面造成空气稀薄的空间，活塞受到下面空气的压力，不能迅速下移。当空气由进气孔进入时，活塞才逐渐下移。移动到最后位置时，杠杆使微动开关动作。延时时间即为自电磁铁吸引线圈通电时刻起到微动开关动作时为止的这段时间。通过调节螺钉调节进气孔的大小，就可调节延时时间。吸引线圈断电后，依靠恢复弹簧的作用而复原。活塞杆向上移动空气经由出气孔被迅速排出。

图 6-15 中所示的时间继电器是通电延时，有两个延时触点：一个是延时断开的动断触点，一个是延时闭合的动合触点。此外，还有两个瞬时触点，即通电后下面的微动开关瞬时动作。

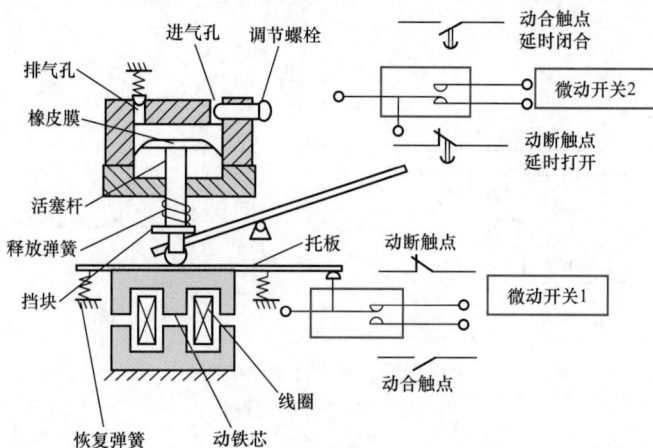

图 6-15　通电延时时间继电器

时间继电器也可以做成断电延时。实际上只要把铁芯倒装一下就成。断电延时的时间继电器也有两个延时触点：一个是延时闭合的动断触点，一个是延时断开的动合触点。

空气式时间继电器的延时范围大，有 $0.4 \sim 60s$ 和 $0.4 \sim 180s$ 两种，结构简单，但准确度较低。目前生产的有 JS7-A 型及 JJSK2 型等多种。

除空气式时间继电器外，在继电接触器控制线路中也常用电动式或电子式时间继电器。

电子式时间继电器分晶体管式和数字式两种。常用的晶体管式时间继电器有 JS20、JS15、JS14A、JSJ 等系列。其中 JS20 是全国统一设计产品，延时范围有 $0.1 \sim 180$、$0.1 \sim 300$、$0.1 \sim 3600s$ 三种，适用于交流 50Hz、380V 及以下或直流 110V 及以下的控制电路中。

数字式时间继电器分为电源分频式、RC 振荡式和石英分频式三种，有 DH48S、DH14S、JS14S 等系列。DH48S 系列的延时范围为 $0.01s \sim 99h99min$，可任意设置，且精确度高、体积小、功耗小、性能可靠。

下面举一个时间控制的基本线路：笼型电动机丫-△起动的控制线路。图 6-16 所示为笼型电动机丫-△起动的控制线路，其中用了图 6-14 所示的通电延时的时间继电器 KT 的两个触点：延时断开的动断触点和瞬间闭合的动合触点。KM1、KM2、KM3 是三个交流接触器。起动时，KM3 工作，电动机接成丫形；运行时，KM2 工作，电动机接成△形。线路的动作次序如下：

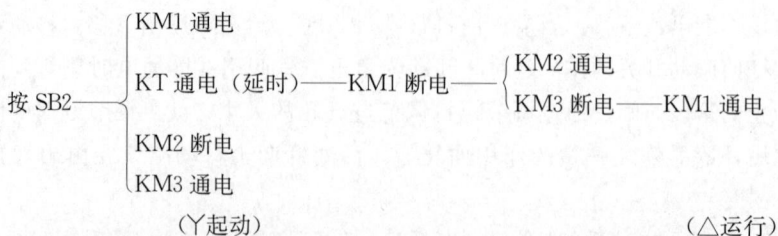

$$
\text{按 SB2} \begin{cases} \text{KM1 通电} \\ \text{KT 通电（延时）——KM1 断电} \begin{cases} \text{KM2 通电} \\ \text{KM3 断电——KM1 通电} \end{cases} \\ \text{KM2 断电} \\ \text{KM3 通电} \end{cases}
$$

（丫起动）　　　　　　　　　　　　　　　　（△运行）

本线路的特点是在接触器 KM1 断电的情况下进行丫-△换接，这样可以避免当 KM3 的动合触点尚未断开时 KM2 已吸合而造成电源短路；同时接触器 KM3 的动合触点在无电下断开，不发生电弧，可延长使用寿命。

128

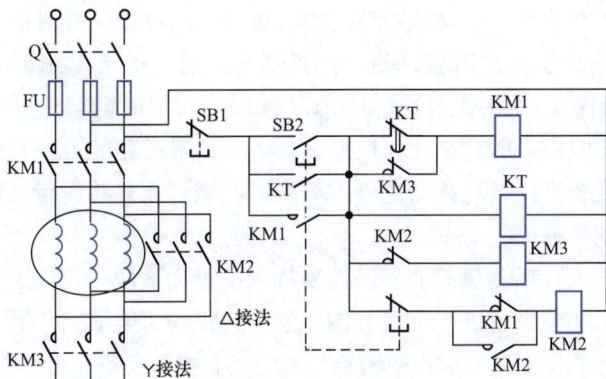

图 6-16 笼型电动机Y-△起动的控制线路

第四节 可编程逻辑控制器（PLC）简介

可编程逻辑控制器（Programmable Logic Controller，PLC），是在继电器控制技术和计算机控制技术的基础上开发出来的，并逐渐发展成为以微处理器为核心，将自动化技术、计算机技术、通信技术融为一体的信息工业自动化装置，其示意图如图 6-17 所示。目前，世界上有 200 多厂家生产 300 多品种 PLC 产品，应用在汽车（23％）、粮食加工（16.4％）、化学/制药（14.6％）、金属/矿山（11.5％）、纸浆/造纸（11.3％）等行业。

一、PLC 的发展历程

20 世纪 60 年代末，随着市场的转变，工业生产方式开始由大批量、少品种转变为小批量、多品种，而当时普遍采用的继电控制系统体积大、耗电多、可靠性低、改变生产程序困难，越来越难以满足生产的需求。1968 年美国 GM（通用汽车）公司提出取代继电控制装置的要求，1969 年美国数字公司研制出了基于集成电路和电子技术的控制装置，首次采用程序化的手段应用于电气控制，这就是第一代可编程序控制器（Programmable Controller，PC）。个人计算机（Personal Computer，PC）发展起来后，为了方便，也为了反映可编程控制器的功能特点，可编程序控制器定名为（Programmable Logic Controller，PLC），现在仍常常将 PLC 简称 PC。

PLC 的定义有许多种。国际电工委员会（IEC）对可编程控制器（PLC）的定义是：一种数字运算操作的电子系统，专为在工业环境下应用而设计；它采用可编程序的存储器，用来在其内部存储执行逻辑运算、顺序控制、定时、计数和算术运算等操作的指令，并通过数

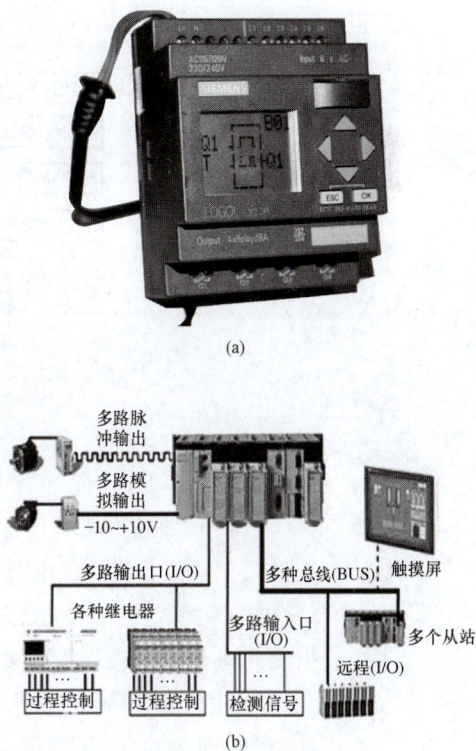

(a)

(b)

图 6-17 PLC 示意图

(a) 实物图；(b) 结构示意图

字的、模拟的输入和输出，控制各种类型的机械或生产过程。可编程序控制器及其有关设备，都应按易于与工业控制系统形成一个整体，易于扩充其功能的原则设计。

20 世纪 80 年代至 90 年代中期，是 PLC 发展最快的时期，年增长率一直保持为30%～40%。在这时期，PLC 在处理模拟量能力、数字运算能力、人机接口能力和网络能力得到大幅度提高，PLC 逐渐进入过程控制领域，在某些应用上取代了在过程控制领域处于统治地位的 DCS 系统。

20 世纪末期，可编程逻辑控制器的发展特点是更加适应于现代工业的需要。这个时期发展了大型机和超小型机，诞生了各种各样的特殊功能单元，生产了各种人机界面单元、通信单元，使应用可编程逻辑控制器的工业控制设备的配套更加容易。

现在工业上使用的可编程逻辑控制器已经相当或接近于一台紧凑型电脑的主机，其在扩展性和可靠性方面的优势使其被广泛应用于目前的各类工业控制领域。不管是在计算机直接控制系统还是集中分散式控制系统 DCS，或者现场总线控制系统 FCS 中，总是有各类 PLC 控制器的大量使用。PLC 的生产厂商很多，如西门子（S7-200、S7-300、S-400 等）、施耐德、三菱（FR-FX1N FR-FX1S 等）、台达（AH500、DVP-EH3系列等），几乎涉及工业自动化领域的厂商都会有 PLC 产品。

二、PLC 的结构

可编程逻辑控制器实质是一种专用于工业控制的计算机，其硬件结构基本上与微型计算机相同，基本结构如图 6-18 所示，由以下几部分构成。

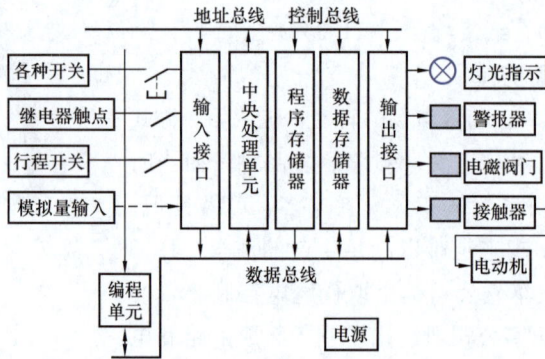

图 6-18　PLC 基本结构

1. 电源

PLC 电源用于为 PLC 各模块的集成电路提供工作电源。同时，有的还为输入电路提供 24V 的工作电源。电源输入类型有交流电源（220V AC 或 110V AC），直流电源（常用的为 24V DC）。一般交流电压波动在＋10%（＋15%）范围内，可以不采取其他措施而将 PLC 直接连接到交流电网上去。

2. 中央处理单元（CPU）

中央处理单元（CPU）是可编程逻辑控制器的控制中枢。它按照可编程逻辑控制器系统程序赋予的功能接收并存储从编程器键入的用户程序和数据；检查电源、存储器、I/O 以及警戒定时器的状态，并能诊断用户程序中的语法错误。当可编程逻辑控

制器投入运行时，首先以扫描的方式接收现场各输入装置的状态和数据，并分别存入
I/O 映象区，然后从用户程序存储器中逐条读取用户程序，经过命令解释后按指令的
规定执行逻辑或算数运算的结果送入 I/O 映象区或数据寄存器内。等所有的用户程序
执行完毕之后，最后将 I/O 映象区的各输出状态或输出寄存器内的数据传送到相应的
输出装置，如此循环运行，直到停止运行。

为了进一步提高可编程逻辑控制器的可靠性，对大型可编程逻辑控制器还采用双
CPU 构成冗余系统，或采用三 CPU 的表决式系统。这样即使某个 CPU 出现故障，整
个系统仍能正常运行。

3. 存储器

PLC 的内部存储器有两类：一类是系统程序存储器，主要存放系统管理和监控程
序，以及对用户程序作编译处理的程序，系统程序已由厂家固定，用户不能更改；另
一类是用户程序存储器，主要存放用户编制的应用程序及各种暂存数据和中间结果。

4. 输入/输出接口电路

现场输入接口电路由光耦合电路和计算机的输入接口电路集成，是可编程逻辑控
制器与现场控制的接口界面的输入通道，将按钮、行程开关或传感器等产生的信号转
换成数字信号送入主机。

现场输出接口电路由输出数据寄存器、选通电路和中断请求电路集成，向现场的
执行部件输出相应的控制信号。将主机向外输出的信号转换成可以驱动外部执行电路
的信号，以便控制接触器线圈等电器通断电；另外输出电路也使计算机与外部强电
隔离。

5. 功能模块

计数、定位等为功能模块。

6. 通信模块

PLC 具有通信联网的功能，它使 PLC 与 PLC 之间、PLC 与上位计算机以及其他
智能设备之间能够交换信息，形成一个统一的整体，实现分散集中控制。多数 PLC 具
有 RS-232 接口，还有一些内置有支持各自通信协议的接口。

7. PLC 系统的其他设备

（1）编程设备：编程器是 PLC 开发应用、监测运行、检查维护不可
缺少的器件，用于编程、对系统做一些设定、监控 PLC 及 PLC 所控制
的系统的工作状况，但它不直接参与现场控制运行。小编程器 PLC 一般
有手持型编程器，目前一般由计算机（运行编程软件）充当编程器，手
持式编辑器如图 6-19 所示。

（2）人机界面：最简单的人机界面是指示灯和按钮，目前液晶屏
（或触摸屏）式的一体式操作员终端应用越来越广泛，由计算机（运行
组态软件）充当人机界面非常普及。

（3）输入输出设备：用于永久性地存储用户数据，如 EPROM、EE-
PROM 写入器，条码阅读器，输入模拟量的电位器，打印机等。

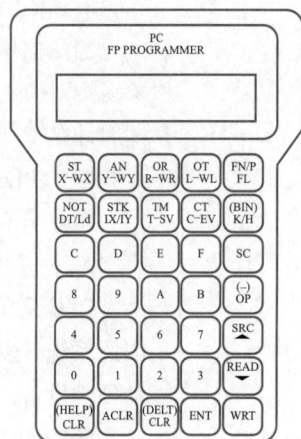

图 6-19　手持式编程器

三、PLC 的工作原理

当 PLC 投入运行后，其工作过程一般分为三个阶段，即输入采样、用户程序执行和输出刷新三个阶段。完成上述三个阶段称作一个扫描周期。在整个运行期间，PLC 的 CPU 以一定的扫描速度重复执行上述三个阶段。

1. 输入采样阶段

在输入采样阶段，PLC 以扫描方式依次地读入所有输入状态和数据，并将它们存入 I/O 映象区中的相应的单元内。输入采样结束后，转入用户程序执行和输出刷新阶段。在这两个阶段中，即使输入状态和数据发生变化，I/O 映象区中的相应单元的状态和数据也不会改变。因此，如果输入是脉冲信号，则该脉冲信号的宽度必须大于一个扫描周期，才能保证在任何情况下，该输入均能被读入。

2. 用户程序执行阶段

在用户程序执行阶段，PLC 总是按由上而下的顺序依次地扫描用户程序（梯形图）。在扫描每一条梯形图时，又总是先扫描梯形图左边的由各触点构成的控制线路，并按先左后右、先上后下的顺序对由触点构成的控制线路进行逻辑运算，然后根据逻辑运算的结果，刷新该逻辑线圈在系统 RAM 存储区中对应位的状态；或者刷新该输出线圈在 I/O 映象区中对应位的状态；或者确定是否要执行该梯形图所规定的特殊功能指令。

在用户程序执行过程中，只有输入点在 I/O 映象区内的状态和数据不会发生变化，其他输出点和软设备在 I/O 映象区或系统 RAM 存储区内的状态和数据都有可能发生变化，而且排在上面的梯形图，其程序执行结果会对排在下面的凡是用到这些线圈或数据的梯形图起作用；相反，排在下面的梯形图，其被刷新的逻辑线圈的状态或数据只能到下一个扫描周期才能对排在其上面的程序起作用。

在程序执行的过程中如果使用立即 I/O 指令则可以直接存取 I/O 点，即使用 I/O 指令时，输入过程影像寄存器的值不会被更新，程序直接从 I/O 模块取值，输出过程影像寄存器会被立即更新，这跟立即输入有些区别。

3. 输出刷新阶段

当扫描用户程序结束后，PLC 就进入输出刷新阶段。在此期间，CPU 按照 I/O 映象区内对应的状态和数据刷新所有的输出锁存电路，再经输出电路驱动相应的外设，这时才是 PLC 的真正输出。

四、PLC 的功能特点

PLC 具有以下鲜明的特点。

1. 使用方便，编程简单

PLC 采用简明的梯形图、逻辑图或语句表等编程语言，而无需计算机专业知识，因此系统开发周期短，现场调试容易。另外还可在线修改程序，改变控制方案而不拆动硬件设备。

2. 功能强，性能价格比高

一台小型 PLC 内有成百上千个可供用户使用的编程元件，有很强的功能，可以实现非常复杂的控制功能。它与相同功能的继电器系统相比，具有很高的性能价格比。

PLC 可以通过通信联网，实现分散控制、集中管理。

3. 硬件配套齐全，用户使用方便，适应性强

PLC 产品已经标准化、系列化、模块化，配备有品种齐全的各种硬件装置供用户选用，用户能灵活方便地进行系统配置，组成不同功能、不同规模的系统。PLC 的安装接线也很方便，一般直接用接线端子连接外部接线即可。PLC 有较强的带负载能力，可以直接驱动一般的电磁阀和小型交流接触器。

用户确定硬件配置后，可以通过修改用户程序，方便快速地适应工艺条件的变化。

4. 可靠性高，抗干扰能力强

传统的继电器控制系统使用了大量的中间继电器、时间继电器，触点数量多，由于触点接触不良而出现故障的可能性很大。PLC 用软件代替大量的中间继电器和时间继电器，仅剩下与输入和输出有关的少量硬件元件，接线可减少到继电器控制系统的 1%～10%，因触点接触不良造成的故障率大为减少。

PLC 采取了一系列硬件和软件抗干扰措施，具有很强的抗干扰能力，平均无故障时间达到数万小时以上，可以直接用于有强烈干扰的工业生产现场。目前 PLC 已被广大用户公认为最可靠的工业控制设备之一。

5. 系统的设计、安装、调试工作量少

PLC 用软件功能取代了继电器控制系统中大量的中间继电器、时间继电器、计数器等器件，使控制柜的设计、安装、接线工作量大大减少。

PLC 的梯形图程序一般采用顺序控制设计法来设计。这种编程方法很有规律，也容易掌握。对于复杂的控制系统，设计梯形图的时间比设计相同功能的继电器系统电路图的时间要少得多。

PLC 的用户程序可以在实验室模拟调试，输入信号用小开关来模拟，通过 PLC 上的发光二极管可观察输出信号的状态。完成了系统的安装和接线后，在现场的统调过程中发现的问题一般通过修改程序就可以解决，系统的调试时间比继电器系统少得多。

6. 维修工作量小，维修方便

PLC 的故障率很低，且有完善的自诊断和显示功能。PLC 或外部的输入装置和执行机构发生故障时，可以根据 PLC 上的发光二极管或编程器提供的信息迅速地查明故障的原因，用更换模块的方法可以迅速地排除故障。

五、PLC 的型号选择

PLC 产品的种类繁多，不同的类型对应着其结构形式、性能、容量、指令系统、编程方式、价格等均各不相同，适用的场合也各有侧重。因此合理选用 PLC 类型，对于提高 PLC 控制系统的技术经济指标有着重要的意义。

PLC 的选择主要应从 PLC 的机型、容量、I/O 模块、电源模块、特殊功能模块、通信联网能力等方面加以综合考虑。PLC 机型选择的基本原则是在满足功能要求及保证可靠、维护方便的前提下，力争最佳的性能价格比。选择时应主要考虑到合理的结构型式、合适的安装方式、相应的功能要求、响应的速度要求、系统的可靠性要求、机型尽量统一等多方面因素。

1. 合理的结构型式

PLC 主要有整体式和模块式两种结构型式。

整体式 PLC 的每一个 I/O 点的平均价格比模块式的便宜，且体积相对较小，一般用于系统工艺过程较为固定的小型控制系统中；而模块式 PLC 的功能扩展灵活方便，在 I/O 点数、输入点数与输出点数的比例、I/O 模块的种类等方面选择余地大，且维修方便，一般于较复杂的控制系统。

2. 安装方式的选择

PLC 系统的安装方式分为集中式、远程 I/O 式以及多台 PLC 联网的分布式。

集中式不需要设置驱动远程 I/O 硬件，系统反应快、成本低；远程 I/O 式适用于大型系统，系统的装置分布范围很广，远程 I/O 可以分散安装在现场装置附近，连线短，但需要增设驱动器和远程 I/O 电源；多台 PLC 联网的分布式适用于多台设备分别独立控制，又要相互联系的场合，可以选用小型 PLC，但必须要附加通信模块。

3. 相应的功能要求

一般小型（低档）PLC 具有逻辑运算、定时、计数等功能，对于只需要开关量控制的设备都可满足。

对于以开关量控制为主，带少量模拟量控制的系统，可选用能带 A/D 和 D/A 转换单元，具有加减算术运算、数据传送功能的增强型低档 PLC。对于控制较复杂，要求实现 PID 运算 、闭环控制、通信联网等功能，可视控制规模大小及复杂程度，选用中档或高档 PLC。但是中、高档 PLC 价格较贵，一般用于大规模过程控制和集散控制系统等场合。

4. 响应速度要求

PLC 是为工业自动化设计的通用控制器，不同档次 PLC 的响应速度一般都能满足其应用范围内的需要。如果要跨范围使用 PLC，或者某些功能或信号有特殊的速度要求时，则应该慎重考虑 PLC 的响应速度，可选用具有高速 I/O 处理功能的 PLC，或选用具有快速响应模块和中断输入模块的 PLC 等。

5. 系统可靠性的要求

对于一般系统，PLC 的可靠性均能满足。对可靠性要求很高的系统，应考虑是否采用冗余系统或热备用系统。

6. 机型尽量统一

一个企业应尽量做到 PLC 的机型统一。其模块可互为备用，便于备品备件的采购和管理。其功能和使用方法类似，有利于技术力量的培训和技术水平的提高。其外部设备通用，资源可共享，易于联网通信，配上位计算机后易于形成一个多级分布式控制系统。

六、 应用概况

1. 开环控制

开关量的开环控制是 PLC 的最基本控制功能。PLC 的指令系统具有强大的逻辑运算能力，很容易实现定时、计数、顺序（步进）等各种逻辑控制方式。大部分 PLC 就是用来取代传统的继电接触器控制系统。

2. 模拟量闭环

对于模拟量的闭环控制系统，除了要有开关量的输入输出外，还要有模拟量的输入输出点，以便采样输入和调节输出实现对温度、流量、压力、位移、速度等参数的连续调节与控制。目前的 PLC 不但大型、中型机具有这种功能，有些小型机也具有这种功能。

3. 数字量控制

控制系统具有旋转编码器和脉冲伺服装置（如步进电动机）时，可利用 PLC 实现接收和输出高速脉冲的功能，实现数字量控制，较为先进的 PLC 还专门开发了数字控制模块，可实现曲线插补功能，近来又推出了新型运动单元模块，还能提供数字量控制技术的编程语言，使 PLC 实现数字量控制更加简单。

4. 数据采集监控

由于 PLC 主要用于现场控制，所以采集现场数据是十分必要的功能，在此基础上将 PLC 与上位计算机或触摸屏相连接，既可以观察这些数据的当前值，又能及时进行统计分析，有的 PLC 具有数据记录单元，可以用一般个人电脑的存储卡插入到该单元中保存采集到的数据。PLC 的另一个特点是自检信号多。利用这个特点，PLC 控制系统可以实现自诊断式监控，减少系统的故障，提高系统的可靠性。

例如，台达 DVP 系列 PLC 在新型环锭细纱机上的应用。整个控制系统采用了一套台达 DVP14SS11R 控制单元（PLC 主机），配 DVP16SP11R 扩展模块（16 点 I/O 扩展），来组成 40 点 PLC 控制部分，采用一块 DVP02DA-S（2 路模拟量输出模块）分别控制主变频和升降变频驱动，同时采用台达 TP04-AS2 文本显示屏进行系统外部输入与纺纱数据的监控，使用台达 VFD-B-P 系列变频器控制主传动电机和钢领板电机。从整体控制方案的应用效果来看，实现了生产速度和工作效率的有效提高。

习 题

在线测试

自测与练习6

6.1　为什么热继电器不能用作短路保护？为什么在三相主电路中只用两个（当然用三个也可以）热元件就可以保护电动机？

6.2　什么是欠电压保护？用闸刀开关起动和停止电动机时有无零压保护？

6.3　说明接触器的三个主触头连接在电路的哪个部分？辅助动合触头起自锁作用时连接在电路哪里？辅助动断触头起互锁作用时连接在电路哪个部分？其线圈呢？

6.4　试画出能在两处用按钮起动和停止电动机的控制电路。

6.5　在 220V 的控制电路中，能否将两个 110V 的继电器线圈串联使用？

6.6　图 6-20 所示为两台笼型三相异步电动机同时起停和单独起停的单向运行控制电路：

（1）说明各文字符号所表示的元器件名称及作用；

（2）简述同时起停的工作过程。

6.7　试设计两台电动机顺序控制电路：M1 起动后 M2 才能起动；M2 停转后 M1 才能停转。

6.8　列出几种你所知道的可编程控制器及其主要性能。

6.9　可编程控制器硬件由哪几部分组成？各有什么作用？

6.10　查阅资料，了解我国可编程控制器的发展趋势。

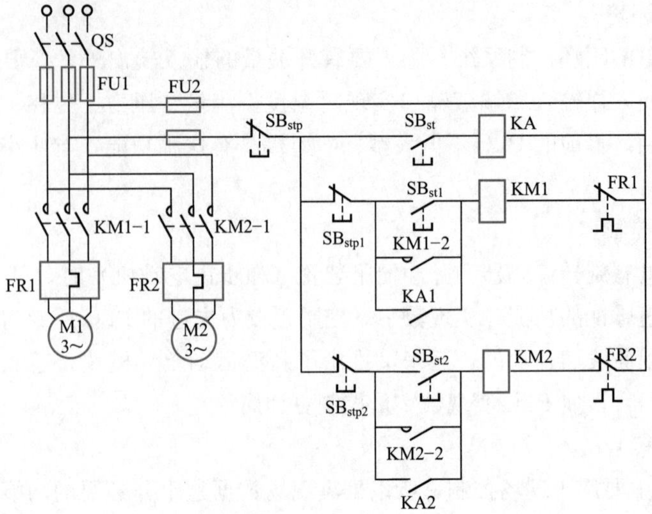

图 6-20　习题 6.6 的图

第七章　半导体二极管、半导体三极管

半导体二极管和三极管是最常用的半导体器件。它们的基本结构、工作原理、特性曲线和参数是学习电子技术和分析电子电路的基础。半导体器件的基础是 PN 结，所以本章对 PN 结的形成和电特性也做了必要的介绍。

第一节　半导体的导电特性

根据物体的导电能力不同，可以将其划分为导体、半导体和绝缘体。导电能力往往用电阻率来表示，单位是 $\Omega \cdot cm$。一般规定半导体的电阻率为 $10^{-3} \sim 10^{9} \Omega \cdot cm$。典型的半导体有硅（Si）、锗（Ge）以及砷化镓（GaAs）等。硅和锗在元素周期表上是四价元素，砷化镓则属于半导体化合物。

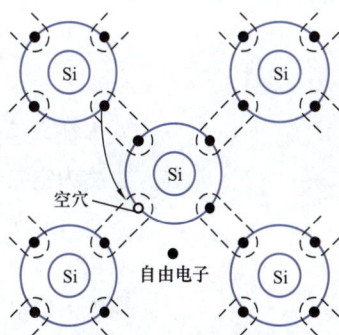

一、本征半导体

完全纯净的、具有晶体结构的锗、硅、硒，称为**本征半导体**。

晶体中原子以共价键结合，共价键中的两个电子，称为**价电子**。价电子在获得一定能量（温度升高或受光照）后，即可挣脱原子核的束缚，成为自由电子（带负电），同时共价键中留下一个空位，称为**空穴**，如图 7-1 所示。在一般情况下，原子是中性的，当价电子成为自由电子带负电后，原子显示带正电。在外电场的作用下，有空穴的原子吸引相邻原子的价电子来填补，而在相邻原子中出现一个新的空穴，其结果相当于空穴在运动。显然空穴的运动方向与价电子的运动方向相反，因此空穴运动相当于正电荷的移动。所以通常将空穴看作带正电。

所以，半导体有自由电子、空穴两种导电粒子（称为**载流子**）。当在半导体两端加上外电压时，载流子定向运动（漂移运动），在半

图 7-1　本征半导体中自由电子和空穴的形成

导体中将出现两部分电流：自由电子做定向运动形成的电子电流和仍被原子核束缚的价电子（不是自由电子）递补空穴运动形成的空穴电流。

本征半导体中的自由电子和空穴总是成对出现，同时又不断复合。在一定的温度下，载流子的产生和复合达到动态平衡，载流子的数量维持一定的数量。温度越高，晶体中产生的自由电子便越多，载流子的数目越多，半导体的导电性能也就越好，所以温度对半导体器件性能的影响很大。

二、N 型半导体和 P 型半导体

在本征半导体中掺入某些微量杂质元素，可使半导体的导电性发生显著变化。掺入的杂质主要是三价或五价元素，掺入杂质的本征半导体称为**杂质半导体**。要注意，

这里的杂质半导体是在提纯的本征半导体中掺入一定浓度的三价或五价元素而得到的，不是普通意义上的含有多种任意杂质的半导体。

在本征半导体中掺入五价杂质元素（施主杂质），例如磷，可形成 **N 型半导体**，也称电子型半导体。

因五价杂质原子中只有 4 个价电子能与周围 4 个半导体原子中的价电子形成共价键，而多余的一个价电子因无共价键束缚而很容易成为自由电子。在 N 型半导体中自由电子是多数载流子，它主要由杂质原子提供；空穴是少数载流子，由热激发形成。提供自由电子的五价杂质原子因失去了这个价电子而带正电荷，成为正离子，因此五价杂质原子也称为施主杂质。N 型半导体的结构示意图如图 7-2 所示。

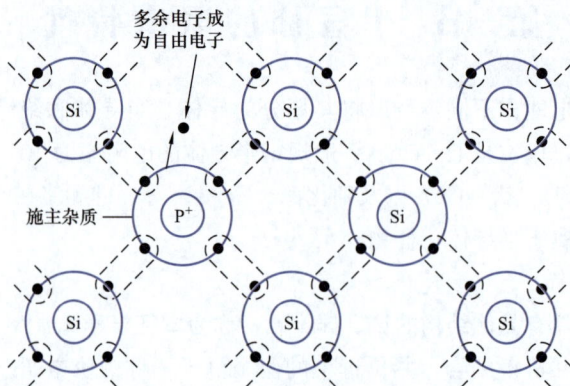

图 7-2　N 型半导体的结构示意图

在本征半导体中掺入三价杂质元素（受主杂质），如硼、镓、铟等形成了 **P 型半导体**，也称为空穴型半导体。

因三价杂质原子在与硅原子形成共价键时，缺少一个价电子而在共价键中留下了一个空位。这个空位很容易从邻近的硅原子中俘获价电子，从而使杂质原子成为负离子，而失去价电子的硅原子则出现一个空穴。P 型半导体中空穴是多数载流子，其数量主要由掺杂的浓度确定；电子是少数载流子，由热激发形成。三价杂质也称为受主杂质。P 型半导体的结构示意图如图 7-3 所示。

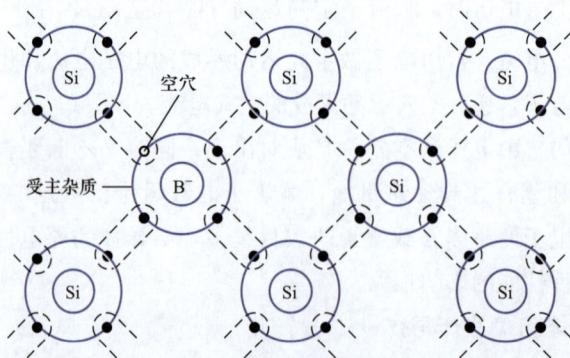

图 7-3　P 型半导体的结构示意图

掺入杂质对本征半导体的导电性有很大的影响，因为多数载流子是由掺入的杂质的浓度决定的。一些典型的数据如下：

(1) $T=23℃$ 的室温下，本征硅的原子浓度为 $4.96×10^{22}/cm^3$；

(2) 本征硅的电子和空穴浓度为 $n=p=1.4×10^{10}/cm^3$；

(3) 掺杂后，N型半导体中的自由电子浓度为 $n=5×10^{16}/cm^3$。

这三个数据为基本上各相差 6 个数量级（100 万倍）。这些数据中，本征硅的电子和空穴浓度相当于少数载流子的浓度，掺杂后，N型半导体中的自由电子浓度相当于多数载流子的浓度，由此可以看出掺杂对半导体的导电性影响很大。

温度对半导体的导电性能也有很大的影响，以上给出的本征硅原子浓度等 3 个数据都是在一定温度条件下（$T=23℃$）得出的。当温度升高时，半导体的导电性将迅速提高。在使用半导体制成的半导体器件时，必须注意温度的影响，或限制半导体器件的温度不超过一定值。

三、PN 结及其单向导电性

1. PN 结的形成

将一块 P 型半导体和 N 型半导体紧密连接在一起，P 型半导体和 N 型半导体交界面的特殊薄层称作 PN 结。此时 N 型半导体中的多数载流子电子的浓度远大于 P 型半导体中少数载流子电子的浓度；P 型半导体中多数载流子空穴的浓度远大于 N 型半导体中少数载流子空穴的浓度。于是在两种半导体的界面上会因浓度差发生载流子的扩散运动，随着扩散运动的进行，在 N 型和 P 型半导体界面的 N 型区一侧会形成正离子薄层；在 P 型区一侧会形成负离子薄层。这种离子薄层会形成一个电场，方向是从 N 区指向 P 区，称为内电场，如图 7-4 所示。

2. PN 结的单向导电性

当对 PN 结加正向电压（正向偏置），即电源正极接 P 区、负极接 N 区时，如图 7-5 (a) 所示。外加的正向电压有一部分降落在 PN 结区，方向与 PN 结内电场方向相反，削弱了内电场。P 区的多数载流子空穴和 N 区的多数载流子自由电子在电场的作用下通过 PN 结进入对方，两者形成较大的正向电流。此时 PN 结呈现低电阻，处于导通状态。

当对 PN 结加反向电压（反向偏置），即电源负极接 P 区、正极接 N 区时，如图 7-5 (b) 所示。外加的反向电压有一部分降落在 PN 结区，方向与 PN 结内电场方向相同，加强了内电场。P 区的多数载流子空穴和 N 区的多数载流子自由电子受阻难以通过 PN

视频
PN结的单向导电性

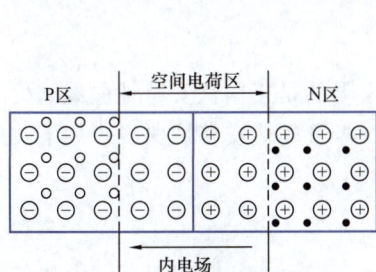

图 7-4 PN 结的形成过程

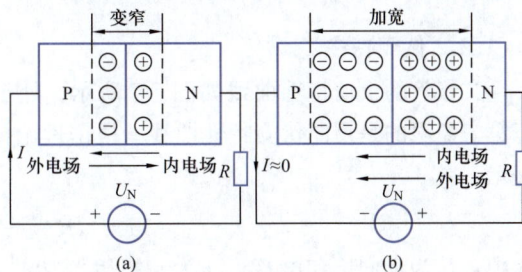

图 7-5 PN 结的单向导电性

(a) PN 结加正向电压；(b) PN 结加反向电压

结。但 P 区的少数载流子自由电子和 N 区的少数载流子空穴在电场的作用下通过 PN 结进入对方，形成反向电流。由于少数载流子很少，因此反向电流极小。此时 PN 结呈现高阻态，处于截止状态。

由此可以得出结论，**PN 结具有单向导电性**。PN 结是各种半导体共同的基础。

第二节 二 极 管

一、基本结构

将 PN 结加上相应的电极引线和管壳，就成为一个二极管。二极管的结构有点接触型、面接触型和平面型三大类。**点接触型二极管**（一般为锗管）如图 7-6（a）所示。它的 PN 结结面积很小，不能通过较大电流，但其高频性能很好，一般适用于高频和小功率的工作场合，也常用作数字电路中的开关元件。**面接触型二极管**（一般为硅管）如图 7-6（b）所示。它的 PN 结结面积很大，可通过较大电流，但其工作频率较低，一般用作整流。**平面型二极管**如图 7-6（c）所示，可用作大功率整流管和数字电路中的开关管。图 7-6（d）是二极管的表示符号。

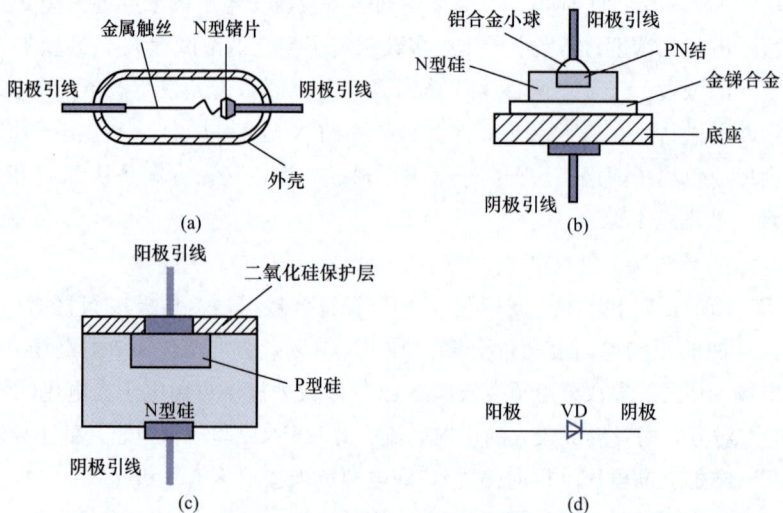

图 7-6 二极管类型及符号

（a）点接触型；（b）面接触型；（c）平面型；（d）图形符号

二、伏安特性

二极管的伏安特性曲线如图 7-7 所示。处于第一象限的是正向伏安特性曲线，处于第三象限的是反向伏安特性曲线。根据理论推导，二极管的伏安特性曲线可用下式表示

$$I = I_s(e^{\frac{U}{U_T}} - 1) \tag{7-1}$$

式中：I_s 为反向饱和电流；U 为二极管两端的电压降；$U_T = kT/q$ 称为温度的电压当量；k 为玻耳兹曼常数；q 为电子电荷量；T 为热力学温度。

对于室温（相当于 $T = 300K$），有 $U_T = 26mV$。

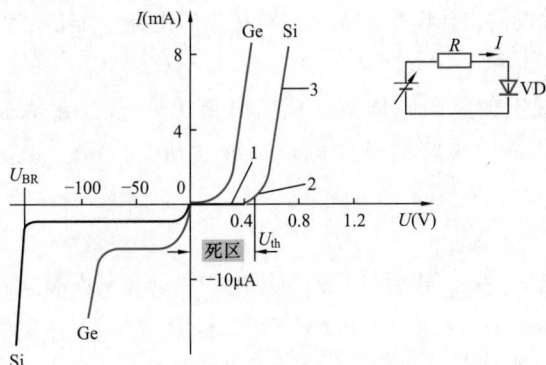

图 7-7　二极管的伏安特性曲线

1. 正向特性

当 $U>0$ 时，即处于正向特性区域。正向区又分为以下三段：

第一段，当 $0<U<U_{th}$ 时，正向电流为零，U_{th} 称为**死区电压**或**开启电压**。

第二段，当 $U>U_{th}$，且 U 较小时，开始出现正向电流，并按指数规律增长，如图 7-7 中的曲线的第 2 段。

第三段，当 $U>U_{th}$，且 U 较大时，正向电流增长很快，且正向电压随正向电流增长而增长很小，对应在图 7-7 中正向曲线很陡的第 3 段。

硅二极管的死区电压 $U_{th} \approx 0.4V$，锗二极管的死区电压 $U_{th} \approx 0.1V$。

正向特性曲线第 3 段对应的正向电压可以认为基本不变，对于硅二极管的正向电压 $U_D \approx 0.6 \sim 0.8V$，锗二极管的正向电压 $U_D \approx 0.2 \sim 0.3V$。

2. 反向特性

当 $U<0$ 时，即处于反向特性区域。反向区分为以下两个区域。

当 $U_{BR}<U<0$ 时，反向电流很小，且基本不随反向电压的变化而变化，此时的反向电流也称**反向饱和电流** I_S。

当 $U \leqslant U_{BR}$ 时，反向电流急剧增加，U_{BR} 称为**反向击穿电压**（breakdown voltage）。

在反向区，硅二极管和锗二极管的特性有所不同。硅二极管的反向击穿特性比较硬、比较陡，反向饱和电流也很小；锗二极管的反向击穿特性比较软，过渡比较圆滑，反向饱和电流较大。

三、二极管的参数

二极管的参数包括最大整流电流 I_F、反向击穿电压 U_{BR}、最大反向工作电压 U_{RM}、反向电流 I_R、最高工作频率 f_{max} 和结电容 C_j 等。

1. 最大整流电流 I_F

最大整流电流 I_F 是指二极管长期连续工作时，允许通过二极管的最大整流电流的平均值。当超过允许值时，将由于 PN 结过热而使管子损坏。面接触型二极管的最大整流电流较大，可达几百毫安。

2. 反向击穿电压 U_{BR} 和最大反向工作电压 U_{RM}

二极管反向电流急剧增加时对应的反向电压值称为反向击穿电压 U_{BR}。为了安全，在实际工作时，最大反向工作电压 U_{RM} 一般只按反向击穿电压 U_{BR} 的 1/2 计算。

3. 反向电流 I_R

在室温下，在规定的反向电压下，反向电流 I_R 一般是最大反向工作电压下的反向电流值。小功率硅二极管的反向电流一般在纳安（nA）级；锗二极管在微安（μA）级。

4. 正向压降 U_F

在规定的正向电流下，二极管的正向电压降为正向压降 U_F。小电流硅二极管的正向压降在中等电流水平下，为 $0.6 \sim 0.8V$；锗二极管为 $0.2 \sim 0.3V$。大功率的硅二极管的正向压降往往达到 1V。

5. 动态电阻 r_d

动态电阻 r_d 反映了二极管正向特性曲线斜率的倒数。显然，r_d 与正向电流的大小有关，也就是求正向曲线上某一点 Q 的动态电阻。所以动态电阻是一个交流参数，前几个是直流参数，或称为静态参数。动态电阻的定义如下

$$r_d = \frac{\Delta U_F}{\Delta I_F}\bigg|_Q \tag{7-2}$$

6. 正向压降温度系数 α_{UD}

正向压降温度系数 α_{UD} 反映了二极管正向压降随温度变化的规律，具有负温度系数。不论是锗管还是硅管，α_{UD} 基本上是一个常数

$$\alpha_{UD} \approx -(1.9 \sim 2.5) \quad mV/℃ \tag{7-3}$$

所以，二极管的正向特性曲线在温度升高时，会向 Y 轴移动，若正向特性曲线画在第一象限，则曲线向左移动。

四、稳压二极管

稳压二极管是一种特殊的面接触型半导体硅二极管。它的电路符号和相应的伏安特性如图 7-8 所示，与普通二极管类似。稳压二极管正常使用时外加反向电压，工作在反向击穿区，电流变化很大，但其两端电压变化很小，利用此特性，稳压二极管在电路中可起稳压作用，故简称为**稳压管**。稳压管的参数如下。

（1）稳压电压 U_Z。稳定电压表示在规定电流 I_Z 时稳压管两端的电压。

（2）最小稳定电压 U_{Zmin}。保证稳压管可靠击穿所允许的最小反向电压。当 $U_Z < U_{Zmin}$ 时，稳压管将不再稳压。

（3）最大稳定电流 I_{ZM}。保证稳压管安全工作所允许的最大反向电流。当 $I_Z > I_{ZM}$ 时，加到 PN 结上的功率将使 PN 结过热而烧毁。

（4）最大允许耗散功率 P_{ZM}。管子不至于发生热击穿的最大功率损耗，$P_{ZM} = U_Z I_{ZM}$。

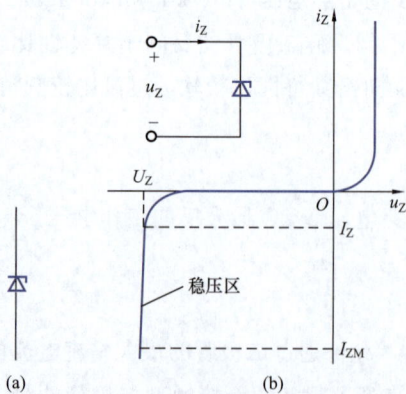

图 7-8　稳压管的电路符号和
相应的伏安特性曲线
（a）符号；（b）伏安特性曲线

视 频
二极管和三极管

第三节 三 极 管

三极管又称晶体管，是最重要的一种半导体器件。它的放大作用和开关作用使电子技术飞跃发展。三极管的特性是通过特性曲线和工作参数来分析研究的。但是为了更好地理解和熟悉三极管的外部特性，首先简单介绍三极管内部结构和载流子的运动规律。

一、三极管的基本结构和符号

三极管的结构，目前最常见的有平面型和合金型两类。硅管主要是平面型，锗管都是合金型。常见的三极管外形如图7-9所示。

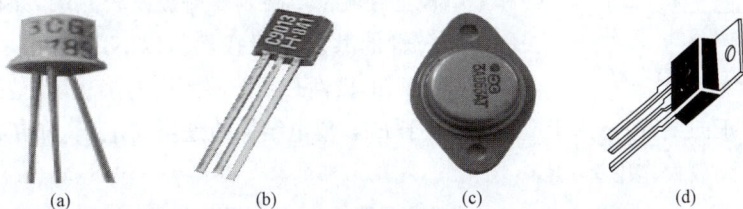

图 7-9　常见三极管的外形图

（a）金属封装；（b）塑料封装；（c）大功率管；（d）中功率管

三极管是通过一定工艺，将两个 PN 结结合在一起的器件，由于两个 PN 结之间的相互影响，使三极管表现出电流放大作用，从而使 PN 结的应用发生质的变化。三极管的种类很多，从不同的角度分有大、中、小功率管，高频、低频管，硅管、锗管等。

微 课
科学家小故事
杰克·基尔比

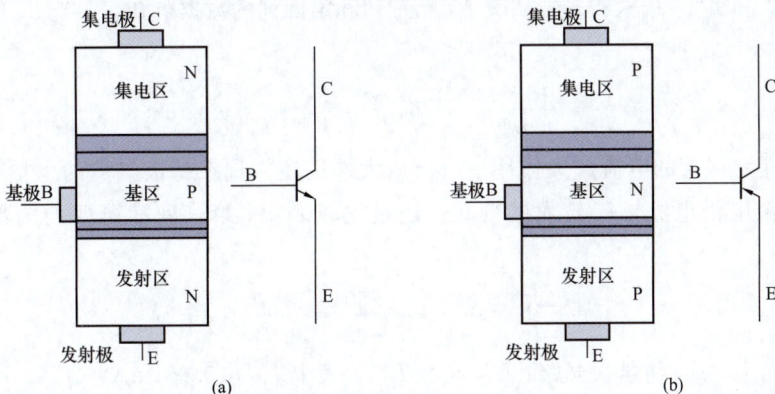

从结构看，三极管有 PNP 型和 NPN 型两种，图 7-10 所示为 NPN 和 PNP 三极管的示意图。两个 PN 结是由三层半导体制成，这两个 PN 结分别叫作**集电结**和**发射结**；每层半导体上各接出一根引线作为电极，分别叫作集电极 C、基极 B、发射极 E；对应的各层称为集电区、基区和发射区。虽然集电区和发射区是同样类型的半导体，但是发射区比集电区掺杂浓度高，集电区的面积比发射区大，它们并不是对称的。以 NPN

图 7-10　三极管示意图和表示符号

（a）NPN 型三极管；（b）PNP 型三极管

型三极管为例，三极管的特点是：发射区为 N 型半导体，其掺杂数量比集电区要多得多，造成多数载流子（电子）浓度很高；基区为 P 型半导体，在制作时，基区几何厚度被做得很薄而且掺杂浓度很低，使得多数载流子（空穴）绝对数值较少；集电区也为 N 型半导体，但掺杂浓度低，造成集电区的多数载流子（电子）绝对数值较少。

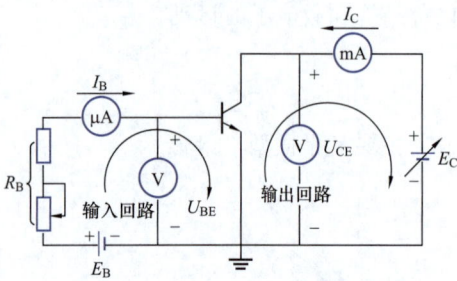

图 7-11　三极管电流放大的实验电路

NPN 三极管和 PNP 型三极管的工作原理类相似，仅在使用时电源极性连接不同而已。

二、三极管的电流分配和放大原理

为了了解三极管的放大原理和其中电流的分配，先做一个实验，实验电路如图 7-11 所示。把三极管接成基极电路和集电极电路两个电路。发射极是公共端，因此这种接法称为三极管的**共发射极**接法。以 NPN 型三极管为例，电源 E_B 和 E_C 的极性必须按照图中的接法，使发射结上加正向电压（正向偏置），由于电源 E_C 大于 E_B，集电结加的是反向电压（反向偏置）三极管才能起到放大作用。

设 $E_C = 6V$，可改变电阻，R_B 则基极电流 I_B，集电极电流 I_C 和发射极电流 I_E 都发生变化。电流方向如图中所示。测量结果列于表 7-1 中。

表 7-1　　　　　　　　　　　三极管电流测量数据

I_B（mA）	0	0.02	0.04	0.06	0.08	0.10
I_C（mA）	<0.001	0.70	1.50	2.30	3.11	3.95
I_E（mA）	<0.001	0.72	1.55	2.36	3.18	4.06

由此实验及测量结果可得出如下结论。

（1）观察实验数据的每一列，可得

$$I_B + I_C \approx I_E$$

此结果符合基尔霍夫电流定律。

（2）I_C 和 I_E 比 I_B 大得多。从表 7-1 第三列和第四列的数据可知，I_C 与 I_B 的比值分别为

$$\bar{\beta} = \frac{I_C}{I_B} = \frac{1.50}{0.04} = 37.5 , \ \bar{\beta} = \frac{I_C}{I_B} = \frac{2.30}{0.06} = 38.3$$

这就是三极管的电流放大作用。电流放大作用还体现在基极电流的少量变化 ΔI_B 可以引起集电极电流 ΔI_C 较大的变化。还是比较表 7-1 第三列和第四列的数据，可得出

$$\beta = \frac{\Delta I_C}{\Delta I_B} = \frac{2.30 - 1.50}{0.06 - 0.04} = \frac{0.80}{0.02} = 40$$

（3）当 $I_B = 0$（将基极开路）时，$I_C = I_{CEO}$，表中 $I_{CEO} < 0.001mA = 1\mu A$。

（4）要使三极管起放大作用，发射结必须正向偏置，而集电结必须反向偏置。

下面用载流子在三极管内部的运动规律来解释上述结论。

以 NPN 型三极管为例，当发射结加正向电压（即正向偏置）、集电结加反向电压（反向偏置）时（见图 7-12），三极管内的载流子运动过程如下。

1. 发射区向基区注入电子

当发射结处于正向偏置时，发射区的多数载流子电子不断地通过发射结向基区扩散。载流子从浓度高的地方向低的地区运动叫作**扩散运动**。扩散运动形成发射极电流 I_E，其方向与电子运动方向相反。同时，基区的空穴也要扩散到发射区，但由于发射区的杂质浓度比基区高很多，因此这部分空穴电流与电子电流相比可忽略不计。发射极电流 I_E 的大小要看在外部电压 E_B 的作用下，PN 结（几何厚度）被削弱到什么程度，即涌入基区的电子数量要受到外部电压 U_{BE} 的控制。实际上，U_{BE} 很小的变化就会引起涌入基区的电子数量很大的变化，表现出较高的控制灵敏度。

图 7-12　三极管偏置电路连线图

2. 基区中电子的扩散与复合

发射区的电子大量地注入基区后，在基区靠近发射结的边界积累起来，在基区中形成一定的浓度梯度，因此电子要向集电结的方向扩散。在扩散过程中，电子又会和基区中的空穴相遇复合。同时，接在基区的电源 E_B 的正端不断地从基区拉走电子，好像不断供给基区空穴。电子复合的数目与电源从基区拉走的电子数目相等，使基区的空穴浓度基本保持不变。这样就形成基极电流 I_B，所以基极电流就是电子与空穴复合的电流。复合越多，到达集电结的电子就越少，对放大是不利的，因此，为了减少复合，常把基区做得很薄，并使基区掺杂的浓度很低。这样，电子在扩散过程中与空穴复合的数目很少，大部分的电子都通过基区，到达集电结。

3. 集电区收集扩散过来的电子

由于集电结两端施加的偏置电压为反向偏置，即集电极的电位比基极电位高，U_{BC} 为负，反向偏置使得 PN 结内电场不但未被削弱，反而得到了加强（几何上表现为 PN 结的几何的厚度增加，同时向两侧扩张），其电场方向是从 N 区指向 P 区。这个电场使集电结两边电荷的扩散运动不能进行。但是由于电场强度的增强，载流子的漂移运动（载流子在电场作用下的运动叫作**漂移运动**）却可以进行。因此从基区扩散到集电结边缘的电子在较强的反向内电场的作用下，漂移过集电结，为集电结所收集，形成集电极电流 I_C。

在 U_{BE} 一定的情况下，从发射区经发射结扩散到基区的电子或空穴数目一定，随着集电结电场的增强，吸引到集电区（通过集电结）的电子也越来越多，集电极电流也越来越大。但是，随着集电结的电场几何尺寸（或厚度）的继续扩张，集电结到发射结之间的基区有效宽度也在继续变小（或窄），使得扩散到基区的电子几乎全部被吸引到了集电区。此时，电场再增强，集电极电流就不再增加了，集电极电流开始出现恒流现象。这种集电极电流的变化又称**调制效应**。

另外，根据反向 PN 结的特性，当集电结加反向电压时，基区中的少数载流子电子和集电区中少数载流子空穴在结电场的作用下形成反向漂移电流，这部分电流取决

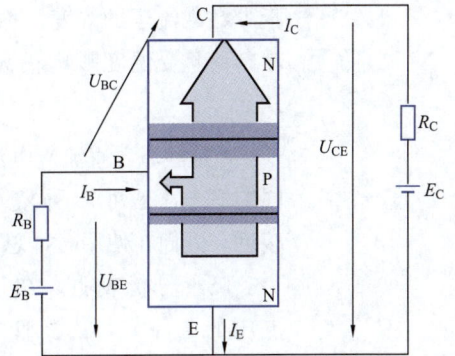

于少数载流子的浓度，称为反向饱和电流 I_{CBO}。I_{CBO} 的数值是很小的，对放大没有贡献，而且受温度影响很大，容易使三极管工作不稳定，在制造过程中要尽量减小 I_{CBO}。

$\bar{\beta}$ 是静态（直流）电流放大系数；β 是动态（交流）电流放大系数。它们是两个不同的概念，是两个不同意义上的参数。但是，由于这两个系数的数值的大小通常比较接近，人们在使用时，总是用 β 来代替 $\bar{\beta}$。

以上分析表明，在三极管的发射结承受正向偏置电压，集电结承受反向偏置电压的条件下，三极管中的电流存在着这样的电流分配关系：集电极电流是基极电流的 β 倍。这说明三极管具有电流放大作用，输入很小的基流 I_B（μA），在集电极就会有较大的集电极电流 I_C（mA）。图 7-13 表示了三极管中电流的分配和放大关系。

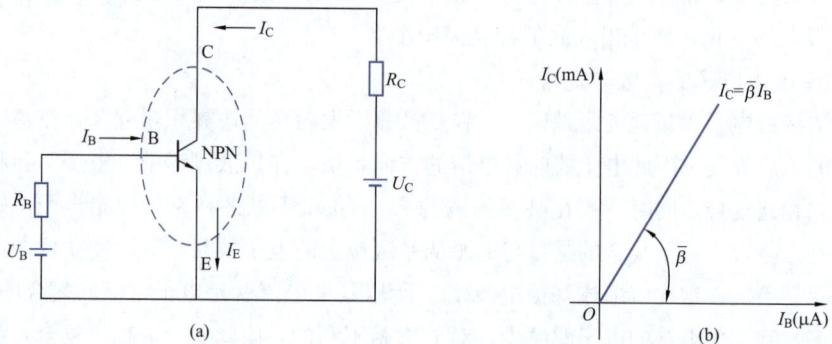

图 7-13　三极管中电流的分配和放大关系图

（a）电流关系图；（b）I_C 与 I_B 电流关系图

通过三极管能够实现用较小的基极电流控制较大的集电极电流；用较小的基极电流的微小变化控制集电极电流产生较大的、与其相应一致的变化。即实现了小电流对大电流的控制作用，称为电流放大作用，简称放大，又称控制。

三、三极管的输入、输出特性

1. 输入特性曲线的描述与分析

通过前面的分析知道，半导体三极管的基极电流 I_B 既受电压 U_{BE} 的控制、温度 T 高低的影响，同时又受 U_{CE} 大小的影响，是电压 U_{BE}、U_{CE} 的以及温度 T 的三元函数，即

$$I_B = f(U_{BE}, U_{CE}, T) \tag{7-4}$$

三极管的输入特性是指当集电极与发射极之间的电压 U_{CE} 为某一常数时，输入回路中基极静态电流 I_B 与发射结两端的静态电压 U_{BE} 之间的关系特性，即

$$I_B = f(U_{BE})\big|_{U_{CE}=C} \tag{7-5}$$

通过逐点描绘，可得到三极管在 U_{CE} 为某一定值时的输入特性曲线和在 U_{CE} 为不同值时的一簇输入特性曲线，特性曲线如图 7-14 所示。

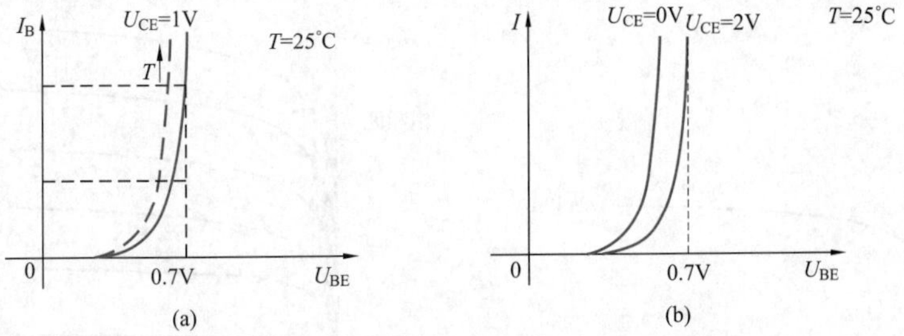

图 7-14　输入特性曲线

(a) U_{BE} 变化后的恒压特性；(b) U_{CE} 变化的输入特性曲线

当 $U_{CE}=C$，$T=25℃$ 时，或 $\Delta U_{CE}=0$，$\Delta T=0$ 时，随着 U_{BE} 的正向增长，三极管逐渐导通，在 $U_{BE}=0.7V$ 时，达到完全导通。达到完全导通的特征如下。

(1) U_{BE} 只要变化一点点，基极电流就变化很大，呈现出恒压特性，如图 7-14 (a) 所示。

(2) 不同材料的三极管，完全导通时的发射结电压降也不同，硅管 $U_{BE}=0.6\sim0.7V$，而锗管 $U_{BE}=0.1\sim0.3V$。但是无论是什么材料的三极管，也无论 U_{BE} 的值是多少，U_{BE} 可以看作是一个定值或常数，因此在分析放大电路时，U_{BE} 的值可以根据不同材料的三极管进行假设。

当 U_{CE} 取不同值时，可得到一簇输入特性曲线。特性曲线的几何表现为随着 U_{CE} 电压的增加，特性曲线向右移，如图 7-14 (b) 所示。其实，在 $U_{CE}>1V$ 后，特性向右移动就不明显了，基本上是重合的。

同样，当温度 T 升高时，输入特性也会向左上方移动，见图 7-14 (a) 中的虚线。

因此在查三极管手册时，在手册中所看到的输入特性曲线都是在特定的测试条件下的特性曲线，这一点应当注意。

三极管的输入特性曲线是一条非线性曲线。发射结两端的电压 U_{BE} 与基极电流 I_B 的关系随着曲线上的点的位置不同而不同。因此，要确定一个合适的电压和电流，等价于在特性曲线上确定一个合适的点，这个点称为三极管的**静态工作点**，通常用 Q 来表示。

2. 输出特性曲线的描述与分析

三极管的输出特性是指在基极电流 I_B 一定的情况下，三极管输出回路（此处指集电极回路）中的集电极电流 I_C 与集电极和发射极之间的电压 U_{CE} 之间的关系特性，即

$$I_C = f(U_{CE})\,|_{I_B=C} \tag{7-6}$$

但是事实上，集电极电流 I_C 也同样是一个三元函数，是 I_B 和 U_{CE} 电压，以及温度 T 的函数，即

$$I_C = f(I_B, U_{CE}, T) \tag{7-7}$$

当电流 I_B 和温度为某一定值时，输出特性曲线为一根特性曲线，如图 7-15 (a) 所示。

输出特性表明，当电流 I_B 和温度 T 为一定值时，意味着单位时间内注入基区的电子数目也一定。在这种条件下，在 U_{CE} 由小到大的正向增长的过程中，以临界饱和电压 U_{CES} 为界，特性曲线大致可以分为两个阶段。

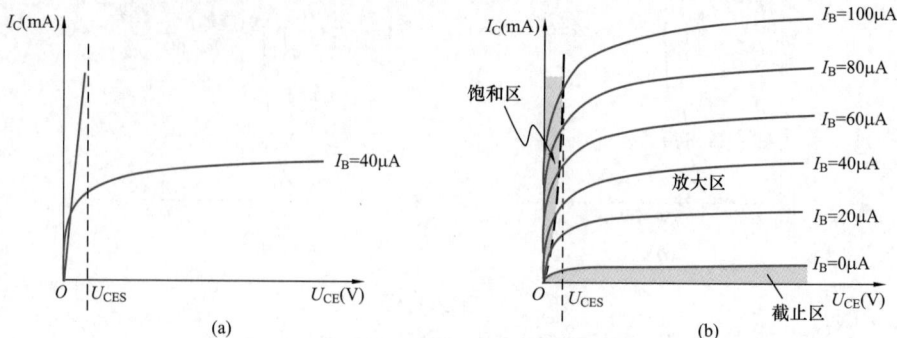

图 7-15　三极管输出特性曲线

（a）电流 I_B 为某特定值时；（b）电流 I_B 为不同值时

（1）输出特性的起始部分很陡，U_{CE} 由小到大正向增长的初期，U_{CE} 略有增加，I_C 增加很快。这是由于在 U_{CE} 很小时（约 1V 以下），集电结的反向电压很小，对达到基区的电子吸引力不够，这时 I_C 受 U_{CE} 的影响很大，U_{CE} 稍有增加，从基区到集电区的电子也增加，故 I_C 随 U_{CE} 的增加而增加。

（2）当 U_{CE} 超过一定值（约 1V）后，即超过临界饱和电压 U_{CES}，特性曲线变得比较平坦。这是由于 U_{CE} 大于 1V 后，集电结的电场已经足够强，几乎所有进入基区的电子都被收集到集电区了。在这种情况下，任凭 U_{CE} 怎样增大、变化，集电极电流 I_C 也不再有明显地增加了，于是形成图 7-15（a）中所示的特性曲线。

同样，当 I_B 取不同值时，也可以得到一簇输出特性曲线，如图 7-15（b）中所示的特性曲线。为了考察三极管在不同基极电流下的工作情况，通常所说的三极管输出特性指的就是图 7-15（b）所示这一簇曲线特性。当温度上升时，图 7-15（b）中的整簇曲线会整体向上移动。

通过对输出特性曲线的进一步分析发现，随着基极电流 I_B 和集电极与发射极之间的电压 U_{CE} 的变化，三极管表现出不同的工作状态。反映到输出特性曲线上，管子不同的状态会对应输出特性曲线的不同区域和不同的点，即静态工作点 Q，而不同的点又对应着不同的电压 U_{CEQ} 与电流 I_{CQ}。

在输出特性曲线上，对应三极管的不同工作状态，可分为三个不同的区。三极管的饱和区指的是特性曲线中虚线左侧与纵轴之间的区域，或直线 $U_{CE}=U_{CES}$ 与纵轴之间的区域；放大区指的是特性曲线中虚线右侧与 $I_B=0$ 的特性曲线之间的区域；截止区指的是 $I_B=0$ 的特性曲线与横轴之间的区域。

为了使三极管具有电流放大能力，必须使三极管工作在放大区，并且工作在一个合适的点——三极管的静态工作点，即具有一个合适的电压 U_{CEQ} 与电流 I_{CQ}。

从三极管的输入特性和输出特性曲线可以看出，三极管的特性是非线性的，即三极管是一种非线性元件。

四、三极管的主要参数

三极管的参数是用来表征管子性能优劣和适应范围的，是选用三极管的依据。了解这些参数的意义对于合理使用和充分利用三极管达到设计电路的经济性和可靠性是很必要的。

1. 电流放大系数（倍数）

在图 7-11 中，直流（静态）电流放大系数（倍数）的定义是，三极管输出端的集电极直流电流 I_C 与输入端的基极直流电流 I_B 之比，即

$$\bar{\beta} = \frac{I_C}{I_B} \qquad (7\text{-}8)$$

在共射极的接法下，交流（动态）电流放大系数（倍数）的定义是，三极管输出端的集电极电流的变化量 ΔI_C 与输入端的基极电流的变化量 ΔI_B 之比，即

$$\beta = \frac{\Delta I_C}{\Delta I_B}\bigg|_{U_{CE}=C} \qquad (7\text{-}9)$$

2. 极间反向电流 I_{CBO}、I_{CEO}

极间反向电流包括以下两个电流。

（1）集电极—基极之间的反向饱和电流 I_{CBO}。指在发射极开路的情况下，集电区中的少数载流子（对 NPN 管是空穴，对 PNP 管是电子）与基区中的少数载流子（对 NPN 管是电子，对 PNP 管是空穴），在反向电场的作用下产生漂移运动所形成的反向极间电流 I_{CBO}（见图 7-14）。在一定温度下，这个电流基本上是一个常数，因此称为反向饱和电流，一般 I_{CBO} 很小，随温度增加而增加。

（2）集电极—发射极之间的反向饱和电流 I_{CEO}。指在基极开路的情况下，三极管集电极与发射极之间加上一定反向电压时的集电极电流（见图 7-16）。由于这个电流从集电区穿过基区流至发射区，所以又叫穿透电流 I_{CEO}。这个电流比 I_{CBO} 大得多，常把测量 I_{CEO} 作为判断三极管质量的重要依据，这个电流也和 I_{CBO} 一样随温度的增加而增加，希望这个电流越小越好。表现在三极管输出特性上，穿透电流 I_{CEO} 为 $I_B=0$ 时所对应的电流。

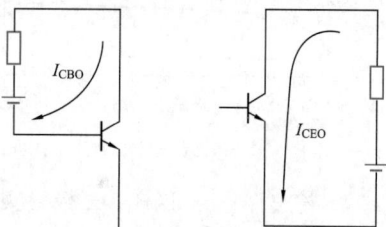

图 7-16　极间反向电流 I_{CBO}、I_{CEO}

它与集电极—基极之间的反向电流 I_{CBO} 之间的关系为

$$I_{CEO} = (1+\bar{\beta})I_{CBO} \qquad (7\text{-}10)$$

实际上，存在着穿透电流 I_{CEO} 时的三极管集电极电流为

$$I_C = \bar{\beta}I_B + I_{CEO} \qquad (7\text{-}11)$$

$$I_E = I_B + I_{CEO} + \bar{\beta}I_B = (1+\bar{\beta})I_B + I_{CEO} \qquad (7\text{-}12)$$

由于穿透电流 I_{CEO} 与 I_{CBO} 是 $(1+\bar{\beta})$ 倍的关系，因此，要想减小穿透电流 I_{CEO}，增加 I_B 对 I_C 的控制，就应减小集电极—基极之间的反向电流 I_{CBO}。

在购买三极管时，I_{CEO} 是一个重要的参考指标。穿透电流大带来的直接后果就是热噪声大。因此，在购买音响设备时，通常的挑选方法是将收音调谐偏离电台，即无电台信号时，将耳朵靠近喇叭，听喇叭中是否会有较大的沙沙声。

3. 极限参数

对于三极管，极限参数主要指最大集电极电流 I_{CM}、最大耗散功率 P_{CM} 和最大反向

击穿电压 U_{CEO}。

(1) 集电极最大允许电流 I_{CM}：指允许通过集电结的最大电流。从特性可以看出，随着 I_C 的逐渐增大，由于管子的 PN 结面积和引出线以及封装材料的限制，会引起三极管过热，导致放大倍数明显下降，性能变差，甚至烧毁。

(2) 集电极最大允许功率损耗（耗散功率）P_{CM}：表示集电结上允许损耗功率的最大值，超过此值就会使管子性能变坏或烧毁

$$P_{CM} = U_{CE} I_C \approx U_{BC} I_C \tag{7-13}$$

电源传送给三极管的全部功率几乎都消耗在三极管的集电结上了，特别是在集电结承受着大电压、大电流时更是如此。因此，集电结的功率损耗最大，几乎代表了整个管子的损耗。所以通常用集电结的功率损耗来表示三极管的功率损耗。集电结最大允许功率损耗（耗散功率）P_{CM} 还与环境温度与散热条件有关，如有较适宜的环境温度和良好的散热条件或散热器（片），允许功率损耗 P_{CM} 可适当地提高，否则就要降下来。当 P_{CM} 为一常数时，功率曲线为一条双曲线，如图 7-17 所示。

(3) 最大反向击穿电压 U_{CEO}：是当基极开路时，集电极与发射极之间的最大反向击穿电压。电压 U_{CE} 是串联地加在集电极发射极两端的，随着电压的增大，三极管的两个 PN 结会发生击穿，并导致 C-E 之间的击穿贯通，因此，必须加以限制。

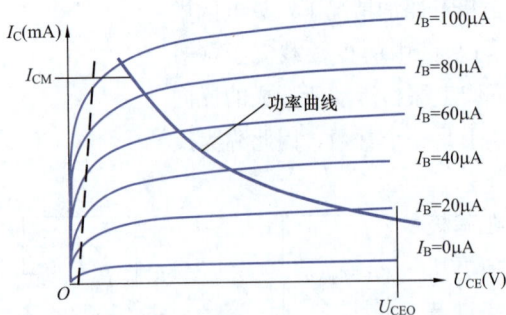

图 7-17　三极管的极限损耗曲线

这样，三极管实际能够正常放大工作的区域将受到限制。可用的范围是由 P_{CM} 曲线、直线 $U_{CE} = U_{CEO}$、$I_B = 0$ 的特性曲线临界饱和虚线以及直线 $I_C = I_{CM}$ 围起来的区域，如图 7-17 所示。

4. 结电容

结电容是指 PN 结在结两端电压作用下形成的电容效应。结电容主要由两部分组成：①PN结在正向电压作用下，扩散电流的变化形成的电容效应，称之为**扩散电容**，通常记作 C_D，它与通过 PN 结的扩散电流的大小成正比例；②PN 结在反向电压作用下，电场的变化形成的电容效应，称之为**势垒电容**，通常记作 C_B，它与作用在 PN 结两侧的反向电压的大小成反比例。结电容是造成三极管产生频率响应的主要原因，也是影响三极管开关速度的主要原因。

【例 7-1】　现有两只三极管，VT1 的 $\beta = 200$，$I_{CEO} = 100\mu A$，VT2 的 $\beta = 50$，$I_{CEO} = 10\mu A$，其他参数相同，试问应选用哪一只？

解：若只从放大角度考虑，应选 VT1。但从放大效果和稳定性方面考虑，则应选 VT2。也就是说，宁可选放大倍数小、穿透电流小的管子，而不选放大倍数大、穿透电流也大的管子。这是因为放大倍数小可以通过其他途径克服，如增加放大电路级数。而穿透电流大则是先天不足，无论采用什么办法都无法解决，特别是随着放大电路级数的增加，穿透电流也被放大，其效果只能越来越差。因此，综合考虑应选用 VT2。

五、三极管的工作状态

通过前面的分析可以知道，三极管的工作状态主要是由三极管中的两个 PN 结各自所承受的偏置电压的大小和极性所决定的。

由于三极管有两个 PN 结，而每一个 PN 结的偏置电压又有两种可能的极性，正向偏置和反向偏置。可以构成三极管的三种工作状态，分别为饱和、放大、截止。其分别对应输出特性上的饱和、放大、截止三个区，如图 7-15（b）所示。

三极管在不同状态下，两个 PN 结的偏置电压与管子中流的电流表现是不同的，具有不同的特点。表 7-2 中给出了 NPN 管的工作状态与 PN 结偏置电压极性，以及电流之间的关系。

表 7-2　　　　　**三极管在不同状态下的 PN 结电压与电流特征**

状　态	PN 结偏置电压极性	电流之间的关系	特点说明
饱和状态	$U_{BE} \geqslant 0.7V$，$U_{BC} > 0V$	$I_C \neq \beta I_B$	I_C 不受 I_B 的控制，失去放大作用
放大状态	$U_{BE} \geqslant 0.7V$，$U_{BC} < 0V$	$I_C = \beta I_B$	I_C 受 I_B 的控制，有放大作用
截止状态	$U_{BE} \leqslant 0V$，$U_{BC} < 0V$	$I_C = I_B = 0$	三极管完全截止，失去放大作用

根据上述特点，借助于简单的工具——万用表进行测量，根据测得的数据即可判定三极管的工作状态。

【例 7-2】　在一个正常工作的放大电路中，测得 A、B 两只三极管的各极电位为 $U_{A1} = 2V$，$U_{A2} = 2.7V$，$U_{A3} = 6V$，$U_{B1} = -4V$，$U_{B2} = -1.2V$，$U_{B3} = -1.4V$，如图 7-18 所示。试判断两只三极管的类型和三个电极。

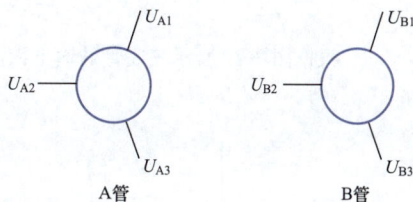

解：遇到这类问题首先应根据硅管和锗管的发射结正向偏置电压的特点，确定三极管的类型。

图 7-18　三极管极性判断

由题可知，A 管中 $U_{A1} = 2V$，$U_{A2} = 2.7V$，两点电位最接近，可判其为发射结两端电位，其差值为 $|U_{A2} - U_{A1}| = 0.7V$，同样，B 管中 $U_{B2} = -1.2V$，$U_{B3} = -1.4V$ 两点电位最接近，其差值为 $|U_{B3} - U_{B2}| = 0.2V$。根据硅管和锗管各自的特点，可以判定 A 管为硅管，B 管为锗管。

然后，再根据三极管的工作状态，判断管子的类型。在放大状态下，如果是 NPN 管，则应符合 $U_E < U_B < U_C$ 的条件；如果是 PNP 管，则应符合 $U_E > U_B > U_C$ 的条件。据此可以判定 A 管为 NPN 管，A2 为基极，A1 为发射基，A3 为集电极；B 管为 PNP 管，B3 为基极，B2 为发射极，B1 为集电极。

【例 7-3】　在某一放大电路中，则得 VT1 和 VT2 两个 NPN 型三极管的直流电位为 $U_{1B} = 0V$，$U_{1E} = -0.7V$，$U_{1C} = -0.1V$，$U_{2B} = 0.7V$，$U_{2E} = 0V$，$U_{2C} = 5V$，试判断两个管子的工作状态。

解：在管子类型已经确定的条件下，判断管子的工作状态只需计算和比较 U_{BC} 和 U_{BE} 两个偏置电压的大小即可。

通过计算，$U_{1BE} = 0.7V$，$U_{1BC} = 0.1V$，$U_{2BE} = 0.7V$，$U_{2BC} = -4.3V$，可知：VT1 三极管工作在饱和状态，即饱和区；VT2 三极管工作在放大状态，即放大区。

习 题

7.1 图 7-19 所示电路中，已知 $E=5\text{V}$，$u_i=10\sin\omega t\,\text{V}$，二极管为理想元件（即认为正向导通时电阻 $R=0$，反向阻断时电阻 $R=\infty$），试画出 u_o 的波形。

图 7-19 习题 7.1 的图

7.2 二极管和金属导体的导电机理有什么不同？

7.3 图 7-20 所示电路中，硅稳压管 VDZ1 的稳定电压为 8V，VDZ2 的稳定电压为 6V，正向压降均为 0.7V，试求各电路的输出电压 U_0。

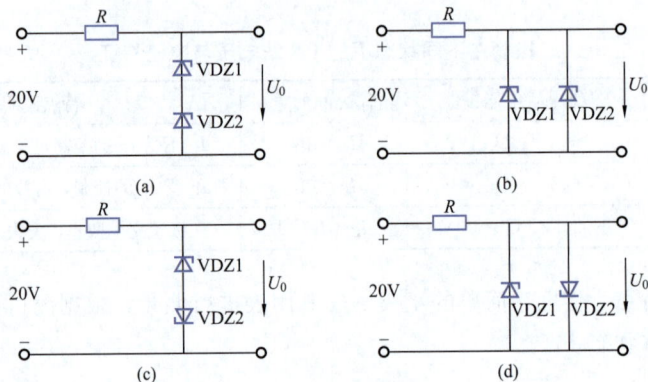

图 7-20 习题 7.3 的图

7.4 根据图 7-21 所示三极管的输出特性曲线，试指出各区域名称并根据所给出的参数进行分析计算。

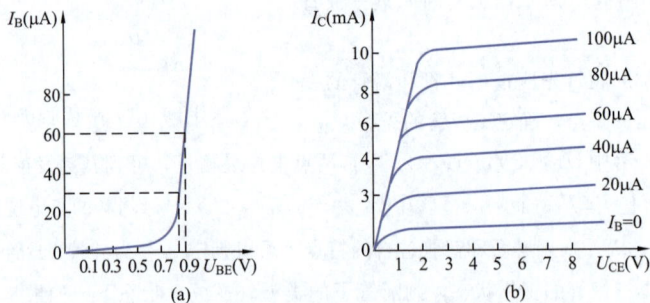

图 7-21 习题 7.4、习题 7.5 的图
(a) 输入特性曲线；(b) 输出特性曲线

(1) $U_{CE}=3\text{V}$，$I_B=60\mu\text{A}$，试求 I_C。

(2) $I_C=4\text{mA}$，$U_{CE}=4\text{V}$，试求 I_B。

(3) $U_{CE}=3\text{V}$，I_B 为 $40\sim60\mu\text{A}$ 时，试求 β。

7.5 已知 NPN 型三极管的输入—输出特性曲线如图 7-21 所示。

(1) $U_{BE}=0.7\text{V}$，$U_{CE}=6\text{V}$，试求 I_C。

(2) $I_B=50\mu\text{A}$，$U_{CE}=5\text{V}$，试求 I_C。

(3) $U_{CE}=6\text{V}$，U_{BE} 从 0.7V 变到 0.75V 时，试求 I_B 和 I_C 的变化量，此时的 β 为多少？

第八章 基本放大电路

放大是最基本的模拟信号处理功能，它是通过放大电路实现的，在生产和科学实验中应用十分广泛。放大电路是以三极管为核心元件对连续变化的信号（即模拟信号）进行放大的电路。放大电路也是其他功能电路，如滤波、振荡、稳压等电路的基本组成部分。放大的目的是将微弱的变化信号放大成较大的信号。放大的实质是用小能量的信号通过三极管的电流放大作用，将放大电路中直流电源的能量转化成交流能量输出。常见的扩音器就是一个把微弱的声音变大的典型的放大电路，声音先经过话筒变成微弱的电信号，经过放大电路，利用电源供给的能量转换为较强的电信号，然后经过扬声器（喇叭）还原成为放大了的声音。对放大电路的基本要求：①要有足够的放大倍数（电压、电流、功率）；②尽可能小的波形失真；③还要有输入电阻、输出电阻、通频带等其他技术指标。为了使三极管具有电流放大能力，必须使三极管工作在放大区，并且提供一个合适的工作点即合适的直流电压 U_{CEQ} 和直流电流 I_{CQ}，这也是放大电路设计的出发点。根据这一基本思想，围绕着三极管设计出了各种形式或不同组态的放大电路。本章主要介绍由分立元件集成的各种常用基本放大电路。

第一节 基本放大电路的技术参数

放大电路外部特性的研究可借助于二端口网络进行，如图 8-1 所示。

由于常用正弦信号进行研究和测试，因此电压和电流以相量表示。$\dot{U}_s$ 为正弦信号源电压相量，R_s 为信号源内阻，$\dot{U}_i$ 和 $\dot{I}_i$ 分别是输入电压和输入电流相量，$\dot{U}_o$ 和 $\dot{I}_o$ 分别是输出电压和输出电流相量，R_L 为负载电阻。

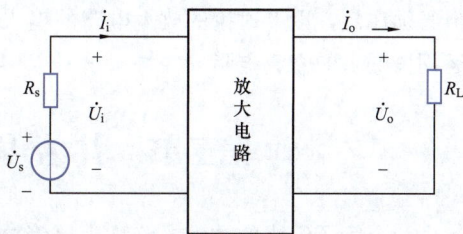

图 8-1 放大器示意图

一、电压放大倍数的计算

电压放大倍数也称**电压增益**，定义为输出电压与输入电压之比，用 A_u 表示，即

$$A_u = \frac{\dot{U}_o}{\dot{U}_i} \tag{8-1}$$

考虑信号源内阻影响时的电压放大倍数称为**源电压放大倍数**，定义为输出电压与信号源电压的相量之比，用 A_{us} 表示

$$A_{us} = \frac{\dot{U}_o}{\dot{U}_s} \tag{8-2}$$

二、输入电阻

放大电路对信号源（或对前级放大电路）来说，是一个负载，相当于一个无源二端网络，可用一个电阻来等效代替。这个电阻是信号源的负载电阻，称为放大电路的**输入电阻**。输入电阻是对交流信号而言的，是动态电阻。输入电阻定义为输入电压和输入电流相量之比

$$r_i = \frac{\dot{U}_i}{\dot{I}_i} \qquad (8\text{-}3)$$

输入电阻是表明放大电路从信号源吸取信号幅值大小的参数。电路的输入电阻越大，从信号源取得的电压越大，因此一般总是希望得到较大的输入电阻。

三、输出电阻

放大电路对负载（或对后级放大电路）来说，是一个信号源，相当于一个有源二端网络，可以将它进行戴维南等效，等效电源的内阻即为放大电路的**输出电阻**。输出

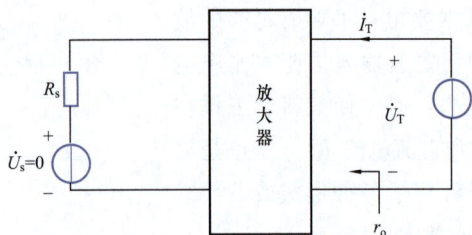

图 8-2 求放大电路的输出电阻

电阻是动态电阻，与负载无关，计算时必须去掉 R_L。定量分析输出电阻时，采用图 8-2 所示的方法。

在信号源短路（$\dot{U}_s=0$，但保留 R_s）和负载开路（$R_L=\infty$）的条件下，在放大电路的输出端加一测试电压 $\dot{U}_T$，相应地产生一测试电流 $\dot{I}_T$，于是可得输出电阻

$$r_o = \left.\frac{\dot{U}_T}{\dot{I}_T}\right|_{\dot{U}_s=0} \qquad (8\text{-}4)$$

输出电阻是表明放大电路带负载能力的参数。电路的输出电阻越小，负载变化时输出电压的变化越小，因此一般总是希望得到较小的输出电阻。

必须注意，以上讨论的放大电路的输入电阻和输出电阻不是直流电阻，而是在线性运用情况下的交流电阻。

第二节　共发射极放大电路

由一个管子组成的放大电路称为**单管放大电路**，是组成其他放大电路的基本单元电路。为了说明放大器的工作原理，本节先从最基本的放大电路开始讨论。

一、共发射极基本放大电路组成

图 8-3 所示为共发射极基本放大电路。共发射极是指三极管的发射极作为信号输入、输出两个回路的公共极。

电路中三极管 VT 采用 NPN 型硅三极管，是整个电路的核心器件，起电流放大作用。当集电结反偏，发射结正偏，三极管工作在放大区时，$i_C=\beta i_B$，具有放大作用；U_{BB} 是基极回路的直流电源，它的负端接发射极，正端通过基极电阻 R_B 接基极，保证使发射结处于正偏，并通过基极电阻 R_B（一般在几十千欧到几百千欧的范围）给基极提供大小适当的基极电流 I_B（常称为偏流）；U_{CC} 是集电极回路的直流电源（一般为几伏到十几伏的范围），它的负端接发射极，正端通过集电极电阻 R_C 接集电极以保证集

电结反偏；集电极电阻 R_C（一般在几千欧到几十千欧的范围）的作用是将三极管集电极电流 i_C 的变化转变成集电极电压 u_{CE} 的变化。C_1、C_2 称为**耦合电容**或**隔直电容**（一般在几微法到几十微法的范围），它们在电路中起到"传送交流、隔离直流"的作用，C_1、C_2 用的是极性电容器，连接时要注意其极性。

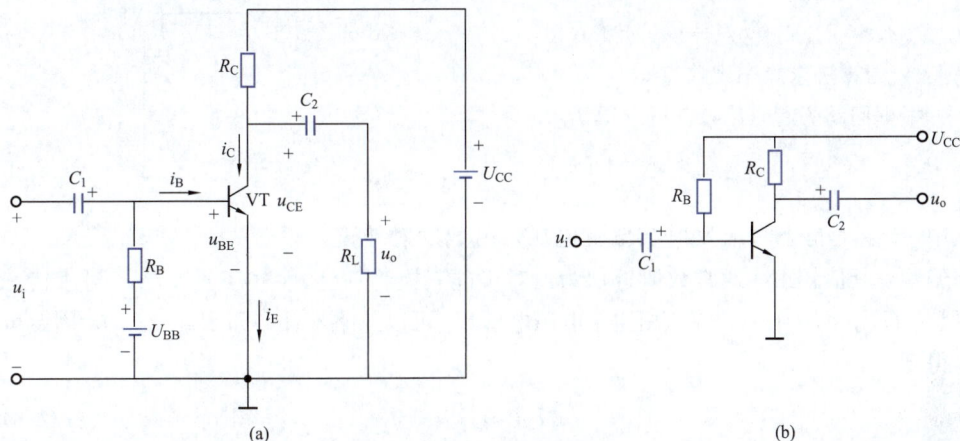

图 8-3　共发射极基本放大电路
（a）原理图；（b）简化电路

在半导体电路中常把输入电压、输出电压以及直流电源 U_{CC} 和 U_{BB} 的公共点称为"地"，用符号"⊥"表示（注意，这一点并不是真正接到大地上），并以地端作为零电位点即电位参考点。

为了简化电路，一般取 $U_{BB}=U_{CC}$，简化电路如图 8-3（b）所示。

二、放大电路的工作状态

在放大电路中，既有直流电源形成的直流分量，又有交流信号源产生的交流分量，交流和直流分量叠加形成合成量。为使分析更为清晰，将放大电路按无输入信号（直流）和有输入信号（交流）两种工作情况来分析。

（一）静态 （$u_i=0$） 时的工作情况

当放大电路没有输入信号（$u_i=0$）时，电路中各处的电压、电流都是不变的直流，称为**直流工作状态**或**静止状态**，简称**静态**。在静态工作情况下，三极管各电极的直流电压和直流电流的数值，将在管子的特性曲线上确定一点，这个点常称为 Q 点。静态分析就是确定放大电路的静态值 I_{BQ}、I_{CQ}、U_{CEQ}，静态分析实质上就是对直流通路进行分析，看其是否能为三极管建立一个合适的工作点，使其工作在放大区（或处在放大状态），从而能够对信号进行有效地放大，它是建立交流通路的基础。分析可以采用**估算法**和**图解法**。

由于电容是隔直流的，因此在静态下只要遵循"见电容开路"的原则，即可画出放大电路中的直流通路。以图 8-3 的电路为例，可以得到如图 8-4 所示直流通路。

通过直流通路可以清晰地看出，静态基极电流 I_B 从直流电源 U_{CC} 的正极流出，经偏流电阻 R_B 流入三极管的基极，从发射极流出，回到直流电源 U_{CC} 的负极或地。而集

电极电流 I_C 从直流电源 U_{CC} 的正极流出，经集电极电阻 R_C 流入三极管的集电极，从发射极流出，回到直流电源 U_{CC} 的负极或地。根据上图的直流通路，可以列出两个电压回路方程

$$U_{CC} = U_{BE} + I_B R_B \tag{8-5}$$

$$U_{CC} = U_{CE} + I_C R_C \tag{8-6}$$

1. 估算法求静态工作点 Q

根据回路方程（8-5），可求得 I_{BQ}

$$I_{BQ} = \frac{U_{CC} - U_{BEQ}}{R_B} \tag{8-7}$$

图 8-4 直流通路

其中，U_{BEQ} 是静态时的发射结偏置电压，由于发射结正向偏置，其值较小，通常数值近似为：对于硅三极管 $|U_{BEQ}| \approx 0.6 \sim 0.7 \mathrm{V}$，对于锗三极管 $|U_{BEQ}| \approx 0.1 \sim 0.3 \mathrm{V}$，相比于电源电压 U_{CC} 可以忽略不计，即 $U_{BEQ} \ll U_{CC}$，因此可以得到

$$I_{BQ} \approx \frac{U_{CC}}{R_B} \tag{8-8}$$

$$U_{CEQ} = U_{CC} - I_{CQ} R_C \tag{8-9}$$

其中

$$I_{CQ} = \beta I_{BQ} \tag{8-10}$$

通过对 U_{BEQ}，I_{BQ}，I_{CQ}，U_{CEQ} 值的分析计算，三极管的工作状态和所在的工作区的位置就唯一地被确定。这种利用已知电路通过公式计算静态值的方法称为**估算法**。

2. 图解法求静态工作点 Q

图解法是一种以实际测量到的三极管输入/输出特性曲线为基础的图解方法。它具有针对性强，分析精确，对参数变化给静态工作点和电压电流波形带来的影响非常直观，便于观察和理解等优点。无论是定量分析，还是定性分析，图解法都是一种非常好的方法。

分析时，首先根据式（8-7）求得 I_B，就可以在输出特性曲线中确定 I_C 和 U_{CE} 的关系曲线；再根据式（8-9），可以看出 I_C 和 U_{CE} 之间的关系式表示的是一条直线，它与横轴和纵轴分别相交于点 $(U_{CC}, 0)$ 和 $(0, U_{CC}/R_C)$，其斜率为 $-1/R_C$，这条直线是在直流状态下得出的，因此称为直流负载线。直流负载线和特性曲线的交点就是三极管电路的静态工作点 Q，如图 8-5 所示。

【例 8-1】 晶体管放大电路如图 8-6（a）所示，已知 $U_{CC} = 12\mathrm{V}$，$R_C = 3\mathrm{k}\Omega$，$R_B = 240\mathrm{k}\Omega$，晶体管的 $\beta = 40$。

（1）试用直流通路估算各静态值 I_B，I_C，U_{CE}；

（2）晶体管的输出特性如图 8-6（b）所示，试用图解法求放大电路的静态工作点。

解：

（1）用估算法计算静态工作点。先画出直流通路，如图 8-7 所示，有

$$I_B \approx \frac{U_{CC}}{R_B} = \frac{12}{240} = 0.05 (\mathrm{mA}) = 50 (\mu\mathrm{A})$$

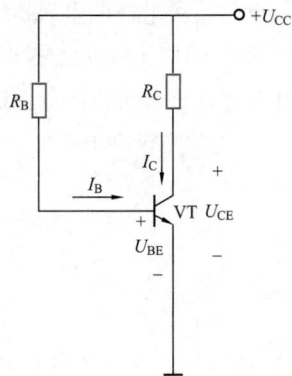

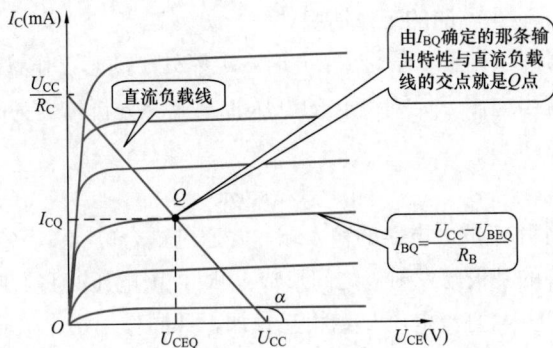

图 8-5　图解法求静态工作点$\left(\tan\alpha=-\dfrac{1}{R_{\mathrm{C}}}\right)$

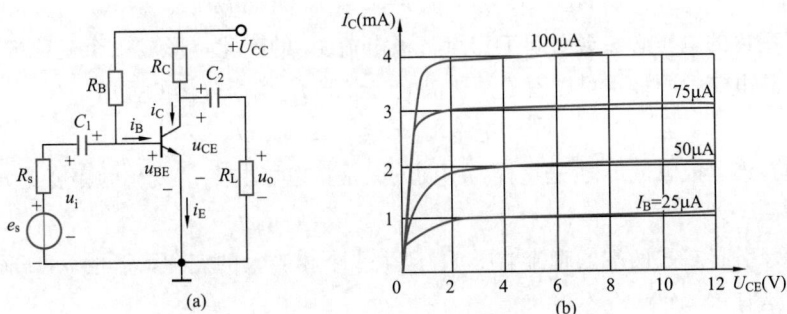

图 8-6　〔例 8-1〕的图

$$I_{\mathrm{C}}\approx\beta I_{\mathrm{B}}=40\times0.05=2(\mathrm{mA})$$

$$U_{\mathrm{CE}}=U_{\mathrm{CC}}-I_{\mathrm{C}}R_{\mathrm{C}}=12-2\times3=6(\mathrm{V})$$

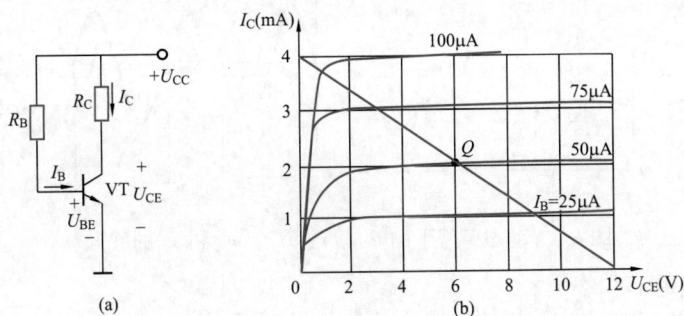

图 8-7　〔例 8-1〕的直流通路和直流负载线

(a) 直流通路；(b) 直流负载线

（2）在晶体管的输出特性曲线上画出直流负载线，如图 8-7（b）所示，有

$$I_{\mathrm{B}}\approx\frac{U_{\mathrm{CC}}}{R_{\mathrm{B}}}=50\ (\mu\mathrm{A})$$

从图上可以看出直流负载线和 $50\mu\mathrm{A}$ 输出特性曲线的交点就是 Q 点，所对应的参数为

$$I_{\mathrm{C}}=2\mathrm{mA}$$

$$U_{\mathrm{CE}}=6\mathrm{V}$$

（二）动态 （$u_i \neq 0$） 时的工作情况

当接入交流信号时，即输入信号 $u_i \neq 0$ 时，电路处于动态工作状态，可以根据输入信号电压 u_i，确定输出电压 u_o。对变化的电压、电流的分析称之为**动态分析**。为便于分析，设输入信号电压为

$$u_i = U_{im}\sin\omega t \tag{8-11}$$

当输入信号 u_i 作用于放大电路的输入端，并通过耦合电容 C_1（交流时，电容视作短路）作用到三极管的基极与发射极之间形成 u_{be} 时，该电压必将影响静态工作点处原有的直流电压 U_{BEQ}，并与直流电压 U_{BEQ} 相互叠加，共同作用于三极管的发射结。使 B-E 之间的恒定直流电压形成一个变化的电压 u_{BE}，变化的电压 u_{BE} 可以看成是交流与直流两个分量的叠加

$$u_{BE} = U_{BEQ} + u_{be} = U_{BEQ} + U_{im}\sin\omega t \tag{8-12}$$

这一变化的电压必然会引起工作点基极电流 I_{BQ} 的变化，形成一个变化的电流 i_B，这种变化的电流，同样也可以看成是交流 i_b 与直流 I_{BQ} 两个分量的叠加

$$i_B = I_{BQ} + i_b = I_{BQ} + I_{bm}\sin\omega t \tag{8-13}$$

同理，集电极电流 i_C 也是这样，不同的只是集电极电流 i_C 变化的幅度更大一些

$$i_C = I_{CQ} + i_c = I_{CQ} + I_{cm}\sin\omega t \tag{8-14}$$

同时，引起 C-E 两端的直流电压 U_{CE} 产生一个相当大的变化，形成 u_{ce}，而且相位相反。于是有

$$u_{CE} = U_{CEQ} + u_{ce} = U_{CEQ} - U_{cem}\sin\omega t \tag{8-15}$$

C-E 两端的变化电压 u_{CE} 通过输出耦合电容 C_2（隔直流，通交流）输出，形成 $u_o = u_{CE}$，其波形的变化过程如图 8-8 所示。

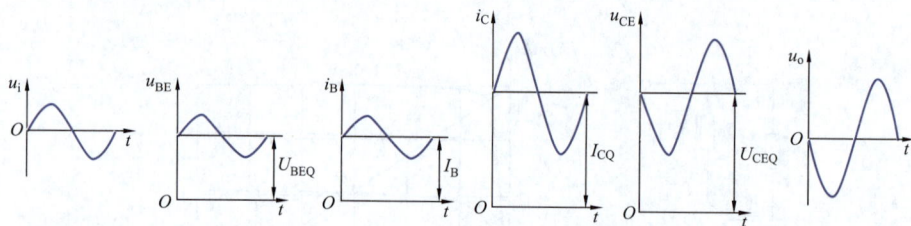

图 8-8　动态条件下的 u_{BE}、i_B、i_C、u_{CE} 和 u_o 的波形

（三）结论

由上面的分析可以看出，交流信号通过输入耦合电容 C_1 进入放大电路后，叠加在直流上。交流信号经放大后，通过输出耦合电容 C_2，将放大了的信号输出。于是，可以得出这样的结论。

（1）无输入信号电压时，三极管各电极都是恒定的电压和电流 I_B、U_{BE} 和 I_C、U_{CE}。分别对应于输入、输出特性曲线上的一个点，即静态工作点 Q。

（2）加上输入信号电压后，放大电路处于动态，各电极电流和电压的大小均发生了变化，都在直流量的基础上叠加了一个交流量，它们之间的相互关系为 $u_i \rightarrow u_{BE} \rightarrow i_B \rightarrow i_C \rightarrow u_{CE} \rightarrow u_o$。在这一信号传递的过程中，输入的电压信号 u_i 在放大电路的输出端被放大了。

（3）若参数选取得当，输出电压可比输入电压大，即电路具有电压放大作用。

（4）输出电压与输入电压在相位上相差 180°，即共发射极电路具有反相作用，因而共发射极电路又叫作**反相电压放大器**。

对于由三极管构成的基本放大电路，如果静态工作点 Q 设置不合适，三极管会进入截止区或饱和区工作，将造成非线性失真。若 Q 设置过高，晶体管进入饱和区工作，会造成**饱和失真**，也称为削底失真，适当减小基极电流可消除饱和失真；若 Q 设置过低，三极管进入截止区工作，会造成**截止失真**，也称为削顶失真，适当增加基极电流可消除截止失真。两种失真的波形如图 8-9 所示。

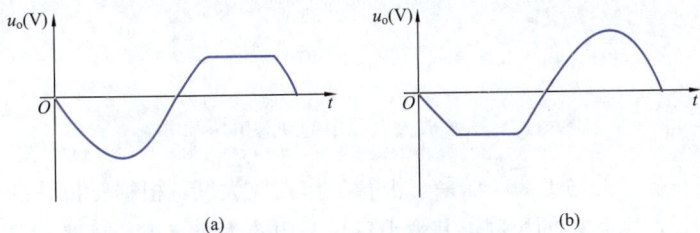

图 8-9 截止失真和饱和失真的波形
(a) 截止失真；(b) 饱和失真

第三节 小信号模型分析法

当放大电路有信号输入（$u_i \neq 0$）时，放大电路就能够对它进行放大并输出。如果输入信号电压很小，就可以把三极管的特性曲线在小范围内近似地用直线来代替，从而把三极管这个非线性器件所组成的电路当作线性电路来处理。

小信号模型分析法，又叫**微变等效电路法**，就是在一定的条件下把非线性的三极管线性化，等效为一个线性元件。线性化的前提条件是三极管在小信号（微变量）情况下工作，这时在静态工作点附近小范围内的特性曲线可用直线近似代替，因此这是一种近似估算方法。这种方法具有方便、简单以及快速等特点，对于分析三极管电路的动态特性是非常有必要的。

一、三极管的小信号模型

对于三极管的输入端，在微小变化的信号电压作用下，将引起 i_B 电流产生一个微小的变化，这种变化的电压与电流之间的关系为 du_{be}/di_b。从 B-E 两端看入，可等效为一个线性的动态电阻，记为 r_{be}。在图 8-10 所示输入特性曲线的静态工作点处做切线，其斜率即为线性的动态电阻 r_{be}。显然，工作点处的切线斜率是与静态工作点的位置是密切相关的，所以动态电阻 r_{be} 的大小与静态工作点有关。

同时，低频小功率晶体管的 r_{be} 常用如下公式估算

$$r_{be} \approx r_{bb'} + (1+\beta)\frac{26\,(\text{mV})}{I_{EQ}\,(\text{mA})} \tag{8-16}$$

其中，I_{EQ} 是发射极电流的静态值，$r_{bb'}$ 通常取 $100 \sim 300\Omega$。这样在交流通路中，三极管输入的 B-E 两端就可以用线性的动态电阻 r_{be} 等效。

视 频
三极管的小信号模型

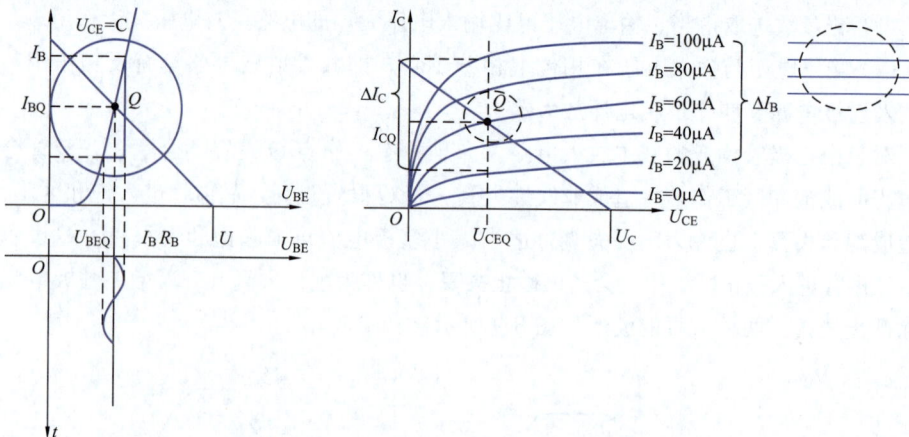

图 8-10　图解放大电路中的动态电压和电流

同理，在三极管的输出端，如果三极管工作在放大区，根据三极管的电流分配关系 $i_c = \beta i_b$ 可知，i_c 只受 i_b 的控制，其大小只与 i_b 电流大小有关。显然 i_c 是一个受控的电流源。从图 8-8 所示输出特性上看，在基极电流 I_{BQ} 在工作点附近出现一个微小的变化时，工作点附近的特性曲线可以认为是平行的、等间隔的，因此 I_c 与 I_b 之间的电流放大系数 β 可视为一常数，即

$$\beta = \frac{\Delta I_C}{\Delta I_B}\bigg|_{U_{ce}=U_{ceq}} = 常数 \tag{8-17}$$

这使得 i_c 成为 i_b 的线性受控源。所在支路的电流由 i_c 决定，其端电压 u_{ce} 由外电路决定。

根据以上分析可以得到图 8-11 所示三极管的小信号模型，B、E 之间用一个电阻 r_{be} 等效，C、E 之间用一受控电流源 $i_c = \beta i_b$ 等效。值得注意的是，小信号模型是在静态工作点 Q 处得到的参数，但分析的对象却是变化量。

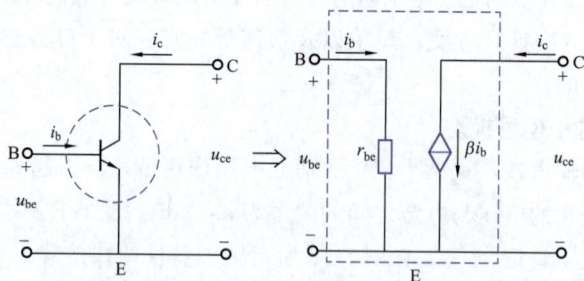

图 8-11　三极管的微变等效电路

二、用小信号模型分析共发射极基本放大电路

分析时首先要画出电路的交流通路。以图 8-3 所示电路为例，对于交流信号遵循**电容短路**的原则，同时由于 U_{CC} 为一恒压源，其变化量 $\Delta U_{CC}=0$，对交流可看作短路，这样就可得到放大电路的交流通路，如图 8-12 所示。

在画出放大电路的交流通路后，只需将交流通路中的三极管用小信号模型进行替

换，即得到了在小信号作用下电路的微变等效电路。分析时假设输入为正弦交流量，所以等效电路中的电压与电流可用相量表示，如图 8-13 所示。

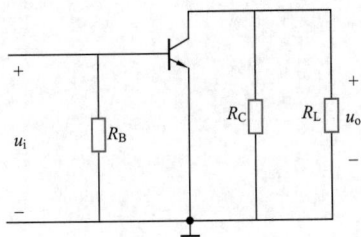

图 8-12　交流通路

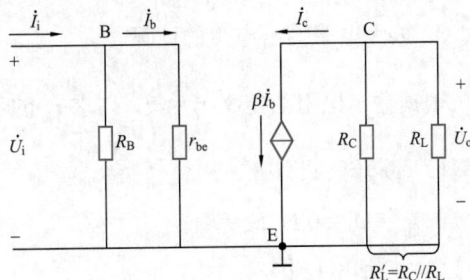

图 8-13　微变等效电路

1. 电压放大倍数的计算

电压放大倍数定义为 $A_u = \dfrac{\dot{U}_o}{\dot{U}_i}$，画出小信号等效电路后，可以用解线性电路的方法求解。先从输入回路入手，在已知输入电压的条件下求出基极电流 $\dot{I}_b$，然后又落实到输出回路，利用 $\dot{I}_b$ 求出 $\dot{I}_c$ 和 $\dot{U}_o$，从而求出电压放大倍数为

$$\dot{I}_b = \frac{\dot{U}_i}{r_{be}} \tag{8-18}$$

$$\dot{I}_c = \beta \dot{I}_b \tag{8-19}$$

$$\dot{U}_o = -\dot{I}_c R'_L = -\beta \dot{I}_b R'_L \tag{8-20}$$

其中，$R'_L = R_c // R_L$，由此可得

$$A_u = \frac{\dot{U}_o}{\dot{U}_i} = \frac{-\beta \dot{I}_b R'_L}{\dot{I}_b r_{be}} = -\beta \frac{R'_L}{r_{be}} \tag{8-21}$$

其中，负号表示输出电压的相位与输入相反。当放大电路输出端开路（未接 R_L）时，有

$$A_u = -\beta \frac{R_C}{r_{be}} \tag{8-22}$$

电压放大倍数的公式表明：

（1）放大电路的放大倍数 A_u 只与放大电路的参数和放大电路的工作点有关，而与输入信号和输出信号的大小无关；

（2）表达式中的负号反映了共发射极放大电路输出与输入信号相位相差 $180°$，即输出信号与输入信号相位反相。

2. 放大电路输入电阻的计算

放大电路输入电阻的概念已经在前面介绍过，这里利用小信号等效电路来求放大电路的输入电阻。根据定义有

$$r_i = \frac{\dot{U}_i}{\dot{I}_i} \tag{8-23}$$

由图 8-13 可得

$$r_i = \frac{\dot{U}_i}{\dot{I}_i} = \frac{\dot{U}_i}{\dot{I}_{R_B} + \dot{I}_b} = R_B /\!/ r_{be} \tag{8-24}$$

当 $R_B \gg r_{be}$ 时，$r_i \approx r_{be}$。

3. 放大电路输出电阻的计算

根据输出电阻的定义 $r_o = \dfrac{\dot{U}_T}{\dot{I}_T}$，求 r_o 的步骤为：

(1) 断开负载 R_L；

(2) 令 $\dot{U}_i = 0$ 或 $\dot{E}_s = 0$；

(3) 外加电压 $\dot{U}_T$；

(4) 求 $\dot{I}_T$。

则求输出电阻的电路如图 8-14 所示。

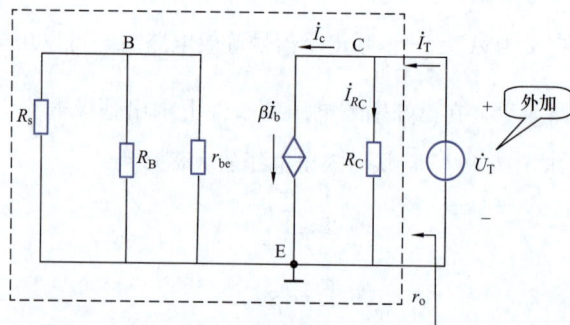

图 8-14　求输出电阻电路

由图 8-14 可以得到

$$\dot{I}_T = \dot{I}_c + \dot{I}_{R_c} \tag{8-25}$$

其中 $\dot{I}_c = \beta \dot{I}_b$，由于 $U_i = 0$，使 $\dot{I}_b = 0$ 所以 $\dot{I}_c = 0$；流过电阻 R_C 的电流为 $\dot{I}_{R_c} = \dfrac{\dot{U}_T}{R_C}$，得到

$$r_o = \frac{\dot{U}_T}{\dot{I}_T} \approx R_C \tag{8-26}$$

【例 8-2】　共射极单管放大电路及参数如图 8-15（a）所示。设 $U_{BEQ} = 0.7V$，$\beta = 100$，试用估算法计算：

(1) 静态的 I_{BQ}、I_{CQ} 和 U_{CEQ}；

(2) 动态的 A_u、r_i、r_o。

解：(1) 首先画直流通路如图 8-15（b）所示，进行静态分析，列回路方程得

$$I_{BQ} = \frac{U_{CC} - U_{BEQ}}{R_B} = \frac{12 - 0.7}{300} \approx 0.0377 \,(\text{mA}) = 37.7 \,(\mu\text{A})$$

$$I_{CQ} = \beta I_{BQ} = 100 \times 37.7 = 3770 \,(\mu\text{A}) = 3.77 \,(\text{mA})$$

$$U_{CEQ} = U_{CC} - I_{CQ} R_C = 12 - 3.77 \times 2 = 4.46 \,(\text{V})$$

其动态电阻 r_{be} 为

$$r_{be} = 200 + (1+\beta)\frac{26 \,(\text{mV})}{I_{EQ}} = 200 + 101 \times \frac{26}{3.77} \approx 896 \,(\Omega)$$

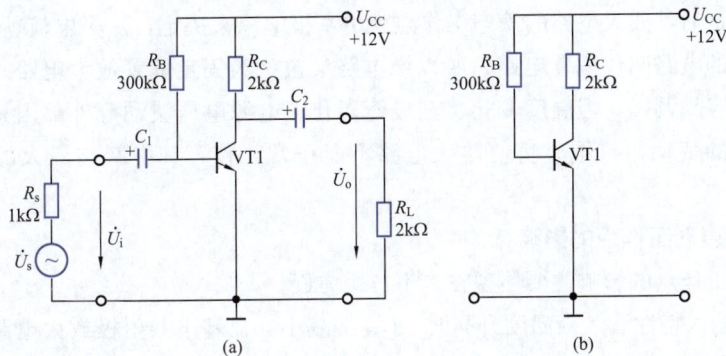

图 8-15 ［例 8-2］电路和直流通路

（a）共射极基本放大电路；（b）直流通路

（2）画交流通路如图 8-16 所示，计算 A_u、r_i、r_o。

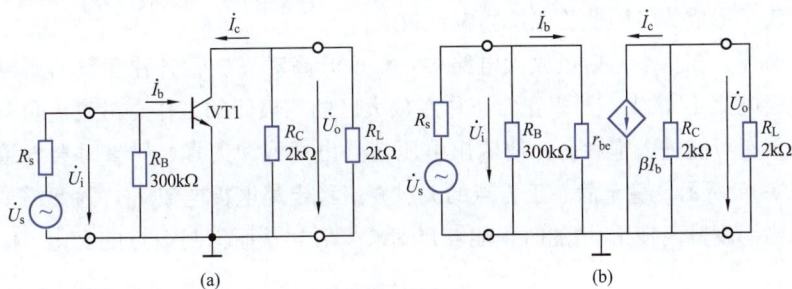

图 8-16 ［例 8-2］交流通路

（a）交流通路；（b）微变等效电路

输入电阻为

$$r_i = \frac{\dot{U}_i}{\dot{I}_i} = R_B // r_{be} \approx \frac{300 \times 0.896}{300 + 0.896} = 0.894 \ (k\Omega)$$

电压放大倍数为

$$A_u = \frac{\dot{U}_o}{\dot{U}_i} = -\frac{\beta(R_C // R_L)}{r_{be}} \approx -\frac{100 \times 1}{0.896} = -111.5$$

输出电阻为

$$r_o = R_C = 2k\Omega$$

用小信号等效电路法分析电路方便快捷，通过对三极管这一非线性元件的线性化处理，使得求解放大电路的放大倍数 A_u、输入电阻 r_i 与输出电阻 r_o 变得非常简单容易，适合于快速估算。但由于是在微小信号变化条件下的近似等效，因此，微变等效电路只适用于对小信号作用下的放大电路分析，且只适用于估算。

第四节 静态工作点的稳定

合理设置静态工作点是保证放大电路正常工作的先决条件，但是放大电路的静态工作点常因外界条件的变化而发生变动。图 8-3 所示的放大电路中，当电源电压和集

视 频

静态工作点的稳定

163

电极电阻确定后，放大电路的静态工作点就由基极电流来决定，这个电流就叫作**偏流**，而获得偏流的电路叫作**偏置电路**，所以该电路又被称为**固定偏置放大电路**。这种电路结构简单、容易调整，但温度变化、三极管老化、电源电压波动等外部因素，将引起静态工作点的变动，严重时将使放大电路不能正常工作，其中影响最大的是温度的变化。

一、温度对工作点的影响

温度对工作点的影响主要体现在以下三个方面。

（1）从输入特性看，当温度升高时，U_{BE} 将减小，在基本共射极放大电路中，会导致 I_B 增加。

（2）当温度升高时，三极管的电流放大倍数 β 将增加，使输出特性曲线之间的间距加大。

（3）当温度升高时，三极管的反向饱和电流 I_{CBO} 将急剧增加。因为反向饱和电流是由少数载流子形成的，因此受温度影响比较大。

综上所述，在基本共射极放大电路中，温度升高对三极管各种参数的影响集中表现在集电极电流 I_C 增大，原来正常工作在放大区的三极管的工作点沿直流负载线向上移动，甚至有可能进入饱和区，使输出电压信号出现饱和失真，严重时会导致管子烧毁，如图 8-17 所示。稳定静态工作点的关键在于稳定集电极电流 I_C，为此需要改进偏置电路。当温度升高使 I_C 增加时，能够自动减少 I_B，从而抑制 Q 点的变化，保持 Q 点基本稳定。

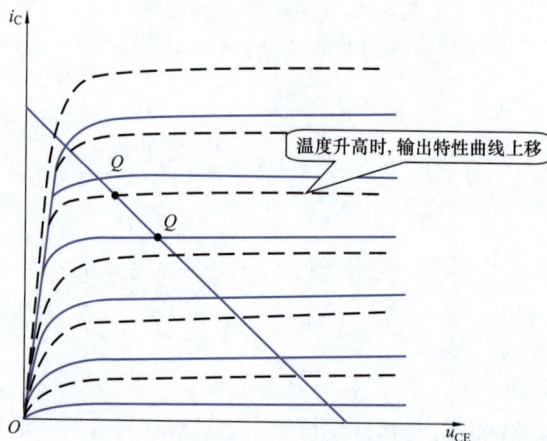

图 8-17　温度变化引起工作点变化

二、稳定工作点的射极偏置电路

在温度变化时要使集电极电流 I_C 保持稳定，通常采用图 8-18 所示的**分压偏置电路**。分析电路可以知道，若满足 $I_2 \gg I_B$，则有

$$I_1 \approx I_2 \approx \frac{U_{CC}}{R_{B1} + R_{B2}} \tag{8-27}$$

$$U_B = I_2 R_{B2} \approx \frac{R_{B2}}{R_{B1} + R_{B2}} U_{CC} \tag{8-28}$$

可见，基极电位基本恒定，不随温度变化。在这一前提下，当温度发生变化时，由于 R_E 电阻的引入，使得集电极电流的变化 ΔI_C 能够通过 R_E 电阻形成电压 U_E，并反馈到输入回路中来，影响三极管发射结两端的偏置电压 U_{BE}，从而控制基极偏置电流 I_B，继而控制集电极电流 I_C，最终达到工作点稳定的目的。工作点稳定的调节过程为：

$T\,(℃)\uparrow\to I_C\uparrow\to U_E\uparrow\to U_{BE}\downarrow\ (U_B\ 固定)\to I_B\downarrow\to I_C\downarrow$。

从使工作点稳定来看，I_2、U_B 越大越好，但为了兼顾其他指标，在估算时一般选取 $I_2=(5\sim10)I_B$，$U_B=(5\sim10)U_{BE}$，R_{B1}、R_{B2} 的阻值一般为几十千欧。R_E 是温度补偿电阻，对直流而言 R_E 越大，稳定 Q 点效果越好；对交流而言 R_E 越大，交流损失越大，为避免交流损失，加旁路电容 C_E 与之并联。

【例 8-3】 分析图 8-18 所示电路的静态工作点 Q（I_B、I_C、U_{CE}）以及电压增益、输入电阻和输出电阻。

解：（1）静态分析。首先画直流通路如图 8-19 所示。由于 I_{CQ} 保持恒定不变，从而保证了工作点的稳定。如认为静态 U_{BE} 电压为一常量值，则工作点的分析计算过程和方法如下：

计算 U_B 电压的值为

$$U_B = I_2 R_{B2}$$

$$I_C \approx I_E = \frac{U_B - U_{BE}}{R_E}$$

$$I_B \approx \frac{I_C}{\beta}$$

$$U_{CE} = U_{CC} - I_C R_C - I_E R_E$$

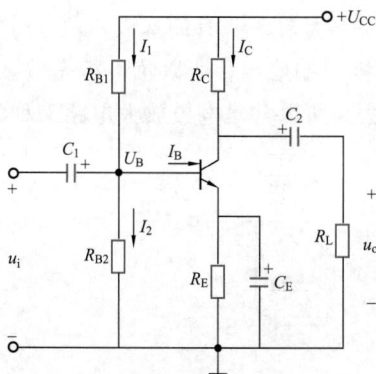

图 8-18 射极偏置电路　　图 8-19 射极偏置电路的直流通路

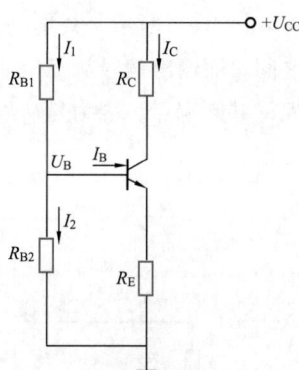

通过上述分析，说明整个静态工作点的计算、分析过程与三极管的放大倍数 β 无关。也就是说，工作点稳定电路也不会因更换管子，β 发生变化而改变静态工作点。

（2）动态分析。首先，应画出射极偏置电路的交流通路如图 8-20 所示。由于发射极电阻 R_E 旁边并联一电容，该电容的容量一般都较大（通常采用电解电容元件），相对于输入信号的频率，呈现出较小的电抗，即对交流相当于短路，因此在交流通路中不会出现 R_E 电阻。然后在交流通路的基础上，画出微变等效电路，如图 8-21 所示。

电压增益为

$$A_u = \frac{\dot U_o}{\dot U_i} = \frac{-\beta \dot I_b (R_C /\!/ R_L)}{\dot I_b r_{be}} = -\frac{\beta R'_L}{r_{be}}$$

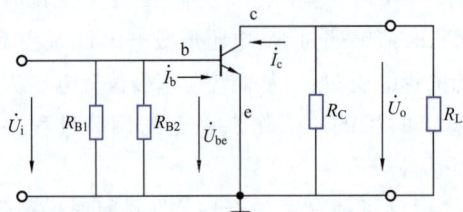

图 8-20　射极偏置电路的交流通路

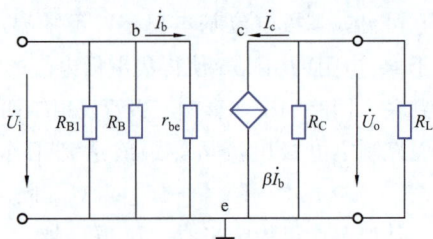

图 8-21　微变等效电路

其中，$R_L' = R_C /\!/ R_L$。

输入电阻 r_i 为

$$r_i = R_{B1} /\!/ R_{B2} /\!/ r_{be}$$

显然，微变等效电路在除掉信号源后，其输出电阻 r_o 为

$$r_o = R_C$$

视频
射极输出器

第五节　射极输出器

根据输入和输出回路共同端的不同，放大电路有三种基本组态，除了前面讨论的共发射极电路外，还有共集电极和共基极两种电路。本节讨论应用极广泛的共集电极放大电路。

从三极管的基极输入信号，从发射极输出信号的放大电路被称为**共集电极放大电路**，如图 8-22（a）所示。共集电极放大电路的输入信号加在三极管的基极和地（即集电极）之间，而输出信号从三极管的发射极和集电极两端取出，所以集电极是输入、输出回路的共同端点。因为是从发射极把信号输出去，所以共集电极放大电路又称为**射极输出器**。

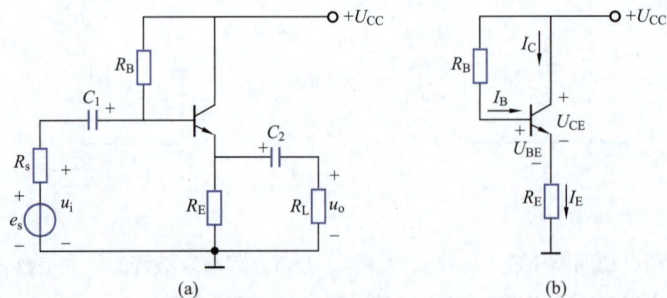

图 8-22　共集电极电路

（a）原理图；（b）直流通路

一、静态分析

首先，画直流通路如图 8-22（b）所示。关于 Q 点的分析计算过程如下。

在基极回路中，按照 KVL 可得

$$U_{CC} = I_B R_B + U_{BE} + U_E \tag{8-29}$$

$$U_E = I_E R_E = (1+\beta) I_B R_E \tag{8-30}$$

其中，U_E 表示发射极直流电位，故

$$I_{BQ} = \frac{U_{CC} - U_{BE}}{R_B + (1+\beta)R_E} \tag{8-31}$$

式（8-31）中，一般有 $U_{CC} \gg U_{BE}$，所以有

$$I_{BQ} \approx \frac{U_{CC}}{R_B + (1+\beta)R_E} \tag{8-32}$$

然后再计算工作点电流 I_{CQ} 和 U_{CEQ} 为

$$I_{CQ} = \beta I_{BQ} \tag{8-33}$$

$$U_{CEQ} = U_{CC} - I_{EQ} R_E \tag{8-34}$$

根据求得的 I_{CQ} 和 U_{CEQ} 的值来确定静态工作点。

二、动态分析

首先画交流通路，然后画出微变等效电路如图 8-23 所示，根据微变等效路来计算交流电压放大倍数、输入电阻和输出电阻。

1. 电压放大倍数

$$R'_L = R_E /\!/ R_L \tag{8-35}$$

$$\dot{U}_o = \dot{I}_e R'_L = (1+\beta)\dot{I}_b R'_L \tag{8-36}$$

$$\dot{U}_i = \dot{I}_b r_{be} + \dot{I}_e R'_L = \dot{I}_b r_{be} + (1+\beta)\dot{I}_b R'_L \tag{8-37}$$

$$A_u = \frac{\dot{U}_o}{\dot{U}_i} = \frac{\dot{I}_e (R_E /\!/ R_L)}{\dot{I}_b [r_{be} + (1+\beta)(R_E /\!/ R_L)]} = \frac{(1+\beta)(R_E /\!/ R_L)}{r_{be} + (1+\beta)(R_E /\!/ R_L)} \tag{8-38}$$

因为 $\beta \gg 1$，所以

$$A_u \approx \frac{\beta R'_L}{r_{be} + \beta R'_L} < 1 \tag{8-39}$$

一般 $\beta R'_L \gg r_{be}$，故射极输出器的电压放大倍数接近 1，而略小于 1，这是由于在输入回路中有 $\dot{U}_{be} = \dot{U}_i - \dot{U}_o$ 的关系，因此它的输出电压 $\dot{U}_o$ 总是小于输入电压 $\dot{U}_i$。

结果表明：共集电极电路的电压放大倍数 $A_u \approx 1$，且输入与输出同相，即输出电压跟随输入电压，故又称为**电压跟随器**。

2. 输入电阻 r_i

如图 8-24 所示，由微变等效电路可知，输入电压与基极电流的关系为

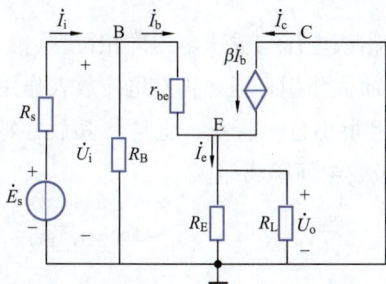

图 8-23 共集电极放大电路的微变等效电路

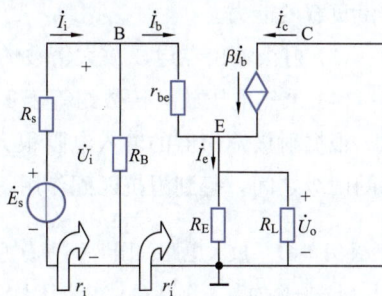

图 8-24 计算输入电阻

$$\dot{U}_i = \dot{I}_b r_{be} + \dot{I}_e (R_E // R_L) = \dot{I}_b [r_{be} + (1+\beta) R'_L] \tag{8-40}$$

于是有

$$r'_i = r_{be} + (1+\beta) R'_L \tag{8-41}$$

$$r_i = R_B // r'_i = R_B // [r_{be} + (1+\beta) R'_L] \tag{8-42}$$

考虑到 $\beta \gg 1$ 和 $\beta R'_L \gg r_{be}$，则

$$r_i = R_B // \beta R'_L \tag{8-43}$$

可以看出，与共发射极放大电路相比，射极输出器的输入电阻高得多（比共射极放大电路的输入电阻高几十倍到几百倍）。

3. 输出电阻 r_o

如图 8-25 所示，求取放大电路的动态输出电阻时，由于 R_L 不属于放大电路的一部分，计算时必须去掉。放大电路在动态的状态下令 $E_s = 0$，在输出端外加一个电压源 $\dot{U}_T$，求出电流 $\dot{I}_T$，输出动态电阻 r，即为电压 $\dot{U}_T$ 与电流 $\dot{I}_T$ 之比。

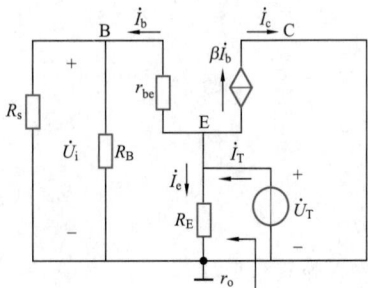

图 8-25　计算输出电阻

根据节点电流定律有

$$\dot{I}_T = \dot{I}_e + \dot{I}_b + \dot{I}_c = \frac{\dot{U}_T}{R_E} + (1+\beta) \dot{I}_b$$

$$= \frac{\dot{U}_T}{R_E} + (1+\beta) \frac{\dot{U}_T}{r_{be} + R_s // R_B} = \left(\frac{1}{R_E} + \frac{1+\beta}{r_{be} + R_s // R_B} \right) \dot{U}_T \tag{8-44}$$

于是，输出动态电阻 r_o 为

$$r_o = \frac{\dot{U}_T}{\dot{I}_T} = R_E // \left(\frac{r_{be} + R_s // R_B}{1+\beta} \right) \tag{8-45}$$

令 $R'_s = R_B // R_s$，通常有 $(1+\beta) R_E \gg r_{be} + R'_s$，所以有

$$r_o \approx \frac{r_{be} + R'_s}{1+\beta} \tag{8-46}$$

可以看出射极输出器的输出电阻很小，具有带负载能力强的特点，为了进一步降低输出电阻，可以选 β 较大的三极管。

通过分析不难看出以下结论。

（1）射极输出器的输入电阻很大，阻值可达几千欧或几十千欧。输入电阻大，常被用在多级放大电路的第一级，可减小信号源的负载效应。

（2）射极输出器输出电阻很小，比 r_{be} 还小，常被用在多级放大电路的末级，可增加带负载的能力。

（3）射极输出器电压放大倍数约等于 1，且输入电压与输出电压同相位。

（4）虽然电压放大倍数约等于 1，没有电压放大作用，但是仍有电流放大作用。

根据射极输出器的输入电阻很大、输出电阻很小这一特点，也可将其放在放大电路的两级之间，起到阻抗匹配作用，称为**缓冲级或中间隔离级**。

【例 8-4】　放大电路如图 8-26（a）所示，设 $U_{BEQ} = 0.7V$，$R_L = \infty$，$r_{bb'} = 200\Omega$，试求：

（1）估算静态工作点 Q 处的电压 U_{CEQ} 和电流 I_{BQ}。

（2）估算电压放大倍数 A_u、输入电阻和输出电阻。

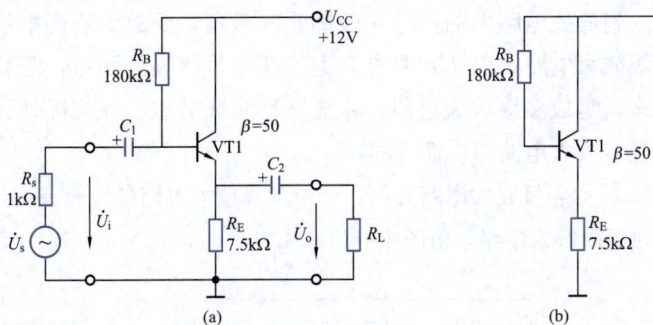

图 8-26 共集电极放大电路与直流通路

(a) 共集电极放大电路；(b) 直流通路

解：(1) 画静态通路 [见图 8-26 (b)]，试分析和估算工作点 Q。根据电路有

$$I_B = \frac{U_{CC} - U_{BEQ}}{R_B + (1+\beta)R_E} = \frac{12 - 0.7}{180 + 51 \times 7.5} = 0.02 \ (\text{mA}) = 20 \ (\mu\text{A})$$

$$I_C = \beta I_B = 50 \times 20 = 1000 \ (\mu\text{A}) = 1 \ (\text{mA})$$

$$U_{CE} = U_{CC} - I_C R_E = 12 - 1 \times 7.5 = 4.5 \ (\text{V})$$

$$r_{be} = 200 + (1+\beta)\frac{26 \ (\text{mV})}{I_{EQ} \ (\text{mA})} = 200 + \frac{50 \times 26 \ (\text{mV})}{0.01 \ (\text{mA})} = 1500 \ (\Omega)$$

(2) 画交流通路、微变等效电路，进行动态分析。动态通路与微变等效电路如图 8-27 所示。根据电路有

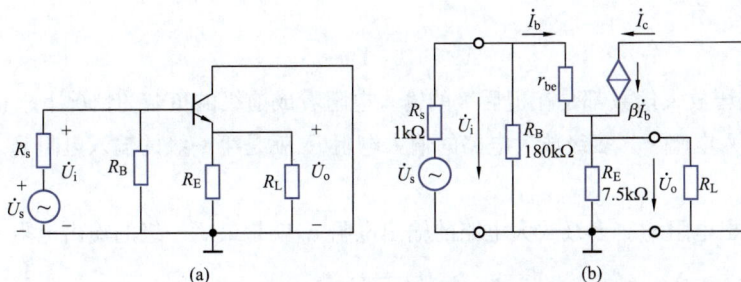

图 8-27 交流通路与微变等效电路

(a) 交流通路；(b) 微变等效电路

$$A_u = \frac{\dot{U}_o}{\dot{U}_i} = \frac{(1+\beta)(R_E /\!/ R_L)}{r_{be} + (1+\beta)(R_E /\!/ R_L)} = \frac{51 \times 7.5}{1.5 + 51 \times 7.5} = 0.996 \approx 1$$

$$r_i = R_B /\!/ [r_{be} + (1+\beta)R_E] = \frac{180 \times 384}{180 + 384} = 122.55 \ (\text{k}\Omega)$$

$$r_o = \frac{\dot{U}_T}{\dot{I}_T} = R_E /\!/ \frac{r_{be} + R_s}{1+\beta} = \frac{7.5 \times 2.5/51}{7.5 + 2.5/51} = 0.0487 \ (\text{k}\Omega) = 48.7 \ (\Omega)$$

第六节 多级放大电路

通常基本的单级（仅含有一个三极管）放大电路的电压放大倍数往往只有几十倍

到几百倍，而输入到放大电路中的信号一般都非常微弱，要放大到能推动负载工作的程度，仅通过单级放大电路难以达到要求。为了获得足够高的增益，需要把几级基本放大单元连接起来，组成多级放大电路，才能满足实际需求。在实际使用中，放大电路一般是由几级基本放大电路组合而成的。

下面以图 8-28 所示多级放大电路为例，分析多级放大电路的性能指标。假定图中所示多级放大电路为三级放大电路，由图中可以看出 $u_i = u_{i1}$，$u_{o1} = u_{i2}$，$u_{o2} = u_{i3}$，$u_{o3} = u_o$。

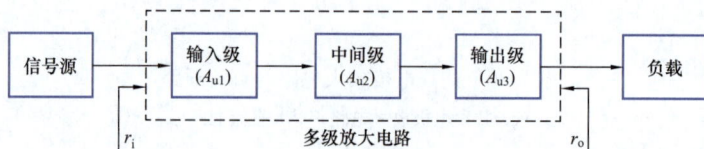

图 8-28　多级放大电路的框图

多级放大电路的输入级与中间级的主要作用是实现电压放大，输出级的主要作用是功率放大，以推动负载工作。

（1）电压放大倍数 A_u 为

$$A_u = \frac{u_o}{u_i} = \frac{u_{o3}}{u_{i1}} = \frac{u_{o1}}{u_{i1}} \cdot \frac{u_{o2}}{u_{i2}} \cdot \frac{u_{o3}}{u_{i3}} = A_{u1} A_{u2} A_{u3} \tag{8-47}$$

其中，A_{u1}、A_{u2}、A_{u3} 为把后级的输入电阻看成前级的负载时的每一级的电压放大倍数。由式（8-47）可以看出，多级放大电路的电压放大倍数等于各级放大倍数之积。对于 n 级放大电路，有

$$A_u = A_{u1} A_{u2} \cdots A_{un} \tag{8-48}$$

式中各级电压放大倍数都是在把后级的输入电阻看成前级的负载的情况下求得的。

（2）输入电阻 r_i。多级放大电路的输入电阻 R_i 就是第一级的输入电阻 r_{i1}，即

$$r_i = r_{i1} \tag{8-49}$$

（3）输出电阻 r_o。多级放大电路的输出电阻 r_o 就是最后一级的输出电阻 r_{on}，即

$$r_o = r_{on} \tag{8-50}$$

应当指出，多级放大电路的 r_i 和 r_o 不但分别取决于第一级和最后一级的电路参数，有时还和其他级的参数有关。此外，多级放大电路的最大输出电压幅值一般由最后一级的最大输出电压幅值决定。

多级放大电路的级与级之间、信号源与放大电路之间、放大电路与负载之间的连接均称为**耦合**。对耦合电路来说，必须保证放大电路对需传送的信号进行有效的传输，为了保证信号的有效传输，必须保证各放大级的正常工作点。常用的有**直接耦合方式**、**电容耦合方式**和**变压器耦合方式**。不管采用何种耦合方式，多级放大电路必须保证各级都有合适的静态工作点。

一、多级放大电路的级间耦合

1. 阻容耦合放大电路

在多级放大电路中，级与级之间通过电容连接的耦合方式称为**阻容耦合**，如图 8-29 所示。它是两级阻容耦合放大电路，电容 C_1 将输入信号耦合到晶体管的基极，通过电

容 C_2 连接第一级放大电路和第二级放大电路，电容 C_3 将输出信号耦合到负载。考虑输入电阻，则每一个电容都与电阻相连，故这种连接称为阻容耦合。

在图 8-29 中，点划线的左边是第一级，右边为第二级。两级之间通过电容 C_2 进行耦合。很明显它们的直流工作点是各自独立的。

阻容耦合的优点为：由于前、后级是通过电容相连的，所以各级的静态工作点是相互独立的，不互相影响，这给放大电路的分析、设计和调试带来了很大的方便；只要将电容选得足够大，就可使得前级输出信号在一定频率范围内，几乎不衰减地传送到下一级。因此，阻容耦合方式在分立元件组成的放大电路中得到广泛的应用。

阻容耦合的不足之处：它不适用于传送缓慢变化的信号，因为电容的容抗很大，使信号衰减很大；阻容耦合不能传送直流信号；由于大容量电容在集成电路中难以制造，故在线性集成电路中不采用阻容耦合方式。

2. 直接耦合放大电路

在放大直流信号或变化缓慢的信号时，必须采用直接耦合，即各放大器之间的连接不采用有隔直流作用的电容、变压器等元件，而是直接相连或采用对直流导通的电阻性元件相连，如图 8-30 所示。

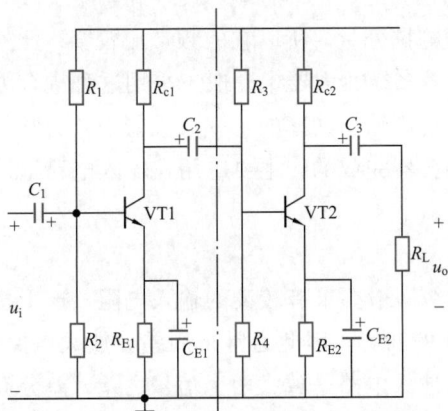

图 8-29 阻容耦合电路

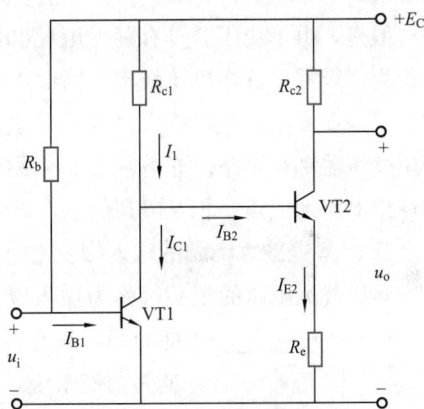

图 8-30 直接耦合电路

直接耦合放大器静态工作点的计算是逐级进行的，每级的工作点不是独立的，需要考虑它们之间的关系求解。

直接耦合电路的主要特点如下。

(1) 低频特性好，能放大缓慢变化甚至直流信号。

(2) 由于电路中只有半导体管和电阻，没有大电容，及变压器和电容等元件，便于集成，因此在集成电路中广泛采用直接耦合方式。

(3) 各级的工作点相互影响，因此必须合理安排各级的直流电位。

(4) 输入端和输出端的直流电位要考虑满足"零输入时零输出"的要求。

(5) 存在零点漂移现象。

直接耦合使得各级电路 Q 点互相影响，第一级的 Q 点微弱变化将在多级放大电路的输出端产生很大的变化。最常见的是由于环境温度的变化而引起工作点的漂移，通常称为**温漂**。它对直接耦合放大电路的影响是比较严重的。

当把放大器的输入端短路时，从理论上说输出电压应为零（即输出端电压等于它的静态值），但是对于直接耦合电路而言，实际上电路的输出端却存在缓慢变化的电压，即输出端电压偏离静态值而上下漂动，这种现象称为**漂移**，简称零漂或温漂。由于存在温漂，因此若不说明输入信号为零，漂移电压就会被误认为是输入信号引起的。当有信号输入时，放大电路输出端电压的变化（输出电压）既有输入信号产生的成分，也有漂移电压的成分。

放大电路的放大倍数越大，输出端的温漂越严重。因此，一般都是把输出端的漂移电压折合到输入端来衡量，即把输出端的漂移电压 ΔU_o 除以电压放大倍数 A_u 作为输入端的等效漂移电压 $\Delta U_o/A_u$，以便和输入电压进行比较。为了使电路能正常放大，输入电压必须远大于输入端的等效漂移电压。

由于直接耦合放大电路可以传送低频信号直到直流信号，温度的缓慢变化引起的漂移被逐级放大，从而使输出端的信号严重失真。

放大电路的级间还可采用变压器耦合、光电耦合等方式实现信号的传送。变压器耦合方式的特点是：通过变压器的阻抗变换作用，使级与级之间达到阻抗匹配，以获得最大的功率增益；各级的静态工作点彼此是独立的，互不影响，设计和调整比较方便。但是，由于变压器具有励磁电感和漏感等电抗分量，所以它的频带比较窄；此外体积大、笨重，价格也比较贵。因此，在小信号多级放大器中一般不采用这种耦合方式，但是在输出负载阻抗需要变换并且尽可能提高输出功率的功率放大器中，通常都采用变压器耦合电路。光电耦合是依靠光电耦合器完成的，主要应用在输入电路地线与输出电路地线需要相互隔离的场合。

二、多级放大电路的输入级

多级放大电路的第一级称为输入级，输入级一般要求有较高的输入电阻，抗干扰能力强，具有抑制温漂的功能，因此通常采用差分放大电路，就其功能来说，差分式放大电路是放大两个信号之差。差分放大电路可以用如图 8-31 所示的双口网络来表示。

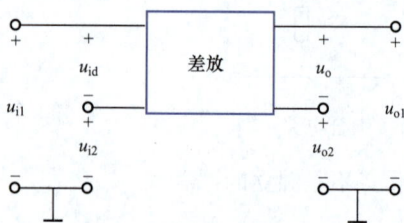

图 8-31　差分放大电路示意图

两个输入信号分别是 u_{i1} 和 u_{i2}。输出信号可表示为 $u_o=A_d(u_{i1}-u_{i2})$，其中，A_d 是差模电压增益。从式中可以看出，放大电路两个输入端所共有的任何信号对输出电压都不会有影响。由于温度和环境因素等干扰的影响是同时加在两个输入端上的，因此差分放大电路对这些外界的干扰起到抑制的作用。

把两个输入信号重新表示为

$$u_{i1} = \underbrace{\frac{u_{i1}+u_{i2}}{2}}_{\text{第一项}} + \underbrace{\frac{u_{i1}-u_{i2}}{2}}_{\text{第二项}} \tag{8-51}$$

$$u_{i2} = \underbrace{\frac{u_{i1}+u_{i2}}{2}}_{\text{第一项}} - \underbrace{\frac{u_{i1}-u_{i2}}{2}}_{\text{第二项}} \tag{8-52}$$

式（8-51）、式（8-52）的第一项是大小和极性完全相同的电压，称这种大小相等、极性相同的电压为**共模输入电压**或**共模信号**，用 u_{iC} 表示。共模信号是两个输入信号的算术平均值，即

$$u_{iC} = \frac{u_{i1} + u_{i2}}{2} \tag{8-53}$$

式（8-51）、式（8-52）右边的第二项是两个大小相等，但是极性相反的电压，称这种电压为**差模输入电压**或**差模信号**，用 u_{iD} 表示。差模信号是两个输入信号之差，即

$$u_{iD} = u_{i1} - u_{i2} \tag{8-54}$$

在差模信号和共模信号同时存在的情况下，对线性放大电路来说，可利用叠加原理来求出总的输出电压，即

$$u_o = A_d u_{iD} + A_c u_{iC} \tag{8-55}$$

式中：A_c 为共模电压增益。

基本差分放大电路如图 8-32 所示，由两个特性完全相同的三极管组成，电路结构完全对称，信号可以从两个输入端之间输入，称为双端输入；也可以从输入端与地之间输入，称为单端输入。输出也是如此，可以双端输出，也可以单端输出。组合起来，共有双端输入双端输出、双端输入单端输出、单端输入双端输出、单端输入单端输出四种输入输出方式。

图 8-32 所示的接法称为双端输入双端输出电路。图 8-33 所示的接法称为双端输入单端输出电路。

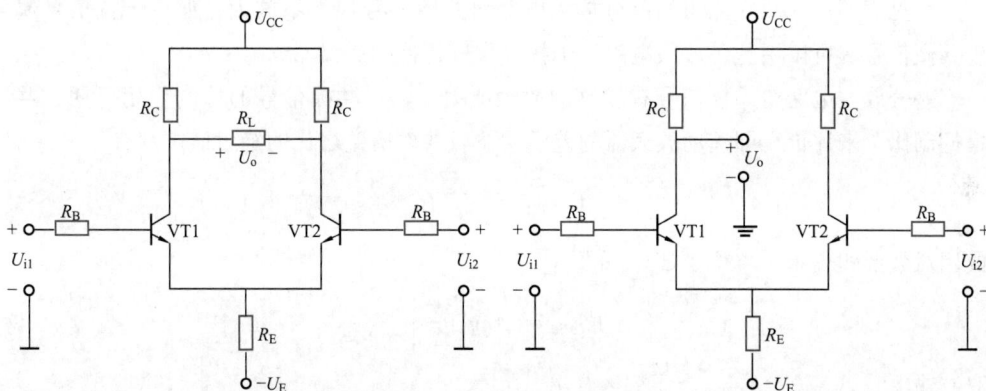

图 8-32 差分放大电路　　　　　　　　图 8-33 双端输入单端输出电路

以双端输入双端输出为例来分析差分放大器的工作原理（见图 8-32），输入信号加在两个输入端之间，输出信号从两个输出端之间取出，它们分别是两个共发射极单管放大电路输入电压和输出电压的差值，即

$$
\begin{aligned}
u_i &= u_{i1} - u_{i2} \\
u_o &= u_{o1} - u_{o2}
\end{aligned}
\tag{8-56}
$$

（1）差模输入信号，即在差动放大器的两个输入端，加入大小相等、相位相反的信号，即

$$u_{i1} = -u_{i2} = \frac{u_i}{2} \tag{8-57}$$

173

所以

$$u_{iD} = u_{i1} - u_{i2} = u_i \tag{8-58}$$

由于两个三极管电路完全对称，因此具有相同的电压放大倍数 A_u，即有

$$u_{o1} = A_u u_{i1}$$
$$u_{o2} = A_u u_{i2} \tag{8-59}$$

则输出电压为

$$u_o = u_{o1} - u_{o2} = A_u u_{i1} - A_u u_{i2} = A_u u_i \tag{8-60}$$

可得差模电压增益为

$$A_d = \frac{u_o}{u_i} = A_u \tag{8-61}$$

（2）共模输入信号，即在差动放大器的两个输入端，加入大小相等、相位相同的信号，即

$$u_{i1} = u_{i2} = u_{ic} \tag{8-62}$$

所以输出电压

$$u_{oc} = u_{oc1} - u_{oc2} = 0 \tag{8-63}$$

共模电压增益为

$$A_c = \frac{u_{oc}}{u_{ic}} = \frac{0}{u_{ic}} = 0 \tag{8-64}$$

可见双端输入双端输出的差分放大电路对共模信号根本不放大。如果干扰信号属于共模信号，可以用这种放大电路对干扰信号进行抑制。

差分放大电路对差模信号有较高的放大能力，其对共模信号的抑制作用可用"**共模抑制比**"来评价，即差动放大器的差模增益与共模增益之比的绝对值，则有

$$K_{CMRR} = \left| \frac{A_d}{A_c} \right| \tag{8-65}$$

或用对数形式表示〔单位为 dB（分贝）〕

$$K_{CMR} = 20 \lg \left| \frac{A_d}{A_c} \right|$$

双端输出时 $A_c = 0$，K_{CMRR} 为无穷大。

例如在差动放大器中由于温度变化或电源电压波动，将使两个差动管的集电极电流有相同幅度和相位的变化（即相同的漂移量），显然这种情况可等效地看成输入端作用着共模信号的结果，因此差动放大器对温漂具有很强的抑制能力。这种抑制温漂的方法，实质上是利用一个管的漂移补偿另一个管子的漂移，是一种特殊形式的温度补偿电路。

三、多级放大电路的输出级

信号经过多级放大电路的电压放大以后，也只是增大了信号电压的变化幅度，要想带负载，还需实现功率放大，因此输出级通常为功率放大级。所谓的功率放大，就是在有较大的电压输出的同时，又要有较大的电流输出。功率放大器强调的是在其允许的失真限度内有尽可能大的输出功率和较高的效率，并能安全可靠地工作。

1. 功率放大电路不同于小信号放大电路的特点

（1）大信号工作状态。为输出足够大的功率，功率放大电路的输出电压、电流幅度都比较大，因此，功率放大管的动态工作范围很大，功率放大管中的电压、电流信号都是大信号状态，一般以不超过其极限参数为限度，在电路分析时采用图解法。

（2）非线性失真问题。由于功率放大管的非线性，功率放大电路又工作在大信号工作状态，必然导致工作过程中会产生较大的非线性失真。输出功率越大，电压和电流的幅度就越大，信号的非线性失真就越严重。因而如何减小非线性失真是功率放大电路的一个重要问题。

（3）提高功率放大电路的效率、降低功率放大管的管耗。从能量转换的观点来看，功率放大电路提供给负载的交流功率是在输入交流信号的控制下将直流电源提供的能量转换成交流能量而来的。因为功率大，所以效率的问题就变得十分重要，否则不仅会带来能源的浪费，还会引起功率放大管的发热而损毁。

2. 功率放大电路的类型

根据三极管静态工作点的位置不同，放大电路可分为甲类、乙类、甲乙类和丙类工作状态，它们的主要特点和用途见表 8-1。

表 8-1　　　　　　　　　　　　几种功率放大电路的比较

类别	工作点位置	电流波形	特点和用途
甲类	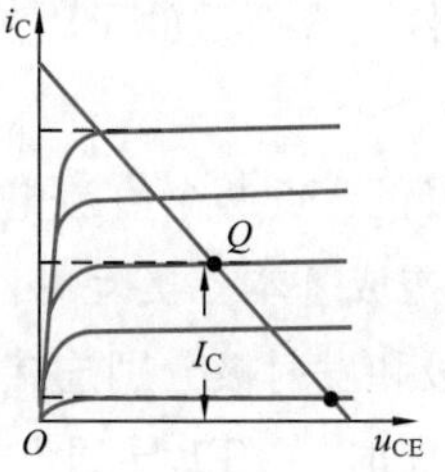	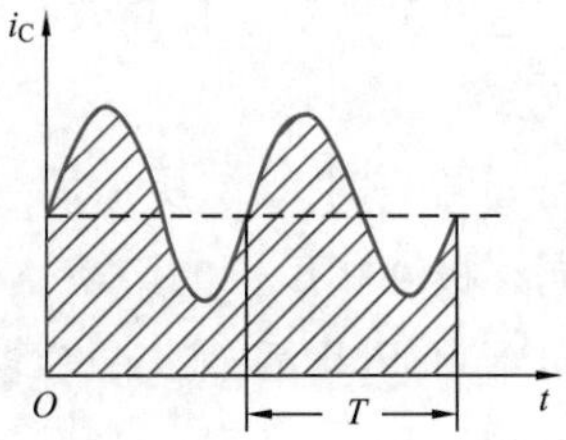	Q 点位于交流负载线的中点附近，管子导通角 $\theta = 2\pi$，静态电流大于 0，管耗大，效率低。用于小信号放大和驱动级
乙类	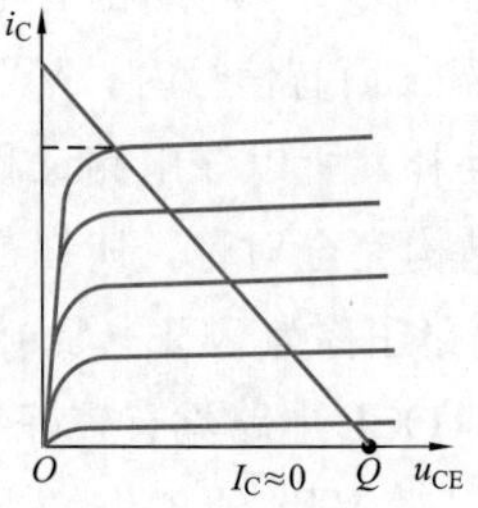	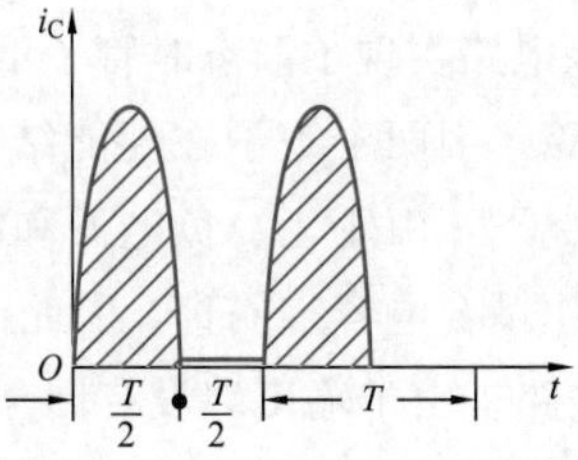	Q 点下移至 $I_C \approx 0$ 处，管子导通角 $\theta = \pi$，静态电流等于 0，效率高。用于功率放大电路
甲乙类	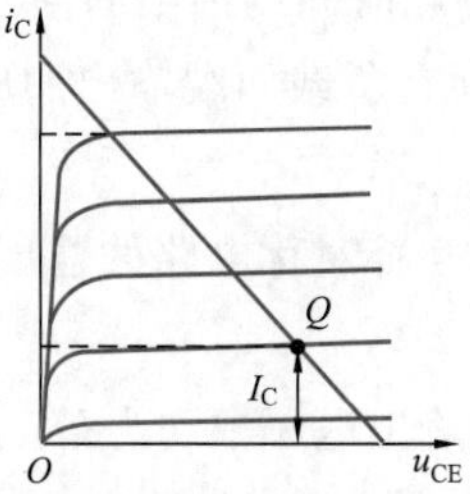	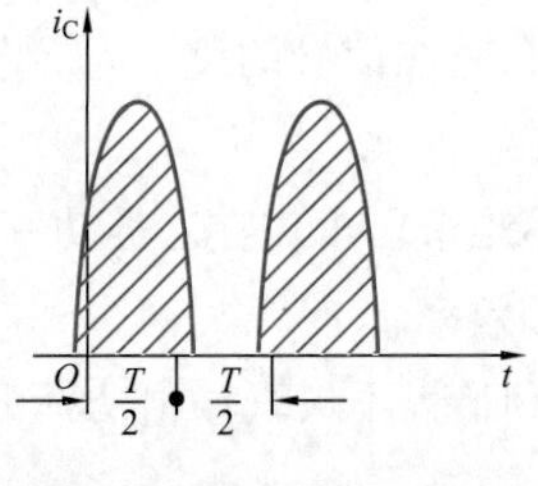	管子导通角 $\pi < \theta < 2\pi$，静态电流很小，可提高效率、减小非线性失真。用于功率放大电路

类别	工作点位置	电流波形	特点和用途
丙类	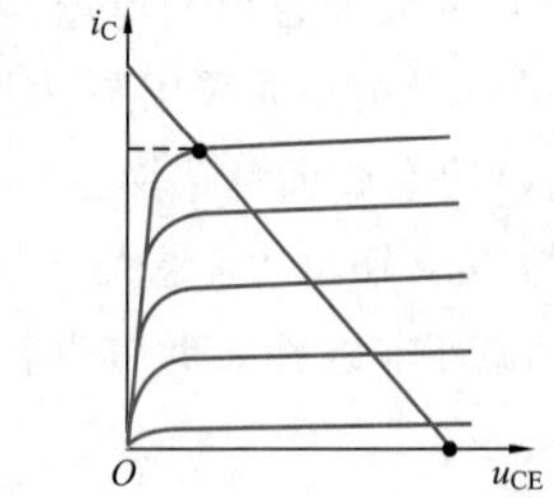	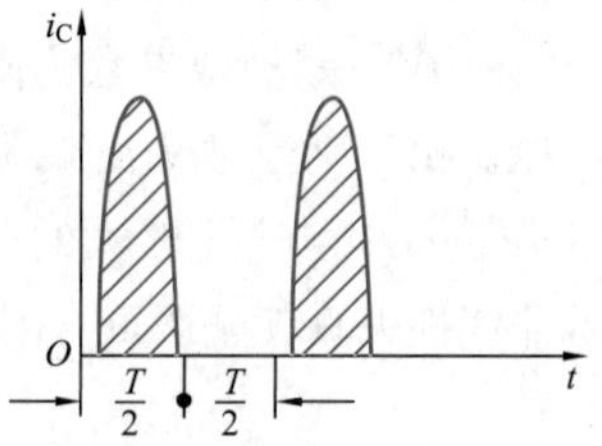	管子导通角 $\theta < \pi$，静态电流等于 0，效率比乙类更高，用于带选频网络的高频大功率输出级和某些振荡电路

由表 8-1 可知，管子的导通时间越短，其功耗越小，效率越高。在相同激励信号作用下，丙类功放集电极电流的流通时间最短，一个周期平均功耗最低，而甲类功放的功耗最高。分析表明，相同输入信号下如果维持输出功率不变，4 类功放的效率大小关系为：甲类 < 甲乙类 < 乙类 < 丙类。

理想情况下，甲类功放的最高效率为 50%，乙类和甲乙类功放的最高效率为 78.5%，丙类功放的最高效率可达 85%～90%。但丙类功率放大要求特殊形式的负载，不适用于低频。低频功率放大器只使用前 3 种工作状态。从表 8-1 中可看出，随着静态工作点的下移，集电极电流波形产生了较严重的截止失真，这样的输出波形显然是不允许的。但通过采取适当的电路结构，可以使这两类电流既保持管耗小的优点，又不至于产生较大的失真，这样就解决了提高效率和非线性失真严重的矛盾。

3. 互补对称放大电路

互补对称放大电路如图 8-34（a）所示，电路采用正、负两个直流电源供电，且这两个直流电源大小相同、极性相反，电路互补对称，构成基本乙类互补对称放大电路。VT1 和 VT2 分别为 NPN 和 PNP 型管，两个管的基极和发射极分别连接在一起，信号从基极输入，从射极输出，R_L 为负载。当 U_i 为正半周时，VT1 导通，VT2 截止；U_i 为负半周时，VT1 截止，VT2 导通，对于负载来说，在整个周期都有电流通过，如图 8-34（b）所示。该电路实现了静态时管子不取电流，而有信号时，VT1、VT2 轮流导通，组成**推挽式电路**。因两个管子在性能结构上互补，所以该电路又称为**互补对称放大电路**。在理想情况下，由于正、负电源和电路结构完全对称，所以静态时输出端的电压为零，不必采用耦合电容来隔直，因此这个电路还称为 OCL（Output Capacitorless，无输出电容）电路。由于输出端没有耦合电容，OCL 电路具有较好的频率特性。

图 8-35 所示为互补对称放大电路在 U_i 为正半周时 VT1 的工作情况。假定只要 $u_{BE} > 0$，VT1 管就开始导电，则在一周期内 VT1 管导电时间约为半周期。VT2 管的工作情况和 VT1 相似，只是在信号的负半周导电，从而在负载两端输出形成一个完整的波形。

根据以上分析，不难求出工作在乙类功率放大的互补对称电路的输出功率、管耗、直流电源供给的功率和效率。

（1）输出功率 P_o 和最大不失真输出功率 P_{om}。设输出电压幅度为 U_{om}，当输入正弦信号时，有

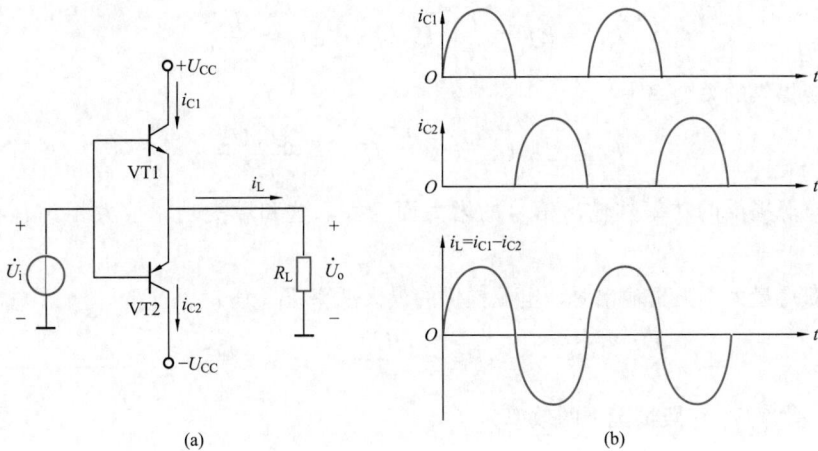

图 8-34 互补对称放大电路

（a）电路图；（b）波形图

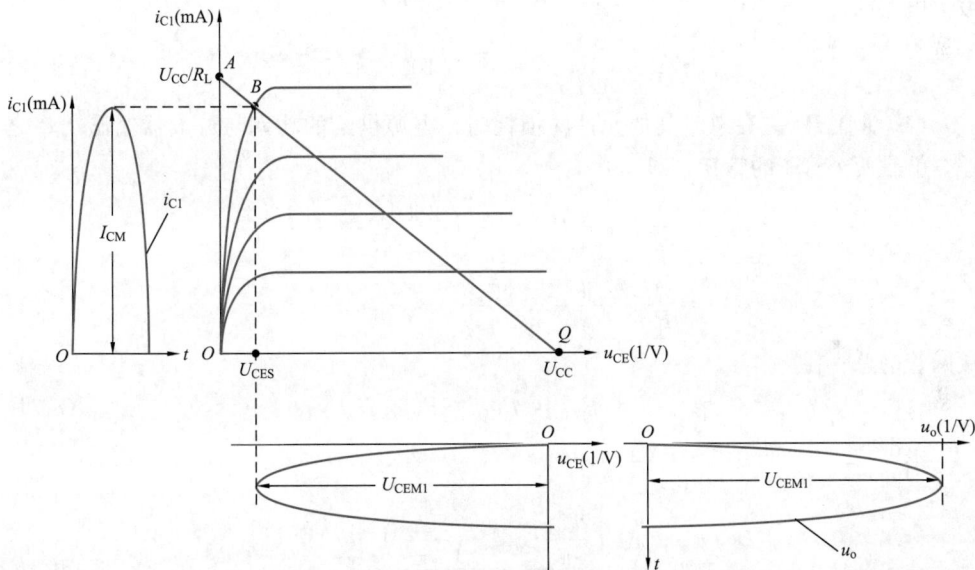

图 8-35 乙类双电源互补对称功率放大电路图解

$$P_{\text{o}} = U_{\text{o}}I_{\text{o}} = \frac{U_{\text{om}}}{\sqrt{2}} \frac{I_{\text{om}}}{\sqrt{2}} = \frac{U_{\text{om}}}{\sqrt{2}} \frac{U_{\text{om}}}{\sqrt{2}R_{\text{L}}} = \frac{1}{2} \frac{U_{\text{om}}^2}{R_{\text{L}}} \tag{8-66}$$

由于本电路由射极输出器组成，在放大区内，$u_{\text{o}} \approx u_{\text{i}}$，因此只要输入信号幅度足够大，使管子导通至 B 点时，忽略功放管的饱和压降，则输出电压幅度近似为电源电压。此时获得了最大输出电压幅度 $U_{\text{omax}} \approx U_{\text{imax}} = U_{\text{CEmax}} \approx U_{\text{CC}}$，最大输出电流幅度 $I_{\text{omax}} = I_{\text{Cmax1}} \approx U_{\text{CC}}/R_{\text{L}}$。所以，最大输出功率为

$$P_{\text{om}} = \frac{1}{2} \frac{U_{\text{omax}}^2}{R_{\text{L}}} \approx \frac{1}{2} \frac{U_{\text{CC}}^2}{R_{\text{L}}} \tag{8-67}$$

（2）直流电源提供的功率 P_{E}。由于 $+U_{\text{CC}}$ 和 $-U_{\text{CC}}$ 每个电源只有半周期供电，因此在一周期内的平均电流为

$$I_{C1} = I_{C2} = \frac{1}{2\pi}\int_0^{\pi} I_{cm}\sin\omega t\, d(\omega t) = \frac{I_{CM}}{\pi} \tag{8-68}$$

两个电源提供的总功率为

$$P_E = 2I_{C1}U_{CC} = 2\frac{I_{CM}}{\pi}U_{CC} = \frac{2U_{CC}U_{om}}{\pi R_L} \tag{8-69}$$

可见，电源提供的功率随输出信号的增大而增大，这和甲类功率放大相比有本质的区别。

当获得最大不失真输出时，电源提供的最大功率 P_{EM} 为

$$P_{EM} = \frac{2U_{CC}^2}{\pi R_L} \tag{8-70}$$

（3）效率 η。一般情况下的效率为

$$\eta = \frac{P_o}{P_E} = \frac{\pi}{4}\frac{U_{om}}{U_{CC}} \tag{8-71}$$

当获得最大不失真输出幅度时，$U_{om} = U_{omax} \approx U_{CC}$，则可得到乙类双电源互补对称功率放大电路的最大效率为

$$\eta_m = \frac{P_{om}}{P_E}\times100\% = \frac{\pi}{4}\times100\% \approx 78.5\% \tag{8-72}$$

（4）管耗 P_{VT}。在忽略其他元件的损耗时，电源供给的功率与放大器输出功率之差，就是两个管子的管耗，即

$$P_{VT1,2} = \frac{1}{2}(P_E - P_o) = \frac{1}{2}\left(\frac{2}{\pi}\frac{U_{om}U_{CC}}{R_L} - \frac{1}{2}\frac{U_{om}^2}{R_L}\right)$$

$$= \frac{1}{R_L}\left(\frac{U_{om}U_{CC}}{\pi} - \frac{U_{om}^2}{4}\right) \tag{8-73}$$

故两管的总管耗为

$$P_{VT} = P_{VT1} + P_{VT2} \tag{8-74}$$

当 $\dfrac{dP_{VT1}}{dU_{om}} = \dfrac{1}{R_L}\left(\dfrac{U_{CC}}{\pi} - \dfrac{U_{om}}{2}\right) = 0$ 时

$$P_{VT1,2m} = \frac{1}{R_L}\left[\frac{\frac{2U_{CC}}{\pi}U_{CC}}{\pi} - \frac{\left(\frac{2U_{CC}}{\pi}\right)^2}{4}\right] = \frac{1}{R_L}\frac{U_{CC}^2}{\pi^2} \tag{8-75}$$

因为 $P_{om} = \dfrac{1}{2}\dfrac{U_{CC}^2}{R_L}$，最大管耗可表示为

$$P_{VT1,2max} = \frac{2}{\pi^2}P_{om} \approx 0.2P_{om} \tag{8-76}$$

当最大管耗发生时，输出功率为

$$P_o = \frac{1}{2}\frac{\left(\frac{2}{\pi}U_{CC}\right)^2}{R_L} \approx 0.4P_{om} \tag{8-77}$$

四、多级放大电路的分析

对于阻容耦合多级放大电路，由于电容的隔直作用，各级电路的静态工作点各自独立、互不影响，因此可以分别计算各自的静态工作点，方法同单级放大电路一样。对于直接耦合多级放大电路，由于前后级之间存在直流通路，因此不能各级独立地分

析静态工作点，在分析具体电路时，为简化计算过程，常常首先找出最容易确定的环节，然后再计算其他各处的静态电压和电流。

【例 8-5】 两级阻容耦合放大电路如图 8-36 所示，试计算电压放大倍数、输入电阻和输出电阻。

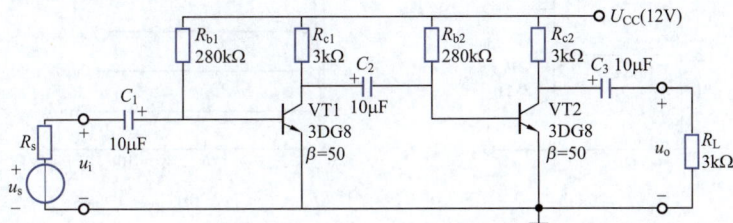

图 8-36　两级阻容耦合放大电路

解：（1）求静态工作点。由于两级放大电路的参数相同，所以两级的静态工作点相同，即

$$I_{BQ} = \frac{U_{CC} - U_{BEQ}}{R_b} = \frac{12 - 0.7}{280} \approx 0.04 \ (\text{mA})$$

$$I_{EQ} \approx I_{CQ} = \beta I_{BQ} = 50 \times 0.04 = 2 \ (\text{mA})$$

$$U_{CEQ} = U_{CC} - I_{CQ} R_c = 12 - 2 \times 3 = 6 \ (\text{V})$$

（2）求输入和输出电阻

$$r_{be1} = r_{be2} = 300 + (1+\beta)\frac{26}{I_{EQ}} = 300 + 51 \times \frac{26}{2} \approx 950 \ (\Omega)$$

$$R_i = R_{i1} = R_{i2} = R_{b1} /\!/ r_{be1} = 280 /\!/ 0.95 \approx 0.95 \ (\text{k}\Omega)$$

$$R_{o1} = R_{c2} = R_{c2} = 3 \ (\text{k}\Omega)$$

（3）求电压放大倍数

$$R_{L1} = R_{c1} /\!/ R_{i2} = 3 /\!/ 0.95 = 0.72 \ (\text{k}\Omega)$$

$$A_{u1} = -\beta \frac{R_{L1}}{r_{be1}} = -50 \times \frac{0.72}{0.95} \approx -38$$

$$R_{L2} = R_{c2} /\!/ R_L = 3 /\!/ 3 = 1.5 \ (\text{k}\Omega)$$

$$A_{u2} = -\beta \frac{R_{L2}}{r_{be2}} = -50 \frac{1.5}{0.95} \approx -79$$

$$A_u = A_{u1} \times A_{u2} = (-38) \times (-79) = 3002$$

习　题

8.1　试画出图 8-37 所示各电路的直流通路和交流通路。设所有电容对交流信号均可视为短路。

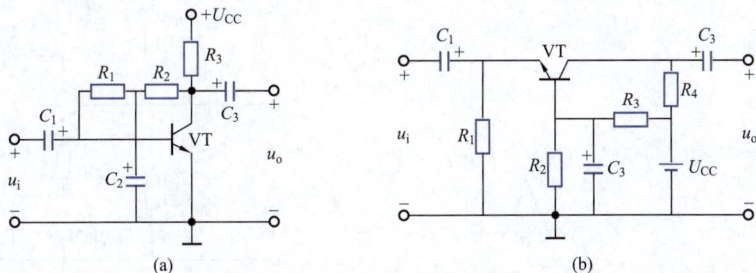

在线测试
自测与练习8

图 8-37　习题 8.1 的图

8.2　电路如图 8-38（a）所示，图 8-38（b）是三极管的输出特性，静态时 $U_{BEQ}=0.7V$。利用图解法分别求出 $R_L=\infty$ 和 $R_L=3k\Omega$ 时的静态工作点和最大不失真输出电压 U_{om}（有效值）。

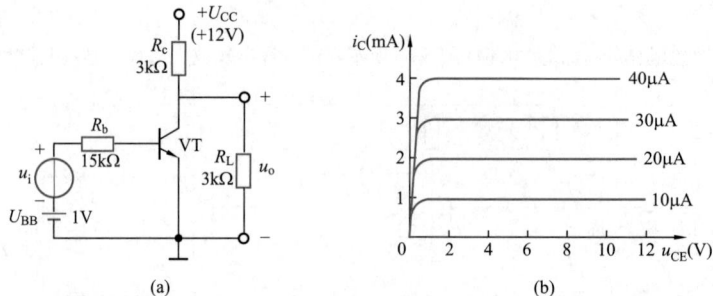

图 8-38　习题 8.2 的图

8.3　电路如图 8-39 所示，已知三极管 $\beta=50$，在下列情况下，用直流电压表测三极管的集电极电位，应分别为多少？设 $U_{CC}=12V$，三极管饱和管压降 $U_{CES}=0.5V$。

①正常情况；②R_{b1} 短路；③R_{b1} 开路；④R_{b2} 开路；⑤R_C 短路。

8.4　电路如图 8-40 所示，已知 $U_{CC}=15V$，$R_B=500k\Omega$，$R_C=5k\Omega$，$R_L=5k\Omega$，$\beta=50$。

（1）试求静态工作点；

（2）试画出微变等效电路；

（3）试求放大倍数、输入电阻、输出电阻。

8.5　在图 8-41 所示电路中，由于电路参数不同，在信号源电压为正弦波时，测得输出波形如图 8-42（a）、（b）、（c）所示，试说明电路分别产生了什么失真，如何消除。

图 8-39　习题 8.3 的图　　　图 8-40　习题 8.4 的图　　　图 8-41　习题 8.5 的图

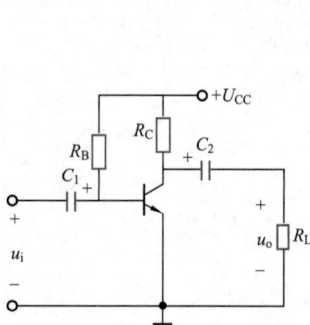

8.6　电路如图 8-43 所示，三极管的 $\beta=100$。

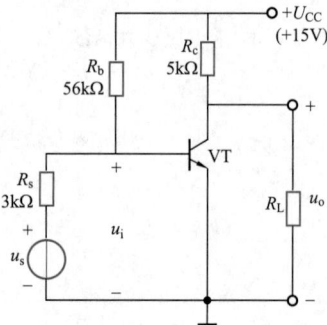

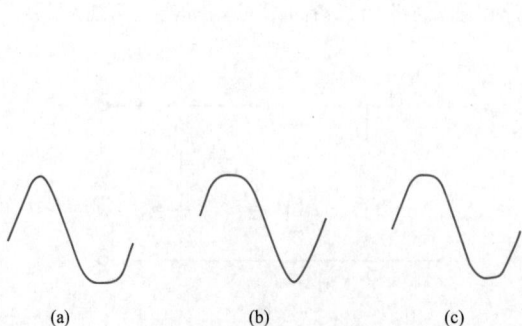

图 8-42　习题 8.5 的图　　　　　　　图 8-43　习题 8.6 的图

（1）试求电路的 Q 点、A_u、输入电阻 R_i 和输出电阻 R_o；

（2）若电容 C_e 开路，则将引起电路的哪些动态参数发生变化？如何变化？

8.7　设图 8-44 所示电路所加输入电压为正弦波。$\beta = 100$，试问：

（1）$A_{u1} = \dot{U}_{o1} / \dot{U}_i$ 的值，$A_{u2} = \dot{U}_{o2} / \dot{U}_i$ 的值。

（2）画出输入电压和输出电压 u_i、u_{o1}、u_{o2} 的波形。

8.8　电路如图 8-45 所示，三极管的 $\beta = 80$，$r_{be} = 1\text{k}\Omega$。

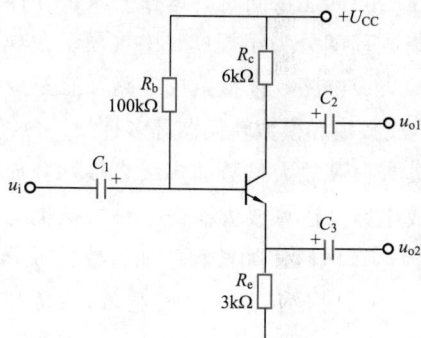

图 8-44　习题 8.7 的图　　　　图 8-45　习题 8.8 的图

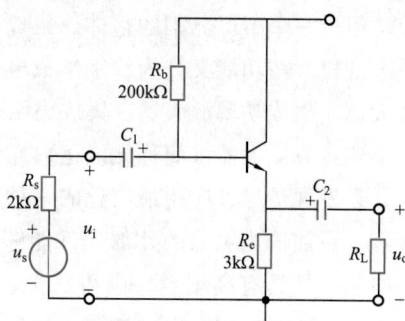

（1）试求出 Q 点。

（2）试分别求出 $R_L = \infty$ 和 $R_L = 3\text{k}\Omega$ 时电路的 A_u 和 r_i。

（3）试求出 r_o。

8.9　如图 8-46 所示为两级交流放大电路，已知 $U_{CC} = 12\text{V}$，$R_{B1} = 30\text{k}\Omega$，$R_{B2} = 15\text{k}\Omega$，$R_{B3} = 20\text{k}\Omega$，$R_{B4} = 10\text{k}\Omega$，$R_{C1} = 3\text{k}\Omega$，$R_{C2} = 2.5\text{k}\Omega$，$R_{E1} = 3\text{k}\Omega$，$R_{E2} = 2\text{k}\Omega$，$R_L = 5\text{k}\Omega$，三极管的 $\beta_1 = \beta_2 = 40$，$r_{be1} = 1.4\text{k}\Omega$，$r_{be2} = 1\text{k}\Omega$。

（1）试画出放大电路的微变等效电路；

（2）试求各级电压放大倍数和总电压放大倍数。

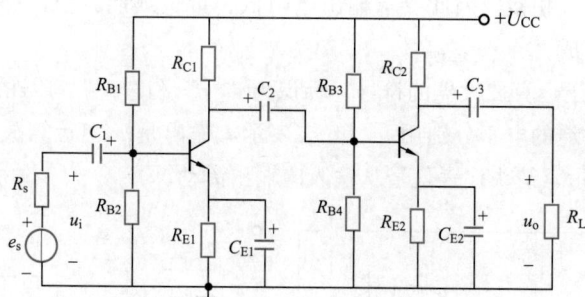

图 8-46　习题 8.9 的图

第九章 集成运算放大器

集成电路是把整个电路的各个元件以及相互之间的连接同时制造在一块半导体芯片上，组成一个不可分割的整体。集成电路按集成程度分为小规模、中规模、大规模和超大规模。按功能又分为数字集成电路和模拟集成电路，模拟集成电路又有集成运算放大器、集成功率放大器、集成稳压电源和集成数模和模数转换器等多种。

集成运算放大器（简称集成运放）是一种具有很高放大倍数的多级直接耦合放大电路，是发展最早、应用最广泛的一种模拟集成电路。运算放大器是一种特殊类型的放大器，添加恰当选取的外部元件能够构成各种运算电路，如放大、加、减、微分和积分电路。其具有高增益、高可靠性、低成本、小尺寸的特点，其增益 A_{uo} 通常高达 $10^4 \sim 10^8$，即 $80 \sim 160dB$❶，其输入电阻 r_i 一般为 $10^5 \sim 10^{11}\,\Omega$，输出电阻 r_o 一般为几十欧至几百欧，共模抑制比 K_{CMR} 可高达 $70 \sim 130dB$。

第一节 概 述

一、集成运算放大器简介

简单的集成运放电路结构如图 9-1 所示。

由图 9-1 可知，集成运放电路由输入级、中间级和输出级构成，输入端分为同相端和反相端。输入级的输入电阻高，能减小零点漂移和抑制干扰信号，都采用带恒流源的差动放大电路；中间级要求电压放大倍数高，常采用带恒流源的共发射极放大电路构成；输出级与负载相接，因此要求输出电阻低、带负载能力强，一般由互补对称电路或射极输出器构成。

图 9-2 中给出了运算放大器的符号。标识为 "一" 和 "＋" 符号的反相输入端和同相输入端，它们对地的电压分别用 u_- 和 u_+ 表示，输出是 u_o。运算放大器的开环电压放大倍数用 A_{uo} 表示，箭头代表信号从输入向输出流动。

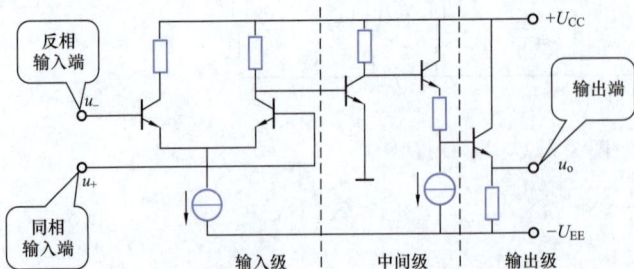

图 9-1 集成运放电路的简单结构

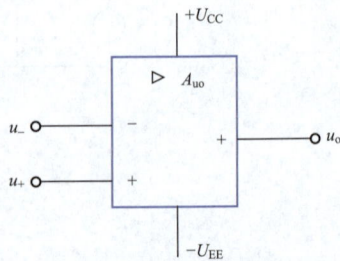

图 9-2 运算放大器的符号

❶ 放大倍数可用对数形式表示，单位为 dB（分贝）：$A_{uo} = 20\lg \left| \dfrac{\dot{U}_o}{\dot{U}_i} \right|$ （dB）。

集成运放电路的电压传输特性曲线如图 9-3 所示，集成运放电路的输出电压 u_o 与两个输入电压之差（$u_+ - u_-$）之间的关系称为电压传输特性，分为线性区（放大区）和非线性区（饱和区）。线性区就是曲线中的斜线部分，斜率是集成运放电路的开环差模电压放大倍数 A_{od}，即 $u_o = A_{od}(u_+ - u_-)$；非线性区是曲线中的水平直线部分，当集成运放电路工作在非线性区时，输出电压只能是正饱和值 $+U_{o(sat)}$ 和负饱和值 $-U_{o(sat)}$，其值接近正负电源电压。

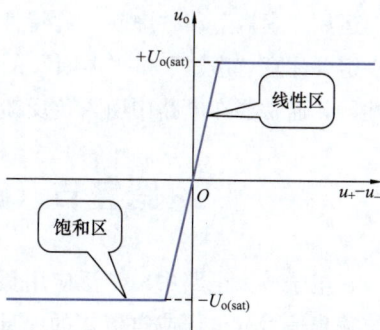

图 9-3　集成运放电路的
电压传输特性曲线

二、理想集成运算放大器

理想集成运算放大器是将集成运放进行理想化，理想化的基本条件是开环差模电压放大倍数 $A_{od} = \infty$，差模输入电阻 $r_{id} = \infty$，输出电阻 $r_o = 0$，共模抑制比 K_{CMRR} 为 ∞。具有无限大开环增益的理想电压放大器，符号如图 9-4 所示。

理想集成运算放大器的电压传输特性如图 9-5 所示。

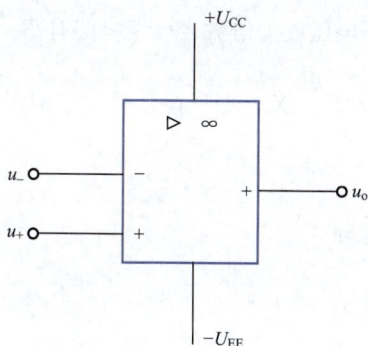

图 9-4　理想集成运算
放大器符号

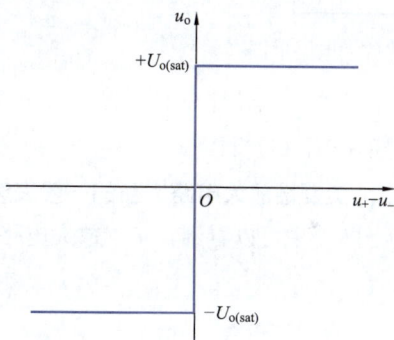

图 9-5　理想集成运算放大电路的
电压传输特性曲线

当运算放大器工作在线性区域时，因为理想运算放大器的开环电压放大倍数为 $A_{od} = \infty$，而 u_o 为有限值，所以 $u_d = u_+ - u_-$ 为有限值，因此可推得 $u_+ = u_-$ 或 $u_d = 0V$，可见在运算放大器的线性应用电路中，运算放大器同相输入端与反相输入端的电位相等，就像短路一样，压差为零。当然这不是真正的短路，而是一种近似，所以称为**"虚短"**。对于实际运算放大器，因 $A_{od} \neq \infty$，同相输入端和反相输入端的电位虽不相等，但也十分接近，其差别在几毫伏，如运算放大器的 $A_{od} = 10^5$，电源电压为 $\pm 15V$，$u_o = \pm 13V$ 时，运算放大器工作在线性区时两输入端的电压差 $u_d \leqslant 0.13mV$，可认为基本符合虚短的条件。当运算放大器的同相端（或反相端）接地时，运算放大器的另一端也相当于接地，称其为**"虚地"**。

由于理想运算放大器的输入电阻 $r_{id} = \infty$，故流入运算放大器同相和反相输入端的电流均可近似为零，就像开路一样。当然运算放大器的输入端不能真正开路，只是因流入运算放大器的电流远小于外电路的电流，故近似看作断路，这一特性称为**"虚断"**。

运用"虚短"和"虚断"的特性，可以大大简化运算放大器应用电路的分析，但是一定要注意"虚短"和"虚断"的使用条件，对于集成运放电路要保证运放工作在线性区，通常要在电路中引入负反馈。

第二节 放大电路中的负反馈

在电子放大电路中，广泛应用负反馈来改善放大电路的工作性能。将放大电路或系统输出信号（电压或电流）的一部分或全部通过某种电路（反馈电路）引回到输入端，这种信号的反向传送过程，称为**反馈**。

一、负反馈电路的一般概念

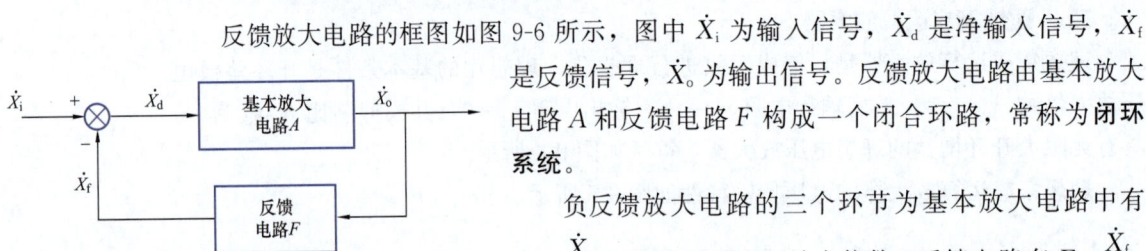

反馈放大电路的框图如图 9-6 所示，图中 $\dot{X}_i$ 为输入信号，$\dot{X}_d$ 是净输入信号，$\dot{X}_f$ 是反馈信号，$\dot{X}_o$ 为输出信号。反馈放大电路由基本放大电路 A 和反馈电路 F 构成一个闭合环路，常称为**闭环系统**。

负反馈放大电路的三个环节为基本放大电路中有 $A_o = \dfrac{\dot{X}_o}{\dot{X}_d}$，$A_o$ 为开环电压放大倍数；反馈电路有 $F = \dfrac{\dot{X}_f}{\dot{X}_o}$，

图 9-6　反馈放大电路框图

F 为反馈系数；比较环节实现 $\dot{X}_d = \dot{X}_i - \dot{X}_f$，净输入 $\dot{X}_d < \dot{X}_i$，即反馈信号起了削弱净输入信号的作用（负反馈）。

二、负反馈放大电路增益的一般表达式

从图 9-6 中可以看到，基本放大电路的放大倍数为

$$A_o = \frac{\dot{X}_o}{\dot{X}_d} \tag{9-1}$$

引入负反馈后，反馈信号与输出信号之比称为反馈系数，即

$$F = \frac{\dot{X}_f}{\dot{X}_o} \tag{9-2}$$

引入负反馈后的净输入信号为

$$\dot{X}_d = \dot{X}_i - \dot{X}_f \tag{9-3}$$

考虑这些因素后的电路放大倍数为

$$A_f = \frac{\dot{X}_o}{\dot{X}_i} = \frac{A_o}{1 + A_o F} \tag{9-4}$$

引入负反馈后的闭环系统放大倍数称为**闭环放大倍数 A_f**。负反馈时 $A_o F$ 为正数，使 $A_f < A_o$。这是因为放大电路引入负反馈后使得净输入信号减小，从而导致输出信号减小，放大倍数降低。放大倍数降低的幅度取决于 $1 + A_o F$ 的大小，$1 + A_o F$ 称为**反馈深度**，其值越大，反馈作用越强，A_f 也就越小。

三、负反馈对放大电路性能的影响

在放大电路中，为了改善放大电路的性能指标，通常采用负反馈技术。

1. 提高放大倍数的稳定性

当外界条件变化时，例如环境温度变化、元件老化、电源电压波动等，都会引起放大倍数的变化。放大倍数的不稳定，将会严重影响放大电路的准确性和可靠性。在引入负反馈后，虽然放大电路输入回路与输出回路之间的放大倍数 A_f 比没有反馈时的基本放大倍数 A_o 降低了 $\dfrac{1}{1+A_oF}$ 倍，但稳定度却提高了。

由 $A_f=\dfrac{A_o}{1+A_oF}$ 可以推导出

$$\frac{\mathrm{d}A_f}{A_f}=\frac{1}{1+A_oF}\frac{\mathrm{d}A_o}{A_o} \tag{9-5}$$

如果在没有负反馈时，基本放大倍数 A_o 的变化相对基本放大倍数的影响为 $\mathrm{d}A_o/A_o$。而在引入了负反馈后，闭环放大倍数的变化相对闭环放大倍数的影响 $\mathrm{d}A_f/A_f$ 就会减少到开环时 $\dfrac{1}{1+A_oF}$ 倍，从而提高了放大电路增益的稳定性。

可见，放大倍数下降至 $\dfrac{1}{1+A_oF}$ 倍，其稳定性提高 $1+A_oF$ 倍。若 $A_oF\gg1$，称为**深度负反馈**，此时 $A_f\approx\dfrac{1}{F}$。在深度负反馈的情况下，闭环放大倍数仅与反馈电路的参数有关。

2. 减小了放大电路的非线性失真

放大电路的非线性失真通常是由放大元件（双极型三极管或场效应管）的非线性特性造成的，随着信号幅度的增大，失真现象将更为明显。此时，即使输入信号是纯正的、正负半周对称的正弦波形，输出波形也将产生非线性失真。以图 9-7 所示非线性失真的开环系统为例，在不加反馈时，由于非线性失真，假设使放大后得到的输出波形成为正半周大，负半周小，输入输出波形的变化如图 9-7（b）所示。

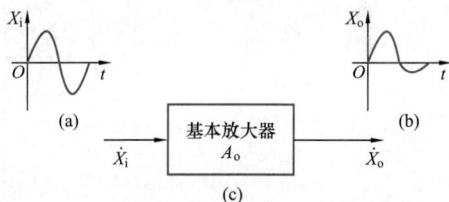

图 9-7　非线性失真的开环系统结构方框图
(a) 输入波形；(b) 输出波形；(c) 结构图

引入负反馈后，如图 9-8 所示，设基本放大电路的增益为 A_o，反馈网络的反馈系数为 F，输入信号波形如图 9-8（a）所示，经过基本放大电路后，假设基本放大电路存在非线性失真，输出波形如图 9-8（b）所示，负半周有显著失真。经过反馈网络，反馈信号与输出信号成正比，反馈信号的波形如图 9-8（c）所示，负半周幅度较小。反馈信号在经过与输入信号进行比较后，放大电路的净输入信号 X_d 为外加输入信号 X_i 与反馈信号 X_f 之差，因此净输入信号 X_d 的波形与反馈前输出的信号变化趋势相反，成为正半周幅度较小，而负半周幅度较大，如图 9-8（d）所示。该信号进入基本放大器后，输出波形如图 9-8（e）所示，可以看出，输出波形正负半周中原来较大的被削弱，较小的被增大，从而使输出信号波形不对称程度得到改善，比较图 9-8（b）和图 9-8（e）所示，可以理解负反馈放大电路减小了非线性失真的原理。

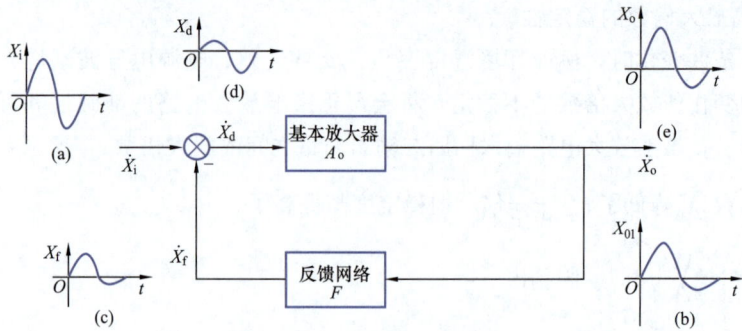

图 9-8　负反馈改善非线性失真的原理图

（a）输入信号波形；（b）非反馈输出信号波形；（c）反馈信号波形；

（d）净输入信号波形；（e）反馈后输出信号波形

3. 展宽通频带

引入负反馈可以使电路的通频带宽度增加，引入负反馈后的频带宽度为

$$BW_f = (1 + A_o F)BW \tag{9-6}$$

可以看出，这是未引入负反馈前的 $(1 + A_o F)$ 倍，有、无负反馈时的通频带比较如图 9-9 所示。

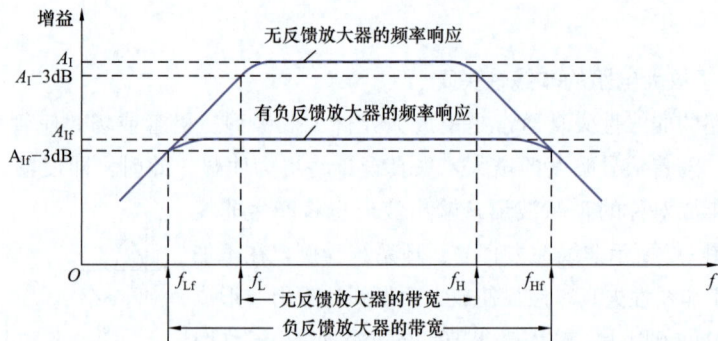

图 9-9　负反馈改善放大器频率响应的示意图

4. 负反馈对输入电阻和输出电阻的影响

引入负反馈后，放大电路的输入电阻和输出电阻都将受到一定的影响，反馈类型不同，这种影响也不同。负反馈对输入电阻的影响取决于反馈电路与放大电路在输入端的连接方式，串联反馈使输入电阻增加，并联反馈使输入电阻减小。负反馈对输出电阻的影响取决于反馈信号取样的是电压信号还是电流信号：若对输出电压取样，则使输出电阻减小，使输出电压更加稳定；若对输出电流取样，则使输出电阻增大，使输出电流更加稳定。

第三节　基本运算电路

一个运算放大器连接上外部元件，就得到一个运算放大电路。最基本的运算放大电路是反相、同相和缓冲放大器。集成运算放大器与外部电阻、电容、半导体器件等

构成闭环电路后，能对各种模拟信号进行比例、加法、减法、微分、积分、对数、反对数、乘法和除法等运算。运算放大器工作在线性区时，通常要引入深度负反馈，所以它的输出电压和输入电压的关系基本决定于反馈电路和输入电路的结构和参数，而与运算放大器本身的参数关系不大。改变输入电路和反馈电路的结构形式，就可以实现不同的运算。利用"虚短"和"虚断"的概念来分析各种运算电路将十分简便。

一、反相放大器

反相放大器的电路如图 9-10 所示，从图中可以得到，输入信号加在运算放大器的反相输入端，而反馈电阻 R_f 由输出端接到反相输入端。运算放大器的同相端接地电位。

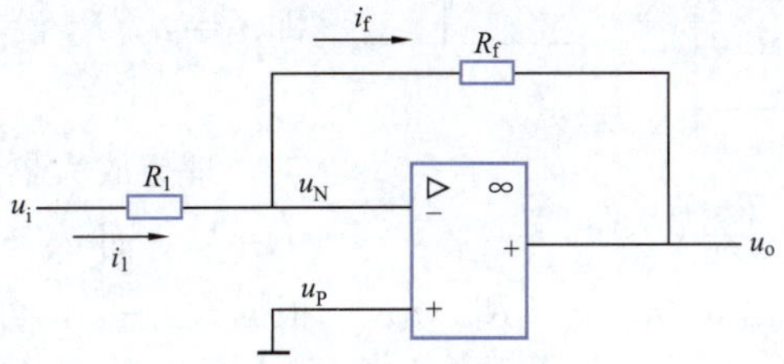

图 9-10　反相放大器电路

根据理想运算放大器的定义可知，运算放大器的输入端不从信号源取电流，因此 R_1 上的电流全部流入 R_f，有 $i_1 = i_f$，即运算放大器的"虚断"的概念。在线性应用时理想运算放大器的两个输入端电位相等，因此运放的反相输入端也是地电位，有 $u_+ = u_- = 0$，即"虚短"。

电压增益为

$$A_u = \frac{u_o}{u_i} \qquad (9-7)$$

不难得到

$$u_o - u_N = -i_f R_f \qquad (9-8)$$

而 $u_P = u_N = 0$，可推得

$$u_o = -i_f R_f \qquad (9-9)$$

同时

$$u_i - u_N = i_1 R_1 \qquad (9-10)$$

因 $u_P = u_N = 0$，可推得

$$u_i = i_1 R_1 \qquad (9-11)$$

代入式（9-7）得

$$A_u = \frac{u_o}{u_i} = \frac{-i_f R_f}{i_1 R_1} = -\frac{R_f}{R_1} \qquad (9-12)$$

从式（9-12）可以看出，反相放大器的电压增益只和电路中的两个电阻有关，而与运算放大器内部电路完全无关。因此可见，这个电路的电压增益不受运算放大器内部电路中的参数变化的影响。还可得出，输出电压和输入电压相位相反，即若输入电压为正时，输出电压为负，因此称为**反相放大器**。

因为理想运算放大器的同相输入端接地电位，R_1 上的电压就等于 u_i，所以反相放大器的输入电阻为

$$R_i = \frac{u_i}{i_1} = R_1 \qquad (9-13)$$

如果是理想运算放大器，则放大器的输出电阻为零，即

$$R_o = 0 \tag{9-14}$$

二、同相放大器

同相放大器的原理图如图 9-11 所示。同相放大器与反相放大器的不同之处在于输入信号的接入位置；相同之处为反馈电阻 R_f 由输出端接到反相输入端。

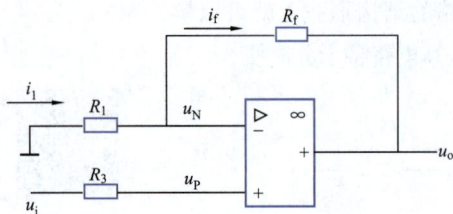

图 9-11 同相放大器电路

由于理想放大器的输入端不从信号源取电流（虚断），即 $i_1 = i_f$，R_3 没有电流，所以

$$u_i = u_P \tag{9-15}$$

理想放大器的两个输入端的端电压相等（虚短），即 $u_P = u_N$，而 $u_N - 0 = -i_1 R_1$，所以 $u_i = u_P = u_N = -i_1 R_1$。可写出 $0 - u_o = -i_1 R_1 - i_f R_f$，根据式 $i_1 = i_f$，可推得

$$0 - u_o = i_1 R_1 + i_f R_f = i_1(R_1 + R_f) \tag{9-16}$$

将以上结论代入式（9-7）得

$$A_u = \frac{u_o}{u_i} = \frac{-i_1(R_1 + R_f)}{-i_1 R_1} = 1 + \frac{R_f}{R_1} \tag{9-17}$$

从式（9-17）可知，同相放大器的电压增益一定大于1，而且输出电压和输入电压的相位相同。从图 9-11 中可知在理想状态下同相放大器的输入电阻为无穷大，输出电阻为零。

三、电压跟随器

由式（9-17）可以推导出当 $R_1 = \infty$ 且 $R_f = 0$ 时，$u_o = u_i$，$A_u = 1$，称为**电压跟随器**。电压跟随器是同相放大器的一种特例。由运算放大器构成的电压跟随器输入电阻高、输出电阻低，其跟随性能比射极输出器更好，电路如图 9-12 所示。

四、加法电路

加法电路就是为了实现两个或两个以上模拟量的加法运算。它的输入信号有两种输入方式：一种是输入信号都加在运算放大器的反相输入端，称**反相加法运算电路**；另一种是输入信号都加在运算放大器的同相输入端，称**同相加法运算电路**。

1. 反相加法运算电路

首先来讨论第一种情况，如图 9-13 所示。

视频
电压跟随器结构和性能分析

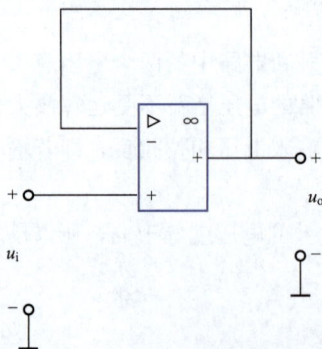

图 9-12 电压跟随器电路

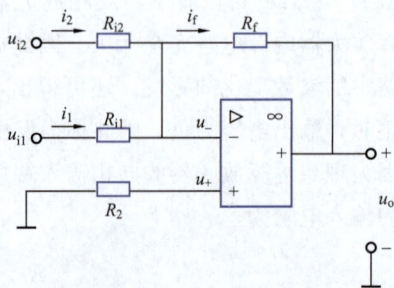

图 9-13 反相加法运算电路

此电路接成反相放大器，利用虚短的概念，得到 $u_- = u_+ = 0$。对于反相输入端来说，利用虚断的概念，流入的电流为 0，所以电阻 R_{i1} 和 R_{i2} 上的电流都流向 R_f，可写出反相输入节点电流方程

$$i_1 + i_2 = i_f \tag{9-18}$$

将 i_1、i_2、i_f 的表达式分别列出，代入式（9-18）得

$$\frac{u_{i1}}{R_{i1}} + \frac{u_{i2}}{R_{i2}} = \frac{-u_o}{R_f} \tag{9-19}$$

则加法运算表达式为

$$u_o = -\left(\frac{R_f}{R_{i1}} u_{i1} + \frac{R_f}{R_{i2}} u_{i2} \right) \tag{9-20}$$

若 $R_{i1} = R_{i2} = R_f$，则式（9-20）变为

$$u_o = -(u_{i1} + u_{i2}) \tag{9-21}$$

从式（9-21）可以看出电路的功能是实现输入信号的加法，当然这时的输出电压是反相的，可以再加一级反相器，消去负号，就能实现完全符合常规的算术加法。加法电路还可以扩展为多个输入电压相加。

反相加法运算电路具有输入电阻低、共模电压低的特点，当改变某一路输入电阻时，对其他路无影响。

2. 同相加法运算电路

若将输入电压加在运放的同相输入端，则构成**同相加法运算电路**，如图 9-14 所示。可以运用叠加定理进行分析，分别计算出由于 u_{i1} 和 u_{i2} 产生的输出电压，然后再求出 u_o。

根据叠加定理，u_{i1} 单独作用（$u_{i2} = 0$）时

$$u_+' = \frac{R_{i2}}{R_{i1} + R_{i2}} u_{i1} \tag{9-22}$$

由此引起的输出电压 u_o' 为

$$u_o' = \left(1 + \frac{R_f}{R_1} \right) u_+' = \left(1 + \frac{R_f}{R_1} \right) \frac{R_{i2}}{R_{i1} + R_{i2}} u_{i1} \tag{9-23}$$

同理可得 u_{i2} 单独作用时的输出电压 u_o'' 为

$$u_o'' = \left(1 + \frac{R_f}{R_1} \right) \frac{R_{i1}}{R_{i1} + R_{i2}} u_{i2} \tag{9-24}$$

求和得到同相加法器的输出电压表达式

$$u_o = \left(1 + \frac{R_f}{R_1} \right) \left(\frac{R_{i2}}{R_{i1} + R_{i2}} u_{i1} + \frac{R_{i1}}{R_{i1} + R_{i2}} u_{i2} \right) \tag{9-25}$$

同相加法运算电路具有输入电阻高、共模电压高的特点，但是当改变某一电路输入电阻时，对其他电路有影响。

五、减法电路

利用差分放大电路来实现减法运算的电路如图 9-15 所示。

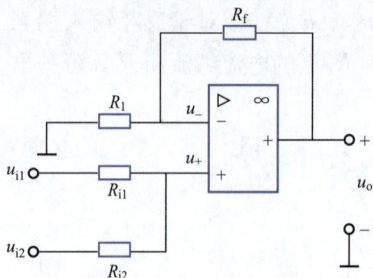

图 9-14 同相加法运算电路

图 9-15 减法运算电路

从电路上看它是反相输入和同相输入相结合的放大电路。在理想状态下，电路存在虚短现象，$u_i = 0$；同时由于虚断，所以 $i_1 = 0$。

由此可列出下列方程

$$\frac{u_{i1} - u_N}{R_1} = \frac{u_N - u_o}{R_f} \tag{9-26}$$

$$\frac{u_{i2} - u_P}{R_2} = \frac{u_P}{R_3} \tag{9-27}$$

由于 $u_P = u_N$，代入上述方程解得

$$u_o = \left(1 + \frac{R_f}{R_1}\right)\left(\frac{R_3}{R_2 + R_3}\right)u_{i2} - \frac{R_f}{R_1}u_{i1} \tag{9-28}$$

在式（9-28）中，若电阻值满足 $R_f/R_1 = R_3/R_2$ 的关系，输出电压可简化为

$$u_o = \frac{R_f}{R_1}(u_{i2} - u_{i1}) \tag{9-29}$$

即输出电压 u_o 与两输入电压之差成比例。

六、积分电路

积分电路如图 9-16 所示。

由于运算放大器的同相输入端接地，因此反相端也是地电位（虚短）。由于理想运算放大器没有电流流入，所以电阻 R_1 上的电流和电容 C 上的电流相等，即

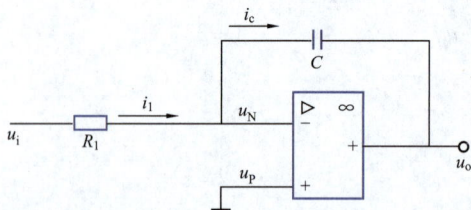

图 9-16 积分运算电路

$$i_C = i_1 = \frac{u_i}{R_1} \tag{9-30}$$

若电容上的初始电压为零，则输出电压为

$$u_o = -u_c = -\frac{1}{C}\int i_c \, dt \tag{9-31}$$

将式（9-30）代入式（9-31）得

$$u_o = -u_c = -\frac{1}{C}\int \frac{u_i}{R_1} \, dt \tag{9-32}$$

整理后得

$$u_o = -\frac{1}{R_1 C}\int u_i \, dt \tag{9-33}$$

因此，输出电压和输入电压之间的关系是积分运算关系。

【例 9-1】　如图 9-16 所示的积分电路，$R_1 = 10\text{k}\Omega$，$C = 0.1\mu\text{F}$，电容的初始电压为零，积分电路的输入信号为图 9-17 所示方波信号，方波的周期为 2ms，幅值为 6V。试画出输出电压的波形图。

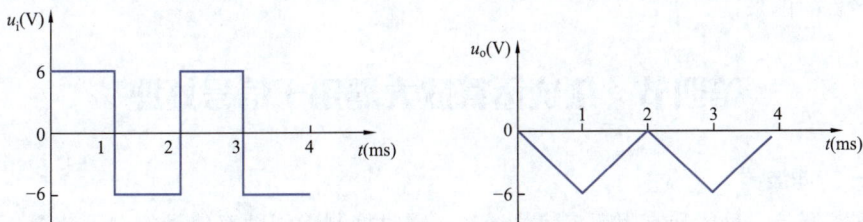

图 9-17　积分电路的输入电压和输出电压波形

解： 由积分电路输出电压和输入电压之间的关系可求出 1ms 处的输出电压值为

$$u_o = -\frac{1}{R_1 C} \int u_i \, \mathrm{d}t$$

$$= -\frac{1}{10 \times 10^3 \times 0.1 \times 10^{-6}} \int 6 \mathrm{d}t$$

$$= -6 \; (\text{V})$$

1～2ms 之间的输入电压是 -6V，且 1ms 处的输出电压值为 -6V，因此可以求出 2ms 处的输出电压值为

$$u_o = -6 - \frac{1}{R_1 C} \int u_i \, \mathrm{d}t$$

$$= -6 - \frac{1}{10 \times 10^3 \times 0.1 \times 10^{-6}} (-6) \times 1 \times 10^{-3}$$

$$= 0 \; (\text{V})$$

积分电路可用来作为显示器的扫描电路及模数转换器或数学模拟运算器。

七、微分电路

微分电路如图 9-18 所示。据虚短和虚断的概念，可得

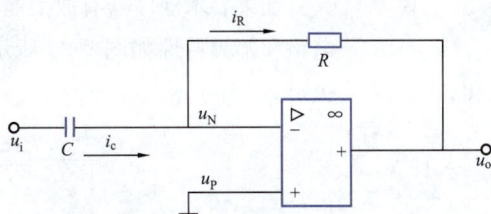

图 9-18　微分运算电路

$$i_c = i_R = C \frac{\mathrm{d}u_i}{\mathrm{d}t} \qquad (9\text{-}34)$$

输出电压可以写成

$$u_o = -i_R R = -CR \frac{\mathrm{d}u_i}{\mathrm{d}t} \qquad (9\text{-}35)$$

不难看出，输出电压是输入电压的微分。

微分电路的应用是很广泛的，在线性系统中，除了可以作微分运算外，常在数字电路中用来作波形变换，例如将矩形波变换为尖顶脉冲波。

以上分析了加法、减法、积分、微分等运算电路，在这些电路中，除运算放大器外，还利用了其他元件（电容、电感、电阻）的串联或并联，以实现模拟量的不同的数学运算。在自动控制系统中，比例—积分—微分运算经常用来组成 PID 调节器；在

常规调节中，比例运算、积分运算常用来提高调节精度，而微分运算则用来加速过渡过程。

利用运算放大电路还可以组成对数、指数和乘法等多种运算电路，这也是运算放大器名称的由来。

第四节　集成运算放大器用于信号处理

一、滤波器

滤波器是一种能让有用频率信号通过，同时抑制无用频率信号的电子装置，即对频率进行选择的电路。由电阻、电容和电感组成的滤波器叫作**无源滤波器**，它的缺点是低频时体积大，很难做到小型化。自集成运算放大器迅速发展以来，由运算放大器和电阻、电容组成的有源滤波电路，具有不用电感、体积小、效率高、频率特性好等优点，此外还具有一定的电压放大和缓冲作用，得到了广泛的应用。

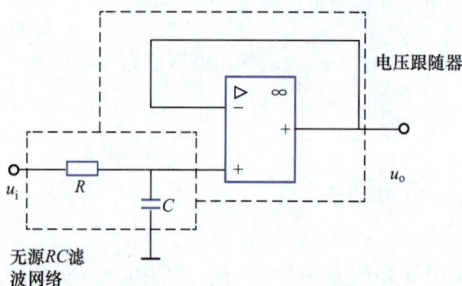

实验视频
集成运算放大
电路实验

图 9-19　一阶有源滤波电路

一阶有源滤波器电路如图 9-19 所示，图中的滤波电路可看成由两部分组成：一部分是电阻和电容组成的无源低通滤波器；另一部分是运算放大器组成的电压跟随器。由于电压跟随器的输入阻抗很高、输出阻抗很小，因此其带负载能力很强。

如果要求滤波器有放大能力，也可将运算放大器接成同相放大器的形式。相应的电路和幅频特性如图 9-20 所示。电路的频率响应特性主要由电阻、电容组成的电路决定。

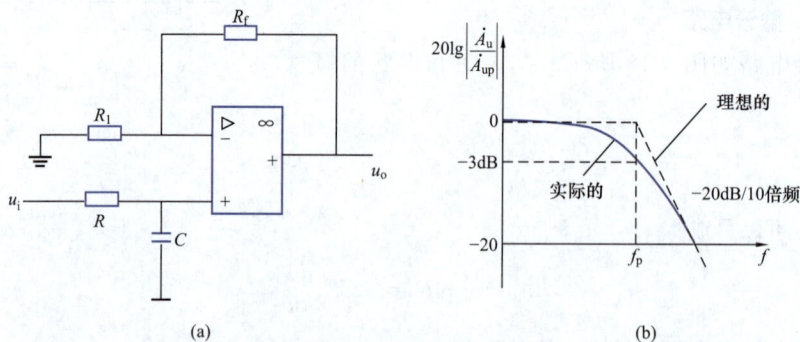

图 9-20　具有放大功能的一阶低通有源滤波电路

（a）电路结构；（b）频率响应

电路的电压放大倍数有

$$A_{u} = \frac{\dot{U}_{o}}{\dot{U}_{i}} = \left(1 + \frac{R_{f}}{R_{1}}\right)\frac{1}{1 + j\omega RC} \tag{9-36}$$

令 $f_0 = \dfrac{1}{2\pi RC}$ 得电压放大倍数为

$$A_u = \frac{\dot{U}_o}{\dot{U}_i} = \left(1 + \frac{R_f}{R_1}\right)\frac{1}{1 + \mathrm{j}\dfrac{f}{f_0}} \tag{9-37}$$

当 $f = 0$ 时，得通频带内的放大倍数为

$$A_{up} = \frac{\dot{U}_o}{\dot{U}_i} = 1 + \frac{R_f}{R_1} \tag{9-38}$$

即通频带内的电压增益。

当 $f = f_0$ 时，$A_u = \dfrac{A_{up}}{\sqrt{2}} \approx 0.707 A_{up}$，即当信号的频率增加 f_0，它的幅值将衰减到 $f = 0$ 时的 0.707 倍，故通频带的截止频率为 $f_p = f_0$。当 $f \gg f_p$ 时，信号按 $-20\mathrm{dB}$ 每 10 倍频的斜率下降。

由于一阶有源滤波电路的滤波效果不好，在通带以外幅频特性以 $-20\mathrm{dB}$ 每 10 倍频衰减，衰减速度太慢，所以在实际应用中，一般都要采用高阶滤波器电路。高阶滤波器电路一般是由多个一阶和二阶滤波器电路组成的。

二、比较器

电压比较器用来比较输入信号与参考电压的大小。当两者幅度相等时输出电压产生跃变，由高电平变成低电平，或者由低电平变成高电平，由此来判断输入信号的大小和极性。电压比较器常用于数模转换、数字仪表、自动控制和自动检测等技术领域，以及波形产生和变换等场合。

比较器是运算放大器在开环状态下的一种应用。运算放大器的开环电压增益很大，因此，当运算放大器的两个输入端电压不同时，运算放大器的输出端电压为正向最大值或反向最大值。当运算放大器输入端的信号电压由小到大变化或由大到小变化，且运算放大器的两个输入端电压相等时，运算放大器输出翻转。翻转的条件是当 $u_+ > u_-$ 时，输出为正向饱和电压，即 $u_o = +U_{o(sat)}$；当 $u_+ < u_-$ 时，输出为反向饱和电压，即 $u_o = -U_{o(sat)}$。

单限电压比较器也称为**单门限比较器**，当 u_i 单方向变化时，u_o 只变化一次，如图 9-21 所示。参考电压 U_R 加在同相输入端，它是一个固定的电压，可以是正电压也可以是负电压。信号电压 u_i 加在运算放大器的反相输入端，当 $u_i > U_R$ 时，放大器的输出电压就会达到负的最大值；当 $u_i < U_R$ 时，放大器的输出电压就会达到正的最大值。单限电压比较器的传输特性如图 9-21（b）所示。

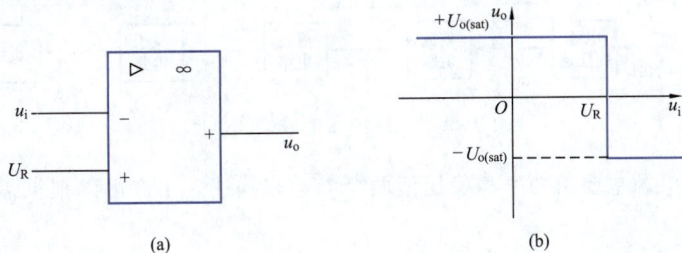

图 9-21　单限电压比较器

（a）电路；（b）传输特性

图 9-22 所示为单限电压比较器的一个特例，称为**过零比较器**。它的参考电压 U_R 等于零。

图 9-23 所示为过零比较器的一种应用。当输入电压为正弦波时，运算放大器的同相输入端的电位为零，也就是输入信号和零电位比较。当输入信号是正弦波的正半周时，运算放大器的输出电压为负的最大值；当输入信号为正弦波的负半周时，运算放大器的输出电压为正的最大值。这样过零比较器将正弦波变成了方波，实现了波形转换。

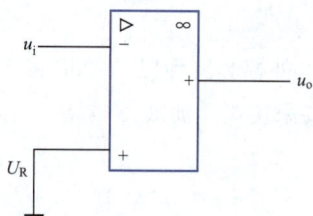

图 9-22　过零比较器

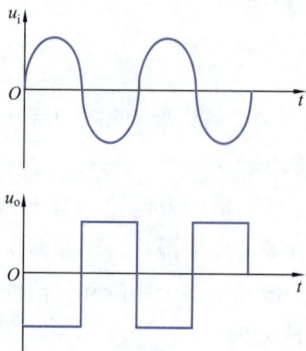

图 9-23　过零比较器的输入/输出特性

除此以外，集成运算放大器在信号处理方面还可用于采样保持电路、信号发生器等，例如用于正弦波、方波、锯齿波等信号波形的产生。

第五节　直流稳压电源

一般电子设备所需的直流稳压电源都是由电网中的 50Hz、220V 交流电转化而来的。图 9-24 所示为线性直流稳压电源的结构框图。可见 50Hz、220V 交流电经变压器变压后，被由二极管组成的电路整流成脉动的直流电，再经滤波网络平滑成有一定纹波的直流电压。对于性能要求不高的电子电路，滤波后的直流电压就可以应用，但对于稳压性能要求较高的电子电路，可在滤波后再加一级集成稳压环节，这样加到负载上的直流电压纹波就非常低了。

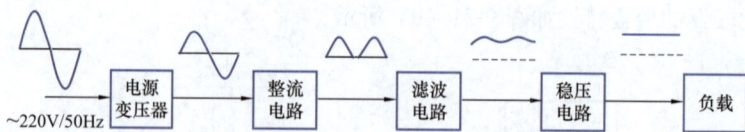

图 9-24　直流稳压电源结构框图

直流稳压电源主要由功率和稳压值两个参数来描述。用户可以根据需要来选择合适的稳压电源。

一、整流电路

整流电路的作用是将交流电变换成单方向的直流电。整流电路种类较多，按整流元件的类型不同，分二极管整流和三极管整流；按交流电源的相数不同，分单相和多相整流；按流过负载的电流波形不同，分半波和全波整流；按输出电压相对于电源变压器二次电压的倍数不同，分一倍压、二倍压及多倍压整流等。

（一）单相半波整流电路

单相半波整流电路是一种最简单的整流电路，电路组成如图 9-25 所示。设二极管 VD 为理想二极管，R_L 为纯电阻负载。

1. 工作原理

设 $u_2 = \sqrt{2}U_2 \sin\omega t$，其中 U_2 为变压器二次电压有效值。在 $0 \sim \pi$ 时间内，即在 u_2 的正半周内，变压器二次电压是上端为正、下端为负，二极管 VD 承受正向电压而导通，此时有电流流过负载，并且和二极管上电流相等，即 $i_o = I_D$。忽略二极管上压降，负载上输出电压 $u_o = u_2$，输出波形与 u_2 相同。在 $\pi \sim 2\pi$ 时间内，即在 u_2 负半周内，变压器二次绕组的上端为负，下端为正，二极管 VD 承受反向电压，此时二极管截止，负载上无电流流过，输出电压 $u_o = 0$，此时 u_2 全部加在二极管 VD 上。其电路波形如图 9-26 所示。

2. 主要参数

（1）输出电压平均值 U_{oAV}。将图 9-26 所示的输出电压 u_o 用傅里叶级数展开得

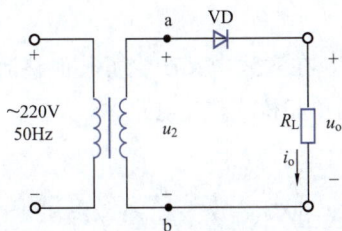

图 9-25 单相半波整流电路

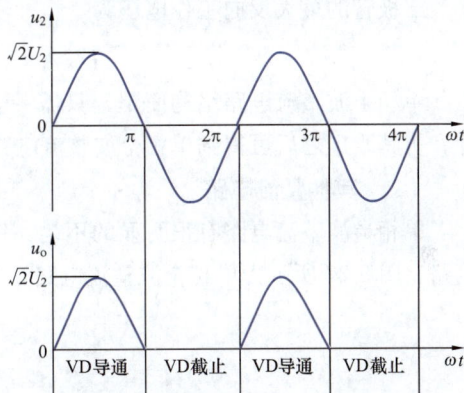

图 9-26 单相半波整流电路波形

$$u_o = \sqrt{2}U_2 \left(\frac{1}{\pi} + \frac{1}{2}\sin\omega t - \frac{2}{3\pi}\cos2\omega t - \frac{2}{15\pi}\cos4\omega t - \cdots \right) \tag{9-39}$$

其中的直流分量即为输出电压平均值 U_{oAV}，即

$$U_{oAV} = \frac{\sqrt{2}}{\pi}U_2 \approx 0.45U_2 \tag{9-40}$$

U_{oAV} 越高，表明整流电路性能越好。

（2）输出电流平均值 I_{oAV}。流经二极管的电流等于负载电流，则有

$$I_{oAV} = \frac{U_{oAV}}{R_L} \approx \frac{0.45U_2}{R_L} \tag{9-41}$$

单相半波整流优点是电路简单，使用元件少；缺点是变压器利用率和整流效率低，

输出电压脉动大，所以单相半波整流仅用在小电流且对电源要求不高的场合。

（3）二极管承受的最高反向峰值电压 U_{RM}。在 u_2 的负半周时，二极管截止，$u_D = u_2$，因此

$$U_{RM} = \sqrt{2}U_2 \tag{9-42}$$

（4）输出电压脉动系数 S。由式（9-39）可见，除直流分量外，u_o 还有不同频率的谐波分量。如第二项为基波，第三项为二次谐波，它们反映了 u_o 的起伏或者说脉动程度。其中基波峰值与输出电压平均值之比定义为输出电压的脉动系数 S，则半波整流电路的脉动系数为

$$S = \frac{\sqrt{2}U_2/2}{\sqrt{2}U_2/\pi} \approx 1.57 \tag{9-43}$$

S 越小，表明输出电压的脉动越小，整流电路性能越好。

单相半波整流电路的选管原则是根据二极管的电流 I_F 和二极管所承受的最大反向峰值电压 U_{RM} 进行选择，即二极管的最大整流电流为

$$I_F \geqslant I_{oAV} = \frac{0.45U_2}{R_L} \tag{9-44}$$

二极管的最大反向工作电压为

$$U_R \geqslant U_{RM} = \sqrt{2}U_2 \tag{9-45}$$

单相半波整流电路结构简单，只需一个整流二极管，但输出电压脉动大，平均值低。将其改进之后可得到单相全波整流电路。

（二）其他整流电路

单相半波整流电路有很明显的不足，针对这些不足，在实践中又产生了其他整流电路。图 9-27 所示为单相全波整流电路，图 9-28 所示为单相桥式整流电路。

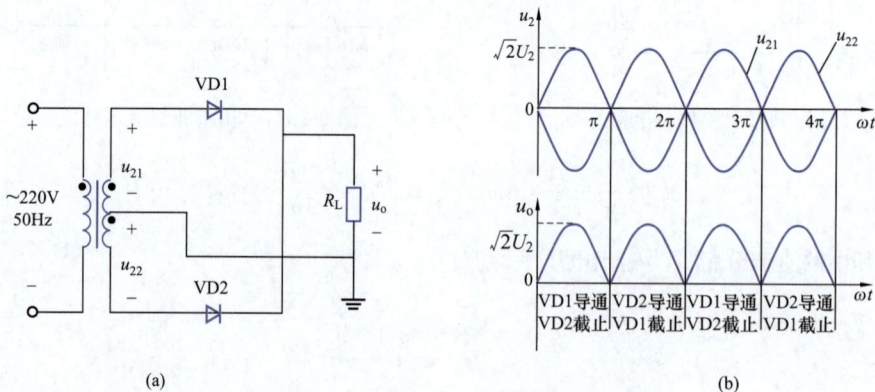

图 9-27　单相全波整流电路

（a）电路图；（b）电压波形

表 9-1 对这三种整流电路的输出电压平均值、输出电压脉动系数、流过二极管的正向电流和二极管的反向电压进行了比较。

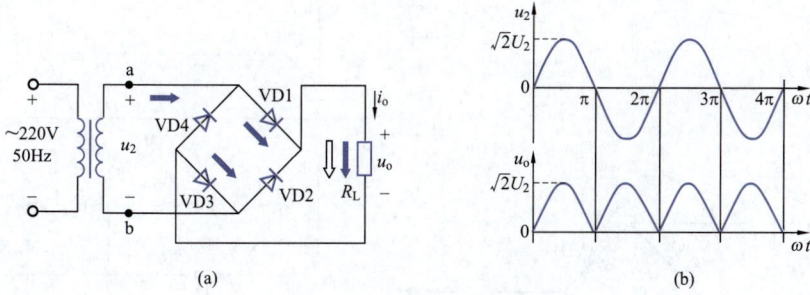

图 9-28　单相桥式整流电路

（a）电路图；（b）电压波形

表 9-1　　　　　　　　　三种整流电路主要参数对比

电　　路	U_o	S	I_D	U_D
单相半波	$0.45U_2$	1.57	$\dfrac{0.45U_2}{R_L}$	$\sqrt{2}U_2$
单相全波	$0.9U_2$	0.67	$\dfrac{0.45U_2}{R_L}$	$2\sqrt{2}U_2$
桥式全波	$0.9U_2$	0.67	$\dfrac{0.45U_2}{R_L}$	$\sqrt{2}U_2$

二、滤波电路

经过整流后，输出电压在方向上没有变化，但输出电压波形仍然保持输入正弦波的波形。输出电压起伏较大，为了得到平滑的直流电压波形，必须采用滤波电路，以改善输出电压的脉动性。常用的滤波电路有电容滤波、电感滤波、LC 滤波和 π 型滤波。这里重点介绍电容滤波电路。

最简单的电容滤波是在负载 R_L 两端并联一只较大容量的电容器，电路如图 9-29所示。

空载时 $R_L \to \infty$，设电容 C 两端的初始电压 u_C 为零。接入交流电源后，当 u_2 在正半周时，VD1、VD2 导通，u_2 通过 VD1、VD2 对电容充电；当 u_2 为负半周时，VD3、VD4 导通，u_2 通过 VD3、VD4 在电容充电。由于充电回路等效电阻很小，所以充电很快，电容 C 迅速被充到交流电压 u_2 的最大值 $\sqrt{2}U_2$。此时二极管的正向电压始终小于或等于零，二极管截止，电容不可能放电，故输出电压 u_o 恒为 $\sqrt{2}U_2$，其波形如图 9-30（a）所示。

当接入负载后，前半部分和负载开路时相同，当 u_2 从最大值下降时，电容通过负载 R_L 放电，放电的时间常数为

$$\tau = R_L C \tag{9-46}$$

在 R_L 较大时，τ 的值比充电时的时间常数大。u_o 按指数规律下降，当 u_2 的值再增大后，电容继续充电，同时也向负载提供电流，电容上的电压仍会很快地上升。输出电压 u_o 和二极管上的电流 i_D 分别如图 9-30（b）和图 9-30（c）所示。

这样不断地进行，在负载上得到比无滤波整流电路平滑的直流电。在实际应用中，

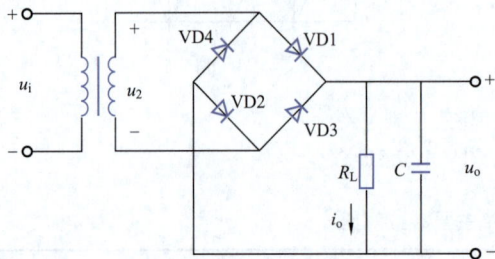

图 9-29　电容滤波电路

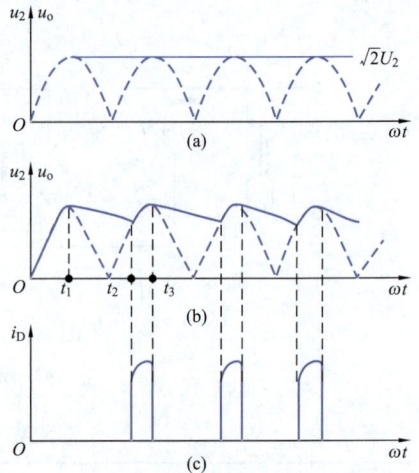

图 9-30　电容滤波波形

为了保证输出电压的平滑，使脉动成分减小，电容 C 的容量选择应满足 $R_{L}C \geqslant (3 \sim 5)$ $\dfrac{T}{2}$，其中 T 为交流电的周期。在单相桥式整流电路中，电容滤波时的直流电压一般为

$$U_{oAV} \approx 1.2U_2 \tag{9-47}$$

电容滤波简单，缺点是负载电流不能过大，否则会影响滤波效果，所以电容滤波适用于负载变动不大、电流较小的场合。另外，由于输出直流电压较高，整流二极管截止时间长，导通角小，故整流二极管冲击电流较大，所以在选择管子时要注意选整流电流 I_F 较大的二极管。

【例 9-2】　一单相桥式整流电容滤波电路的输出电压 $U_o = 30V$，负载电流为 250mA，试选择整流二极管的型号和滤波电容 C 的大小，并计算变压器的二次电流、电压值。

解：（1）选择整流二极管

$$I_{VD} = \frac{1}{2}I_L = \frac{1}{2} \times 250 = 125 \ (mA)$$

二极管承受最大反向电压

$$U_{RM} = \sqrt{2}U_2$$

又

$$U_o = 1.2U_2, \ U_2 = \frac{U_o}{1.2} = \frac{30}{1.2} = 25 \ (V)$$

得到

$$U_{RM} = \sqrt{2}U_2 = \sqrt{2} \times 25 = 35 \ (V)$$

查手册选 2CP21A，参数 $I_{FM} = 3000mA$，$U_{RM} = 50V$。

（2）选滤波电容

$$R_LC \geqslant (3 \sim 5)\frac{T}{2}$$

$$R_L = \frac{U_o}{I_o} = \frac{30}{250} = 0.12 \ (k\Omega)$$

$$T = 0.02\text{s}$$

$$C = \frac{5T}{2R_\text{L}} = \frac{5 \times 0.02}{2 \times 120} = 0.000\,417(\text{F}) = 417\,(\mu\text{F})$$

（3）求变压器二次电流。变压器二次电流在充放电过程中已不是正弦电流，一般取 $I_2 =$ （1.1～3） I_L，所以取 $I_2 = 1.5 I_\text{L} = 1.5 \times 250 = 375$ （mA）。

三、串联反馈式稳压电路

整流、滤波后得到的直流输出电压往往会随时间而产生变化。例如当负载改变时，负载电流将随着改变，这是因为变压器和整流二极管、滤波电容都有一定的等效电阻，当负载电流变化时，即使交流电网电压不变，直流输出电压也会改变；又如电网电压常有变化，在正常情况下变化 ±10％是常见的，当电网电压变化时，即使负载未变，直流输出电压也会改变。因此在整流滤波电路后面再加一级稳压电路，以获得稳定的直流输出电压。

图 9-31 所示为串联反馈式稳压电路的原理框图，图中 U_i 是整流滤波电路的输入电压，VT 为调整管，取样电路用来反映输出电压变化量，该变化量经过比较放大电路放大后去控制调整管 C-E 极间的电压降，从而达到稳定输出电压 U_o 的目的。稳压电路的主回路中起调整作用的三极管 VT 与负载是串联的，因此称为**串联式稳压电路**。

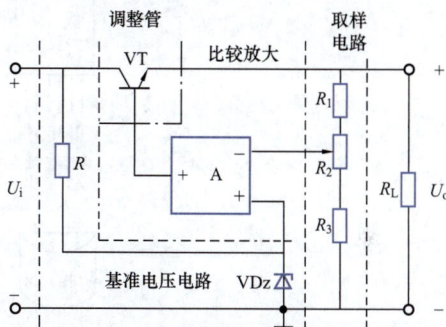

图 9-31　串联反馈式稳压电路的原理框图

图 9-31 所示电路的稳压原理简述如下：当输入电压增加或负载电流减小时，导致输出电压 U_o 增加，随之反馈电压也增加；反馈电压与基准电压相比较，其差值电压经放大电路放大后使调整管基极电压和集电极电流减小，调整管的 C-E 极间电压增大，使 U_o 下降，从而维持输出电压基本恒定。同理，当输入电压减小或负载电流增大时，也将使输出电压保持不变。

对于串联型三极管稳压电路，由于负载和调整管是串联的，所以随着负载电流的增加，调整管的电流也要增加，从而使其功耗增加；如果在使用中不慎使输出端短路，则不但电流增加，压降也增加，很可能引起调整管损坏。调整管的损坏可以在非常短的时间内发生，用一般熔断器不能起保护作用。因此，通常用速度高的过载保护电路来代替熔断器。

四、三端集成稳压器

将串联反馈式稳压电路封装在一块芯片上就构成了三端集成稳压器。三端集成稳压器已经有许多种型号，可分为正电压输出和负电压输出，通用型和低压差型。

1. 三端固定输出线性集成稳压器

三端固定输出线性集成稳压器有 78×× （正输出）和 79×× （负输出）系列。其型号后两位×× 所标数字代表输出电压值，有 5、6、8、12、15、18、24V。其额定电流以 78 （或 79）后面的尾缀字母区分，其中 L 表示 0.1A，M 表示 0.5A，无尾缀字母表示 1.5A 等。如 78M05 表示正输出、输出电压 5V、输出电流 0.5A。

2. 三端可调线性集成稳压器

三端可调线性集成稳压器除了具备三端固定集成稳压器的优点外，在性能方面也有进一步提高，特别是由于输出电压可调，应用更为灵活。目前，三端可调正输出集成稳压器系列有 LM117（军用）、LM217（工业用）、LM317（民品）；负输出集成稳压器系列有 LM137（军用）、LM237（工业用）、LM337（民用）等。几种三端集成稳压器外形及管脚排列如图 9-32 所示。

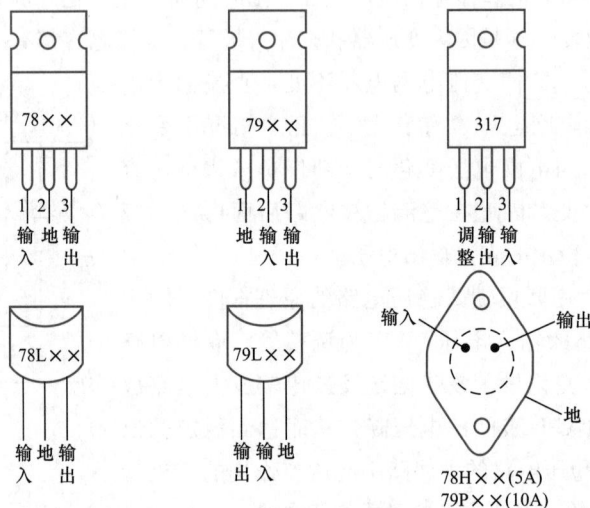

图 9-32　三端集成稳压器外形及管脚排列

3. 三端集成稳压器的应用

（1）78××、79×× 器件的应用。图 9-33 为 78××、79×× 器件的应用电路原理图，其中前缀 CW 表示生产厂家的代号。为保证三端集成稳压器正常工作，其最小输入、输出电压差应为 2V。图 9-33 中电容 C_1 可以减小输入电压的纹波，也可以抵消输入线产生的电感效应，以防止自激振荡。输出端电容 C_2 用以改善负载的瞬态响应和消除电路的高频噪声。

三端集成稳压器当中的低压差器件，其输入、输出之间的电压差在 0.6V 以下，有的在 0.4V 以下也能正常工作，其静态工作电流也只有几毫安至几十毫安，因此效率很高。

（2）三端可调输出集成稳压器的应用。图 9-34 所示为输出可调的正电源电路，电容 C_1 用于减小输入电压的纹波，电容 C_2 用于抑制调节电位器时产生的纹波干扰。二极管 VD1、VD2 起保护电路的作用。VD1 用于防止输入短路时，C_3 通过稳压器的放电而损坏稳压器；VD2 用于防止输出短路时，C_2 通过调整端放电而损坏稳压器。

常温下输出端和调整端电压的典型值为 1.25V，由图 9-34 可知

$$U_o = 1.25 \times \left(1 + \frac{R_P}{R_1}\right) + I_{adj} R_P \approx 1.25 \times \left(1 + \frac{R_P}{R_1}\right) \tag{9-48}$$

I_{adj} 为调整端的电流，因其值较小，计算时可忽略。

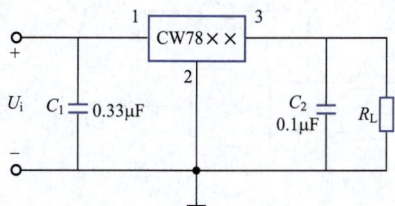

图 9-33　CW78××、CW79××器件典型
　　　　　应用电路

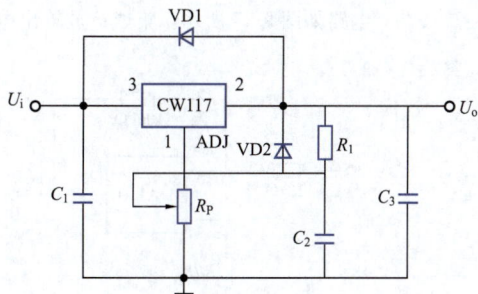

图 9-34　三端可调输出正电源电路

习　题

在线测试
自测与练习9

9.1　已知一个集成运算放大器的开环差模增益 A_{od} 为 100dB，最大输出电压峰—峰值 $U_{opp}=\pm14V$，试计算差模输入电压 u_i（即 u_P-u_N）为 $10\mu V$、$100\mu V$、$1mV$、$1V$ 和 $-10\mu V$、$-100\mu V$、$-1mV$、$-1V$ 时的输出电压 u_o。

9.2　已知一个电压串联负反馈放大电路的电压放大倍数 $A_{uf}=20$，其基本放大电路的电压放大倍数 A_u 的相对变化率为 10%，A_{uf} 的相对变化率小于 0.1%，试问 F 和 A_u 各为多少？

9.3　试设计一个比例运算电路，要求输入电阻 $R_i=20k\Omega$，比例系数为 -100。

9.4　在图 9-35（a）所示电路中，已知输入电压 u_i 的波形如图 9-35（b）所示，当 $t=0$ 时 $u_o=0$，试画出输出电压 u_o 的波形。

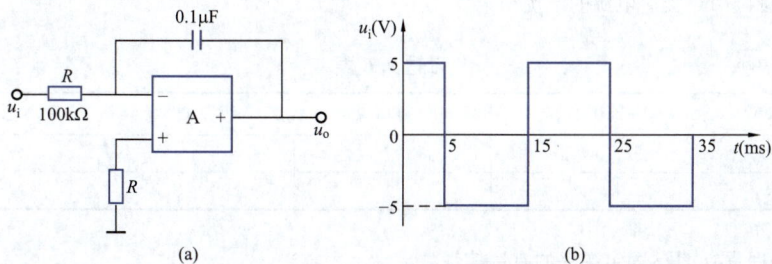

图 9-35　习题 9.4 的图

9.5　已知图 9-36 所示电路中的集成运算放大器均为理想运算放大器，试解电路的运算关系。

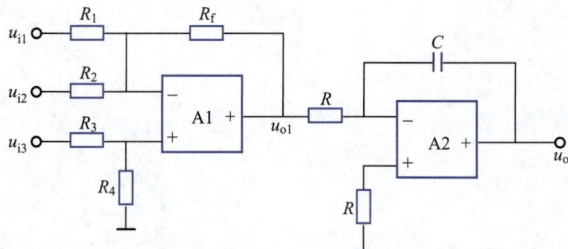

图 9-36　习题 9.5 的图

9.6 电路如图 9-37 所示，集成运放输出电压的最大幅值为 ±14V，试填表 9-2。

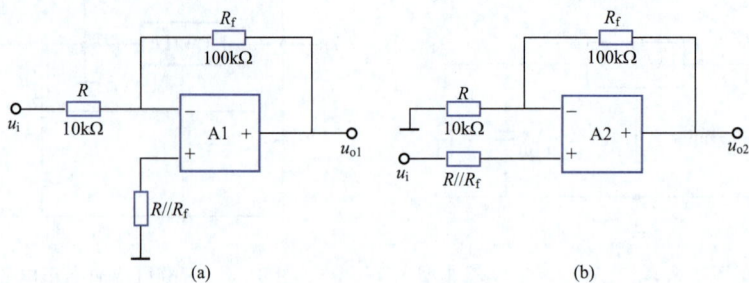

图 9-37 习题 9.6 的图

9.7 试求图 9-38 所示各电路输出电压与输入电压的运算关系式。

图 9-38 习题 9.7 的图

9.8 在下列各种情况下，试分析应分别采用哪种类型（低通、高通、带通、带阻）的滤波电路。

（1）抑制 50Hz 交流电源的干扰。

表 9-2   习题 9.6 表

u_i （V）	0.1	0.5	1.0	1.5
u_{o1} （V）				
u_{o2} （V）				

（2）处理具有 1Hz 固定频率的有用信号。

（3）从输入信号中取出低于 2kHz 的信号。

（4）抑制频率为 100kHz 以上的高频干扰。

第十章 数字电子电路

在电子技术中，被传递、加工和处理的信号可以分为模拟信号、数字信号两大类。模拟信号的特征是：信号的大小是随时间连续变化的，有无穷多个值，可以模拟自然界的各种物理量的变化。用来传递、加工和处理模拟信号的电路叫**模拟电子电路**。数字信号的特征是：信号在时间上和数值上均是离散的；它只有低电平和高电平两个状态，分别用二进制的 0 和 1 来表示。传递、加工和处理数字信号的电路叫**数字电子电路**（简称数字电路）。前面几章讨论的都是模拟电路，本章主要讨论的是数字电路。

数字电路的广泛应用和高度发展体现了现代电子技术的水准。下面以数字频率计为例进行介绍。

如图 10-1 所示，待测量的物体例如电动机，每转动一周得到的模拟信号，经过放大和整形后得到了矩形的脉冲波形，把 1s 内的脉冲个数记录下来，从而得到了电动机的转速。在这段时间内整形电路的脉冲经过门电路进入计数器，最后经过译码显示器显示出电动机的频率。

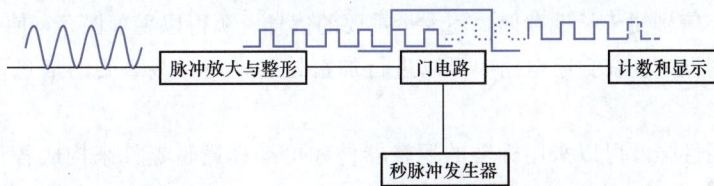

图 10-1　数字频率计方框图

第一节　数字电路基础

一、数字电路的基础知识

（一）数字信号

数字信号又称为**脉冲信号**，指该信号无论从时间上还是从幅值上看其变化都是不连续的，如图 10-2 所示。

（二）脉冲波形的参数

图 10-2 所示的数字信号是理想的数字波形，实际的数字波形如图 10-3 所示。以实际波形为例来说明脉冲信号波形的主要参数。

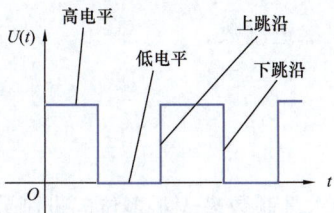

图 10-2　数字信号

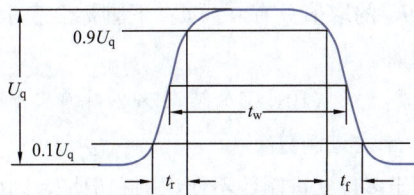

图 10-3　脉冲信号实际图形

（1）脉冲幅度 U_q：脉冲从起始值到峰值之间的变化幅度。

（2）脉冲前沿时间 t_r：脉冲从 $0.1U_q$ 变到 $0.9U_q$ 所需要的时间。

（3）脉冲后沿时间 t_f：脉冲从 $0.9U_q$ 变到 $0.1U_q$ 所需要的时间。

（4）脉冲宽度 t_w：脉冲半高处的宽度。

（5）脉冲重复的频率 f 和周期 T。

（6）脉冲空度 D：脉冲周期与宽度之比，即

$$D = T/t_w \tag{10-1}$$

（7）占空比 q：脉冲空度的倒数，即

$$q = 1/D = t_w/T \tag{10-2}$$

（三）数字电路及特点

与模拟电路相比，数字电路具有以下一些特点。

（1）在数字电路中一般都采用二进制。凡具有两个稳定状态的元件，其状态都可用来表示二进制数码，故数字电路的基本单元电路简单，对电路中各元件参数的精度要求不高，允许有较大的分散性，只要能正确区分两种截然不同的状态即可。这一特点，对实现数字电路集成化是十分有利的。

（2）抗干扰能力强、精度高。由于数字电路传递、加工和处理的是二值信息，不易受外界的干扰，因而抗干扰能力强；另外它可以通过增加二进制数的位数来提高电路的精度。

（3）数字信号便于长期存储，使大量重要的信息资源得以妥善保存，使用方便。

（4）保密性好。在数字电路中可以进行加密处理，使一些重要的信息资源不易被窃取。

（5）通用性强。可以采用标准的逻辑器件和可编程逻辑器件来构成各种各样的数字系统，设计方便，使用灵活。

随着工业自动化程度的提高，由于数字电路具有上述特点，其发展十分迅速，在电子计算机、数控技术、通信技术、数字仪表以及国民经济其他各部门都得到了广泛的应用。

二、常用数制及相互转换

1. 二进制数

在日常生活中，大部分采用十进制数，而在数字电路中应用最广泛的是二进位计数制，简称**二进制**。二次侧只有两个数字符号 0 和 1，计数基数 $N=2$，其计数规律为"逢二进一"。

任何一个二进制数均可展开为

$$(D)_2 = \sum K_i \times 2^i \tag{10-3}$$

式中：K_i 的取值只有 0 或 1；下脚标 2 表示这个数是二进制数。

例如

$$(101.01)_2 = 1 \times 2^2 + 0 \times 2^1 + 1 \times 2^0 + 0 \times 2^{-1} + 1 \times 2^{-2}$$

2. 十六进制数

由于多位二进制数不便识别和记忆，因此常用十六进制数来表示多位二进制数。十六进制的每一位数都有 16 种可能出现的数字，分别用 0～9、A（10）、B（11）、C（12）、

D（13）、E（14）、F（15）来表示。计数基数 $N=16$，其计数规律为"逢十六进一"。

任何一个十六进制数均可展开为

$$(D)_{16} = \sum K_i \times 16^i \tag{10-4}$$

式中：K_i 的取值可以是 0～F 中的任何一个。

例如

$$(2A.7F)_{16} = 2 \times 16^1 + A \times 16^0 + 7 \times 16^{-1} + F \times 16^{-2}$$
$$= (42.4961)_{10}$$

由于目前在微型计算机中大多采用 16 位二进制数并行运算，而 16 位二进制数可以用 4 位十六进制数来表示，转换非常简单，书写程序十分方便，所以十六进制的应用非常广泛。

二进制和十六进制数常采用下脚注 2、16 来表示，有时也在数码后边附加英文字母 B、D、H 分别表示这个数是二进制数、十进制数和十六进制数。

3. 几种常用进制数之间的转换

（1）二—十进制转换。把二进制数转换成等值的十进制数称为**二—十进制转换**。在进行转换时，只要将二进制数按式（10-3）展开，然后把所有各项的数值按十进制相加就可以得到等值的十进制数值了。例如：

$$(1101.11)_2 = 1 \times 2^3 + 1 \times 2^2 + 0 \times 2^1 + 1 \times 2^0 + 1 \times 2^{-1} + 1 \times 2^{-2}$$
$$= 8 + 4 + 0 + 1 + 0.5 + 0.25$$
$$= (13.75)_{10}$$

（2）十—二进制转换。把十进制数转换成等值的二进制数称为**十—二进制转换**。转换时其整数部分和小数部分应分别进行，整数部分除 2 取余，小数部分乘 2 取整。

【例 10-1】 试将十进制数 27.625 转换为二进制数。

解：整数部分除 2 取余，步骤如下

$$2 \underline{|\ 27} \cdots\cdots 余 1\ (d_0)$$
$$2 \underline{|\ 13} \cdots\cdots 余 1\ (d_1)$$
$$2 \underline{|\ 6} \cdots\cdots 余 0\ (d_2)$$
$$2 \underline{|\ 3} \cdots\cdots 余 1\ (d_3)$$
$$2 \underline{|\ 1} \cdots\cdots 余 1\ (d_4)$$
$$0$$

整数部分 $(27)_{10} = (11011)_2$

小数部分乘 2 取整，步骤如下

$$\begin{array}{r} 0.625 \\ \times\ 2 \\ \hline 0.25 \cdots\cdots 取整 1(k_{-1}) \\ \times\ 2 \\ \hline 0.5 \cdots\cdots 取整 0(k_{-2}) \\ \times\ 2 \\ \hline 0 \cdots\cdots 取整 1(k_{-3}) \end{array}$$

小数部分$(0.625)_{10} = (0.101)_2$

$$(27.625)_{10} = (11011.101)_2$$

（3）二—十六进制转换。将二进制数转换为等值的十六进制数称为**二—十六进制转换**。

由于 4 位二进制数一共有 16 个状态，而且它的进位输出也是逢十六进一，所以 4 位二进制数恰好等于 1 位十六进制数。在进行二—十六转换时，整数部分要从小数点开始往左，小数部分从小数点开始往右，依次地把每 4 位二进制数划为一组，每组用一个十六进制数代替。若最左边或最右边一组不够 4 位时，则整数部分左边补零，小数部分右边补零，凑足 4 位，再转换成相应的十六进制数。例如

$$(1001110.1011001)_2 = (0100\ 1110.\ 1011\ 0010)_2$$

$$= (4E.B2)_{16}$$

$$(18A.D)_{16} = (0001\ 1000\ 1010.\ 1101)_2$$

$$= (110001010.1101)_2$$

三、二进制编码

编码是把符号、文字、逻辑关系等信息用数字表示的过程。编码无数值的大小，只遵循自身的编码规律。生活中常用的身份证号码、学生证号码等并不具备数量大小的含义，仅代表不同的人，这类号码的组合称为**代码**。

在数字电路中，一位十进制数常用 4 位二进制数码来表示，这种方法称为**二—十进制编码**，又称 **BCD 码**。用二进制码来表示 10 个数符，必须用 4 位二进制码来表示，而 4 位二进制 BCD 码共有 16 种组合，从中取出 10 种组合来表示"0～9"的编码方案有很多。几种常用的 BCD 码见表 10-1。

表 10-1　　　　　　　　　　　几种常用的 BCD 码

十进制字符	8421 码	余 3 码	格雷码
0	0000	0011	0000
1	0001	0100	0001
2	0010	0101	0011
3	0011	0110	0010
4	0100	0111	0110
5	0101	1000	0111
6	0110	1001	0101
7	0111	1010	0100
8	1000	1011	1100
9	1001	1100	1101

若某种代码的每一位都有固定的"权值"，则称这种代码为**有权代码**，否则叫**无权代码**。有权代码有 8421BCD 码。无权码主要有余 3 码、格雷码等。

1. 8421BCD 码

它是一种有权代码，权值分别为 8、4、2、1。用 8421BCD 码可以将十进制数的每一位转换成相等的二进制数，而不是将整个十进制数转换成二进制数。例如：$(32)_{10} = (100\ 000)_2$，而 32 的 BCD 码是 00110010。

2. 余 3 码

每一个余 3 码所表示的二进制数要比它所对应的十进制数多 3，即余 3 码是由 8421 码加 3 产生的。例如

$$(8)_{10} = (1000)_{8421} + (0011) = (1011)_{余3}$$

$$(1010)_{余3} = (10)_{10} - 3 = (7)_{10}$$

可见，余 3 码中每个二进制位无固定的权值，不能按权值展开求得它所代表的十进制数，是一种无权码。一个十进制数用余 3 码表示时，只要按位表示成余 3 码即可。余 3 码有以下两个主要特点。

（1）在余 3 码中，0 和 9、1 和 8、2 和 7、3 和 6 以及 4 和 5 的码组之间互为反码。例如：$(7)_{10} = (1010)_{余3}$ 和 $(2)_{10} = (0101)_{余3}$ 互为反码。

（2）当两个用余 3 码表示的数相减时，可以将原码的减法改为反码的加法，因为余 3 码求反码容易，有利于简化 BCD 码的减法运算。

3. 格雷（Gray）码

多位二进制数在形成和传输过程中，由于各位的变化速度不同可能产生错误，为了减少这种错误，出现了多种可靠性编码，其中最常用的一种称为**格雷码**（循环码），也是一种无权码。格雷码具有以下特点。

（1）任意相邻代码中的数码只有一位不同，其余各位均相同。

（2）不同位数的格雷码首尾循环。

（3）任何一个十进制数都有其对应的格雷码，而不是低位格雷码拼凑而来的。

例如：$(17)_{10}$ 相应的格雷码为（11001）而不是（00010100）。显然，在数码变化时采用循环码可大大降低错码的可能性。

四、二进制数的原码、反码和补码

1. 原码

在用十进制数表示数值时不但有数的大小之分还有数的正负之分，例如正数 25、负数 -25.25 等。在二进制中同样有正、负数，但是二进制数的正负是用最高位的 "0" 和 "1" 来表示的，最高位的 "0" 表示正数，最高位的 "1" 表示负数。如 00011 转换成十进制数为 $+3$，而 10011 则转换为 -3。使用这种方式表示的二进制数码称为**带符号数**，如果带符号数没有经过变化称为**原码**。在实际应用中，有许多场合不用考虑二进制数的正负，如用计数电路计算时间时，负号没有意义，在类似的情况下，为了避免误解可以略去正负号。略去了符号位的二进制数称为**无符号数**。实际应用时，应注明二进制数是带符号数还是无符号数，以免引起误解。

以 8 位数据为例，最高位为符号位，其余 7 位为数据位，这样表示的数据为原码。例如

$$(+90)_{原} = 01011010，(-90)_{原} = 11011010$$

2. 反码

正数的反码等于原码。负数的反码等于除了符号位外各位取反。例如

$$(+91)_{反} = (+91)_{原} = 01011011，(-91)_{反} = 10100100$$

3. 补码

补码是原码按指定规则经过变换后构成的一种二进制码。补码可根据原码这样定义：

（1）补码最高为符号位，正数为"0"，负数为"1"。

（2）正码的补码与它的原码相同。

（3）负数的补码是将原码（除符号位外）逐位求反后在最低位加 1 得到。

例如：01101 的补码为 01101，而 11011 的补码为 10101。补码是一种十分有用的码型，它可将二进制数的减法运算用加法形式来完成。

第二节　逻 辑 代 数 基 础

视　频
逻辑代数基础

微　课
科学家小故事
布尔代数

逻辑代数是由英国数学家乔治·布尔于 1847 年创立的，故又称**布尔代数**。虽然它在形式上与普通代数一样都是由字母代替变量的，但与普通代数不同的是它表示变量之间的逻辑关系。因为逻辑变量用 0 和 1 表示，所以逻辑代数又还被称为**二值代数**。逻辑代数是分析和设计逻辑电路的数学工具。

所谓"逻辑"是指"条件"与"结果"的关系。电路的输入信号反映"条件"，而"结果"用电路的输出来反映，因此使电路的输入和输出之间具有一定的逻辑关系。逻辑函数的表达式通常为

$$Z = F(A、B、C、D\cdots)$$

逻辑函数具有以下特点。

（1）逻辑函数与自变量的关系是由有限个基本逻辑运算（与、或、非）决定的。

（2）自变量和函数的值都只能取 0 或 1。

用来实现逻辑运算的单元电路称为**门电路**。门电路是数字电路中的基本逻辑单元，在门电路中，二极管、三极管通常工作在导通和截止两种状态，类似于开关，其状态用高、低电平来代表，对应不同的两个逻辑取值 0 或 1。如果 0 表示低电平，1 表示高电平，称为**正逻辑**，反之称为**负逻辑**。如果没有特别说明，本书使用的均为正逻辑。需要说明的是高、低电平指两个可以区分的高电平、低电平的电压范围，如图 10-4 所示。

图 10-4　正逻辑时电平与逻辑
取值关系的示意图

一、基本逻辑运算、 逻辑门

基本逻辑运算有与（and）、或（or）、非（not），与此相对应有三种基本逻辑门与门、或门、非门。

下面用三个指示灯控制电路来分别说明三种基本逻辑运算的含义。设开关 A、B 为逻辑变量，开关闭合为逻辑 1，断开为逻辑 0；灯为逻辑函数 Y，灯亮为逻辑 1，灯灭为逻辑 0。

1. 与逻辑关系和与门

逻辑与（又称**逻辑乘**）关系定义为当决定一件事情的各个条件全部具备时，这件事情才会发生。以图 10-5 为例，开关 A 和开关 B 串联，只有 A 和 B 全部导通，灯 Y 才会亮，否则灯灭。将逻辑变量所有各种可能取值的组合与其一一对应的逻辑函数值之间的关系，用表格形式表示出来，叫作逻辑函数的**真值表**。由此列出真值表见表 10-2。从真

值表中可以得出逻辑与关系的特点"有 0 则 0，全 1 则 1"。与逻辑关系表达式如下

$$Y = A \cdot B = AB \tag{10-5}$$

式中：·为与运算（乘运算）的符号，经常省略。

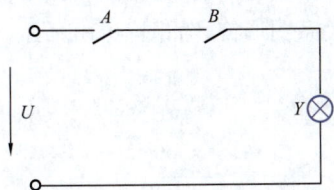
图 10-5　与运算电路图例

表 10-2　与运算的真值表

A	B	Y
0	0	0
0	1	0
1	0	0
1	1	1

从表 10-2 中很容易可以得到与逻辑关系运算规则为

$$0 \cdot 0 = 0, 0 \cdot 1 = 0, 1 \cdot 0 = 0, 1 \cdot 1 = 1 \tag{10-6}$$

由二极管构成的与门电路如图 10-6 所示。它有两个输入端 A 和 B，一个输出端 Y。这里设定电压 3V 为 1，约 0.3V 为 0。当输入变量不全为 1 时，例如 A 为 0，B 为 1，则 VD1 优先导通。这时输出端 Y 的电位也在 0V 附近，因此输出变量 Y 为 0，此时 VD2 两端受反向电压而截止。当输入变量全为 1 时，VD1、VD2 都导通，因此输出变量 Y 为 1。与门通常用如图 10-7 所示的符号表示。

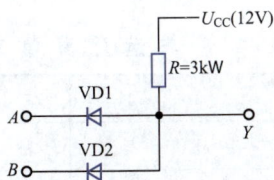
图 10-6　由二极管构成的与门电路

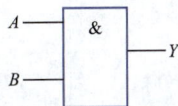
图 10-7　与逻辑关系图形符号

2. 或逻辑关系和或门

逻辑或（又称**逻辑加**）关系定义为当决定一件事情的各个条件中，只要有一个条件具备时，这件事情就会发生。或运算电路图如图 10-8 所示，开关 A 和开关 B 并联，只要 A 和 B 有一个导通，灯就会亮，两个都断开灯才灭；可列出真值表见表 10-3。从或运算真值表中可以得出逻辑或关系的特点"有 1 则 1，全 0 则 0"。或逻辑关系表达式如下

$$Y = A + B \tag{10-7}$$

式中：＋为或运算（加运算）的符号。

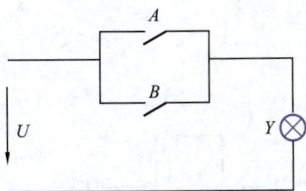
图 10-8　或运算电路示例

表 10-3　或运算的真值表

A	B	Y
0	0	0
0	1	1
1	0	1
1	1	1

从表 10-3 可得或逻辑关系运算规则如下

$$0+0=0, 0+1=1, 1+0=1, 1+1=1 \tag{10-8}$$

由二极管构成的或门电路如图 10-9 所示。它有两个输入端 A 和 B，一个输出端 Y。这里设定电压 3V 为 1，约 0.3V 为 0。当输入变量全为 0 时，输出变量 Y 为 0。当输入变量只要有一个为 1 时，输出变量 Y 为 1。或逻辑关系图形符号如图 10-10 所示。

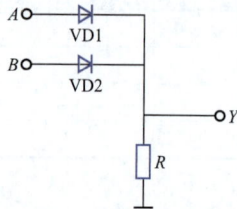

图 10-9　由二极管构成的或门电路

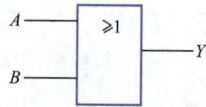

图 10-10　或逻辑关系图形符号

3. 非逻辑关系和非门

逻辑非（又称**逻辑反**）关系定义为决定事件发生的条件只有一个，条件不具备时事件发生，条件具备时事件不发生。非运算电路图如图 10-11 所示，开关 A 导通灯就会灭，开关 A 断开，灯就会亮；可列出真值表见表 10-4。从真值表中可以得出逻辑非关系的特点"1 则 0，0 则 1"。非关系表达式如下

$$Y = \overline{A} \tag{10-9}$$

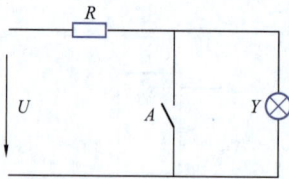

图 10-11　非运算电路图例

表 10-4　非运算真值表

A	Y
0	1
1	0

从表 10-4 可得非逻辑关系运算规则如下

$$\overline{0} = 1, \overline{1} = 0 \tag{10-10}$$

由三极管构成的非门电路如图 10-12 所示。该电路只有一个输入端 A。这里设定电压 5V 为 1，约 0.3V 为 0。当输入变量为 0 时，三极管截止，输出变量 Y 为 1。当输入变量为 1 时，三极管饱和，输出变量 Y 为 17。所以非门电路也称为**反相器**，非逻辑关系图形符号如图 10-13 所示。

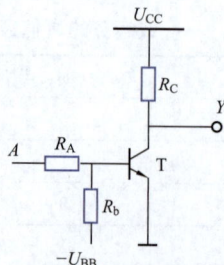

图 10-12　由三极管构成的非门电路

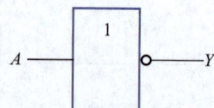

图 10-13　非逻辑关系图形符号

4. 基本逻辑关系的扩展

在逻辑代数中除了与、或、非三种基本逻辑运算外，经常用到的还有由这三种基本运算构成的一些复合运算。将基本逻辑门加以组合，可构成与非、或非、异或等门电路。

(1) 与非运算

$$Y = \overline{A \cdot B} \tag{10-11}$$

(2) 或非运算

$$Y = \overline{A + B} \tag{10-12}$$

(3) 与或非运算

$$Y = \overline{AB + CD} \tag{10-13}$$

(4) 异或运算

$$Y = A\overline{B} + \overline{A}B = A \oplus B \tag{10-14}$$

在上述各逻辑式中，A 和 B 是输入变量，Y 是输出变量。字母上面无反号的叫**原变量**，例如 A；有反号的叫**反变量**，例如 $\overline{A}$。上述各逻辑运算也有专用的逻辑符号，其逻辑符号如图 10-14 所示。

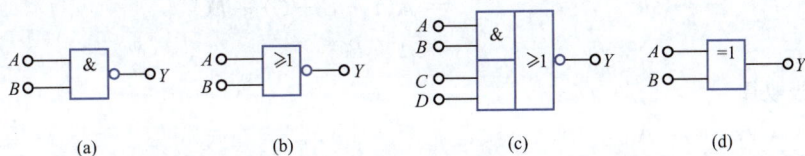

图 10-14 常用逻辑运算的逻辑符号

(a) 与非门；(b) 或非门；(c) 与或非门；(d) 异或门

在数字电路中，基本和常用的逻辑运算应用十分广泛，是构成各种复杂逻辑运算的基础。实现这些运算的逻辑电路称为门电路。门电路是组成各种数字电路的基本单元。

二、逻辑代数基本运算规则

在逻辑代数中只有与、或、非三种基本逻辑运算，根据这三种基本运算可以推导出逻辑运算的一些基本公式和常用公式。

1. 0、1 律

(1) $0 + A = A$

(2) $0 \cdot A = 0$

(3) $1 + A = 1$

(4) $1 \cdot A = A$

2. 重叠律

(5) $A + A = A$

(6) $A \cdot A = A$

3. 互补律

(7) $A + \overline{A} = 1$

(8) $A \cdot \overline{A} = 0$

4. 还原律

(9) $\overline{\overline{A}} = A$

5. 交换律

(10) $A + B = B + A$

(11) $A \cdot B = B \cdot A$

6. 结合律

(12) $A + B + C = (A + B) + C = A + (B + C)$

(13) $(A \cdot B) \cdot C = A \cdot (B \cdot C)$

7. 分配律

(14) $A(B + C) = AB + AC$

(15) $A + BC = (A + B)(A + C)$

证明

$$\begin{aligned}
(A+B)(A+C) &= AA + AB + AC + BC \\
&= A + A(B+C) + BC \\
&= A(1 + B + C) + BC \\
&= A + BC
\end{aligned}$$

8. 吸收律

(16) $A(A + B) = A$

证明

$$A(A+B) = AA + AB = A + AB = A(1+B) = A$$

(17) $A(\overline{A} + B) = AB$

(18) $A + AB = A$

(19) $A + \overline{A}B = A + B$

证明

$$A + \overline{A}B = AA + AB + A\overline{A} + \overline{A}B = (A + \overline{A})(A + B) = A + B$$

(20) $AB + A\overline{B} = A$

(21) $(A + B)(A + \overline{B}) = A$

9. 反演律(摩根定律)

(22) $\overline{AB} = \overline{A} + \overline{B}$

证明见表 10-5。

表 10-5 $\overline{AB} = \overline{A} + \overline{B}$ 的真值表

A	B	$\overline{A}$	$\overline{B}$	$\overline{AB}$	$\overline{A} + \overline{B}$
0	0	1	1	1	1
0	1	1	0	1	1
1	0	0	1	1	1
1	1	0	0	0	0

(23) $\overline{A+B}=\overline{A} \cdot \overline{B}$

证明见表 10-6。

表 10-6　　　　　　　　　　　$\overline{A+B}=\overline{A} \cdot \overline{B}$ 的真值表

A	B	$\overline{A}$	$\overline{B}$	$\overline{A+B}$	$\overline{A} \cdot \overline{B}$
0	0	1	1	1	1
0	1	1	0	1	1
1	0	0	1	1	1
1	1	0	0	0	0

10. 其他常用公式

(24) $A \cdot B+\overline{A} \cdot C+B \cdot C=A \cdot B+\overline{A} \cdot C$

(25) $A \cdot B+\overline{A} \cdot C+B \cdot C \cdot D=A \cdot B+\overline{A} \cdot C$

(26) $\overline{A \cdot \overline{B}+\overline{A} \cdot B}=\overline{A} \cdot \overline{B}+A \cdot B$

为了简化书写，除了与（乘）运算的"·"可以省略外，在对一个乘积项或逻辑式求非（反）时，乘积项或逻辑式外边的括号也可省略，如 $\overline{A+B}$、$\overline{AB}$。

此外，在对复杂的逻辑式进行运算时，仍需遵守与普通代数一样的运算优先顺序，即先算括号里的内容，其次算乘法，最后算加法。

三、逻辑函数的表示方法

逻辑函数常用逻辑电路图、逻辑表达式、逻辑状态表（真值表）、卡诺图 4 种方法表示，它们之间可以相互转换。

1. 逻辑电路图

用基本和常用的逻辑符号，表示函数表达式中各个变量之间的运算关系，便能够画出函数的逻辑图。由逻辑函数关系可直接画出逻辑图，逻辑乘用与门实现，逻辑加用或门实现，逻辑反用非门实现。典型逻辑图如图 10-15 所示。

2. 逻辑表达式

用与、或、非等运算来表达逻辑函数的表达式，由逻辑图可以写出逻辑表达式，根据图 10-15 可写出逻辑表达式为

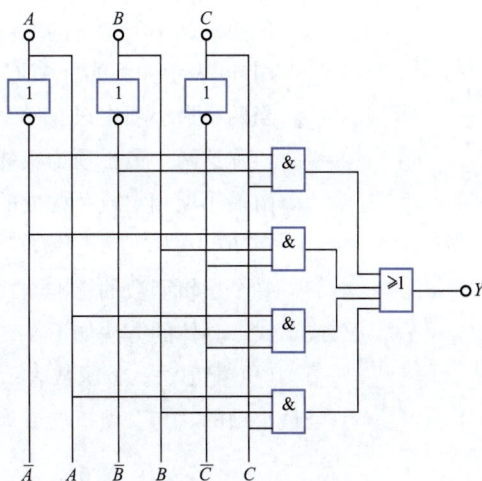

图 10-15　逻辑图

$$Y = \overline{A}\,\overline{B}C+\overline{A}B\,\overline{C}+A\,\overline{B}\,\overline{C}+ABC \tag{10-15}$$

一个逻辑函数可以有多种不同的表达式。如果按照表达式中乘积项的特点，以及各个乘积项之间的关系进行分类，则大致可分成与或表达式、或与表达式、与非—与非表达式、或非—或非表达式、与或非表达式等 5 种。例如

$$Y = AB+\overline{A}C \qquad\qquad 与或式$$

213

$$= (A+C)(\overline{A}+B) \qquad 或与式$$
$$= \overline{\overline{AB}\ \overline{AC}} \qquad 与非—与非式$$
$$= \overline{\overline{A+C}+\overline{\overline{A}+B}} \qquad 或非—或非式$$
$$= \overline{A\overline{B}+\overline{A}C} \qquad 与或非式$$

实际上，把一个逻辑函数写成某一类型时，得到的表达式也不是唯一的。例如上例中的与或表达式就可以写成

$$Y = AB + \overline{A}C$$
$$= AB + \overline{A}C + BC$$
$$= ABC + AB\overline{C} + \overline{A}BC + \overline{A}\,\overline{B}C$$
$$= \cdots$$

显然，用与门和或门实现该函数时，$Y = AB + \overline{A}C$ 的电路最简单。一般说来，表达式越简单，相应的逻辑电路也就越简单。对于不同类型的表达式，简单的标准是不一样的。在数字电路中，逻辑函数常用标准与或式来表示。

若由 n 个变量组成的与项中，每个变量均以原变量或反变量的形式出现且仅出现一次，则称该"与项"为 n 个变量的**最小项**。n 个变量就有 2^n 个最小项，例如：设 A、B、C 是三个逻辑变量，其最小项为

$$\overline{A}\,\overline{B}\,\overline{C},\ \overline{A}\,\overline{B}C,\ \overline{A}B\overline{C},\ \overline{A}BC,\ A\overline{B}\,\overline{C},\ A\overline{B}C,\ AB\overline{C},\ ABC$$

把使该最小项为 1 的取值组合视作二进制数，则相应的十进制数作为最小项的编号，用 m_i 表示。例如：ABC 用 m_7，$A\overline{B}C$ 用 m_5 表示。

当两个最小项中只有一个变量不同，且这个变量分别为同一变量的原变量和反变量时，称这两个最小项为**相邻最小项**。例如：ABC 和 $A\overline{B}C$ 为相邻最小项。

由最小项相"或"构成的逻辑表达式，称为**标准与或式**。例如

$$F(A,B,C) = \overline{A}B\overline{C} + A\overline{B}\,\overline{C} + ABC = m_2 + m_4 + m_7 = \sum m(2,4,7)$$

一个逻辑函数的标准与或式是唯一的。任何一个逻辑函数都可表示成为标准"与或"式。具体的方法如下。

（1）配项法。将函数表示成为一般的与或式，利用配项的方法将表达式中所有不是最小项的"与"项扩展成为最小项。例如

$$F(A,B,C) = \overline{(\overline{AB} \cdot \overline{B\overline{C}})AB}$$
$$= \overline{\overline{\overline{AB} \cdot B\overline{C}}} + \overline{AB}$$
$$= \overline{AB} \cdot B\overline{C} + \overline{AB} = \overline{AB}(1 + B\overline{C}) = \overline{A \cdot B} = \overline{A} + \overline{B}$$
$$= \overline{A}(B + \overline{B})(C + \overline{C}) + \overline{B}(A + \overline{A})(C + \overline{C})$$
$$= \overline{A}\,\overline{B}\,\overline{C} + \overline{A}\,\overline{B}C + \overline{A}B\overline{C} + \overline{A}BC$$
$$+ A\overline{B}\,\overline{C} + A\overline{B}C = \sum m(0,1,2,3,4,5)$$

（2）真值表法。将在真值表中输出为 1 所对应的最小项相加，即为标准与或式。

【例 10-2】 真值表见表 10-7，求逻辑函数的标准与或式。

解：

表 10-7　　　　　真　值　表

A	B	C	F
0	0	0	1
0	0	1	0
0	1	0	0
0	1	1	1
1	0	0	1
1	0	1	0
1	1	0	0
1	1	1	1

$$F = \sum m(0,3,4,7)$$

3. 真值表

将逻辑变量所有各种可能取值的组合与其一一对应的逻辑函数值之间的关系，用表格形式表示出来，叫作逻辑函数的**真值表**，又称为**逻辑状态表**。

根据式（10-15），输入变量有 3 个，即 A、B、C，每个变量均有 0、1 两种逻辑状态，则 3 个输入变量有 2^3 共 8 个组合。推广到 n 个变量，则有 2^n 种组合。将它们按顺序（一般按二进制数递增规律）排列起来。在对应的位置写上逻辑函数值，则可以列出逻辑状态表。式（10-15）的真值表见表 10-8。

4. 卡诺图

卡诺图是真值表的一种方块图表达形式，只不过是变量取值必须按照循环码的顺序排列而已，与真值表有着严格的一一对应关系，也叫作真值方格图。

（1）卡诺图的结构。n 个变量有 2^n 个最小项，而每一个最小项，都需要用一个方块表示，所以变量的卡诺图一般都画成正方形或矩形，图中分割出 2^n 个小方块。为了保证几何位置相邻的最小项在逻辑上也具有相邻性，最小项的排列顺序按照循环码排列。只有这样排列所得到的最小项方块图才叫卡诺图。循环码是格雷码中最常用的一种。在循环码中，相邻两个代码之间只有一位状态不同，循环码可以从纯二进制码中推导出来。如果 $B=B_2B_1B_0$ 是一组 3 位二进制码，那么用公式 $G_i=B_{i+1} \oplus B_i$，便可求得 3 位循环码 $G=G_2G_1G_0$。$G_0=B_1 \oplus B_0$、$G_1=B_2 \oplus B_1$、$G_2=B_3 \oplus B_2$，由于无 B_3，则 $B_3=0$。表 10-9 列出了 4 位循环码。

表 10-8　式（10-15）的真值表

A	B	C	Y
0	0	0	0
0	0	1	1
0	1	0	1
0	1	1	0
1	0	0	1
1	0	1	0
1	1	0	0
1	1	1	1

表 10-9　　4 位 循 环 码

十进制数	循环码	十进制数	循环码
0	0000	8	1100
1	0001	9	1101
2	0011	10	1111
3	0010	11	1110
4	0110	12	1010
5	0111	13	1011
6	0101	14	1001
7	0100	15	1000

视频
卡诺图

图 10-16 分别画出了一、二、三、四变量的卡诺图，数字表示相应的最小项的位置。

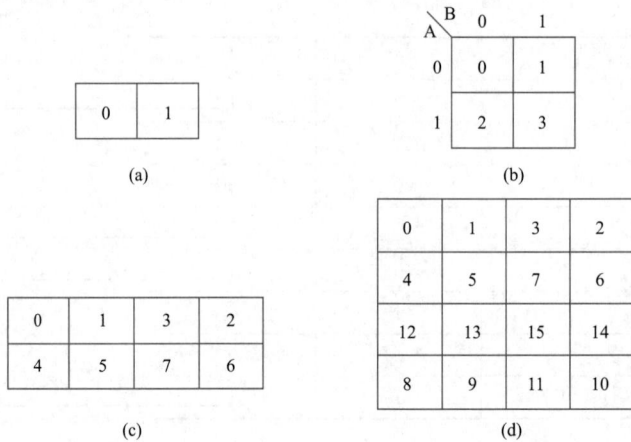

图 10-16　一、二、三、四变量的卡诺图
（a）一变量；（b）二变量；（c）三变量；（d）四变量

（2）卡诺图的构造特点。

1）n 个变量的卡诺图由 2^n 个小方格组成，每个小方格代表一个最小项，最小项的编号标明在所对应方格内。

2）卡诺图上相邻最小项是指处在相邻、相对、相重位置的小方格，在逻辑上相邻的最小项是可以合并的。例如 ABC 和 $A\overline{B}C$ 就是两个逻辑相邻的最小项，显然根据逻辑代数的基本公式 $ABC+A\overline{B}C=AC$，可以利用卡诺图的这一特点来化简逻辑函数。

（3）卡诺图表示逻辑函数。用卡诺图表示逻辑函数通常需要以下步骤。

1）将逻辑函数表达式化成最小项之和的形式。

2）画出函数变量的卡诺图。

3）在卡诺图上，与逻辑函数中的最小项相对应的位置上填入 1，其余填入 0 或不填。这样就得到了逻辑函数的卡诺图。

5．真值表与逻辑图之间的转换

逻辑函数的几种表示方法在本质上是相通的，可以相互转换。其中重点要掌握的是真值表与逻辑表达式以及逻辑图之间的相互转换。

由真值表到逻辑图的转换，一般有以下两个步骤。

（1）根据真值表挑出真值表中逻辑函数值为 1 的变量，输入变量为 1 则写成原变量，输入变量为 0 则写成反变量。再把每个组合中各个变量相"与"，得到一个"与"项。再将各与项相"或"，就得到相应的逻辑表达式。

（2）对逻辑表达式进行化简（化简的方法将在随后做详细介绍）。根据逻辑表达式用非门、与门、或门实现相应的逻辑运算，并画出逻辑图。

由逻辑图到真值表的转换，步骤如下。

（1）从输入到输出或从输出到输入，用逐级推导的方法，写出输出变量（函数）的逻辑表达式。

（2）对逻辑表达式进行化简，求出函数的最简与或式。

（3）将变量各种可能取值代入逻辑表达式中进行运算，得出逻辑函数值，列出相应的真值表。

四、逻辑函数的化简

在进行逻辑运算时常常会看到，同一个逻辑函数可以写成不同形式的逻辑表达式，而这些逻辑式的繁简程度又往往相差甚远。逻辑函数式越简单，它所表示的逻辑关系越明显，同时实现它的电路也越简单，不仅经济，而且还能提高电路的可靠性。因此，经常需要通过化简找出逻辑函数的最简形式。通常采用代数法或卡诺图将逻辑函数化简为最简与或式（函数式中包含的乘积项已经最少，而且每个乘积项里的因子也不能再减少时，则称此函数式为**最简与或式**）。

（一）代数化简法

代数（公式）化简法就是在与或表达式的基础上，反复使用逻辑代数的基本公式和常用公式消去多余的乘积项和每个乘积项中多余的因子，求出函数的最简与或式。化简没有固定的步骤可循，现将常用的方法归纳如下。

1. 并项法

运用定理 $A+\overline{A}=1$，将两项合并成一项，从而消去一个变量。A 还可以是任何复杂的逻辑式。例如

$$Z = A\overline{B}\,\overline{C} + \overline{A}\,\overline{B}\,\overline{C} + \overline{A}B\overline{C} + AB\overline{C}$$
$$= (A+\overline{A})\overline{B}\,\overline{C} + (A+\overline{A})B\overline{C}$$
$$= \overline{B}\,\overline{C} + B\overline{C} = \overline{C}$$

2. 吸收法

利用 $A+AB=A$ 消去多余的项，A 和 B 也可以是任何一个复杂的逻辑式。例如
$$Z = A\overline{B} + A\overline{B}CD(E+F) = A\overline{B}$$

3. 消去法

利用 $A+\overline{A}B=A+B$ 消去多余的因子，A 和 B 同样也可以是任何一个复杂的逻辑式。例如
$$F = AB + \overline{A}E + \overline{B}E = AB + (\overline{A}+\overline{B})E = AB + \overline{AB}E = AB + E$$
也可利用 $AB+\overline{A}C+BC=AB+\overline{A}C$ 消去多余的项。

4. 配项法

（1）利用 $A=A(B+\overline{B})$ 配项，达到化简的目的。例如
$$F = AB + \overline{A}D + BD$$
$$= AB + \overline{A}D + (A+\overline{A})BD$$
$$= AB + \overline{A}D + ABD + \overline{A}BD = AB + \overline{A}D$$

（2）利用 $A+1=1$ 或 $A+A=A$ 配项。例如
$$F = ABE + \overline{A}BE + \overline{AB}E$$
$$= ABE + \overline{A}BE + \overline{AB}E + ABE$$
$$= (A+\overline{A})BE + (\overline{AB}+AB)E$$
$$= BE + E = E$$

在化简复杂的逻辑函数时，往往需要灵活、交替、综合地运用上述各种方法，得

到函数的最简与或式。

【例 10-3】 化简函数

$$Y = AD + A\bar{D} + AB + \bar{A}C + BD + ACEF + \bar{B}E + DEF$$

解：（1）利用并项法 $AD + A\bar{D} = A$，可得

$$Y = A + AB + \bar{A}C + BD + ACEF + \bar{B}E + DEF$$

（2）利用吸收法 $A + AB + ACEF = A$，可得

$$Y = A + \bar{A}C + BD + \bar{B}E + DEF$$

（3）利用消去法 $A + \bar{A}C = A + C$，可得

$$Y = A + C + BD + \bar{B}E + DEF$$

（4）利用配项消项法 $BD + \bar{B}E + DEF = BD + \bar{B}E$，可得

$$Y = A + C + BD + \bar{B}E$$

在解［例 10-3］中综合运用了 4 种常用的化简方法，运算步骤也较为繁琐。实际解题时，能否较快地获得最简结果，除了要求熟练掌握逻辑代数的有关公式和定理外，还要求解题者具备一定的运算技巧。对于初学者，常常用卡诺图法化简逻辑函数。

（二）卡诺图化简法

卡诺图化简法（也称为图形化简法）就是利用卡诺图化简逻辑函数。化简就是根据具有相邻性的最小项可以合并的基本原理，消去不同的因子。由于在卡诺图上几何位置相邻与逻辑上的相邻性是一致的，因而能从卡诺图上非常直观地找到那些具有相邻性的最小项，并将它们合并，从而达到化简的目的。

用卡诺图化简逻辑函数时一般按如下步骤进行。

（1）将函数化为最小项之和的形式。

（2）画出表示该逻辑函数的卡诺图。

（3）找出可以合并的最小项矩形组，画卡诺圈。画卡诺圈时要遵守以下原则：

1）卡诺圈的个数应尽可能少。因为卡诺圈个数越少，函数表达式中的与项数目越少。

2）卡诺圈应尽可能大。因为卡诺圈中包含的最小项越多，相应与项所含的变量数越少。

3）每个 1 方格至少被一个卡诺圈包围，也可以被多个卡诺圈包围。

4）圈的形状只能是长方形或正方形，不能是其他形状。

5）画圈的次序是先画最大的卡诺圈再画小的卡诺圈。

6）一个包围 2^m 个方格的卡诺图，可以消去 m 个变量。

（4）将每个圈的乘积项相加，即得到简化后的逻辑表达式。

【例 10-4】 用卡诺图化简将下式化为最简的与或函数式。

$$Y = A\bar{C} + \bar{A}C + \bar{B}C + B\bar{C}$$

解：（1）将函数化为最小项之和的形式

$$\begin{aligned}Y &= A\bar{C} + \bar{A}C + \bar{B}C + B\bar{C}\\ &= AB\bar{C} + A\bar{B}\bar{C} + \bar{A}BC + \bar{A}\bar{B}C + A\bar{B}C + \bar{A}B\bar{C}\end{aligned}$$

事实上，在填写卡诺图以前，并不一定要将函数化成最小项之和的形式，例如 AC 包含了所有含有 AC 因子的最小项，因此，可以直接在卡诺图上所有对应 $A=1$、$C=1$ 的空格里填上 1。

218

按照这种方法，可以省略化成最小项之和这一步骤。

（2）画出卡诺图，见图 10-17，并在相应的最小项所对应的位置填上 1，其余的空格不填。

（3）找出可以合并的最小项。由图 10-18 可见，合并的方式并不是唯一的，可以有图 10-18 所示的两种，将可能合并的最小项用线圈起来。

A＼^{BC}	00	01	11	10
0		1	1	1
1	1	1		1

图 10-17　［例 10-4］的卡诺图

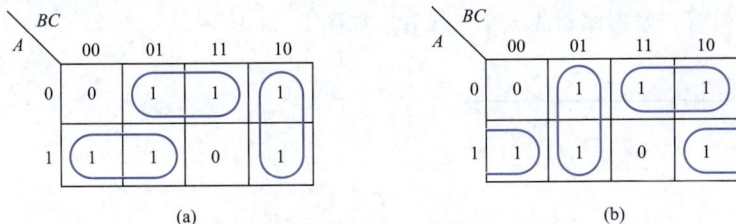

图 10-18　［例 10-4］的卡诺图合并方法

（4）选择化简后的乘积项。如果按图 10-18（a）的方式合并最小项，则得到

$$Y = A\overline{B} + \overline{A}C + B\overline{C}$$

若按图 10-18（b）的方式合并最小项，则得到

$$Y = \overline{A}B + A\overline{C} + \overline{B}C$$

这两个结果都符合最简与或式的标准。

［例 10-4］说明：在很多情况下，如果选择进行合并的最小项的组合方式不同，同一个逻辑函数的最简函数式也不同。在利用逻辑函数的卡诺图合并最小项时，还应注意下面几个问题。

（1）圈越大越好。合并最小项时，圈中的最小项越多，消去的变量就越多，因而得到的乘积项也就越简单。

（2）每个圈至少包含一个新的最小项。合并时，任何一个最小项都可重复利用，但是每一个圈至少都应包含一个新的最小项——未被其他圈圈过的最小项，否则它就是多余的。

（3）注意卡诺图中四个角上的最小项是可以合并的。

（4）必须把组成函数的所有最小项圈完。每个圈中最小项的公因子就构成一个乘积项，把这些乘积项加起来，就是该函数的最小项。

（5）有时需要比较、检查才能写出最简与或表达式。有些情况下，最小项的圈法超过一种，因而得到的各个乘积项组成的与或表达式也会各不相同，虽然它们都同样包含了函数的全部最小项，哪个是最简式要经过比较、检查。有时还会出现几个表达式都同样是最简式的情况。

若卡诺图中各小方格中大部分都是 1，这时采用包围 0 的方法化简更简单，即先求出非函数，再对非函数求非，得到 Y。

第三节　集成逻辑门电路

上节讨论了由二极管、三极管等分立元件组成的基本门电路。如果门电路制作在同一块半导体基片上，则称为集成逻辑门电路。目前常用的门电路都有集成产品可供选用，本节主要介绍的是 TTL（Transistor-Transistor Logic Integrated Circuit）门电路。

一、TTL 门电路

在 TTL 门电路中应用最广泛的是 TTL 与非门电路。

（一）工作原理

TTL 与非门的内部电路如图 10-19 所示。VT1 是多发射极晶体管，可以把集电结看成一个二极管，发射结看成 3 个二极管，如图 10-20 所示。

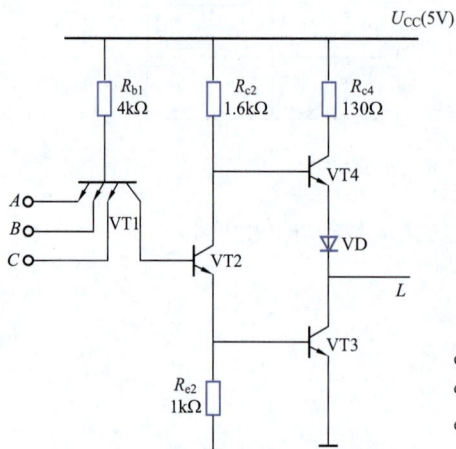

图 10-19　TTL 与非门的内部电路

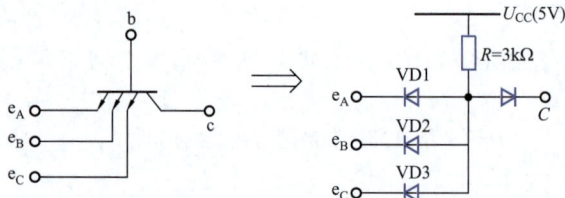

图 10-20　多发射极晶体管

1. 输入端全为 1 的情况

当输入端 A、B、C 全为 1（约为 3.6V）时，电源通过 R_{b1} 和 VT1 的集电结向 VT2 提供足够的基极电流，使 VT2 饱和导通，从而也使 VT3 饱和导通。此时输出端的电位为 $U_L=0.2V$，即 $L=0$，VT2 集电极的电位为 $U_{C2}=U_{CE2}+U_{BE3}\approx0.2+0.7=0.9$（V），而 $U_{B4}=U_{C2}$，所以 VT4 截止。由于 VT4 截止，当接负载后，VT3 的集电极电流由外接负载门灌入，称这种电流为**灌电流**。

2. 输入端不全为 1 的情况

当输入端 A、B、C 至少有一个为 0（约为 0.3V）时，VT2 的基极电位为 $U_{B2}\approx0.2+0.7=0.9$（V），所以 VT2 截止，VT4 也截止。而 $U_{C2}\approx5V$，此时输出端的电位为 $U_L=5-R_{C2}I_{B4}-U_{BE4}-U_D$。$I_{B4}$ 很小可以忽略，因此 $U_L=5-0.7-0.7=3.6$（V），即 $L=1$，由于 VT3 截止，当接负载后，电源经 R_{C4} 流向外接负载门，称这种电流为**拉电流**。

通过上面的分析可知，图 10-19 的门电路具有与非的逻辑功能，即

$$L=\overline{ABC}$$

（二）外引线排列图和逻辑符号

TTL 与非门的种类很多，这里只给出两输入的与非门的外引线排列图和逻辑符号，如图 10-21 所示。每一片集成电路内的各个逻辑门互相独立，但共用一根电源线和地线。

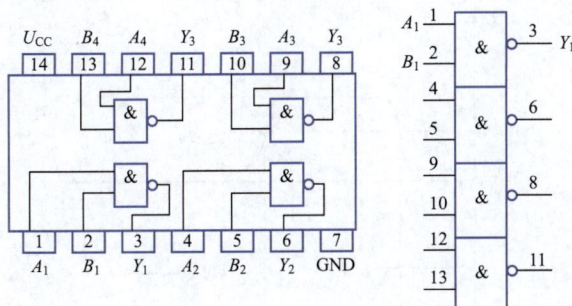

图 10-21 TTL 与非门外引脚线及逻辑符号

（三）主要参数

1. 电压传输特性

电压传输特性指输出电压与输入电压之间关系的曲线，如图 10-22 所示，可见，曲线大致分为 4 段。

（1）AB 段（截止区）。当 $U_i \leqslant 0.6\text{V}$ 时，输出高电平 $U_o \approx 3.6\text{V}$。

（2）BC 段（线性区）。当 $0.6\text{V} \leqslant U_i < 1.3\text{V}$ 时，U_o 随着 U_i 的增加而下降，下降斜率近似等于 $-R_2/R_3$。

（3）CD 段（转折区）。$1.3\text{V} \leqslant U_i < 1.4\text{V}$，VT4 导通，输出电压 U_o 也迅速下降，$U_o \approx 0.3\text{V}$。

（4）DE 段（饱和区）。当 $U_i \geqslant 1.4\text{V}$ 时，输出低电平 $U_{oL} \approx 0.3\text{V}$。

在电压传输特性中输出电压 $U_o = 3.6\text{V}$，称为输出高电平 U_{oH}；输出电压 $U_o = 0.3\text{V}$，称为输出低电平 U_{oL}。对于通用的 TTL 与非门一般产品，规定 $U_{oH} \geqslant 2.4\text{V}$、$U_{oL} < 0.4\text{V}$ 时即为合格。

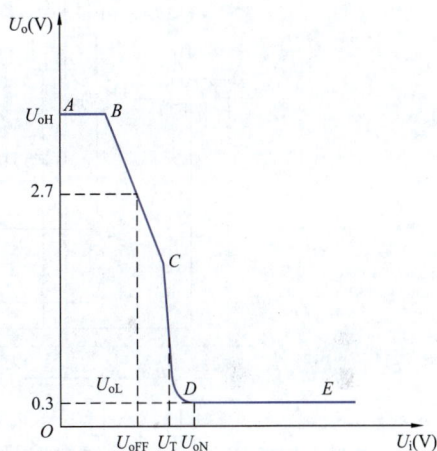

图 10-22 TTL 与非门的电压传输特性

把电压传输特性上转折区中点所对应的输入电压 $U_T \approx 1.3\text{V}$，称为阈值电压 U_T。U_T 可以看成与非门导通（输出低电平）和截止（输出高电平）的分界线。

2. 扇入系数和扇出系数

扇入系数指门的输入端数。扇出系数指一个门能驱动同类型门的个数。

3. 平均延迟时间 t_{pd}

表明延迟时间的输入、输出电压的波形如图 10-23 所示。通常将输出电压由高电平跳变为低电平的传输延迟时间称为导通延迟时间 t_{PHL}；将输出电压由低电平跳变为高电平的传输延迟时间称为截止延迟时间 t_{PLH}，t_{pd} 为 t_{PLH} 和 t_{PHL} 的平均值，称为平均延迟时间，计算公式为

$$t_{pd} = \frac{1}{2}(t_{PHL} + t_{PLH}) \tag{10-16}$$

221

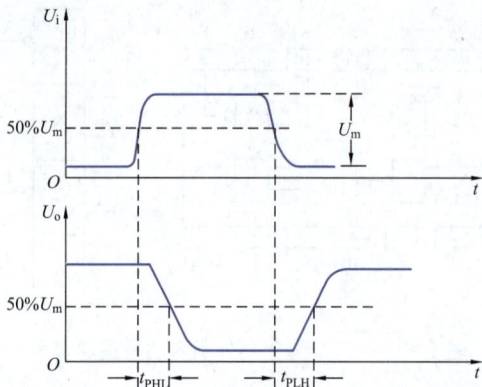

图 10-23 延迟时间的输入、输出电压的波形

图 10-23 延迟时间的输入、输出电压的波形

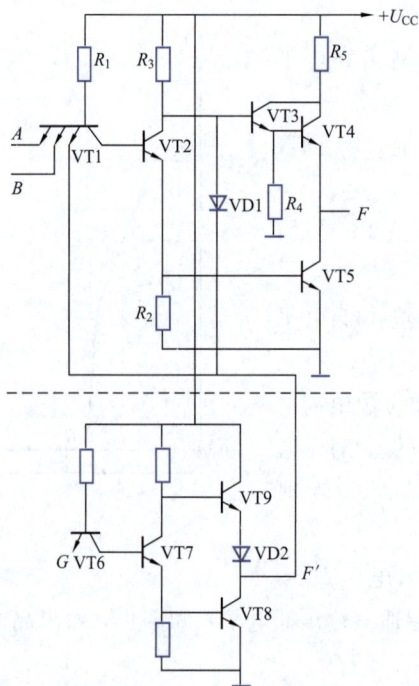

图 10-24 三态与非门电路

平均延迟时间表示输出信号滞后于输入信号的时间。它是衡量门电路速度的重要指标，通常，TTL 门的 t_{pd} 为 3～40ns。

二、三态与非门

三态与非门（TSL）顾名思义就是有三种状态的门电路。它除了具有逻辑 0 和逻辑 1 两个状态外，还具有高阻输出的第三种状态。高阻态时输出端相当于悬空。图 10-24 是三态与非门的电路图，其符号如图 10-25 所示。

从电路图中看出，三态与非门是在输入与非门（虚线以上部分）基础上加上控制部分（虚线以下部分）组成的。控制输入端（使能端）为 G，其输出 F' 一方面接到与非门的一个输入端，另一方面通过二极管 VD1 和与非门的 VT3 基极相连。

（1）当 $G=0$ 时，VT7、VT8 截止，F' 输出高电位，二极管 VD1 截止，三态门的输出就是 A、B 的与非，此时三态门工作。

（2）当 $G=1$ 时，VT7、VT8 饱和，F 输出低电位，这时因 VT1 的一个输入为低电平，使 VT2、VT5 截止，$F=0$，VD1 导通，使 U_{c2} 被钳制在 1V 左右，致使 VT4 也截止。这样 VT4、VT5 都截止，输出端呈现高阻抗，相当于悬空或断路状态，此时三态门截止。综上所述该电路的逻辑状态表见表 10-10。

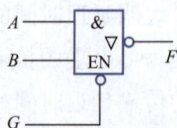

图 10-25 三态与非门的逻辑符号

表 10-10　　　　　　　　　三态与非门的逻辑状态表

控制端 G	输入端		输出端 Y
	A	B	
0	0	0	1
	0	1	1
	1	0	1
	1	1	0
1	$\times$	$\times$	高阻

三态门有两种控制模式：一种是控制端 G 为低电平时三态门工作，G 为高电平时禁止；另一种是控制端 G 为高电平时三态门工作，G 为低电平时禁止。

三态门的主要用途是可以实现在一个数据线（总线）上轮流传送 n 个不同的信息，如图 10-26 所示。各个三态门可以在控制信号的控制下与总线相连或脱离。挂接总线的三态门任何时刻只能有一个控制端有效，即一个门传输数据，因此特别适用于将不同的输入数据分时传送给总线的情况。

利用三态门实现双向传输的逻辑电路图如图 10-27 所示。当 $G=0$ 时，G1 工作，G2 禁止，数据从 A 传送到 B；当 $G=1$ 时，G1 禁止，G2 工作，数据可以从 B 传送到 A。

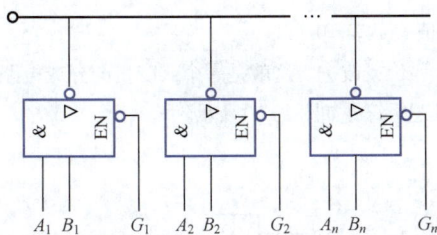

图 10-26　三态与非门的应用

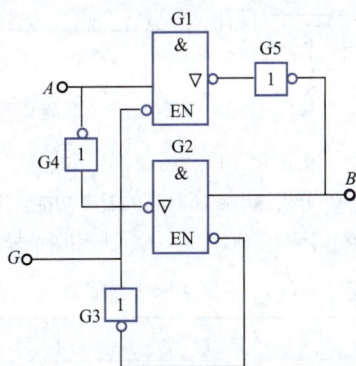

图 10-27　数据双向传输的逻辑电路图

第四节　组合逻辑电路的分析和设计

按照逻辑功能的特点不同，数字电路可分为组合逻辑电路和时序逻辑电路两大类。如果在任意时刻电路的输出状态只取决于输入的即时状态，而与电路原来的状态无关，这样的数字电路称为**组合逻辑电路**。

一、组合逻辑电路的分析

分析组合逻辑电路的目的是为了确定已知电路的逻辑功能，其步骤大致如下。

（1）根据逻辑电路图写出逻辑表达式。

（2）对逻辑表达式进行化简。

（3）根据化简以后的逻辑表达式列出真值表。

223

（4）分析该电路所具有的逻辑功能，并对电路进行评价或改进。

下面举例来说明组合逻辑电路的分析方法。

【例 10-5】 已知逻辑电路如图 10-28 所示，分析其功能。

解：（1）根据逻辑电路图写出逻辑表达式

$$L = \overline{P_1 + P_2} = \overline{[\overline{AB} \cdot (\overline{\overline{A}+C})] + (B \oplus \overline{C})}$$

$$= \overline{\overline{AB} \cdot (\overline{\overline{A}+C})} \cdot \overline{B \oplus \overline{C}}$$

$$= [\overline{\overline{AB}} + (\overline{\overline{\overline{A}+C}})] \cdot (B\overline{C} + \overline{B}C)$$

$$= (AB + \overline{A} + C)(B\overline{C} + \overline{B}C)$$

$$= AB\overline{C} + \overline{A}B\overline{C} + \overline{A}\,\overline{B}C + \overline{B}C$$

（2）对逻辑表达式进行化简。卡诺图如图 10-29 所示。最终化简结果为

$$L = B \oplus C$$

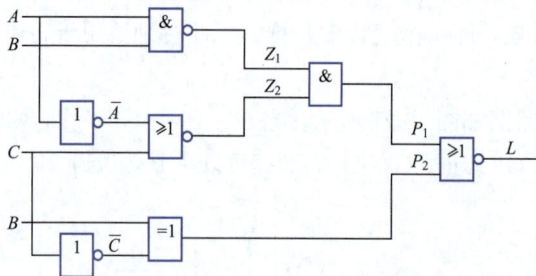

图 10-28　［例 10-5］逻辑电路图

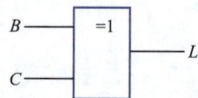

图 10-29　［例 10-5］卡诺图

（3）根据化简以后的逻辑表达式列出真值表。真值表见表 10-11。

（4）分析该电路所具有的逻辑功能，并对电路进行评价或改进。这就是一个二变量的异或电路。原电路设计不合理，B、C 输入端用一个异或门即可，其逻辑符号如图 10-30 所示。

表 10-11　　［例 10-5］真值表

B	C	L
0	0	0
0	1	1
1	0	1
1	1	0

图 10-30　［例 10-5］
逻辑符号

二、组合逻辑电路的设计

组合逻辑电路的设计与分析过程相反，主要任务是根据给定的逻辑要求，画出最简单的逻辑电路图，其步骤如下：

（1）根据电路逻辑功能要求列出真值表；

（2）根据真值表写出该电路的逻辑表达式；

（3）化简并画出逻辑图。

组合电路的设计是根据给定的逻辑功能要求，找出用最少的逻辑门来实现该逻辑功能的电路。

下面举例说明组合逻辑电路的设计方法。

【例 10-6】 试设计一个门厅电灯的控制电路，要求 4 个房间都能独立地控制电灯的亮、灭，假设不会出现两个或两个以上房间同时操作电灯的情况。

解：(1) 分析设计要求，设定输入、输出变量。4 个房间操作电灯的开关分别用 A、B、C、D 表示，电灯用 Z 表示，用 0 表示开关向上合，灯灭；用 1 表示开关向下合，灯亮。从题意可知，A、B、C、D4 个开关任何一个动作，都应该能够改变电灯 Z 的状态，且不会出现两个或两以上同时动作的情况。所列真值表见表 10-12。

表 10-12 ［例 10-6］真值表

A	B	C	D	Z
0	0	0	0	0
0	0	0	1	1
0	0	1	0	1
0	0	1	1	0
0	1	0	0	1
0	1	0	1	0
0	1	1	0	0
0	1	1	1	1
1	0	0	0	1
1	0	0	1	0
1	0	1	0	0
1	0	1	1	1
1	1	0	0	0
1	1	0	1	1
1	1	1	0	1
1	1	1	1	0

(2) 由真值表可得出该电路的逻辑表达式

$$Z = \overline{A}\,\overline{B}\,C D + \overline{A}\,\overline{B} C \overline{D} + A B \overline{C} D + A B C \overline{D} + \overline{A} B \overline{C}\,\overline{D} + \overline{A} B C D + A \overline{B}\,\overline{C}\,\overline{D} + A \overline{B} C D$$

(3) 化简并画出逻辑图。化简采用代数化简法

$$Z = \overline{A}\,\overline{B}(\overline{C} D + C \overline{D}) + A B(\overline{C} D + C \overline{D}) + \overline{A} B(\overline{C}\,\overline{D} + C D)$$
$$+ A \overline{B}(\overline{C}\,\overline{D} + C D)$$
$$= (\overline{C} D + C \overline{D})(\overline{A}\,\overline{B} + A B) + (\overline{C}\,\overline{D} + C D)(\overline{A} B + A \overline{B})$$
$$= (C \oplus D)\,\overline{A \oplus B} + \overline{C \oplus D}(A \oplus B)$$
$$= (A \oplus B) \oplus (C \oplus D)$$
$$= A \oplus B \oplus C \oplus D$$

逻辑电路图如图 10-31 所示。

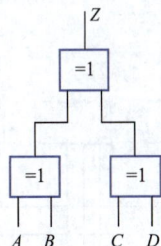

图 10-31 ［例 10-6］逻辑图

第五节 常用组合逻辑器件

在组合逻辑电路中，部分常用电路经常被制成集成芯片，称为**组合逻辑器件**。常用的组合逻辑器件有编码器、译码器、数据选择器、数据分配器等。

视频
常用组合逻辑器件

一、编码器

在数字系统中，经常需要赋予选定的一系列二进制代码以固定的含义，这个过程称为**编码**。具有编码功能的逻辑电路称为**编码器**。

二进制编码器就是能够将各种输入信息用二进制代码来表示的电路。由于 n 位二进制代码有 2^n 种不同的组合，所以可以表示 2^n 个信号。对 N 个信号进行编码时，需要的二进制的位数是 n，即满足公式 $2^n \geq N$。编码器的设计过程就是一般组合电路的设计过程，最常用的编码器型号是 74LS148。

（1）设计 8-3 线编码器。

1）确定编码的位数。设 8 个输入端为 $I_0 \sim I_7$ 8 种状态，与之对应的输出设为 Y_1、Y_2、Y_3（$2^3 = 8$），所以编码的位数为 3。

2）列功能表。把需要编码的 8 个输入和与它相对应的二进制代码列成表格，功能表见表 10-13。

表 10-13   8-3 线编码器功能表

I_0	I_1	I_2	I_3	I_4	I_5	I_6	I_7	Y_3	Y_2	Y_1
1	0	0	0	0	0	0	0	0	0	0
0	1	0	0	0	0	0	0	0	0	1
0	0	1	0	0	0	0	0	0	1	0
0	0	0	1	0	0	0	0	0	1	1
0	0	0	0	1	0	0	0	1	0	0
0	0	0	0	0	1	0	0	1	0	1
0	0	0	0	0	0	1	0	1	1	0
0	0	0	0	0	0	0	1	1	1	1

3）写出逻辑表达式

$$Y_1 = I_1 + I_3 + I_5 + I_7 = \overline{\overline{I_1}\,\overline{I_3}\,\overline{I_5}\,\overline{I_7}}$$

$$Y_2 = I_2 + I_3 + I_6 + I_7 = \overline{\overline{I_2}\,\overline{I_3}\,\overline{I_6}\,\overline{I_7}}$$

$$Y_3 = I_4 + I_5 + I_6 + I_7 = \overline{\overline{I_4}\,\overline{I_5}\,\overline{I_6}\,\overline{I_7}}$$

4）画出逻辑图，如图 10-32 所示。

（2）设计二—十进制编码器。二—十进制编码器就是将对应于十进制的 10 个代码编制成 BCD 码。

1）确定编码的位数。设 10 个输入端为 $I_0 \sim I_9$ 10 种状态，与之对应的输出设为 Y_0、Y_1、Y_2、Y_3（$2^4 \geq 10$），所以编码的位数为 4。

2）列功能表。把需要编码的 10 个输入和与它相对应的二进制代码列成表格，功能表见表 10-14。

3）写出逻辑表达式（略）。

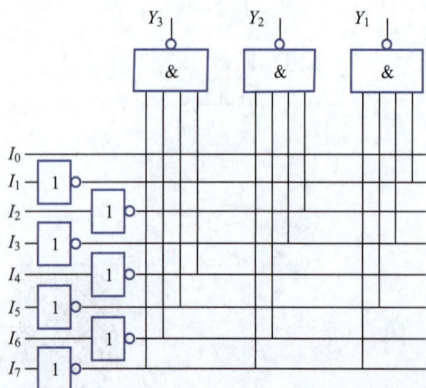

图 10-32   8-3 线编码器逻辑图

表 10-14 二—十进制编码器功能表

状态	Y_3	Y_2	Y_1	Y_0
I_0	0	0	0	0
I_1	0	0	0	1
I_2	0	0	1	0
I_3	0	0	1	1
I_4	0	1	0	0
I_5	0	1	0	1
I_6	0	1	1	0
I_7	0	1	1	1
I_8	1	0	0	0
I_9	1	0	0	1

4）画出逻辑图（略）。

二、译码器和显示电路

译码是编码的逆过程，是将某二进制编码翻译成对应的信号或十进制数码。

1. 二进制译码器

将 n 个输入的二进制代码译成 2^n 种输出，也叫 n-2^n 线译码器。最常用的型号是 74LS138。下面介绍其译码过程。

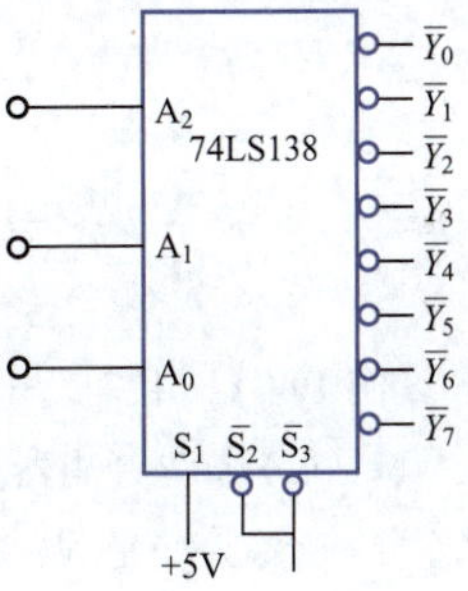

（1）功能表。译码器的逻辑符号如图 10-33 所示，功能表见表 10-15。其中 A_2、A_1、A_0 是 3 个输入端，$\overline{Y}_0 \sim \overline{Y}_7$ 是 8 个输出端，S_1、$\overline{S}_2$、$\overline{S}_3$ 是 3 个使能端。由表 10-15 可知，当 $S_1=1$，$\overline{S}_2=0$，$\overline{S}_3=0$ 时，译码器才工作。

图 10-33 74LS138 的逻辑符号

表 10-15 74138 的功能表

输　　入						输　　出							
S_1	$\overline{S}_2$	$\overline{S}_3$	A_2	A_1	A_0	$\overline{Y}_0$	$\overline{Y}_1$	$\overline{Y}_2$	$\overline{Y}_3$	$\overline{Y}_4$	$\overline{Y}_5$	$\overline{Y}_6$	$\overline{Y}_7$
$\times$	1	$\times$	$\times$	$\times$	$\times$	1	1	1	1	1	1	1	1
$\times$	$\times$	1	$\times$	$\times$	$\times$	1	1	1	1	1	1	1	1
0	$\times$	$\times$	$\times$	$\times$	$\times$	1	1	1	1	1	1	1	1
1	0	0	0	0	0	0	1	1	1	1	1	1	1
1	0	0	0	0	1	1	0	1	1	1	1	1	1
1	0	0	0	1	0	1	1	0	1	1	1	1	1
1	0	0	0	1	1	1	1	1	0	1	1	1	1
1	0	0	1	0	0	1	1	1	1	0	1	1	1
1	0	0	1	0	1	1	1	1	1	1	0	1	1
1	0	0	1	1	0	1	1	1	1	1	1	0	1
1	0	0	1	1	1	1	1	1	1	1	1	1	0

（2）逻辑表达式：$Y_0=\overline{S_1\overline{S}_2\overline{S}_3\overline{A}_2\ \overline{A}_1\ \overline{A}_0}$。当译码器正常工作时，$S_1=1$，$\overline{S}_2=0$，$\overline{S}_3=0$，上式可以写成 $Y_0=\overline{A}_2\ \overline{A}_1\ \overline{A}_0$，同理可以写出 $Y_1=\overline{A}_2\ \overline{A}_1A_0$，$Y_2=\overline{A}_2A_1\ \overline{A}_0$，$Y_3=$

$\overline{A_2 A_1 A_0}$，$Y_4 = \overline{\overline{A_2} \, \overline{A_1} \, \overline{A_0}}$，$Y_5 = \overline{\overline{A_2} \, \overline{A_1} A_0}$，$Y_6 = \overline{\overline{A_2} A_1 \overline{A_0}}$，$Y_7 = \overline{\overline{A_2} A_1 A_0}$。从逻辑表达式可以看出，输出表达式是以输入信号为自变量的最小项的非，利用这一点可以将译码器当作函数发生器使用。

（3）逻辑图如图 10-34 所示。

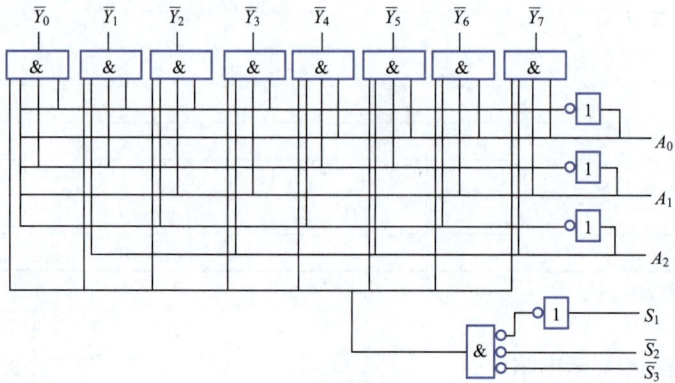

图 10-34　74LS138 的逻辑图

【例 10-7】　用 74LS138 实现函数 $L(X, Y, Z) = \overline{X} \, \overline{Y} Z + \overline{X} Y Z + X \overline{Y} Z + X Y Z$。

解：（1）首先译码器要能正常工作，先把 3 个使能端接好，即 S_1 接 +5V，S_2、S_3 接地。

（2）将输入变量 X、Y、Z 分别接到 A_0、A_1、A_2 端，将要求输出的逻辑表达式进行变换

$$L = \overline{X} \, \overline{Y} Z + \overline{X} Y Z + X \overline{Y} Z + X Y Z = \overline{\overline{Y_1} \cdot \overline{Y_3} \cdot \overline{Y_5} \cdot \overline{Y_7}}$$

（3）画出逻辑图，如图 10-35 所示。

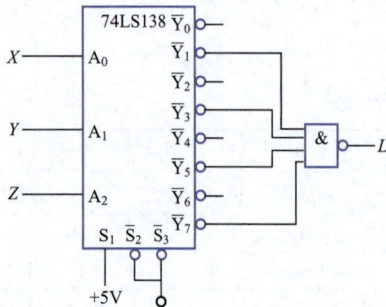

图 10-35　［例 10-7］逻辑图

图 10-36　七段显示器分段布置图

2. 显示电路

在各种数字系统中，经常需要将运算结果用人们习惯的十进制显示出来，这就要用到显示译码器。最常用的是七段显示器，分段布置图如图 10-36 所示。使用光二极管作为发光器件。二极管显示器等效电路如图 10-37 所示。其中 $L_a \sim L_g$ 是控制信号，高电平时，对应的发光二极管亮；低电平时，对应的发光二极管灭（此连接采用共阴极接法）。

下面介绍常用的七段显示译码器 74LS48，其逻辑符号如图 10-38 所示，功能表见表 10-16。74LS48 七段显示译码器有 3 个控制端 LT、RBI 和 BI/RBO。BI/RBO 既可以作为输入使用也可以作为输出使用，当作为输入使用并且此时 BI 接低电平时，所有

字形消失，处于消隐状态；LT 是用来测试灯的，当 LT 接低平时，BI/RBO 作为输出端并且 RBO 接高电平，此时所有发光二极管亮，可检测灯是否正常发光；当 LT 接高电平、RBI 接低电平并且 4 个输入端全部接低电平时，此时不显示字形，这种状态称为脉冲消隐。

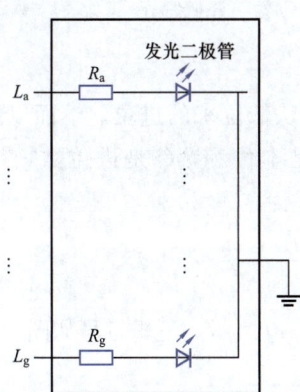

图 10-37　二极管显示器等效电路图　　　图 10-38　74LS48 逻辑符号

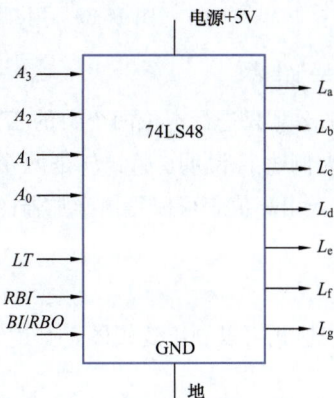

表 10-16　　　　　　　　　　　　　74LS48 功能表

十进制数	输入						BI/RBO	输出							字型
	LT	RBI	A_3	A_2	A_1	A_0		L_a	L_b	L_c	L_d	L_e	L_f	L_g	
0	1	1	0	0	0	0	1	1	1	1	1	1	1	0	
1	1	×	0	0	0	1	1	0	1	1	0	0	0	0	
2	1	×	0	0	1	0	1	1	1	0	1	1	0	1	
3	1	×	0	0	1	1	1	1	1	1	1	0	0	1	
4	1	×	0	1	0	0	1	0	1	1	0	0	1	1	
5	1	×	0	1	0	1	1	1	0	1	1	0	1	1	
6	1	×	0	1	1	0	1	0	0	1	1	1	1	1	
7	1	×	0	1	1	1	1	1	1	1	0	0	0	0	
8	1	×	1	0	0	0	1	1	1	1	1	1	1	1	
9	1	×	1	0	0	1	1	1	1	1	0	0	1	1	
10	1	×	1	0	1	0	1	0	0	0	1	1	0	1	
11	1	×	1	0	1	1	1	0	0	1	1	0	0	1	
12	1	×	1	1	0	0	1	0	1	0	0	0	1	1	
13	1	×	1	1	0	1	1	1	0	0	1	0	1	1	
14	1	×	1	1	1	0	1	0	0	0	1	1	1	1	
15	1	×	1	1	1	1	1	0	0	0	0	0	0	0	
灭灯	×	×	×	×	×	×	0	0	0	0	0	0	0	0	
测试灯	0	×	×	×	×	×	1	1	1	1	1	1	1	1	
灭 0	1	0	0	0	0	0	0	0	0	0	0	0	0	0	

采用多片译码器还可实现多位数的显示。图 10-39 为用 4 片译码器实现 19.0 的显示，不用显示小数点。

三、加法器

在数字系统中，两个数的加法运算时常用加法器。加法器包括半加器和全加器两种类型。

图 10-39　用 74LS48 实现多位数字译码显示

1. 半加器

半加运算只进行本位两个数的相加，不考虑从低位来的进位。下面以两个一位数的相加为例进行说明。A、B 是两个加数，S 是本位和，C 是进位数，其真值表见表 10-17，由真值表可以得出半加器的逻辑表达式为

$$S = \overline{A}B + A\overline{B}$$

$$C = AB \tag{10-17}$$

由逻辑表达式可以画出逻辑图，其逻辑图如图 10-40 所示，逻辑符号如图 10-41 所示。

表 10-17　半加器的真值表

A	B	S	C
0	0	0	0
0	1	1	0
1	0	1	0
1	1	0	1

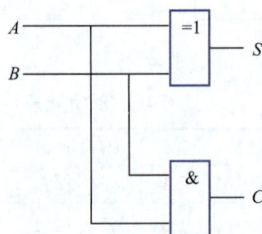

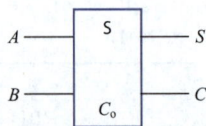

图 10-40　半加器的逻辑图　　图 10-41　半加器的逻辑符号

2. 全加器

全加运算不仅要进行本位两个数的相加，还要加上低位来的进位。下面以两个一位数的相加为例进行说明。A、B 是两个加数，S 是本位和，C 是进位数，其真值表见表 10-18，由真值表可以得出全加器的逻辑表达式为

$$S_n = A_n \oplus B_n \oplus C_{n-1}$$

$$C_n = A_n B_n + (A_n \oplus B_n) C_{n-1} \tag{10-18}$$

由逻辑表达式可以画出逻辑图，其逻辑图如图 10-42 所示，逻辑符号如图 10-43 所示。

表 10-18　全加器的真值表

A_n	B_n	C_{n-1}	S_n	C_n
0	0	0	0	0
0	0	1	1	0
0	1	0	1	0
0	1	1	0	1
1	0	0	1	0
1	0	1	0	1
1	1	0	0	1
1	1	1	1	1

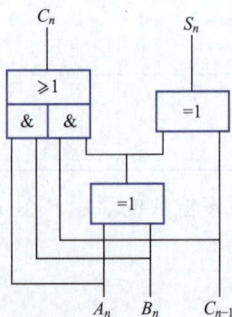

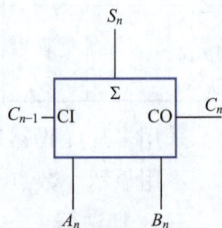

图 10-42　全加器的逻辑图　　图 10-43　全加器的逻辑符号

视频
触发器

第六节 触 发 器

在前两节主要讲述了组合逻辑电路,从这节开始讲述数字电路中另一种基本电路——时序逻辑电路。在数字电路中,任一时刻的稳定输出不仅决定于该时刻的输入,而且还和电路原来的状态有关(也就是电路有"记忆"功能)的电路,称之为**时序逻辑电路**,简称**时序电路**。在这一节先介绍时序电路的基本存储单元,也就是电路的"记忆"单元——触发器。

触发器是组成时序逻辑电路的基本单元。它具有记忆功能,一个触发器能够存储一位二值信息。触发器有两个互补的输出端,分别记作 Q 和 $\overline{Q}$。它有 0 态($Q=0$,$\overline{Q}=1$)和 1 态($Q=1$,$\overline{Q}=0$)两种稳定状态。在任一时刻,触发器只处于一种稳定状态,只有接收到适当的输入信号时,才由一种稳定状态翻转到另一稳定状态。当输入信号取消后,能够将得到的新状态保存下来,即记住这一状态。常见的触发器类型有 RS 触发器、JK 触发器、D 触发器和 T 触发器。

一、RS 触发器

1. 基本 RS 触发器

基本 RS 触发器是直接复位/置位触发器的简称,它由与非门构成。逻辑图和逻辑符号如图 10-44 所示。

分析其功能表可知:当 $\overline{R}_D=\overline{S}_D=1$ 时,电路保持原来的状态不变;当 $\overline{R}_D=0$,$\overline{S}_D=1$ 时,$Q=0$,触发器处于 0 态,$\overline{R}_D$ 称为置 0 端;当 $\overline{R}_D=1$,$\overline{S}_D=0$ 时,$Q=1$,触发器处于 1 态,$\overline{S}_D$ 称为置 1 端;当 $\overline{R}_D=\overline{S}_D=0$ 时,则无法预先确定触发器下个状态是 0 态还是 1 态,所以在正常工作时应该避免此现象发生。触发器的当前状态定义为 Q^n,下一个状态定义为 Q^{n+1},功能表见表 10-19。特征方程为

$$Q^{n+1} = S_D + \overline{R}_D \cdot Q^n$$

约束条件为

$$\overline{R}_D + \overline{S}_D = 1 \tag{10-19}$$

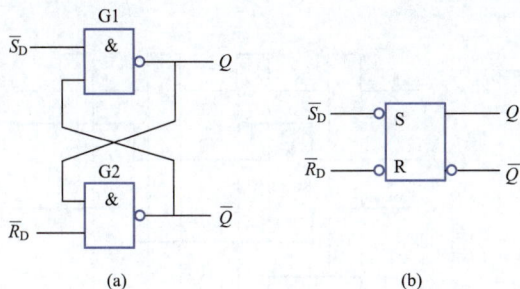

图 10-44 基本 RS 触发器逻辑图、逻辑符号
(a)逻辑图;(b)逻辑符号

表 10-19 基本 RS 触发器功能表

$\overline{R}_D$	$\overline{S}_D$	Q^{n+1}
0	0	不定
0	1	0
1	0	1
1	1	保持

基本 RS 触发器也可以用或非门构成。

2. 钟控 RS 触发器

所谓钟控,就是触发器状态是否改变不仅由输入决定还受时钟脉冲控制。逻辑

图如图 10-45 所示，逻辑符号如图 10-46 所示。由逻辑图可知，钟控 RS 触发器是由基本 RS 触发器再加上两个与非门 G3、G4 构成的。用钟控使能端 CP 来控制触发器在某一个指定的时刻根据 S、R 输入信号确定输出状态。

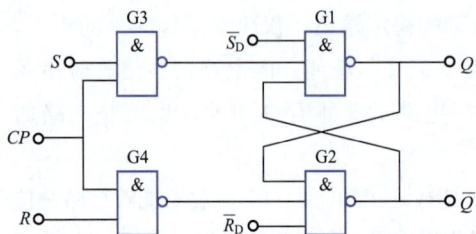

图 10-45　钟控 RS 触发器逻辑图

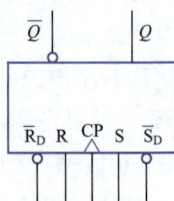

图 10-46　钟控 RS 触发器逻辑符号

当 $CP=0$ 时，无论 R、S 取何值，电路状态保持不变。只有当 $CP=1$ 时，将与非门 G3 和 G4 打开，当 $R=S=0$ 时，电路状态保持不变；当 $R=0$，$S=1$ 时，$Q=1$，触发器处于 1 态；当 $R=1$，$S=0$ 时，$Q=0$，触发器处于 0 态；当 $R=S=1$ 时，则无法预先确定触发器下个状态是 0 态还是 1 态，所以在正常工作时应该避免此现象发生。由工作原理可得出钟控 RS 触发器的真值表见表 10-20，表 10-20 的功能表可以进一步改写成 10-21 所列的功能表。钟控 RS 触发器的特征方程为

$$Q^{n+1} = S + \overline{R}Q^n$$

表 10-20　钟控 RS 触发器功能表

CP	R	S	Q^{n+1}
0	×	×	保持
1	0	0	保持
1	0	1	1
1	1	0	0
1	1	1	不定

约束条件为

$$RS = 0 \tag{10-20}$$

【例 10-8】　画出 RS 触发器的输出波形。假设 Q 的初始状态为 0 态。

解：根据表 10-21，时序图的画法如图 10-47 所示，最后虚线部分表示状态不确定。

表 10-21 改写后钟控 RS 触发器功能表

R	S	Q^n	Q^{n+1}
0	0	0	0
0	0	1	1
0	1	0	1
0	1	1	1
1	0	0	0
1	0	1	0
1	1	0	×
1	1	1	×

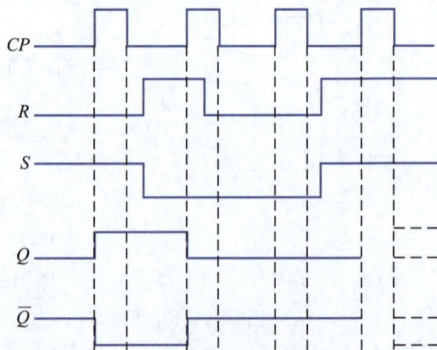

图 10-47　RS 触发器时序图

二、JK 触发器

实际电路中广泛使用主从 JK 触发器，它的逻辑电路图和逻辑符号如图 10-48 所示。

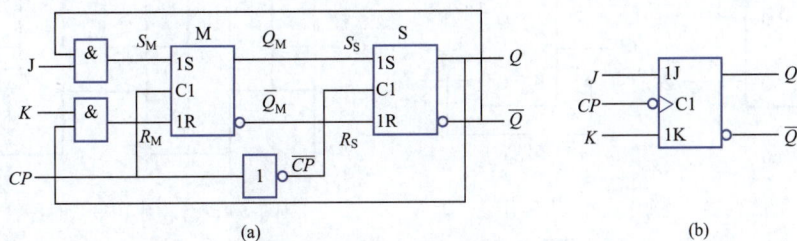

图 10-48 主从 JK 触发器

(a) 逻辑电路图；(b) 逻辑符号

主从 JK 触发器由两个钟控的 RS 触发器串联构成，左边的为主触发器，右边为从触发器。为简单清楚起见，主从 JK 触发器的 R_D（置 0 端）和 S_D（置 1 端）省略没画，其功能同前：$R_D=0$、$S_D=1$ 触发器被直接置 0；$R_D=1$、$S_D=0$ 则触发器被直接置 1。预置完成后，应保持为高电平。

当 $CP=1$ 时，J、K 的状态传送到主触发器，由于从触发器的钟控端为低电平，从触发器状态保持不变。

当 CP 由 1 变为 0 时，因 $CP=0$，J、K 状态不能进入主触发器，而由于从触发器的钟控端由 0 变为 1，从而将主触发器的输出状态输入到从触发器，其从触发器的状态等于主触发器的输出状态。

主从 JK 触发器的状态翻转是发生在时钟脉冲的下降沿，这种工作方式称为下降沿触发。下降沿触发的逻辑符号是在 CP 输入靠近方框处用一小圆圈表示，如图 10-48（b）所示。

由工作原理的可得出真值表见表 10-22，由功能表可以得出 JK 触发器的逻辑表达式为

$$Q^{n+1} = J\,\overline{Q^n} + \overline{K}Q^n \tag{10-21}$$

表 10-22　　　　　　　　　　　　　　JK 触发器的功能表

J	K	Q^n	Q^{n+1}	功能
0	0	0	0	保持
		1	1	
0	1	0	0	置 0
		1	0	
1	0	0	1	置 1
		1	1	
1	1	0	1	翻转
		1	0	

【例 10-9】 用 JK 触发器构成的逻辑图如图 10-49 所示，试画出相应的时序图。

解： 由图 10-49（a）的逻辑图知 Q_1 是下降沿触发，由图 10-49（b）的逻辑符号知 Q_2 是上升沿触发。设初始状态 $Q_1=Q_2=0$，时序图如图 10-50 所示。

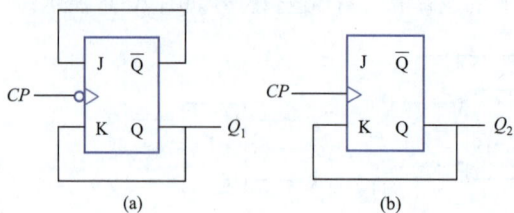

图 10-49 ［例 10-9］逻辑图

（a）逻辑图一；（b）逻辑图二

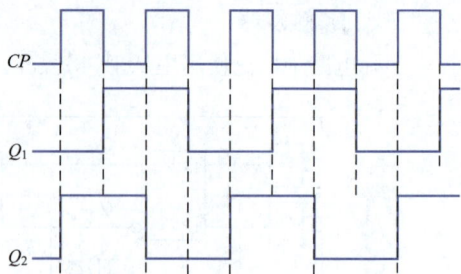

图 10-50 ［例 10-9］时序图

三、维持阻塞 D 触发器

D 触发器的逻辑电路图如图 10-51 所示，逻辑符号如图 10-52 所示。R_D 为置 0 端，S_D 为置 1 端，$R_D=0$、$S_D=1$ 触发器被直接置 0；$R_D=1$、$S_D=0$ 则触发器被直接置 1。预置完成后，应保持为高电平。

下面介绍其工作原理。

（1）当 $D=1$ 时。

1）$CP=0$ 时，与非门 G3、G4 被封锁，G3、G6 的输出均为 1。反馈到 G5、G6 的输入，G5、G6 输出为 0、1。

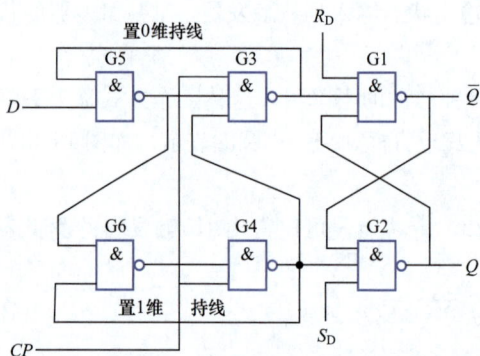

图 10-51 D 触发器的逻辑电路图

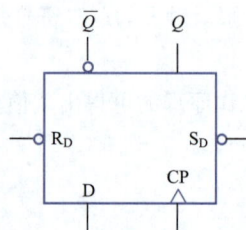

图 10-52 D 触发器的逻辑符号

2）CP 的上升沿到临，与非门 G3、G4 被打开，使 G3=1，G4=0。CP 上升沿过后，G4=0 反馈到 G6，将 G6 封锁，并使 G6=1，维持 G4=0，从而使 $Q=1$，即 $CP=1$ 期间 D 的变化不影响输出。把由 G4 反馈到 G6 的这根线称为置 1 维持线。

（2）当 $D=0$ 时。

1）$CP=0$ 时，与非门 G3、G4 被封锁，G3、G4 的输出均为 1。反馈到 G5、G6 的输入，G5、G6 输出为 1、0。

2）CP 的上升沿到临，与非门 G3、G4 被打开，使 G3=0，G4=1；CP 上升沿过后，G3=0 反馈到 G5，将 G5 封锁，并使 G5=1，维持 G3=0，从而使 $Q=0$，即 $CP=1$ 期间 D 的变化不影响输出。把由 G3 反馈到 G5 的这根线称为置 0 维持线。

由以上分析可以得出 D 触发器的特性方程为

$$Q^{n+1} = D \qquad\qquad (10\text{-}22)$$

表 10-23 为 D 触发器的功能表。

表 10-23　　　　　　　　　　**D 触发器的功能表**

D	Q^n	Q^{n+1}	功能
0	0	0	置 0
	1	0	
1	0	1	置 1
	1	1	

【例 10-10】　如图 10-53 所示连接的 D 触发器，设它的初始状态为 1，试画出时序图。

解：时序图如图 10-54 所示。

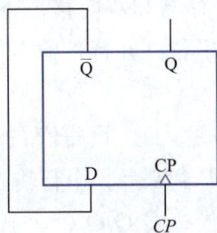

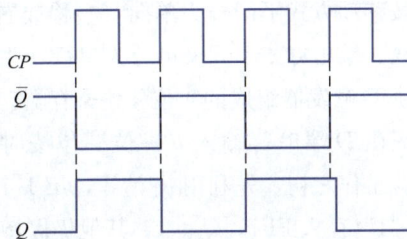

图 10-53　［例 10-10］逻辑电路图　　　　　图 10-54　［例 10-10］时序图

第七节　常用时序逻辑器件

触发器是组成时序逻辑电路的基本单元，可以由它组成各种时序逻辑电路。本节主要介绍由触发器构成的寄存器和计数器。

一、寄存器

在计算机或其他数字系统中，经常需要将参与运算的数据和运算结果暂时存放起来。把能暂时存放数码的逻辑部件称为**寄存器**。寄存器通常由触发器构成，一个触发器只能寄存一位二进制数，要存多位数时，就得用多位触发器，常用的有 4 位、8 位、16 位等寄存器。寄存器按功能可分为多种，常用的是数码寄存器和移位寄存器两种。

1. 数码寄存器

图 10-55 是由 4 个 D 触发器组成的 4 位数码寄存器，这种寄存器只有寄存数码和清除原有数码的功能。$D_0 \sim D_1$ 为 4 位数码输入端，$Q_0 \sim Q_3$ 为 4 位数码的原码输出端，$\overline{Q_0} \sim \overline{Q_3}$ 为反码输出端，$\overline{R_D}$ 为清零输入端，时钟 CP 作为存数指令端。

先将要寄存的 4 位数码分别加在各 D 触发器的输入端，在 CP 输入一个存数指令（CP 正脉冲，上升沿触发），$Q^{n+1} = D$，相应的数码便被存入了寄存器，一直保存至下一次存数指令到达前，显然数码可直接从输出端一并取出。这种将数码一并存入一并输出的方式称为并行输入、并行输出方式。

数码寄存器有专门的集成器件，如 4 位的 74LS175 等。

常用时序逻辑器件

235

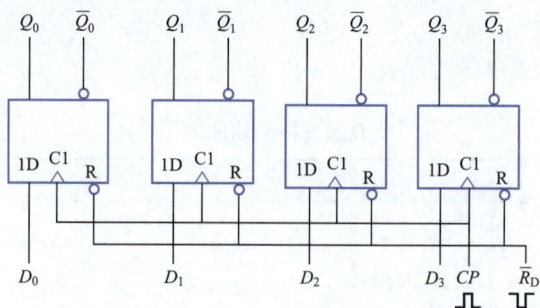

图 10-55　4 位数码寄存器

2. 移位寄存器

移位寄存器不仅能存放数码，还有移位的功能，是数字系统中进行算术运算的必需器件，应用十分广泛。移位寄存器在移位脉冲作用下将寄存器的数码依次向左或向右移，按移动方式不同分为单向（左移或右移）移位寄存器和双向移位寄存器；按数码的输入、输出方式不同又可分为串行（并行）输入、串行（并行）输出等。图 10-56 所示是由 D 触发器组成的 4 位移位寄存器。

数码由 D 端串行输入（一位一位按时间先后顺序输入），设寄存的二进制数为 "1011"。工作之初，先利用 $\overline{R}_D$ 清零，第 1 个移位脉冲 CP 到来后，串行输入信号的第 1 个数码 "1" 存入 FF1，$Q_1 = 1$，其他仍保持 0 态，输出状态 $Q_4 Q_3 Q_2 Q_1 = 1000$；第 2 个移位脉冲到来后，第 2 个数码 "0" 存入 FF1，同时 FF1 和 "1" 存入 FF2，此时 $Q_4 Q_3 Q_2 Q_1 = 0100$，右移了 1 位。同样依次分析可知，第 4 个脉冲到来后，$Q_4 Q_3 Q_2 Q_1 = 1011$，串行输入的 4 位数码全部移入寄存器中。若需要输出这 4 位数码，一种方法是从 Q_4、Q_3、Q_2、Q_1 直接读取数码，称为并行输出；另一种方法是继续输入 3 个移位脉冲，就可以在触发器 FF4 的 Q_4 端串行取出被寄存的数码，称为串行输出。

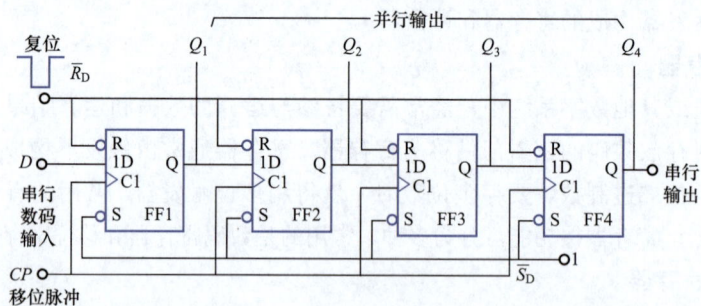

图 10-56　4 位移位寄存器

移位寄存器有专门的集成器件，常用的有 4 位的双向移位的 74LS175 等。

二、计数器

计数器是用来对输入脉冲进行计数的时序逻辑电路。按计数器进位制的不同，可以分成二进制计数器、十进制计数器（二—十进制计数器）等。

1. 同步二进制计数器

计数脉冲同时加到所有触发器的时钟信号输入端，使应翻转的触发器同时翻转的计数器，称作同步计数器。显然，它的计数速度比较快。

同步二进制加法计数器的功能表见表 10-24，由表可以看出，每当有一个触发脉冲到来，触发器 Q_0 翻转一次，所以 $J_0 = K_0 = 1$；对于 Q_1，当 $Q_0 = 1$ 时，再来个触发脉冲，Q_1 就翻转了，所以 $J_1 = K_1 = Q_0$；对于 Q_2，当 $Q_1 = Q_0 = 1$ 时，再来个触发脉冲，Q_2 就翻转了，所以 $J_2 = K_2 = Q_1 Q_0$。由此可以得到同步二进制加法计数器的逻辑电路图，如图 10-57 所示。

表 10-24　　　　　　　　　　3 位同步二进制加法计数器的功能表

计数脉冲数	二　进　制　数			对应十进制数
	Q_2	Q_1	Q_0	
0	0	0	0	0
1	0	0	1	1
2	0	1	0	2
3	0	1	1	3
4	1	0	0	4
5	1	0	1	5
6	1	1	0	6
7	1	1	1	7

2. 异步二进制计数器

计数脉冲只加到部分触发器的时钟脉冲输入端上，而其他触发器的触发信号则由电路内部提供，应翻转的触发器状态更新有先有后的计数器，称作异步计数器。由 D 触发器构成异步二进制计数器的逻辑电路图如图 10-58 所示。由逻辑图可以得出

$$D_0 = \overline{Q}_0^n,\ D_1 = \overline{Q}_1^n,\ D_2 = \overline{Q}_2^n,\ D_3 = \overline{Q}_3^n$$

$$CP_0 = CP,\ CP_1 = D_0,\ CP_2 = D_1,\ CP_3 = D_2$$

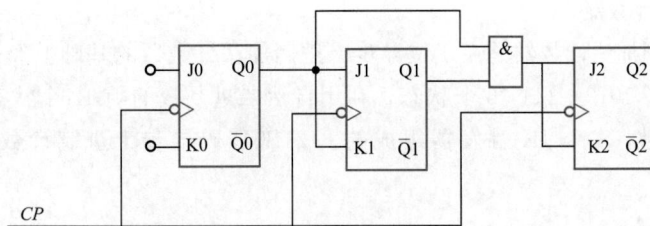

图 10-57　3 位同步二进制加法计数器

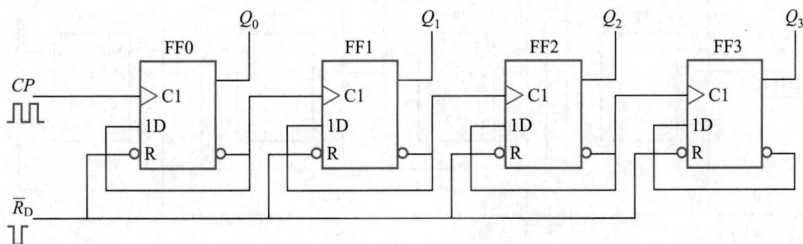

图 10-58　由 D 触发器组成的 4 位异步二进制加法计数器

若初始状态时，先用 $\overline{R}_\mathrm{D}$ 清零，令 $Q_3 = Q_2 = Q_1 = Q_0 = 0$，每当触发脉冲到来，触发器 FF0 就翻转；对于 FF1，$Q_1^{n+1} = D_1 = \overline{Q}_1^n$，当 $Q_0 = 1$ 时，再来个触发脉冲，FF1 就翻转；对于 FF2，当 $Q_1 = Q_0 = 1$ 时，再来个触发脉冲 FF2 就翻转了。由此可以看出，符合表 10-25 所示二进制加法计数器的功能表。

表 10-25　　　　　　　　　4 位二进制加法计数器的功能表

计数脉冲数	二　进　制　数			
	Q_3	Q_2	Q_1	Q_0
0	0	0	0	0
1	0	0	0	1
2	0	0	1	0
3	0	0	1	1
4	0	1	0	0
5	0	1	0	1
6	0	1	1	0
7	0	1	1	1
8	1	0	0	0
9	1	0	0	1
10	1	0	1	0
11	1	0	1	1
12	1	1	0	0
13	1	1	0	1
14	1	1	1	0
15	1	1	1	1
16	0	0	0	0

3. 十进制计数器

异步十进制加法计数器是在 4 位异步二进制加法计数器的基础上经过适当修改获得的。它跳过了 1010～1111 6 个状态，利用自然二进制数的前 10 个状态 0000～1001 实现十进制计数。4 个 JK 触发器组成的 8421BCD 码异步十进制计数器如图 10-59 所示。

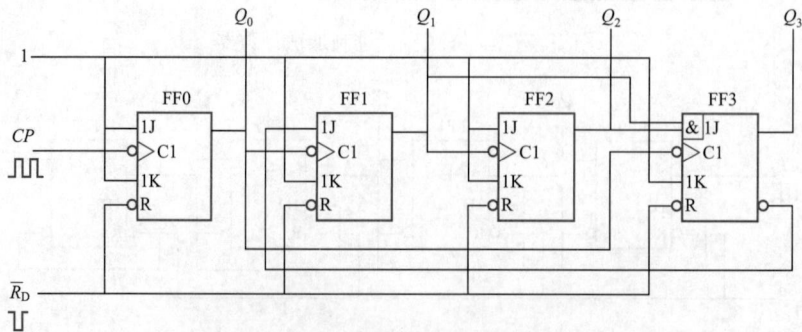

图 10-59　8421BCD 码异步十进制计数器

开始计数前先清零，即从 $Q_3Q_2Q_1Q_0=0000$ 状态开始计数。这时 $J_0=K_0=1$，$J_1=\overline{Q_3^n}=K_1=1$，$J_2=K_2=1$，$J_3=Q_2^nQ_1^n$，$K_3=1$，因此，输入前 8 个计数脉冲时，计数器按异步二进制加法计数规律计数。在输入第 7 个计数脉冲时，计数器的状态为 $Q_3Q_2Q_1Q_0=0111$。这时，$J_3=Q_2Q_1=1$，$K_3=1$。输入第 8 个计数脉冲时，FF0 由 1 状态翻到 0 状态，Q_0 输出负跃变。一方面使 FF3 由 0 状态翻到 1 状态；另一方面，Q_0 输出的负跃变也使 FF1 由 1 状态翻到 0 状态，FF2 也随之翻到 0 状态。这时计数器的状态为 $Q_3Q_2Q_1Q_0=1000$，$\overline{Q_3}=0$ 使 $J_1=\overline{Q_3}=0$。因此，在 $Q_3=1$ 时，FF1 只能保持在 0 状态，不可能再次翻转。输入第 9 个计数脉冲时，计数器的状态为 $Q_3Q_2Q_1Q_0=1001$。这时，$J_3=0$、$K_3=1$。输入第 10 个计数脉冲时，计数器从 1001 状态返回到初始的 0000 状态，电路从而跳过了 1010～11 116 个状态，实现了十进制计数，同时 Q_3 端输出一个负跃变的进位信号。

4. 集成计数器

经常用到的计数器一般不是由触发器连接而成的，而是由集成器件构成的。74LS161 就是常用的 4 位同步二进制计数器，其逻辑符号如图 10-60 所示。

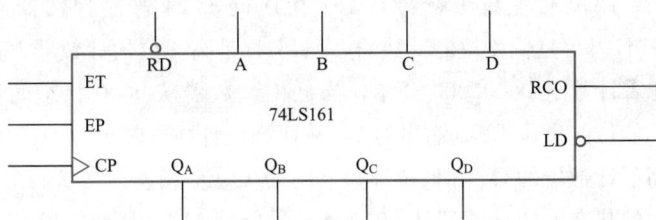

图 10-60 74LS161 的逻辑符号

各引线的功能：RD 为清零端，低电平有效；CP 为时钟脉冲输入端，上升沿有效；EP、ET 为使能端，当二者都为高电平时，计数器计数，否则处于保持状态；LD 为置数端，低电平有效；A、B、C、D 是 4 个输入端；Q_A、Q_B、Q_C、Q_D 是 4 个输出端；RCO 是进位输出端，高电平有效。功能表见表 10-26。

表 10-26 74LS161 同步二进制计数器的功能表

输 入									输 出			
RD	CP	LD	EP	ET	D	C	B	A	Q_D	Q_C	Q_B	Q_A
0	×	×	×	×	×	×	×	×	0	0	0	0
1	↑	0	×	×	d_3	d_2	d_1	d_0	d_3	d_2	d_1	d_0
1	↑	1	1	1	×	×	×	×	计数			
1	×	1	0	×	×	×	×	×	保持			
1	×	1	×	0	×	×	×	×	保持			

5. 任意进制计数器

常用的计数器主要是二进制和十进制，当需要用到其他进制的计数器时，只要将现有的计数器进行改接就可以得到。改接方法有清零法和计数法两种，以常用的 74LS161

为例来介绍。

（1）清零法。利用反馈清零法将74LS161构成五进制计数器，电路连接图如图10-61所示。它从0000开始计数，来第4个脉冲后，变为0100；当第5个脉冲来到后，出现0101的状态，由于Q_C和Q_A端分别接与非门的输入端，此时输出被送到清零端，强迫清零，0101这一状态转瞬即逝，无法显示，立即回到0000。所以整个计数器只显示0000、0001、0010、0011、0100这5个状态。

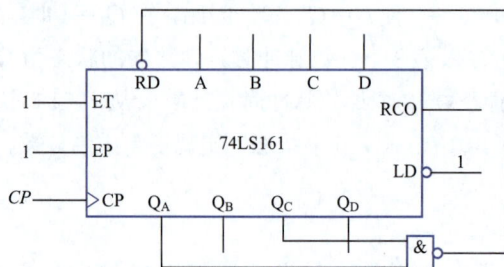

图 10-61　五进制计数器

（2）置数法。用反馈置数法将74LS161构成同步24进制计数器，电路连接如图10-62所示。74161A是低4位的计数器，74161B是高4位的计数器，其预置数都为0000，那就意味着计数从00000000开始，当低位计数器从0000状态循环到1111时，再来一个脉冲，低位的进位RCO输出为1，从而高位计数器的$ET=EP=1$，高位计数器工作。因为高位计数器的Q_A和低位计数器的$Q_CQ_BQ_A$相连，当它们全都为1时，就回到了开始预置的状态。即计数器从00000000～00010111，从而构成了二十四进制计数器。

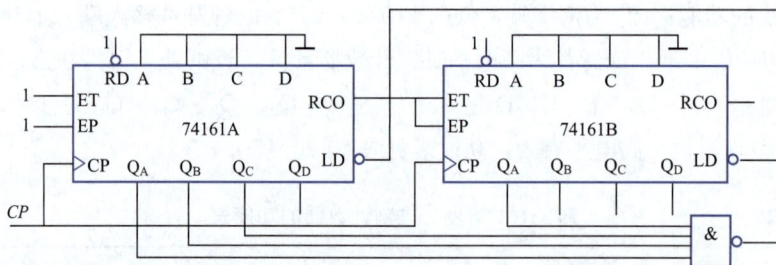

图 10-62　二十四进制计数器

三、由555定时器组成的施密特触发器

前面讲述的都是双稳态触发器，即电路有两个稳定的状态，当触发信号到来才由一种稳定状态翻转到另一个稳定状态。单稳态触发器在触发信号未加入之前，处于稳定的状态，当触发信号到临，触发器翻转，但这种新的状态不能稳定存在，把这种状态称为暂稳态；暂稳态经过一定的时间后自动翻转到原来的稳定状态，因这种触发器只有一种稳定状态，故称单稳态触发器。而施密特触发器也是电平触发，它有正向阈值电压U_{T+}和负向阈值电压U_{T-}两个不同的阈值电压。当输入信号的电压大于正向阈值电压时，输出是高电平或低电平；当输入信号的电压小于负向阈值电压时，输出是

视频
555定时器构成的施密特触发器

240

低电平或高电平。根据这一特点，施密特触发器在电子电路中常用来完成波形变换、幅度鉴别等工作。

555 定时器是将模拟电路和数字电路集成于一体的电子器件。它使用方便，带负载能力较强，目前得到了非常广泛的应用。通过其外部的连接，就可以构成单稳态触发器和施密特触发器。

1. 555 定时器

这里以常用的 TTL 定时器 555 为例进行分析。555 的内部电路图和外引线排列图分别如图 10-63 和图 10-64 所示。555 定时器的内部电路由两个电压比较器 A1、A2 和 RS 触发器以及放电三极管 VT 组成。三个相同阻值的电阻构成的分压器给两个比较器提供基准电压，A1 的基准电压为 $2U_{CC}/3$，A2 的基准电压为 $U_{CC}/3$。若在电压控制端 5 另加外接电压 U_{CO}，则 A1、A2 的基准电压就变成 U_{CO} 和 $\dfrac{U_{CO}}{2}$。工作中不使用端 5 时，一般通过一个 $0.01\mu F$ 的电容接地，以旁路高频干扰。两个电压比较器 A1、A2 处于开环状态，当 $U_+ > U_-$ 时，其输出为高电平；当 $U_+ < U_-$ 时，其输出为低电平。

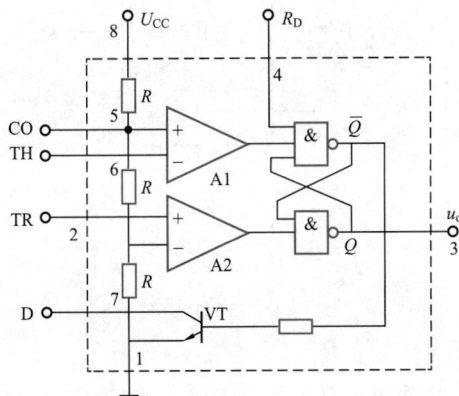

图 10-63 555 定时器的内部电路图

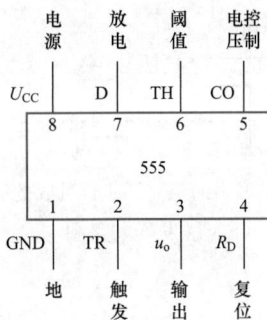

图 10-64 555 定时器的引脚图

TH 是比较器 A1 的信号输入端，称为**阈值输入端**；TR 是比较器 A2 的信号输入端，称为**触发输入端**。

放电三极管 VT 为外接电容提供一个接地的放电通道。当基本 RS 触发器置 1 时，VT 截止，基本 RS 触发器置 0 时，VT 导通。

R_D 是直接复位接入端，当 R_D 为低电平时，输出端 u_o 为低电平。

当 $U_{TH} > \dfrac{2}{3}U_{CC}$，$U_{TR} > \dfrac{1}{3}U_{CC}$ 时，电压比较器 A1 输出低电平，A2 输出高电平，基本 RS 触发器置 0，放电三极管导通，输出端 u_o 为低电平。

当 $U_{TH} < \dfrac{2}{3}U_{CC}$，$U_{TR} < \dfrac{1}{3}U_{CC}$ 时，电压比较器 A1 输出高电平，A2 输出低电平，基本 RS 触发器置 1，放电三极管截止，输出端 u_o 为高电平。

当 $U_{TH} < \dfrac{2}{3}U_{CC}$，$U_{TR} > \dfrac{1}{3}U_{CC}$ 时，基本 RS 触发器保持不变。综上所述，可以得到 555 定时器的功能表，见表 10-27。

表 10-27   555 定时器功能表

R_D	阈值端 U_{TH}	触发端 U_{TR}	u_o	三极管 VT
1	大于 $2U_{CC}/3$	大于 $U_{CC}/3$	0	导通
1	小于 $2U_{CC}/3$	小于 $U_{CC}/3$	1	截止
1	小于 $2U_{CC}/3$	大于 $U_{CC}/3$	保持	保持
0	d	d	0	导通

2. 由 555 定时器组成的施密特触发器

用 555 定时器组成的施密特触发器的电路图如图 10-65 所示，简化电路如图 10-66 所示。其工作原理分析如下。

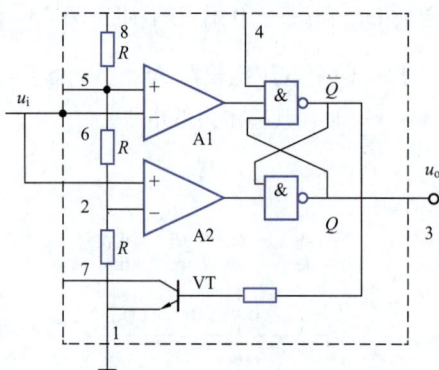

图 10-65   由 555 定时器组成的施密特
触发器电路图

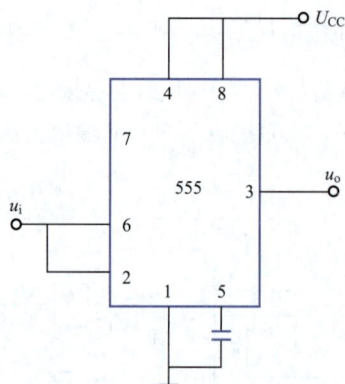

图 10-66   由 555 定时器组成的施密特
触发器的简化电路图

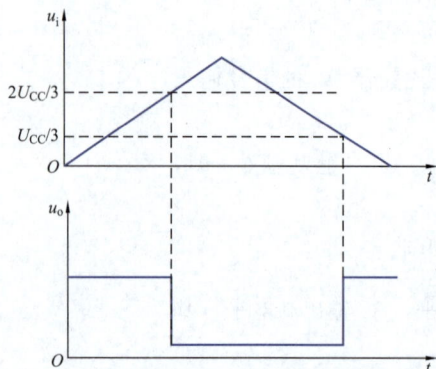

图 10-67   施密特触发器工作波形

（1）u_i 由 0 开始增加，当 $u_i = \dfrac{2}{3}U_{CC}$ 时，输出的 u_o 是高电平；u_i 继续增加，若 $\dfrac{1}{3}U_{CC} < u_i < \dfrac{2}{3}U_{CC}$，输出 u_o 维持高电平；u_i 继续增加，若 $u_i > \dfrac{2}{3}U_{CC}$，输出 u_o 就由高电平跳变为低电平。

（2）u_i 由 $u_i > \dfrac{2}{3}U_{CC}$ 开始下降，只要 $\dfrac{1}{3}U_{CC} < u_i < \dfrac{2}{3}U_{CC}$，电路输出状态不变；若 u_i 继续下降，当 $u_i < \dfrac{1}{3}U_{CC}$，电路翻转，输出 u_o 就由低电平跳变为高电平。

电路的工作波形如图 10-67 所示。

第八节   数字电路应用设计举例

数字电路的实际应用例子很多，在前面几节已介绍了一些简单应用实例。本节再介绍一些应用设计的例子，这些例子都可以利用前面介绍的数字单元电路就能进行设计。这里只重点介绍主要设计思想和原理框图，实现设计的数字电路有许多种方案，读者可根据原理框图自行设计具体电路。

一、数字钟电路

在工业控制和家用电器中常用到数字钟，而数字钟电路中主要包含标准时钟发生器、计数分频器、译码显示器等单元，下面将介绍这几个单元电路的设计思路。

1. 标准时钟发生器

标准时钟发生器是数字钟的心脏，它的精确度直接影响到数字钟的性能。标准时钟发生器可由第七节中的 555 定时器构成的多谐振荡器组成，其优点是振荡器起振容易，振荡周期的调节范围宽，缺点是频率稳定性差，精度不高，主要应用在精度不高的场合。

精度高的时钟发生器要用到石英晶体振荡器，将晶体振荡器组成数字电路以产生标准秒信号。在实际应用中，常采用频率为 32 768Hz 石英晶体振荡器，因为 32 768＝2^{15}，因此很容易利用数字电路将此频率分频成输出稳定的秒信号。图 10-68 所示是用 32 768Hz 的晶振和 CD4060 芯片构成的标准秒信号发生器。

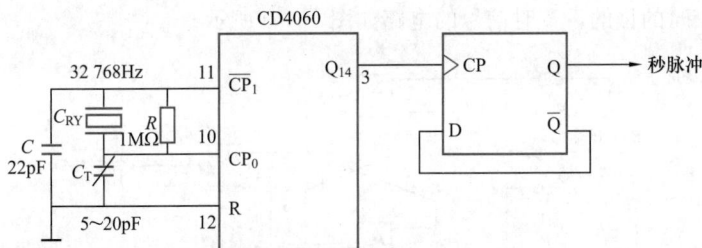

图 10-68　标准秒信号发生器

2. 计数分频器

常利用计数器来构成各种进制计数器，例如采用数字集成电路 74LS90 和 74LS160 构成十进制加法计数器，74LS190 和 74LS192 构成十进制加减法计数器，74LS92 构成十二进制加法计数器，74LS93 和 74LS161 构成十六进制加法计数器，74LS191 和 74LS193 构成十六进制加减法计数器。

同样，对石英晶体振荡器或其他振荡器形成的时钟信号进行 2 分频时，可采用 CD4017、CD4024、CD4040、CD4060 实现所需要的分频。图 10-68 就是利用 CD4060 对 32768Hz 进行分频以得到秒信号的电路。

3. 译码显示器

在数字电路中，一般译码显示器都要求输入 8421BCD 码，从而在 LED 数码管上显示相应的十进制数。由于数码管显示需用较大的电流，因此译码器需要有较大的驱动能力，常用的译码驱动器有 74LS47、74LS48、CD4511 等。显示用的 LED 数码管有共阳极和共阴极两种，使用时应注意与译码驱动器相匹配。

4. 数字钟设计

在上面介绍的基本单元电路的基础上，设计一个数字钟，采用 6 位 LED 数码管，以数字形式分别显示时、分、秒，要求显示精度高，具有校时功能，电路的基本原理图如图 10-69 所示。

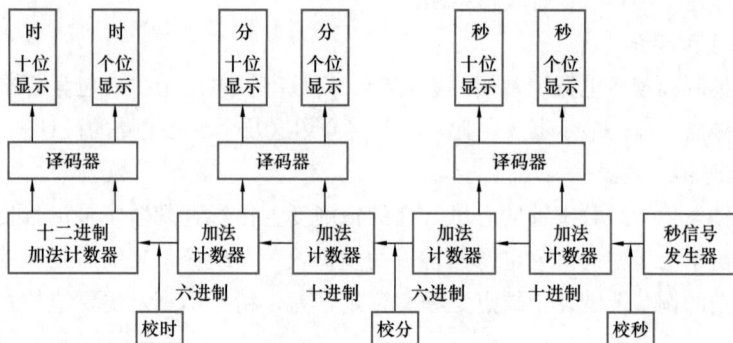

图 10-69　数字钟的原理框图

秒信号发生器采用前面介绍的石英晶体振荡器的秒信号发生器，以输出稳定、准确、标准的秒信号。

校时功能电路可采用 RS 触发器以消除抖动，然后和进位脉冲一起送入下一级计数器，以达到校时的目的，校时信号的电路如图 10-70 所示。

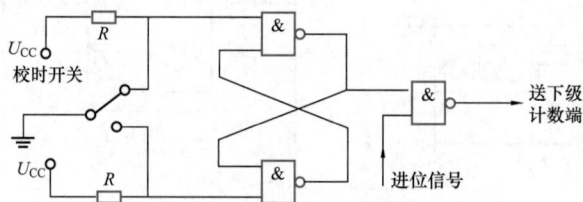

图 10-70　消除抖动的校时信号电路图

秒和分的计数器都是六十进制，可选用一片 74LS90 和一片 74LS02 组成六十进制计数器，采用反馈归零的方法实现六十进制计数。其中，秒和分的各自二位 LED 数码管显示时，"个位"是十进制，"十位"是六进制，由秒信号发生器传来的秒脉冲信号，首先送到"秒"计数器进行累加计数，达到 60s 后产生一个进位信号，送到分计数电路，分计数器又重复六十进一的计数过程。

时的计数要用到十二进制计数器，具有从 1 计到 12 的循环计数功能。图 10-71 给出了由 74LS191 芯片设计的电路。12 翻 1 的时计数是按从 1 到 12 计数，当计数到 12 时，下一个脉冲就会使时计数器重新开始从 1 到 12 的计数，这符合人们生活中的计时规律。在图 10-71 中，小时的个位计数器由 4 位二进制同步可逆计数器 74LS191 组成，而十位计数器由 D 触发器 74LS74 组成，将它们级联组成 12 翻 1 的小时计数器。

除了基本的计时显示外，还可适当增加其他功能，如整点报时、定时提醒、24 小时显示等。这些功能的实现关键是对计数器电路的输出状态进行组合，当其满足条件时就驱动蜂鸣器或喇叭发声。

244

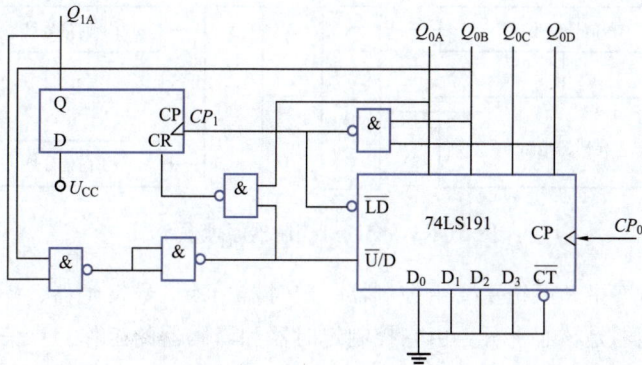

图 10-71　12 翻 1 小时计数器电路图

以整点报时功能为例：如规定整点报时电路在每小时的最后 10s 开始报时，至下一个小时开始结束，其报时的条件为：秒显示的十位计数器输出为 5，秒显示的个位计数器的输出为 0～9，分显示的十位计数器输出为 5，分显示的个位计数器输出为 9。各计数器输出的 BCD 码应满足的条件见表 10-28。

表 10-28　　　　　　　整点报时各计数器输出的 BCD 码应满足的条件

计数器	分十位				分个位				秒十位				秒个位			
BCD 输出	Q_D	Q_C	Q_B	Q_A	Q_D	Q_C	Q_B	Q_A	Q_D	Q_C	Q_B	Q_A	Q_D	Q_C	Q_B	Q_A
报时条件	0	1	0	1	1	0	0	1	0	1	0	1	×	×	×	×

根据表 10-28，很容易得到其逻辑表达式和相应的逻辑电路。

对于采用 24 小时显示的数字钟，则可采用两个十进制计数器，计数到 24 后清零。

二、交通灯控制器

城市交通管理在十字路口都设有红绿灯以指挥通行，现利用数字电路设计交通灯控制器。

1. 控制要求

（1）每条道路设一组信号灯，每组信号灯由红、黄、绿 3 盏灯组成，绿灯表示可以通行，红灯表示禁止通行，黄灯表示该车道上已过停车线的车辆可继续通行，未过停车线的车辆禁止通行。

（2）每条道路上每次通行的时间为 25s。

（3）每次变换通车道之前，要求黄灯先亮 5s，再变换通行车道。

（4）黄灯亮时，要求每秒钟闪烁一次。

十字路口交通灯安放示意图如图 10-72 所示。

2. 设计方案

交通灯控制器的设计方案有许多种，这里采用数字电路来实现。图 10-73 是利用数字电路的设计方案原理图。

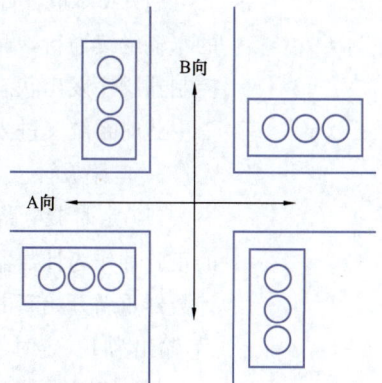

图 10-72　十字路口交通灯安放示意图

245

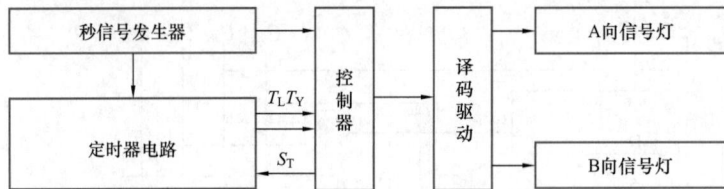

图 10-73 交通灯控制器原理框图

在此设计方案中，系统主要由控制器、定时器、秒信号发生器、译码器和信号灯组成。其中控制器是核心部分，由它控制定时器和译码器的工作，秒信号发生器产生定时器和控制器所需要的标准时钟，译码器输出对二路信号灯的控制信号。

T_L、T_Y 为定时器的输出信号，S_T 为控制器输出的脉冲信号。

控制器输出的 S_T 脉冲信号为状态转换信号，控制器发出 S_T 信号后，定时器就令 $T_Y=0$ 和 $T_L=0$，并开始下一个工作状态的定时计数。当定时器达到 5s 时，T_Y 输出为 1；当计时到 25s 时，则 T_L 输出为 1，控制器根据所处状态和得到的 T_Y、T_L 信号决定向译码驱动器及定时器发出控制指令。

一般情况下，十字路口交通灯的工作状态按下列顺序进行。

（1）A 车道绿灯亮，B 车道红灯亮，此时 A 车道允许车辆通行，B 车道禁止车辆通行，当 A 车道绿灯亮够规定的时间后，控制器发出状态转换信号，系统进入下一个工作状态。

（2）A 车道黄灯亮，B 车道红灯亮，此时 A 车道允许超过停车线的车辆继续通行，未超过停车线的车辆禁止通行。当 A 车道黄灯亮够规定的时间后，控制器发出状态转换信号，系统进入下一个工作状态。

（3）A 车道红灯亮，B 车道绿灯亮，此时 A 车道禁止车辆通行，B 车道允许车辆通行，当 B 车道绿灯亮够规定的时间后，控制器发出转换信号，系统进入下一个工作状态。

（4）A 车道红灯亮，B 车道黄灯亮，A 车道禁止车辆通行，B 车道允许通过停车线的车辆继续通行，而未超过停车线的车辆禁止通行。当 B 车道黄灯亮够规定的时间后，控制器顺序发出状态转换信号，系统进入下一个工作状态。

此时系统又进入到状态（1），开始周而复始的循环状态。

3. 电路设计

（1）定时器电路。以秒信号发生器的输出脉冲作为计数器的计数输入，以 S_T 输出的正脉冲作为计数器重新计数的清零端，清零后计数器的输出信号 T_Y 和 T_L 均为零，计数器重新开始新的计数，当计数器计时到 5s 时，T_Y 输出为 1；当计时到 25s 时，则 T_L 输出为 1。定时器电路框图如图 10-74 所示，其具体电路也很容易设计。

（2）控制器电路。从前面的分析知道，控制器有 4 个状态，因此可选用两个 D 触发器产生 4 个状态，控制器的输入为触发器的现态及 T_L 和 T_Y，控制器的输出为触发器的次态和控制器状态转换信号 S_T，由此得到表 10-29 所示的状态转换表。

根据表 10-29，其状态方程和信号输出方程为

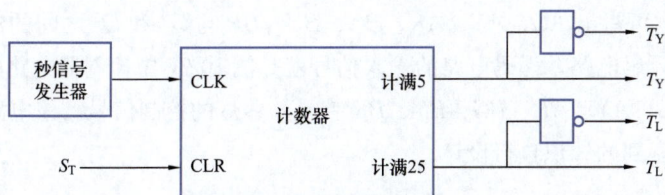

图 10-74 定时器电路原理框图

$$Q_1^{n+1} = Q_1 \cdot Q_0 \cdot T_Y + Q_1 \cdot Q_0 + Q_1 \cdot \overline{Q}_0 \cdot T_Y$$

$$Q_1^{n+1} = \overline{Q}_1 \cdot \overline{Q}_0 \cdot T_Y + \overline{Q}_1 \cdot Q_0 + Q_1 \cdot \overline{Q}_0 \cdot \overline{T}_L$$

$$S_T = \overline{Q}_1 \cdot \overline{Q}_0 \cdot T_L + Q_1 \cdot Q_0 \cdot T_Y + Q_1 \cdot \overline{Q}_0 \cdot T_Y + Q_1 \cdot Q_0 \cdot T_L$$

表 10-29 控制器状态转换表

输　　入				输　　出		
现　态		状态转换条件		次　态		状态转换信号
Q_1^n	Q_0^n	T_L	T_Y	Q_1^{n+1}	Q_0^{n+1}	S_T
0	0	0	×	0	0	0
0	0	1	×	0	1	1
0	1	×	0	0	1	0
0	1	×	1	1	1	1
1	1	0	×	1	1	0
1	1	1	×	1	0	1
1	0	×	0	1	0	0
1	0	×	1	0	0	1

以上 3 个逻辑函数可用多种数字电路实现，图 10-75 给出了用数据选择器 74LS153 和双 D 触发器 74LS74 来实现的一种简单方案。设计中将触发器的输出看作逻辑函数，由此得到控制器的原理图，图中 R 和 C 构成简单的上电复位电路，以保证触发器的初始状态为 0，触发器的时钟输入端输入 1Hz 的秒脉冲。

（3）译码器。译码器的作用是将控制器输出的 Q_1、Q_0 所构成的 4 种状态转换成为 A、B 车道上 6 个信号灯的控制信号。

将 A 车道绿灯定义为 AG，黄灯定义为 AY，红灯定义为 AR，B 车道的绿灯、黄灯、红灯分别定义为 BR、BY、BR。灯亮为 1，灯灭为 0。控制器输出与信号灯之间的对应关系见表 10-30。

表 10-30 控制器输出与信号灯之间的对应关系

Q_1	Q_0	AG	AY	AR	BG	BY	BR
0	0	1	0	0	0	0	1
0	1	0	1	0	0	0	1
1	1	0	0	1	1	0	0
1	0	0	0	1	0	1	0

由表 10-30 可写出 AG、AY、AR、BG、BY、BR 与 Q_1 和 Q_0 之间的逻辑关系，并由此可设计出译码电路，译码电路的输入信号就是图 10-75 中控制器电路的输出，译码电路的输出 AG、AY、AR、BG、BY、BR 就是 6 盏灯的控制信号。该电路很简单，读者可根据前面学到的知识自行设计。

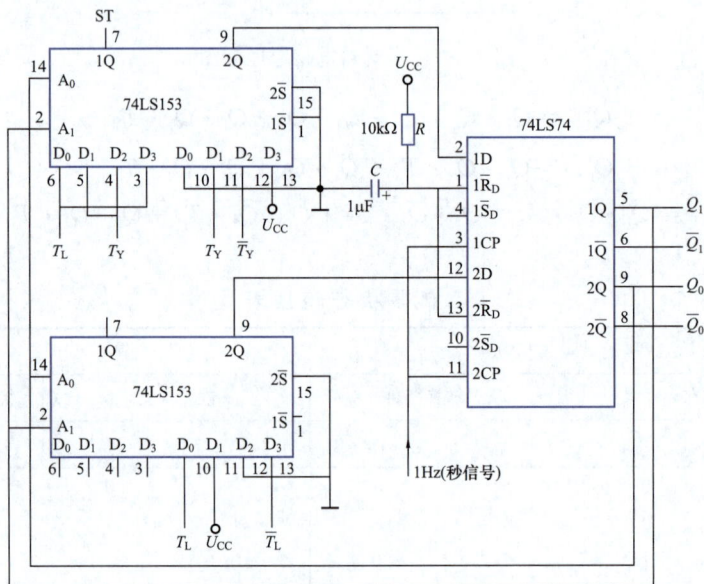

图 10-75　交通灯控制器电路图

对于设计中要求黄灯亮时每秒闪烁一次，可将 AY（BY）信号与秒脉冲信号共同输入与门，然后用其输出信号去控制黄灯即可。

（4）主要元器件。在本设计中主要用到的元器件有 74LS163、74LS153、74LS74、74LS00、74LS04、74LS09、74LS07，NE555、发光二极管、电阻、电容等。

习题

10.1　试将下列十进制数转换成二进制数、八进制数、十六进制数和 8421BCD 码（要求转换误差不大于 2^{-3}）。

(1) 47　　　(2) 136　　　(3) 257.25　　　(4) 3.781

10.2　将下列数码作为自然数或 8421BCD 码时，试分别求出相应的十进制数。

(1) 10010111　　　(2) 100001110001　　　(3) 010100101001

10.3　试化简图 10-76 所示的电路，要求化简后的电路逻辑功能不变。

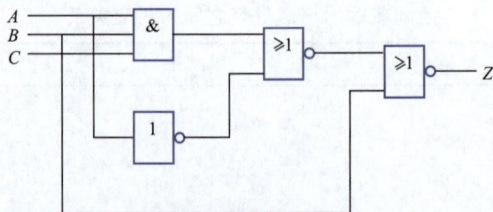

图 10-76　习题 10.3 的图

10.4 利用卡诺图化简。

(1) $Y = ABC + ABD + A\overline{C}D + \overline{C}D + A\overline{B}C + \overline{A}C\overline{D}$;

(2) $Y = A\overline{B}C + BC + \overline{A}B\overline{C}D$;

(3) $L = ABC + ABD + \overline{A}B\overline{C} + CD + B\overline{D}$;

(4) $F(A, B, C, D) = \sum m(1, 3, 7, 11, 15)$。

10.5 试用代数法化简逻辑函数。

(1) $Y = \overline{\overline{AC} + \overline{ABC}} + \overline{BC} + AB\overline{C}$;

(2) $Z = AB + A\overline{C} + \overline{BC} + B\overline{C} + B\overline{D} + \overline{B}D + ADE(F+G)$;

(3) $F(A, B, C, D) = \overline{A}\,\overline{B}\,\overline{C} + \overline{A}C\overline{D} + A\overline{B}C\overline{D} + A\overline{B}\,\overline{C}$;

(4) $Y = A\overline{B} + \overline{A}CD + B + \overline{C} + \overline{D}$。

10.6 一个三变量逻辑函数的真值表见表 10-31，试写出其最小项表达式，画出卡诺图并化简。

表 10-31 习题 10.6 的表

A	B	C	F
0	0	0	0
0	0	1	1
0	1	0	0
0	1	1	0
1	0	0	1
1	0	1	1
1	1	0	0
1	1	1	0

10.7 用卡诺图化简下列函数，并用与非门画出逻辑电路图

$$F(A, B, C, D) = \sum(0, 2, 6, 7, 8, 9, 10, 13, 14, 15)$$

10.8 十字路口的红、绿、黄信号灯分别用 A、B、C 来表示，1 表示灯亮，0 表示灯灭。信号灯的状态用 F 来表示，$F=1$ 表示信号灯有故障，$F=0$ 表示信号灯正常。两个以上灯同时亮或者全不亮为故障。试用卡诺图化简该逻辑事件的逻辑表达式。

10.9 试分析图 10-77 所示电路，分析其逻辑功能。

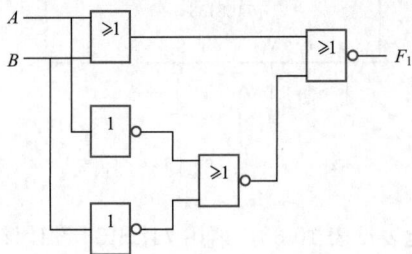

图 10-77 习题 10.9 的图

10.10 保密锁上有 3 个键钮 A、B、C，要求当三个键同时按下时，或 A、B 两个键钮同时

按下时，或按下 A、B 中任意一键钮时（C 是否按下都可以），锁就能开，否则报警。要求：（1）试列出真值表；（2）试化简逻辑表达式；（3）试用与非门实现其功能。

10.11 由与或门组成的组合逻辑电路，用示波器测得其输入和输出波形如图 10-78 所示，试写出该电路的真值表、逻辑表达式和逻辑图。

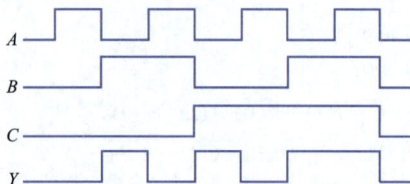

图 10-78 习题 10.11 的图

10.12 一编码器的真值表见表 10-32，试用或非门和反向器设计出该编码器的逻辑电路。

表 10-32 习题 10.12 的表

输	入			输	出						
I_3	I_2	I_1	I_0	D_7	D_6	D_5	D_4	D_3	D_2	D_1	D_0
1	0	0	0	1	0	1	1	0	0	1	1
0	1	0	0	1	1	0	1	0	1	0	1
0	0	1	0	0	1	1	1	1	0	1	0
0	0	0	1	1	1	0	0	1	1	0	1

10.13 在图 10-79 所示的电路中，74LS138 是 3 线-8 线译码器。试写出输出 Y_1、Y_2 的逻辑函数式。

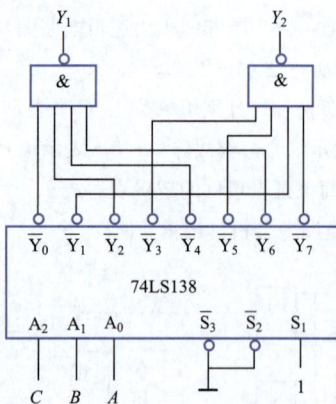

图 10-79 习题 10.13 的图

10.14 译码器的功能表见表 10-33，请用 74LS138 设计该译码器。

10.15 在图 10-80 中，若 u 为正弦电压，其频率 f 为 1Hz，试问七段 LED 数码管显示什么字母？

表 10-33　　　　　　　　　　　习题 10.14 的表

选择输入				译码输出									
D	C	B	A	0	1	2	3	4	5	6	7	8	9
0	0	0	0	0	1	1	1	1	1	1	1	1	1
0	0	0	1	1	0	1	1	1	1	1	1	1	1
0	0	1	0	1	1	0	1	1	1	1	1	1	1
0	0	1	1	1	1	1	0	1	1	1	1	1	1
0	1	0	0	1	1	1	1	0	1	1	1	1	1
1	0	0	0	1	1	1	1	1	0	1	1	1	1
1	0	0	1	1	1	1	1	1	1	0	1	1	1
1	0	1	0	1	1	1	1	1	1	1	0	1	1
1	0	1	1	1	1	1	1	1	1	1	1	0	1
1	1	0	0	1	1	1	1	1	1	1	1	1	0

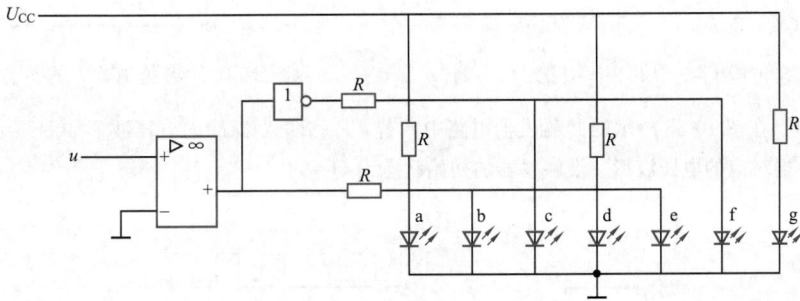

图 10-80　习题 10.15 的图

10.16　用两个半加器和一个门电路构成一个全加器。试求：

(1) 写出 S_i 和 C_i 的逻辑表达式；

(2) 画出逻辑图。

10.17　电路如图 10-81 所示，试分析该电路的逻辑功能。

10.18　在图 10-82 所示的基本 RS 触发器电路中，试画出 Q 和 $\overline{Q}$ 端对应的电压波形。设触发器的初始状态为 $Q=0$。

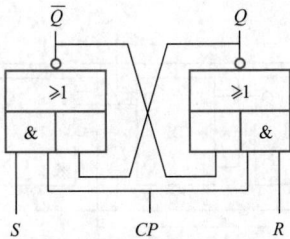

图 10-81　习题 10.17 的图

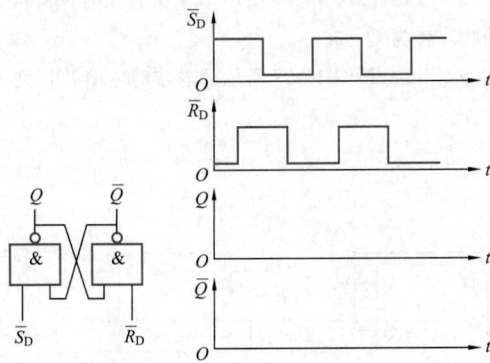

图 10-82　习题 10.18 的图

10.19　在图 10-83 所示的同步 RS 触发器电路中，试画出 Q 和 $\overline{Q}$ 端对应的电压波形。设触发器的初始状态为 $Q=0$。

10.20　在图 10-84 所示的主从结构 JK 触发器电路中，若输入端 J、K 的波形如图。试画出输出端与之对应的波形（假定触发器的初始状态为 $Q=0$）

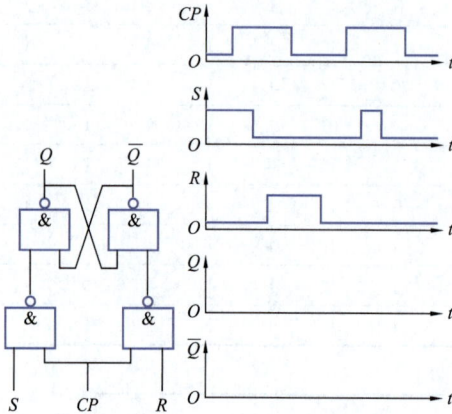

图 10-83　习题 10.19 的图　　　　　　图 10-84　习题 10.20 的图

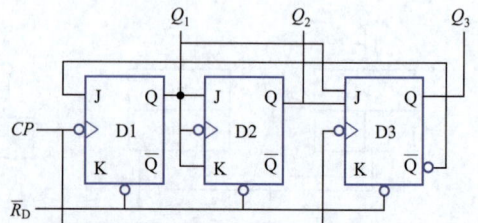

10.21　在图 10-85 所示的 D 触发器电路中，若 CP 和输入端 D 的电压波形如图所示，试画出 Q 和 $\overline{Q}$ 端对应的电压波形。设触发器的初始状态为 $Q=0$。

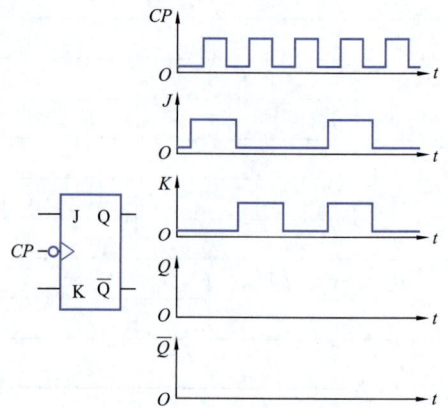

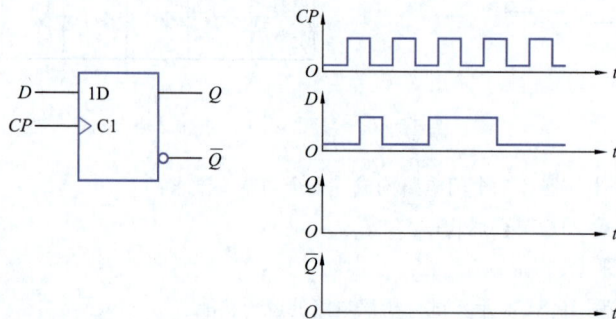

图 10-85　习题 10.21 的图

10.22　试画出图 10-86 所示各触发器在时钟脉冲作用下输出端的电压波形。设所有触发器的初始状态皆为 $Q=0$。

10.23　试分析图 10-87 所示的异步时序电路，列出状态转移表，说明电路的逻辑功能。

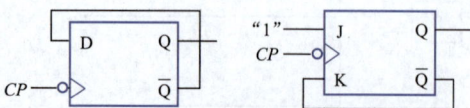

图 10-86　习题 10.22 的图　　　　　　图 10-87　习题 10.23 的图

10.24　试用 74LS161 采用清零法设计一个十进制计数器。

10.25　试分析图 10-88 所示的电路，说明它是多少进制计数器。

10.26　555 定时器构成的施密特触发器如图 10-89 所示，已知电源电压 $U_{CC}=12\text{V}$，试求：

（1）电路的 U_{T+}、U_{T-} 和 ΔU_T 各为多少？

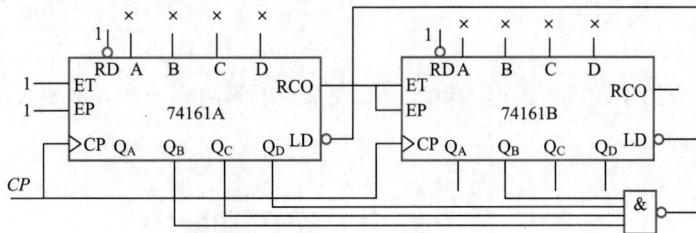

图 10-88　习题 10.25 的图

（2）如果输入电压波形如图，试画出输出 U_o 的波形。

（3）若控制端接至 +6V，则电路的 U_{T+}、U_{T-} 和 ΔU_T 各为多少？

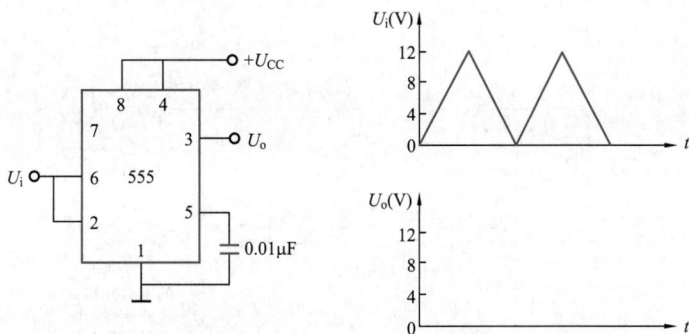

图 10-89　习题 10.26 的图

第十一章　配电与安全用电

本章主要介绍了发电、输电、供配电和安全用电等内容，作为本课程的基本知识，可以自学本章。

第一节　发电、输电和配电

一、电力系统概述

电能是现代工业的主要能源，在各行各业中都得到了广泛的应用。**电力系统**是发电厂、输电线、变电站及用电设备的总称。电力系统由发电、输电和配电三大环节组成，如图 11-1 所示。

图 11-1　电力系统的示意图

为保证供电的可靠性和安全连续性，电力系统将各地区、各种类型的发电机、变压器及输电、配电和用电设备等连成一个环形整体。

1. 发电

发电是将水力、火力、风力、核能和沼气等非电能转换成电能的过程。现在世界各国建造得最多的主要是水力发电站和火力发电厂。我国以水力发电和火力发电为主，近几年也在发展核能发电、风能发电和太阳能发电。发电机组发出的电压一般为 6～10kV。

2. 输电

输电就是将电能输送到用电地区或直接输送到大型用电单位。大中型发电厂大多建在产煤地区或水力资源丰富的地区附近，距离用电地区往往较远，所以发电厂生产的电能要通过导线系统输送，这个系统称为电力网或输电网。输电网由 35kV 及以上的

工程小知识
电与社会国之骄傲——三峡工程

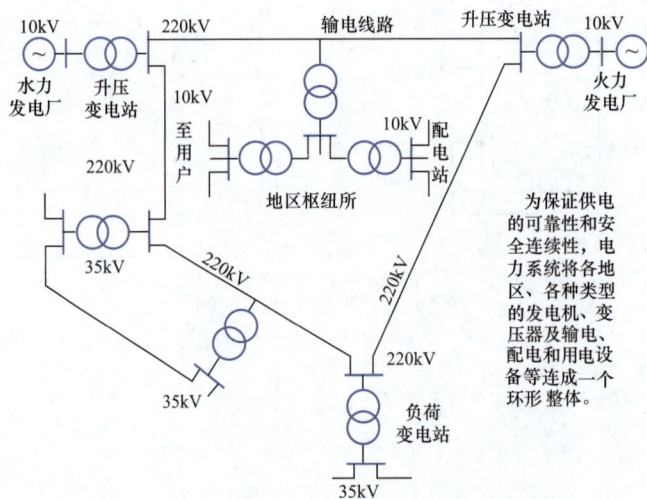

工程小知识
电与社会张北可再生能源柔性直流电网试验示范工程

输电线路及与其相连接的变电站组成，它是电力系统的主要网络。输电是联系发电厂和用户的中间环节，在输电过程中，为了减少线路的损耗，一般将发电机组发出的 6～10kV 电压经升压变压器变为35～500kV 高压，通过输电线可远距离将电能传送到各用户，再利用降压变压器降为 6～10kV 高压 。送电距离越远，要求输电线的电压越高。我国国家标准中规定输电线的额定电压为 35、110、220、330、500kV 等。

3. 配电

配电由 10kV 及以下的配电线路和配电（降压）变压器组成，它的作用是将电能降为低压再分配到各个用户。根据电压的高低，电力网的电压等级又分为：

（1）高压，1kV 及以上的电压称为高压；

（2）低压，1kV 及以下的电压称为低压；

（3）安全电压，36V 以下的电压称为安全电压。

二、工业企业配电

从输电线末端的变电站将电能分配给各工业企业和城市。工业企业设有中央变电站和车间配电室（配电箱）。中央变电站接受送来的电能，然后分配到各车间，再由车间配电室（配电箱）将电能分配给各用电设备。高压配电线的额定电压有 3、6、10kV 三种。低压配电线的额定电压是 380/220V。用电设备的额定电压多半是 220V 和 380V，大功率电动机的电压是 3000V 和 6000V，机床照明用的电压是 36V。

通常一个低压配电线路的容量在几十千伏安到几百千伏安的范围，负责几十个用户的供电。为了合理地分配电能，有效地管理线路，提高线路的可靠性，一般都采用分级供电的方式，即按照用户地域或空间的分布，将用户划分成供电区和片，通过干线、支线向片（区）供电。整个供电线路形成一个分级的网状结构。

拓展知识

电力科学家|
一生为中国水
电事业奋斗的
李鹗鼎先生

1. 低压配电线路的结构

从车间变电站或配电箱（配电屏）到用电设备的线路属于低压配电线路。低压配电线路由配电室（配电箱）、低压线路、用电线路组成。低压配电线路的连接方式主要有放射式和树干式两种。放射式配电线路如图 11-2（a）所示，放射式配电方式适合负载点比较适用于各个负载点又具有相当大的集中负载的情况。树干式配电线路如图11-2（b）所示，当负载集中、各个负载点位于变电站或配电箱的同一侧，其间距离较短，或负载比较均匀地分布在一条线上的情况。

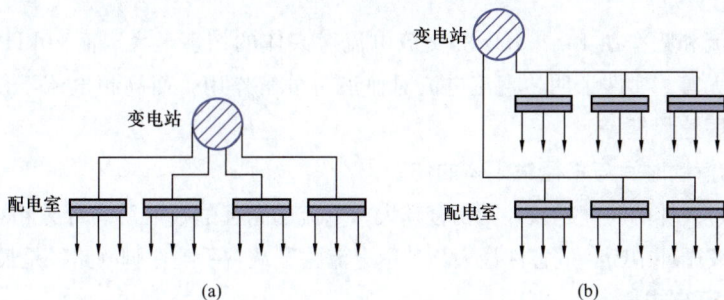

图 11-2 放射式和树干式配电线路

（a）放射式配电线路；（b）树干式配电线路

2. 低压配电线路的特点

放射式和树干式这两种配电线路现在都被广泛采用。放射式供电可靠，但投资较高。树干式供电灵活性较大，但可靠性相对较低，因为一旦干线损坏或需要修理时，就会影响连在同一干线上的所有负载。另外，放射式与树干式比较，前者导线细，但总线路长，而后者则相反。

第二节 安全用电

安全用电是劳动保护教育和安全技术中的重要组成部分之一。在大量使用电气设备来提高劳动生产率、降低劳动强度的同时，要尽一切可能保护劳动者的人身安全。本节主要介绍安全用电的一些常识。

一、触电的危害及因素

不小心触及带电体，会产生触电事故，使人体受到不同程度的伤害，严重时会导致人体死亡。人体触电时，电流对人体造成的伤害按性质不同可分为：

（1）电击，指电流通过人体，影响呼吸系统、心脏和神经系统，造成人体内部组织的损坏乃至死亡；

（2）电伤，指在电弧作用下或熔丝熔断时，对人体外部的伤害，如烧伤、金属溅伤等。

调查表明，绝大部分的触电事故都是由电击造成的。根据大量触电事故资料的分析和实验，证实电击所引起的伤害程度与下列各种因素有关。

1. 人体电阻的大小

人体的电阻越大，通入的电流越小，伤害程度也就越轻。根据研究结果，当皮肤有完好的角质外层并且很干燥时，人体电阻大约为 $10^4 \sim 10^5\,\Omega$；当角质外层破坏时，则降到 $800 \sim 1000\,\Omega$ 。

2. 电流的大小

如果人体通过的电流在 0.05A 以上时就有生命危险。一般来说，接触 36V 以下的电压时，通过人体的电流不会超过 0.05A，因此，把 36V 以下的电压定为安全电压。工厂进行设备检修使用的手灯及机床照明都采用安全电压。如果在潮湿的场所，安全电压还要规定得低一些，通常是 24V 和 12V。

3. 电流的频率

直流电流和频率在 $40 \sim 60$Hz 的交流电流对人体的伤害最大，而 20kHz 以上的交流电对人体无害。实践证明，直流电流对血液有分解作用，而高频电流不仅没有危害还可以用于医疗保健等。

4. 电流持续时间与路径对人体的伤害

电流通过人体的时间越长，则伤害越大。电流的路径通过心脏会导致精神失常、心跳停止、血液循环中断，危害性最大。其中电流路经从右手到左脚的路径是最危险的。

二、触电方式

1. 接触正常带电体

（1）电源中性点接地的单相触电，如图 11-3 所示。这时人体处于相电压下，危险

较大。如果人体与地面的绝缘较好，危险性可大大减小。通过人体的电流为

$$I_b = \frac{U_p}{R_0 + R_b} = 219\text{mA} \gg 50\text{mA}$$

式中：U_p 为电源相电压（220V）；R_0 为接地电阻，$\leqslant 4\Omega$；R_b 为人体电阻，约为 1000Ω。

（2）电源中性点不接地系统的单相触电，如图 11-4 所示。这种触电也有危险，人体接触某一相时，通过人体的电流取决于人体电阻 R_b 与输电线对地绝缘电阻 R' 的大小。若输电线绝缘良好，绝缘电阻 R' 较大，对人体的危害性就较小。若导线与地面间的绝缘不良（R' 较小），甚至有一相接地，这时人体中就有电流通过。在交流的情况下，导线与地面间存在的电容也可构成电流的通路。

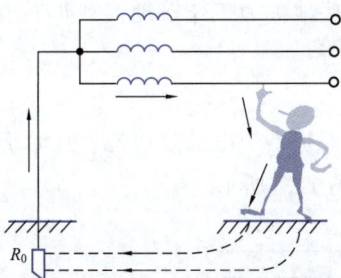

图 11-3 电源中性点接地的单相触电   图 11-4 电源中性点不接地系统的单相触电

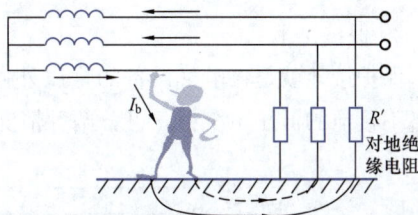

（3）双相触电最为危险，但这种情况不常见。如图 11-5 所示，因为人体处于线电压之下，通过人体的电流为

$$I_b = \frac{U_1}{R_b} = \frac{380}{1000} = 0.38(\text{A}) \gg 0.05\text{A}$$

2. 接触正常不带电的金属体

触电的另一种情形是接触正常情况下不带电的金属体。譬如，电机的外壳本来是不带电的，当电机绕组绝缘损坏而与外壳接触时，将使外壳带电。当人触及带电的电机（或其他电气设备）的外壳时，相当于单相触电，大多数触电事故属于这一种。为了防止这种触电事故，对电气设备常采用保护接地和保护接零（接中性线）的保护装置。

3. 跨步电压触电

如遇台风等因素导致高压电线直接接地，当人体接近接地点时，两脚之间因承受跨步电压而导致触电事故，如图 11-6 所示。跨步电压的大小与人和接地点距离、两脚之间的跨距、接地电流大小等因素有关。一般在 20m 之外，跨步电压就降为零。如果误入接地点附近，应双脚并拢或单脚跳出危险区。

三、接地和接零

为了人身安全和电力系统工作的需要，要求电气设备采取接地措施。按接地目的的不同，主要分为工作接地、保护接地和保护接零。在三相四线制中普遍采用工作接地；在低压配电系统中性点不接地的情况下，采用保护接地；在中性点接地的情况下，则采用保护接零。

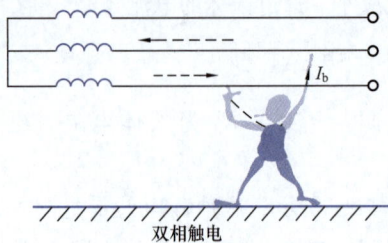

图 11-5 双相触电

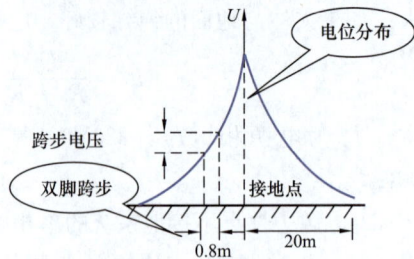

图 11-6 跨步电压触电

1. 工作接地

在低压配电系统中，电源（变压器）中性点有接地和不接地两种。接地的目的是出于电力系统运行和安全的需要将中性点接地，这种接地称为**工作接地**，例如三相四线制电源中性点的接地。

2. 保护接地

保护接地就是将电气设备的金属外壳（正常情况下是不带电的）接地，宜用于中性点不接地的低压系统中，可分两种情况来分析，如图 11-7 所示。

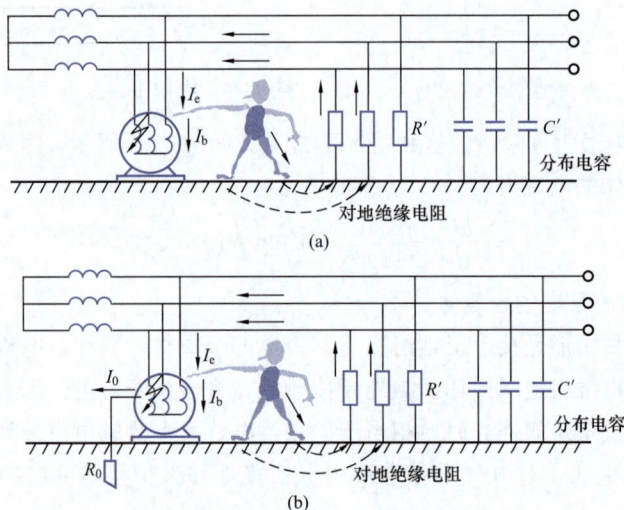

图 11-7 保护接地

a）电气设备外壳未装保护接地时；b）电气设备外壳装保护接地时

如图 11-7（a）所示，当电动机某一相绕组的绝缘损坏使外壳带电而外壳未接地的情况下，人体触及外壳，相当于单相触电。这时接地电流 I_e（经过故障点流入地中的电流）的大小取决于人体电阻 R_b 和绝缘电阻 R'。当系统的绝缘性能下降时，就有触电的危险。

如图 11-7（b）所示，当电动机某一相绕组的绝缘损坏使外壳带电而外壳接地的情况下，人体触及外壳时，由于人体的电阻 R_b 与接地电阻 R_0 并联，而通常 $R_b \geqslant R_0$，所以通过人体的电流很小，不会有危险。这就是保护接地保证人身安全的原理。

3. 保护接零

保护接零就是将电气设备的金属外壳接到零线（或称中性线）上，宜用于中性点接地的 380/220V 三相四线制系统中。

图 11-8 所示的是电动机的保护接零。当电动机某一相绕组的绝缘损坏而与外壳相接时，就形成单相短路，迅速将这一相中的熔丝熔断，因而外壳不再带电。即使在熔丝熔断前人体触及外壳时，也由于人体电阻远大于线路电阻，通过人体的电流也是极为微小的。这种保护接零系统称为 TN-C 系统。

为了确保安全，零线必须连接牢固，断路器和熔断器不允许装在零线上。但引入住宅和办公场所的一根相线和一根零线上一般都装有双极开关，并都装有熔断器以增加短路时熔断的机会。

在三相四线制系统中，由于负载往往不对称，零线中有电流，因而零线对地电压不为零，距电源越远，电压越高，但一般在安全值以下，无危险性。为了确保设备外壳对地电压为零，专设保护零线 PE，如图 11-9 所示。工作零线在进建筑物入口处要接地，进户后再另设一保护零线。这样就成为三相五线制。所有的接零设备都要通过三孔插座（L、N、E）接到保护零线上。在正常工作时，工作零线中有电流，保护零线中不应有电流。

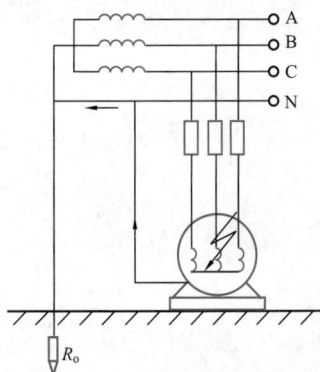

图 11-8　电动机的保护接零

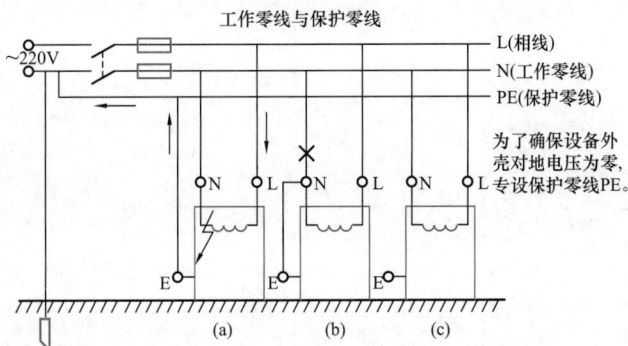

图 11-9　工作零线与保护零线
(a) 接零正确；(b) 接零不正确；(c) 忽视接零

图 11-9（a）是正确连接。当绝缘损坏，外壳带电时，短路电流经过保护零线，将熔断器熔断，切断电源，消除触电事故。图 11-9（b）的连接是不正确的，因为如果在"×"处断开，绝缘损坏后外壳便带电，将会发生触电事故。有的用户在使用日常电器（如手电钻、电冰箱、洗衣机、台式电扇等）时，忽视外壳的接零保护，插上单相电源就用，是十分危险的，如图 11-9（c）所示，一旦绝缘损坏，外壳也就带电。

在图 11-9 中，从靠近用户处的某点开始，工作零线 N 和保护零线 PE 分为两条，而在前面从电源中性点处开始两者是合一的。也可以令其在电源中性点处，就分为两条而共同接地，此后不再有任何电气连接，这种保护接零系统称为 TN-S 系统。TN-S 方式供电系统安全可靠，主要适用于工业与民用建筑等低压供电系统。在建筑工程工前的"三通一平"（电通、水通、路通和地平）中必须采用 TN-S 方式供电系统。在建筑施工临时供电中，如果前部分是 TN-C 方式供电，而施工规范规定施工现场必须采用 TN-S 方式供电系统，则可以在系统后部分现场总配电箱分出 PE 线，这就组成了 TN-C-S 系统。

习题

11.1 为什么远距离输电要采用高电压？

11.2 在同一供电系统中为什么不能同时采用保护接地和保护接零？

11.3 为什么中性点不接地的系统中不采用保护接零？

11.4 如何区分工作接地、保护接地和保护接零？

第十二章 电气测量技术

测量是通过实验方法对客观事物取得定量数据的过程。人们在认识客观事物的过程中，首先需要掌握测量技术。著名科学家门捷列夫就曾经说过："没有测量，就没有科学"，说明了测量技术的重要性。信息的获取（测量技术）、信息的传递（通信技术）和信息的处理（计算机技术）被称为信息社会三大支柱。说明信息获取是首要的，是信息的源头。在现代化工业大生产中，测量设备的投入占到总成本的50%以上。

视频
电气测量技术
导学

测量按其对象性质的不同可分为光学测量、力学测量、几何量测量、医学测量、生物学测量、化学测量、电气测量、磁测量等。近几十年来，随着计算机技术、传感器技术和微电子技术的迅猛发展，电气测量技术也发生了质的飞跃，而且深入到物理、化学、机械学、医学等非电量领域，以及生产、国防、交通、农业、贸易、环保及日常生活的各个方面。

电气测量主要指对电流、电压、电功率、电能、相位、频率、电阻、电感、电容以及电路时间常数、介质损耗等基本电学物理量和电路参数的测量。

电气测量技术有以下特点。

（1）准确度高。电气测量的准确度比其他测量方法高得多。例如，采用电气测量技术，长度测量的准确度最高可达 10^{-9} 数量级，频率和时间测量确度可达到 $10^{-13} \sim 10^{-14}$ 数量级。人们往往尽可能地把其他参数变换成频率信号再进行测量，这也是电气测量技术在现代科学技术领域得到广泛应用的重要原因之一。

（2）测量速度快。电气测量是基于电子运动和电磁波传播的，再加上计算机技术的应用，使得电气测量无论是在测量速度还是在测量结果的处理和传输方面，都以极高的速度进行，这也是电气测量技术广泛用于现代科技各个领域的重要原因之一。尤其在航空航天领域，电气测量技术得到了大量的应用。

（3）测量频率范围广。电气测量除测量直流电量外，还可测量交流电量，频率范围为 $10^{-4} \sim 10^{12}$ Hz，如果利用各种传感器，几乎可以测量全部电磁频谱的物理量。

（4）量程范围广。电气测量仪器的测量范围的上限值与下限值之间相差很大，仪器具有很宽的量程。如数字万用表测量电阻的量程为 $10^{-5} \sim 10^{8}$ Ω，电压的测量为 $10^{-9} \sim 10^{3}$ V。量程范围广是电测量仪器的突出优点。

（5）可以进行遥测。电气测量可通过电磁波传递测量信息，很容易实现遥测、遥控。例如，对于受气候、环境、距离等限制人体无法到达或不能直接接触的区域（如人造卫星、深海、地心、核反应堆）就必须采用遥测和遥控。

（6）易与计算机技术相结合实现自动测量。随着大规模集成电路的出现及微计算机的应用，电子测量出现了一个新的飞跃。智能仪器、虚拟仪器的出现实现了电气测量技术与计算机技术的完美结合，使测试技术实现了智能化和自动化，如自动切换量

程、自动调零、自动校准、自动记录、自动数据处理等。

国民经济的发展、科学技术的进步、人们日常生活水平的提高都离不开电气测量技术。而不同的测量实践反过来也推动了电气测量技术不断地发展。

电气测量技术包括以下三个方面内容：

（1）电量的测量方法；

（2）电气测量仪器、仪表的设计与制造；

（3）电量的量值传递。

利用电磁原理测量各种电磁量的仪器仪表统称为电气测量仪表（电工仪表）。它不仅可以测量电磁量，还可以与传感器结合测量各种非电量，应用十分广泛，品种规格繁多，通常分为模拟指示仪表、数字仪表和比较式仪表三大类。本章首先介绍测量的基础知识，其次简单介绍常用的三类电工测量仪表，重点介绍几种常见电学物理量的测量方法。本章可结合实验进行教学。

第一节 测 量 基 础 知 识

测量过程实际上是一个比较的过程。测量的任务就是通过实验的方法，将被测量（未知量）与标准单位量（已知量）进行比较，从而求得被测量的量值。标准单位量的实体称为**度量器**，就是测量单位或测量单位的分数倍或整数倍的复制体，例如标准电池、标准电阻、标准电感等。度量器根据其在量值递中所起的作用和本身的准确度，分为基准器、标准器和工作量具三种，其中基准器和标准器由国家计量部门管理，人们日常工作生活中接触到的大部分都属于工作量具。

一、测量方法的分类

测量是作为一个比较的过程，可以采用不同的方式和方法。测量方法通常有以下几种分类方式。

1. 按测量方式分类

（1）直接测量。直接测量指将被测电量与度量器直接在比较仪器中进行比较，或使用事先已有刻度的指示仪表进行测量，直接得出被测量的大小的测量方法。例如用电流表测电流、用电桥测电阻等。

（2）间接测量。如受条件限制，无法对被测量进行直接测量，而是利用被测量与某种中间量之间的函数关系，先测出中间量，再通过公式计算，算出被测量的值，这种方式称为间接测量。如用伏安法测电阻就是典型的间接测量方法。

（3）组合测量。如果被测量与某个中间量的函数关系式中还有其他未知数，或是一个函数式中有多个被测量，可将被测量和另外几个量组成联立方程，通过测量这几个量来求解联立方程，从而得出被测量的值，这种方式称为组合测量。

2. 按测量数据读取方法分类

（1）直读法。直接从电测量仪表的刻度盘上读取测量数据的方法称为直读法。如用电压表测电压、电流表测电流等都是直读测量法，这种方法具有简单方便等优点，被广泛使用。

视 频
测量方法的分类

（2）比较测量法。在测量过程中，将被测量与标准量直接进行比较而获得测量结果的方法称为比较测量法，直流电桥就是其中典型的例子。比较测量法多用于高精度测量的场合，根据比较时的特点，比较法又可分为零值法、较差法、替代法三种。

1）零值法。比较仪表指零时，从度量器读出被测量的数值为零值法。

2）较差法。从比较仪求得差值，再根据度量器数值和比较差值，经计算求得被测量的数值，称为较差法。

3）替代法。替代法是将已知量与被测量先后置于同一测量装置中，若先后两次测量装置都处于相同状态，可认为被测量等于已知量，然后从已知量读出被测量的数值。

二、测量的误差

在实际的测量过程中，不论使用多精密的仪表、采取何种测量方法，由于测量工具的不准确、测量手段的不完善、环境的影响、测量人员的人为因素等原因，测量结果与被测量的真值（被测量客观存在的实际值）之间仍存在差异，这种差异称为**测量误差**。虽然随着科学技术的发展，测量的准确度越来越高，但由于误差存在的必然性与普遍性，人们只能将它控制在尽量小的范围，而不能完全消除它。

1. 测量误差的分类

测量误差按产生的原因及性质不同，通常可分为三类。

（1）系统误差，指在相同条件下，多次测量同一个量时，误差的大小和符号均保持不变或按某种规律变化的一种误差。系统误差按产生的原因又可分为以下两种。

1）基本误差，指仪表在规定的工作条件下，由于仪表本身结构不完善而产生的一种固有误差。

2）附加误差，指仪表使用时偏离规定的工作条件而造成的误差。

为了消除系统误差的影响，应根据被测量的特点及测量准确度的要求，选择合适的测量仪器和测量方法（如替代法、正负误差补偿法等）在规定的测量环境下进行测量，并全面分析各种因素对测量结果的影响，对测量读数进行合理的修正，将系统误差减小到允许的范围内。

（2）随机误差，又称为偶然误差，它是由偶发原因引起的一种大小、方向都不确定的误差，如温度的微小变化、空气的扰动等。这种误差一般比较小，在工程测量上经常被忽略，只有精密测量时才考虑。对于一次测量而言，随机误差没有规律，无法预测，但当测量次数足够多时，它总体服从统计的规律，多数情况下接近于正态分布。服从正态分布的随机误差具有 4 种特性，即有界性、单峰性、对称性、抵偿性。可以采用数理统计的方法来处理随机误差。

（3）疏失误差，指在一定测量条件下，测量明显地偏离实际值所形成的误差，又称为**粗大误差**。产生疏失误差的主要原因有操作者的粗心和疏忽、测量仪器的损坏、测量条件的突然剧烈变化等。当然根据测量的统计规律，当测量次数较多时，大的随机误差的也可能出现。疏失误差一般采用统计判别法来判定，确认含有疏失误差的测量数据称为坏值，应当剔除不用。

2. 测量误差的表示方法

测量误差的表示方法有三种。

（1）绝对误差。测量值（通过测量得到的被测量的数值）与被测量真值（被测量的真实值）之间的代数差称为**绝对误差**。用 X_0 表示真值，X 表示测得值，则绝对误差 Δx 表示为

$$\Delta x = X - X_0 \tag{12-1}$$

绝对误差有大小、符号（正、负）和单位。

（2）相对误差。绝对误差与真值的比称为**相对误差**，通常用百分数表示。由于真值通常不可知，而 X 与 X_0 比较接近，实践中经常用绝对误差与测量值之比来表示相对误差，又称为实际相对误差。相对误差 γ 表示为

$$\gamma = \frac{\Delta x}{X_0} \times 100\% \approx \frac{\Delta x}{X} \times 100\% \tag{12-2}$$

相对误差只有大小和符号，没有单位。相对误差便于比较测量结果的好坏，更能反映测量值是否准确，因此在测量实践中都用相对误差来评价测量结果的优劣。

（3）引用误差（基准误差）。测量值的绝对误差与仪表上量限 X_n 的比称为**引用误差**（基准误差），通常也用百分数表示。引用误差常被用来区分仪表的质量等级（称为准确度等级），引用误差用 γ_n 表示

$$\gamma_n = \frac{\Delta x}{X_n} \times 100\% \tag{12-3}$$

由于仪表各指示值的绝对误差不相等，因此国家规定仪表的准确度等级 α 用最大引用误差（最大绝对误差 Δx_m 与仪表上量限 X_n 之比）来确定。指示仪表各指示点的最大引用误差 γ_{nm} 不超过该仪表准确度等级 α 的百分数，即

$$\gamma_{nm} = \frac{\Delta x_m}{X_n} \times 100\% \leqslant \alpha\% \tag{12-4}$$

所以当仪表的准确度等级已知，测量值为 X 时，测量结果可能产生的最大相对误差为

$$\gamma_m = \frac{\Delta x_m}{X} = \alpha\% \frac{X_n}{X} \tag{12-5}$$

式（12-5）表明，与测量上限相比被测量越小，测量结果的相对误差越大。

【例 12-1】 用 0.5 级电流表测量实际值约为 2A 的电流。仪表有 3、5A 两挡量程可选，应选哪个量程更好？

解：评价测量的优劣，通常用测量的相对误差来比较。

当使用 3A 量程时，最大可能相对误差为

$$\gamma_m = \frac{\Delta A_m}{A} = \alpha\% \frac{A_n}{A} = 0.5\% \times \frac{3}{2} = 0.75\%$$

当使用 5A 量程时，最大可能相对误差为

$$\gamma_m = \frac{\Delta A_m}{A} = \alpha\% \frac{A_n}{A} = 0.5\% \times \frac{5}{2} = 1.25\%$$

显然选 3A 的量程比 5A 更合适。

【例 12-2】 为测量略低于 100V 的电压，现实验室中有两只电压表，表 1 是 0.5 级 0～300V，表 2 是 1.0 级 0～100V。为使测量更准确，选择哪只电压表更合适？

解：同理，还是用测量的相对误差来比较测量的优劣。

选择表 1，则最大可能相对误差为

$$\gamma_m = \frac{\Delta U_m}{U} = \alpha\% \frac{U_n}{U} = 0.5\% \times \frac{300}{100} = 1.5\%$$

选择表 2，则最大可能相对误差为

$$\gamma_m = \frac{\Delta U_m}{U} = \alpha\% \frac{U_n}{U} = 1.0\% \times \frac{100}{100} = 1.0\%$$

虽然从仪表准确度的角度，表 1 要优于表 2，但对于该被测量电压而言，显然应该选择表 2。

从上述例子可以看出，引用误差只表示仪表的质量，并不能完全代表测量的好坏。因此，选用仪表前应对被测量数值范围、测量要求有所了解。为了充分利用仪表的准确度，被测量的值应大于其测量上限的 2/3。

三、不确定度

测量的目的是为了确定被测量的量值。测量结果的质量（品质）是度量测量结果可信程度的最重要的依据。表征合理地赋予被测量值分散性并与测量结果相联系的参数，称为测量**不确定度**。测量不确定度是对测量结果质量的定量表征，测量结果的可用性很大程度上取决于其不确定度的大小。所以测量结果的表述必须同时包含赋予被测量的值及与该值相关的测量不确定度，才是完整并有意义的。

从词义上理解，"不确定度"即怀疑或不肯定，因此，广义上说，测量不确定度意味着对测量结果可信性、有效性的怀疑程度或不肯定程度。实际上，由于测量不完善和人们认识上的不足，所得的被测量值具有分散性，即每次测得的结果不是同一值，而是以一定的概率分散在某个区域内的多个值。客观存在的系统误差是一个相对确定的值，人们无法完全认知或掌握它，只能认为它是以某种概率分布于某区域内的，且这种概率分布本身也具有分散性。测量不确定度正是一个说明被测量值分散性的参数，测量结果的不确定度反映了人们在对被测量值准确认识方面的不足。即使经过对已确定的系统误差的修正后，测量结果仍只是被测量值的一个估计值，这是因为不仅测量中存在的随机因素将产生不确定度，而且不完全的系统因素修正也同样存在不确定度。

误差与不确定度是有区别的。测量不确定度表明赋予被测量之值的分散性，是通过对测量过程的分析和评定得出的一个区间；测量误差则是表明测量结果偏离真值的差值。经过修正的测量结果可能非常接近于真值（即误差很小），但由于认识不足，人们赋予它的值却落在一个较大区间内（即测量不确定度较大）。

为了表征赋予被测量之值的分散性，测量不确定度往往用标准差表示。在实际使用中，人们往往希望知道测量结果的置信区间，因此测量不确定度也可用标准差的倍数或说明了置信水平区间的半宽表示。为了区分这两种不同的表示方法，分别称它们为标准不确定度和扩展不确定度。

1. 标准不确定度

以标准差表示的测量不确定度，称为标准不确定度，用符号 u 表示。它不是由测量标准引起的不确定度，而是指不确定度以标准差来表征被测量值的分散性。

由于测量结果的不确定度由许多原因引起，对每个不确定度来源评定的标准差，称为标准不确定度分量。标准不确定度分量有两类评定方法，即 A 类评定和 B 类评定。用对观测列进行统计分析的方法来评定标准不确定度，称为不确定度的 A 类评定，有时也称为 A 类不确定度评定。所得到的相应的标准不确定度称为 A 类不确定度分量，用符号 u_A 表示。

用不同于对观测列进行统计分析的方法来评定标准不确定度，称为不确定度的 B 类评定，有时也称为 B 类不确定度评定。所得到的相应的标准不确定度称为 B 类不确定度分量，用符号 u_B 表示。

A 类标准不确定度与 B 类标准不确定度仅仅是评定方法不同，并不表明不确定度的性质不同。对某一项不确定度分量既可用 A 类方法评定，也可用 B 类方法评定，应由测量人员根据具体情况选择。特别应当指出的是，"A 类""B 类"与"随机""系统"在性质上并无对应关系。

当测量结果是由若干个其他量的值求得时，按其他各量的方差和协方差算得的标准不确定度称之为合成标准不确定度，用符号 u_C 表示。合成标准不确定度是测量结果标准差的估计值，它表征了测量结果的分散性。

2. 扩展不确定度

用标准差的倍数或说明了置信水平区间的半宽表示的测量不确定度，称为扩展不确定度，通常用符号 U 表示。

扩展不确定度确定的是测量结果的一个区间，合理地赋予被测量值的分布的大部分包含于此区间。实际上，扩展不确定度可用合成不确定度的倍数表示测量不确定度，它是将合成标准不确定度扩展了 k 倍得到的，即 $U=ku_C$，k 称为包含因子。通常情况下，k 取 2（或 3）。

扩展不确定度是测量结果的取值区间的半宽度，该区间包含了被测量值分布的大部分。测量结果的取值区间在被测量值概率分布中所包含的百分数，被称为该区间的置信概率（也称置信水准或置信水平），用符号 p 表示。这时扩展不确定度用符号 U_p 表示，它给出的区间能包含被测量可能值的大部分（如 95％或 99％等）。按测量不确定度的定义，合理赋予的被测量之值的分散区间理应包含全部的测得值，即 100％地包含于区间内，此区间的半宽通常用符号 a 表示。若要求其中包含 95％的被测量值，则此区间称为概率为 $p=95$％的置信区间，其半宽就是扩展不确定度 U_{95}；类似地，若要求 99％的概率，则半宽为 U_{99}。这个与置信概率区间或统计包含区间有关的概率，即为上述的置信概率。显然，在上面列举的三个半宽之间存在着 $U_{95}<U_{99}<a$ 的关系，至于具体小多少或大多少，还与赋予被测量值的分布情况有关。

第二节　测量误差的估计及数据处理

反映测量结果与真值接近程度的量称为**精确度**，精确度越高，测量误差越小。精确度在数值上用相对误差的倒数来表示，例如测量的相对误差为 0.1％，则精确度为 $1/10^{-3}=10^3$。精确度又分为正确度、精密度和准确度，如图 12-1 所示。正确度指测量值与结果的偏离程度，表征系统误差的大小。精密度指多次重复测量中，测量值重复一致的程度，表征随机误差的大小。准确度指测量结果与真值符合一致的程度，表征系统误差和随机误差的综合大小。

图 12-1（a）表明数据均值 $\overline{X}$（近似真值）偏离真值 A 远，且数据的离散性大；前者说明测量的系统误差大，正确度差；后者说明随机误差大，即精密度差（重复性差）。

图 12-1（b）表明数据的算术平均值偏离真值近，系统误差小，即正确度好，而随机误差与图 12-1（a）差不多，即精密度差。

图 12-1（c）与图 12-1（b）相反，数据均值偏离真值较远，系统误差大，正确度差而数据又相对密集，随机误差小，说明重复性好，即精密度好。

图 12-1（d）表明数据相对真值 A 密集，系统误差小，随机误差也小，即准确度好。

由于随机误差一般都比较小，所以只有进行精密测量时才加以考虑，而在一般的工程测量中往往忽略不计，而只考虑测量中的系统误差。下面分别讨论工程测量中采用不同的测量方法时最大相对误差的估计，及测量数据的误差处理。

视频
最大测量误差估计

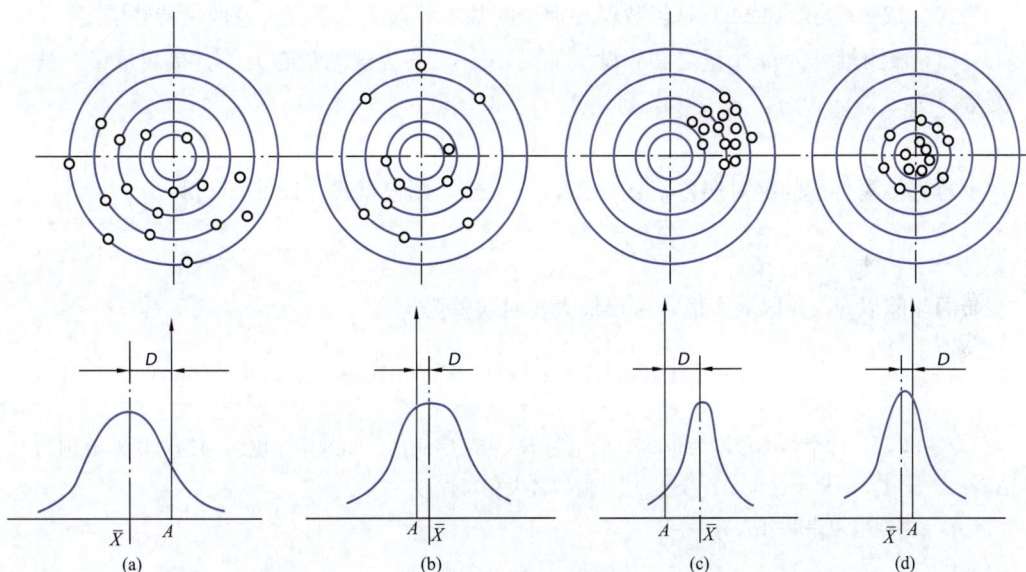

1. 直接测量方式的最大误差

用指示仪表进行直接测量，可以根据仪表的正确度等级，估计可能产生的误差的最大范围

图 12-1　正确度、精密度和准确度的示意图

（a）正确度、精密度差；（b）正确度好、精密度差；（c）正确度差、精密度好；（d）正确度、精密度、准确度好

$$\Delta x = \pm \alpha\% X_n \tag{12-6}$$

$$\gamma = \pm \alpha\% \frac{X_n}{X} \tag{12-7}$$

2. 间接测量方式的最大误差

设被测量量 y 与 m 个直接测得量 X_1，X_2，$\cdots$，X_m 具有如下函数关系

$$y = f(X_1, X_2, \cdots, X_m)$$

若直接测得量的绝对误差用 Δ_1，Δ_2，$\cdots$，Δ_m 表示，引起被测量的误差为 Δy，则有

$$y + \Delta y = f(X_1 + \Delta_1, X_2 + \Delta_2, \cdots, X_m + \Delta_m)$$

将上式展示成泰勒级数，并略去高阶量得

$$y + \Delta y = f + \frac{\partial f}{\partial X_1}\Delta_1 + \frac{\partial f}{\partial X_2}\Delta_2 + \cdots + \frac{\partial f}{\partial X_m}\Delta_m$$

故有

$$\Delta y = \frac{\partial f}{\partial X_1}\Delta_1 + \frac{\partial f}{\partial X_2}\Delta_2 + \cdots + \frac{\partial f}{\partial X_m}\Delta_m = \sum_{j=1}^{m}\frac{\partial f}{\partial X_j}\Delta_j = \sum_{j=1}^{m}D_j \tag{12-8}$$

$$D_j = \left(\frac{\partial f}{\partial X_j}\right)\Delta_j$$

式中：Δ_j 为直接测量量 X_j 的绝对误差；$\frac{\partial f}{\partial X_j}$ 为误差传递函数；$D_j = \left(\frac{\partial f}{\partial X_j}\right)\Delta_j$ 为直接测量量 X_j 的局部误差。

式（12-8）是被测量与直接测得量的绝对误差关系式，将该式两边除以 y，得到被测量相对误差的关系式为

$$\gamma_y = \frac{\Delta y}{y} = \frac{1}{f}\sum_{j=1}^{m}\frac{\partial f}{\partial X_j}\Delta_j = \sum_{j=1}^{m}\frac{\partial \ln f}{\partial X_j}\Delta_j \tag{12-9}$$

式中：$\frac{\partial \ln f}{\partial X_j}\Delta_j$ 为直接测量量 X_j 的局部相对误差；$\frac{\partial \ln f}{\partial X_j}$ 为局部相对误差的传递函数。

式（12-8）、式（12-9）是函数误差理论的基本关系式。下面讨论两种特殊情况。

（1）被测量 y 为 m 个量之和。设 x_1，x_2，$\cdots$，x_m 为被测量有关的直接测量量，被测量 y 为 x_1，x_2，$\cdots$，x_m 之和，即

$$y = x_1 + x_2 + \cdots + x_m$$

若直接测得量的绝对误差用 Δ_1，Δ_2，$\cdots$，Δ_m，则根据式（12-8）可得

$$\Delta y = \frac{\partial f}{\partial x_1}\Delta_1 + \frac{\partial f}{\partial x_2}\Delta_2 + \cdots + \frac{\partial f}{\partial x_m}\Delta_m = \Delta_1 + \Delta_2 + \cdots + \Delta_m \tag{12-10}$$

两端除以 y，并取最大值，可得最大相对误差为

$$\gamma = \left|\frac{x_1}{y}\gamma_1\right| + \left|\frac{x_2}{y}\gamma_2\right| + \cdots + \left|\frac{x_m}{y}\gamma_m\right| \tag{12-11}$$

【例 12-3】 两个标称值均为 1000Ω 的电阻 R_1、R_2 串联，已知这两个电阻的绝对误差分别为 $\Delta R_1 = \pm 0.1\Omega$，$\Delta R_2 = \pm 0.2\Omega$，试求总电阻的最大相对误差。

解：根据电阻串联公式有

$$R = R_1 + R_2 = 2000\Omega$$

根据式（12-10），总电阻的最大绝对误差出现在两个电阻的绝对误差同时取最大值时

$$\Delta R_m = \Delta R_{1m} + \Delta R_{2m} = 0.3\Omega$$

则最大相对误差为

$$\gamma_m = \frac{0.3}{2000} \times 100\% = 0.015\%$$

若用式（12-11）直接计算，结果相同。

（2）被测量 y 为两个量之差。设 x_1、x_2 为被测量有关的直接测量量，被测量 y 为 x_1、x_2 之差，即

$$y = x_1 - x_2$$

则根据式（12-11）可得最大可能相对误差为

$$\gamma_y = \left|\frac{x_1}{y}\gamma_1\right| + \left|\frac{x_2}{y}\gamma_2\right| = \left|\frac{x_1}{x_1-x_2}\gamma_1\right| + \left|\frac{x_2}{x_1-x_2}\gamma_2\right| \quad (12\text{-}12)$$

可见被测结果为两量之差时，可能的最大相对误差不仅与各个测量结果的相对误差有关，而且与两个已知量之差有关。若两量之差越大，被测量可能的最大相对误差越小，反之两量之差越小，则相对误差急剧上升。

【例 12-4】 电路如图 12-2 所示，测得第一支路电流 $I_1 = 20\text{A}$，$\gamma_1 = \pm 2\%$；总电流 $I = 30\text{A}$，$\gamma = \pm 2\%$。

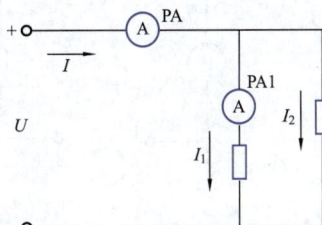

（1）试求 I_2 及其可能最大相对误差。

（2）若 $I_1 = 5\text{A}$，$\gamma_1 = \pm 2\%$，I_2 及其可能最大相对误差又是多少？

解：（1）$I_2 = I - I_1 = 10(\text{A})$

由式（12-12）可得

图 12-2 ［例 12-4］电路图

$$\gamma_{2m} = \frac{30}{10}\times 2\% + \frac{20}{10}\times 2\% = 10\%$$

（2）1）$I_2 = I - I_1 = 30 - 5 = 25(\text{A})$

同理

$$\gamma_{2m} = \frac{30}{25}\times 2\% + \frac{20}{25}\times 2\% = 2.8\%$$

可见两量相差越小，可能出现的相对误差越大，故通过两个量之差求被测量的方法应尽量少用。

2）被测量 y 为 m 个量之积或商。设 x_1、x_2 为被测量有关的直接测量量，被测量 y 为 x_1、x_2 之积，即

$$y = x_1^n x_2^m$$

若直接测得量的相对误差用 γ_1，γ_2，则根据式（12-9）可得

$$\gamma_y = \frac{\Delta y}{y} = \frac{\partial \ln f}{\partial x_1}\Delta_1 + \frac{\partial \ln f}{\partial x_2}\Delta_2 = \frac{1}{y}nx_1^{(n-1)}\Delta_1 + \frac{1}{y}mx_2^{(m-1)}\Delta_2 = n\gamma_1 + m\gamma_2 \quad (12\text{-}13)$$

若考虑最不利的情况，当 Δ_1、Δ_2 同符号时，可能最大的相对误差为

$$\gamma_{ym} = |n\gamma_1| + |m\gamma_2| \quad (12\text{-}14)$$

显然被测量为 m 个量之商时，其情况与积的结论相同。

【例 12-5】 用间接法求某一电阻消耗的电能，设测量电压 U 的相对误差为 $\pm 1\%$，测量电阻 R 的相对误差为 $\pm 0.5\%$，测量时间 t 的相对误差为 $\pm 1.0\%$，试求计算电能 W 的可能最大相对误差。

解：电能计算公式为

$$W = U^2 R^{-1} t$$

根据式（12-14）可马上求得最大可能相对误差为

$$\gamma_W = |2\gamma_U| + |-1\gamma_R| + |\gamma_t| = 3.5\%$$

第三节 电压和电流的测量

测量电流、电压一般都用直接测量法，即用直读式模拟或数字的电流、电压表直

接测量。测电流时电流表与被测电路串联，测电压时电压表与被测电路并联。应注意仪表连接在电路中的位置，电流表接在被测电路的低电位端，如图 12-3 所示；电压表的负端也应接在低电位端，如图 12-4 所示。如电压表的端子有接地标志，应将接地标志与被测电路的地电位相连。

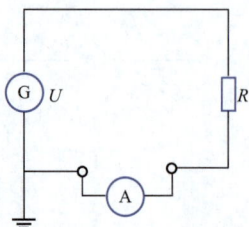

图 12-3　电流表测量电流接法　　　　图 12-4　电压表测量电压接法

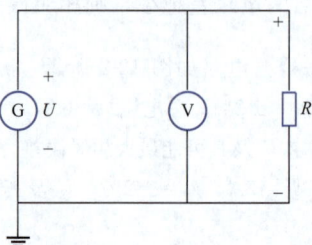

一、直流电流、电压的测量

测量直流电流、电压多用磁电系仪表，磁电系表头允许通过的电流较小，通常要采用分流器扩大其量程，如图 12-5 所示。也可以并联若干个电阻，更换输入接头，组成多量程的电流表，如图 12-6 所示。

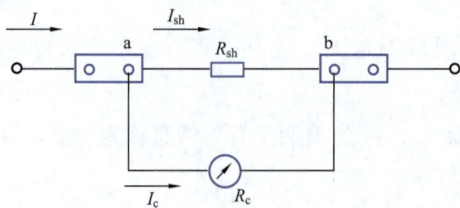

图 12-5　分流器扩展电流表量程　　　　图 12-6　多量程分流器

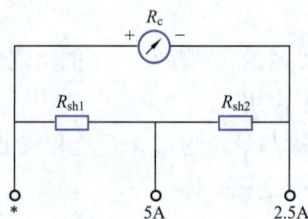

按分流器的电路结构，被测电流只有一部分通过电流表线圈，其余则通过分流器，可以证明通过电流表线圈的电流与被测电流的关系为

$$I_c R_c = I \frac{R_{sh} R_c}{R_{sh} + R_c} \tag{12-15}$$

如用 n 表示 I/I_c 的比值，其代表电流表并联分流器之后的量程扩大倍数。将 n 代入式（12-38），可推出量程扩大倍数 n 与分流器电阻值的关系式，即

$$R_{sh} = \frac{R_c}{n-1} \tag{12-16}$$

【例 12-6】　有一只磁电系表头，满偏电流为 $500\mu A$，内阻为 500Ω，现在要把它制成限量为 1A 的电流表，问应选阻值为多少的分流电阻？

解：分流系数为

$$n = I/I_g = \frac{1}{500 \times 10^{-6}} = 2000$$

由式（12-39）可以得出分流电阻为

$$R_s = \frac{R_g}{n-1} = \frac{1}{2000-1} \times 500 \approx 0.25 \ (\Omega)$$

扩大电压表量程可以串联附加电阻，如图 12-7 所示。设直接测量的量程为 U_c，测量机构内阻为 R_c，串联附加电阻后，可将电压量程扩大为 U，则 U_c 与 U 的关系为

$$\frac{U}{R_c + R_{ad}} = \frac{U_c}{R_c} = I_c \tag{12-17}$$

用 m 表示比值 U/U_c，其值代表串联附加电阻后电压表量程扩大的倍数，可按 m 值求得串联的附加电阻值

$$R_{ad} = (m-1)R_c \tag{12-18}$$

二、交流电流、电压的测量

1. 交流低频电流、电压的测量

测量低频的交流电流与电压常用电磁系仪表，电磁系表头能通过较大的电流，所以电磁系电流表扩大量程不采用分流器，只要改变线圈匝数就能改变量程。对于多量程的电流表，通常将固定线圈分成几段，通过改变其串并联结构，做成不同的量程，如图 12-8 所示。电磁系电压表和磁电系电压表一样，采用串联附加电阻的方法来扩大量程。电磁系交流电流表、电压表还可采用电流互感器、电压互感器扩大量程测量大电流和高电压。

2. 交流高频电流、电压的测量

对于交流高频电压和电流的精密测量要使用电动系仪表。电动系仪表的固定线圈和可动线圈串联，可以作为低量程电流表。对于大量程的电流表，由于可动线圈不允许通过大电流，故可动线圈与固定线圈为并联结构，如图 12-9 所示，则有

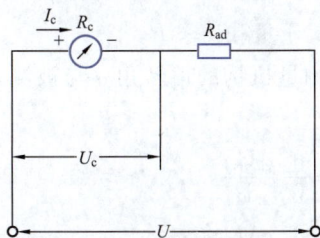

图 12-7 附加电阻
扩展电压表量程

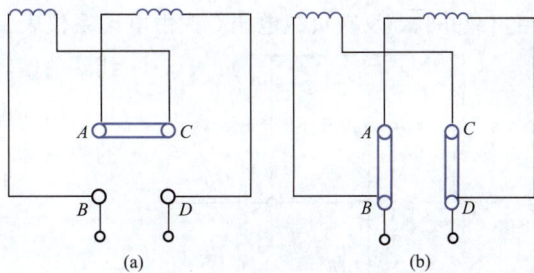

图 12-8 多量程电磁系电流表
(a) 串联基本量程；(b) 并联量程加倍

$$I_1 = \frac{(R_1 /\!/ R_2)}{R_1} I = K_1 I \tag{12-19}$$

$$I_2 = \frac{(R_1 /\!/ R_2)}{R_2} I = K_2 I \tag{12-20}$$

式中：R_1 为固定线圈的支路电阻；R_2 为可动线圈的支路电阻。

显然只要改变 R_1、R_2 的大小，就可以改变 K_1、K_2 值，使流过可动线圈的电流在允许的范围之内。电动系仪表的固定线圈和可动线圈与附加电阻串联起来构成了电压表。改变附加电阻的大小就可以扩大量程，如图 12-10 所示。电动系的交流电流表、电压表也可采用电流互感器、电压互感器扩大量程。

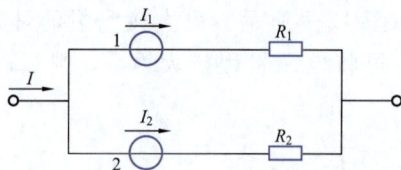

图 12-9　电动系电流表扩展量程

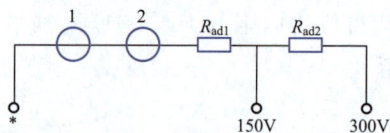

图 12-10　多量程电动系电压表

电流与电压的精密测量还可以采用比较法。直流可以用直流电位差计，其准确度为 0.1%～0.005%；交流一般先将交流电流或电压转换为直流量，然后再用直流电位差计测量。

第四节　功率和电能的测量

功率与电能是表征电路消耗能量的两个重要物理量，其准确性具有一定的现实意义。

一、功率的测量

功率测量方法通常有直接法和间接法两种。直接法指直接用电动系功率表、数字功率表或三相功率表进行测量。测量三相功率还可以用单相功率表接成两表法或三表法，虽然有求和过程，但一般仍将它归为直接法。间接法则指对于直流可通过测量电压、电流间接求得功率，对于交流则需要通过电压、电流和功率因数求得功率。

（一）电动系功率表

测量功率时，电动系仪表的固定线圈与负载串联，反映负载电流 I；仪表的可动线圈与负载并联，反映负载电压 U。由电动系仪表工作原理（见图 12-11），可推出可动线圈的偏转角正比于负载功率 P。

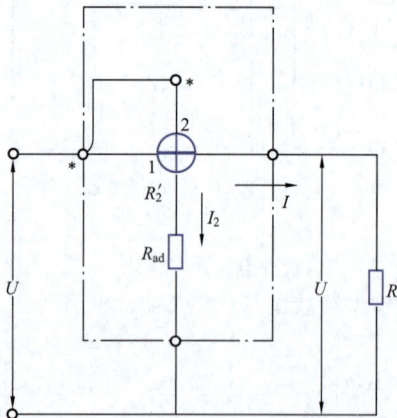

已知电动系测量机构的偏转角 α 与被测量的关系为

$$\alpha = \frac{1}{W}\frac{dM_{12}}{d\alpha}I_1 I_2$$

$$= \frac{1}{W}\frac{dM_{12}}{d\alpha}\frac{U}{R_{ad}}I \quad (R_2' \text{忽略})$$

$$= \frac{1}{WR_{ad}}\frac{dM_{12}}{d\alpha}P$$

即偏转角 α 与被测的功率的成正比。

如果 U、I 为交流同样可推出可动线圈的偏转角正比于负载功率 P

图 12-11　电动系功率表原理图

$$\alpha = Ki_1 i_2 = K\sqrt{2}I\sin(\omega t - \varphi)\frac{\sqrt{2}U\sin\omega t}{R} = K_P UI\cos\varphi$$

$$= K_P P \tag{12-21}$$

偏转角与被测的功率的一次方成正比，为了得到均匀的刻度，在电动系功率表中 $\frac{dM_{12}}{d\alpha}$ 为一常数，不随偏转角变化而变化。

扩大功率表量程可分别扩大电流量程或扩大电压量程。扩大电流量程可将两个固定线圈从串联改为并联，量程可相应扩大一倍。功率表的固定线圈只有两个，因此这种办法只能扩大一倍量程。扩大电压量程可改变可动线圈的串联附加电阻，阻值不同时，可得到不同的电压量程，但工程上使用的电压等级都是按标准规定的，所以功率表的电压量程也都取标准值。

（二）功率表的正确接线

功率表正确接线应遵守"电源端"（＊表示）守则，即接线时应将"电源端"接在电源的同一极性上，如图 12-12 所示。如按图 12-13 所示的错误方法接线，功率表会损坏。

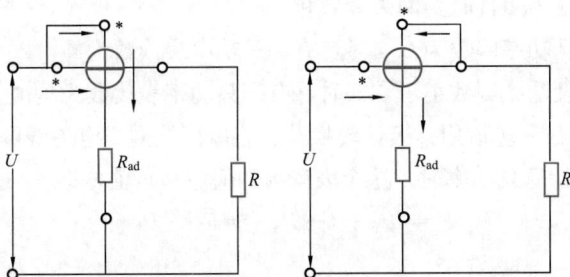

图 12-12 功率的正确接法

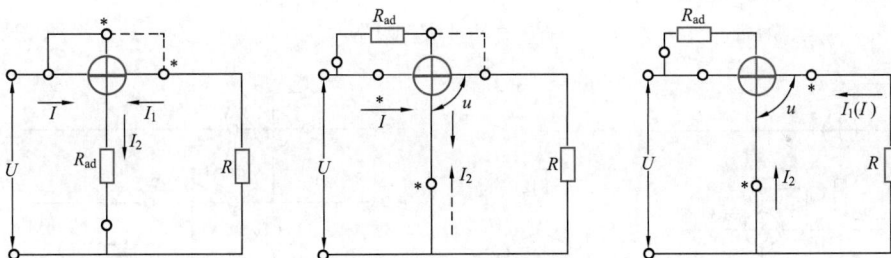

图 12-13 功率表的错误接线

（三）单相功率表测三相功率

用单相功率表测三相功率有一表法、二表法和三表法三种。

1. 一表法

一表法适用于电压、负载对称的系统。三相负载的总功率等于功率表读数的三倍，接线方式如图 12-14 所示。三相总功率为

$$P_\Sigma = 3P \tag{12-22}$$

式中：P_Σ 为三相总功率；P 为单相功率。

2. 二表法

二表法适用于三相三线制电路，通过电流线圈的电流为线电流，三相总功率等于两表读数之和加在电压线圈上的电压为线电压，接线方式如图 12-15 所示，可有

$$P_\Sigma = U_{AC}I_A\cos(\dot U_{AC}\dot I_A) + U_{BC}I_B\cos(\dot U_{BC}\dot I_B) = P_1 + P_2 \tag{12-23}$$

二表法具有以下读数特点。

273

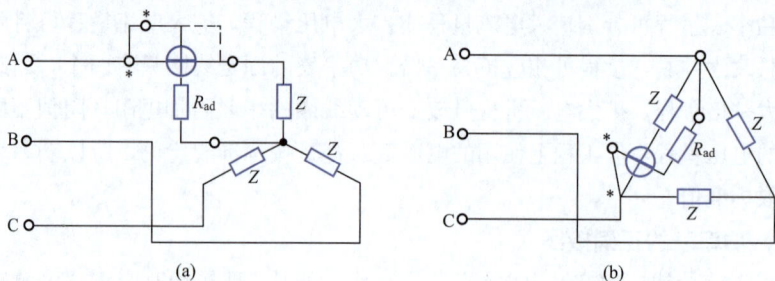

图 12-14　一表法测三相功率

（a）负载为星形连接；（b）负载为三角形连接

（1）负载对称并为阻性时，两表读数相等。

（2）负载对称且功率因数为 0.5 时，有一只功率表读数为 0。

（3）负载对称且功率因数小于 0.5 时，有一只功率表读数为负值。

为了获得 P 读数，应该用一极性转换开关将电压线圈或电流线圈的电流方向改变，使其正向偏转，但计算总功率时，这个表读出的值应为负值，即

$$P = P_1 + (-P_2) = P_1 - P_2$$

3. 三表法

三表法适用于三相四线制，电压、负载不对称的系统，接线方式如图 12-16 所示，三相总功率为三表读数之和，即

$$P_\Sigma = P_1 + P_2 + P_3 \tag{12-24}$$

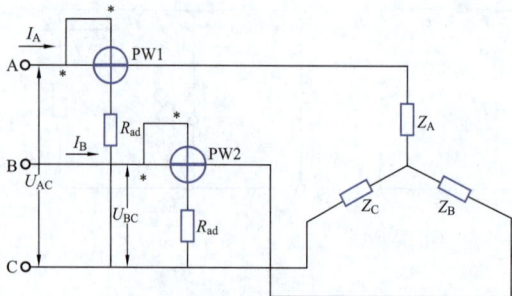

图 12-15　二表法测三相功率

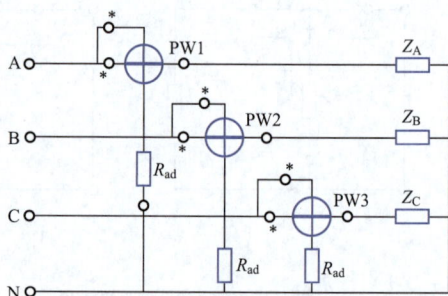

图 12-16　三表法测三相功率

二、电能测量方法

测量电能的方法通常有直接法和间接法两种。直接法指直接用电能表测量电能，直流用电动系电能表，交流用感应系或电子电能表。而间接法很少用，只有在功率稳定不变的情况下用功率表和计时时钟进行测量，再通过计算间接得到电能的大小。

感应系电能表按结构不同有切线型和射线型两种，其结构示意图如图 12-17 所示。

铝盘在电流线圈和电压线圈作用下产生的转动力矩与负载功率成正比，由永久磁铁产生的制动力矩与转速成正比。写成等式为

$$M = K_W P, \quad M_T = q\omega$$

当转动力矩等于制动力矩时，由 $K_W P = q\omega$ 可求得转速与功率的关系，即

视频
电能测量

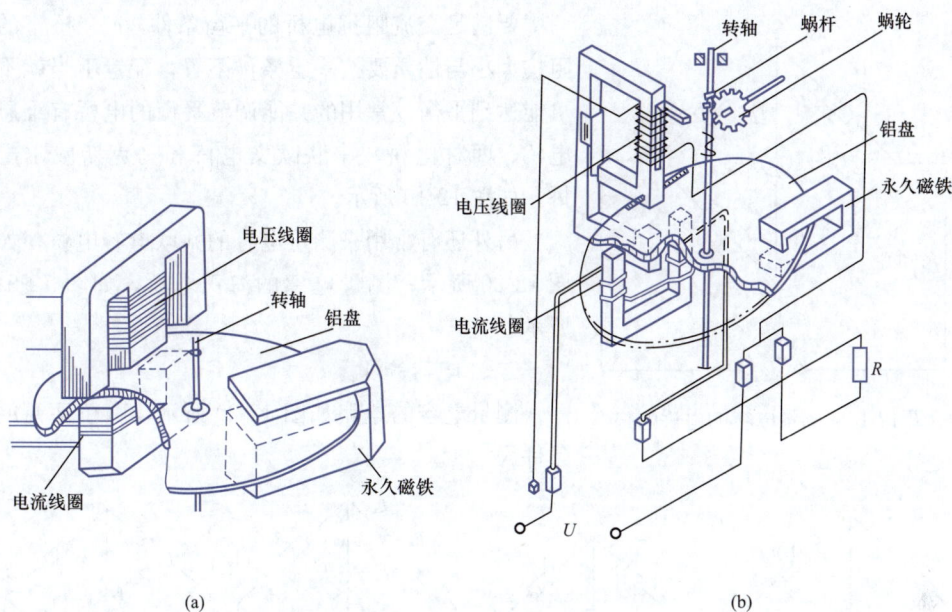

图 12-17　感应系电能表结构示意图

（a）切线型；（b）射线型

$$\omega = \frac{K_{\mathrm{W}}P}{q} = CP$$

上式两边各除以 2π，并乘以 t 可得 $\frac{\omega t}{2\pi} = \frac{CPt}{2\pi}$，即

$$N = \frac{C}{2\pi}W \tag{12-25}$$

式（12-25）表示铝盘经过时间 t，所转动过的圈数 N 与电能成正比。

第五节　电阻、电容与电感的测量

测量直流电阻用单双臂直流电桥，其工作原理详见比较式仪表中做了详细的介绍，这里不再重复。而测量交流阻抗则要用交流电桥，下面对其原理做简单介绍。

一、交流电桥的工作原理

交流电桥电路 4 个桥臂由阻抗 Z_1、Z_2、Z_3、Z_4 组成，如图 12-18 所示。适当配置各桥臂阻抗性质，调节各桥臂参数使电桥平衡（指零仪指零），可求得

$$\begin{cases} I_1 Z_1 = I_4 Z_4 \\ I_2 Z_2 = I_3 Z_3 \end{cases}$$

当电桥平衡时，可得

$$Z_1 Z_3 = Z_2 Z_4$$

即

$$\begin{cases} z_1 z_3 = z_2 z_4 \\ \varphi_1 + \varphi_3 = \varphi_2 + \varphi_4 \end{cases} \tag{12-26}$$

视 频

比较式仪表电路参数的测量（选学内容）

275

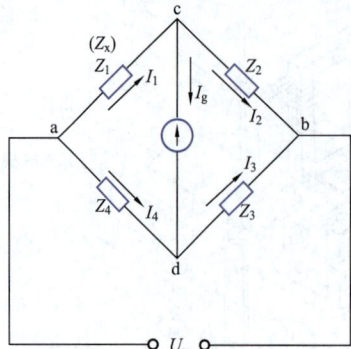

图 12-18　测量电容的电桥电路

要满足交流阻抗电桥的平衡条件，4 个桥臂的阻抗大小与性质要按一定条件配置，配置不当就不可能达到平衡。常用的并能调节平衡的电桥有维恩电桥、西林电桥、串联欧文电桥和马克斯威尔电桥，如图 12-19 所示。

另外还有常用来测量电容的并联电容电桥，如图 12-20 所示；测量电感的海氏电桥，如图 12-21 所示。

二、电容的测量

测量电容的电路如图 12-20 所示，电桥平衡的条件为

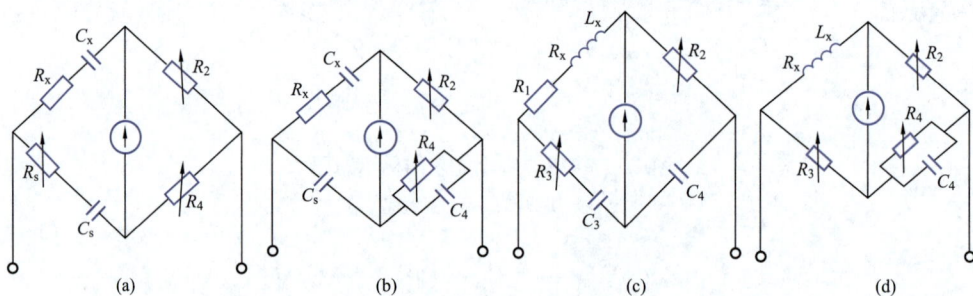

图 12-19　常用的交流电桥

（a）维恩电桥；（b）西林电桥；（c）串联欧文电桥；（d）马克斯威尔电桥

$$R_2 \frac{R_s \cdot \left(-\mathrm{j}\frac{1}{\omega C_s}\right)}{R_s - \mathrm{j}\frac{1}{\omega C_s}} = R_4 \frac{R_x \cdot \left(-\mathrm{j}\frac{1}{\omega C_x}\right)}{R_x - \mathrm{j}\frac{1}{\omega C_x}}$$

可得

$$\begin{cases} R_x = \dfrac{R_2}{R_4}R_s \\ C_x = \dfrac{R_4}{R_2}C_s \end{cases}$$

(12-27)

式（12-27）必须同时满足，要反复调节 R_2/R_4 和 R_s（或 C_s）直到电桥平衡。从式（12-27）即可得被测电容的大小。

三、电感的测量

测量电感的电路如图 12-21 所示，该交流电桥又被称为海氏电桥。电桥平衡的条件为

$$R_2 R_5 = (R_x + \mathrm{j}\omega L_x)\left(R_4 - \mathrm{j}\frac{1}{\omega C_4}\right)$$

可得

$$\begin{cases} L_x = \dfrac{R_2 R_5 C_4}{1 + (\omega R_4 C_4)^2} \\ R_x = \dfrac{R_2 R_5 R_4 (\omega C_4)^2}{1 + (\omega R_4 C_4)^2} \end{cases}$$

(12-28)

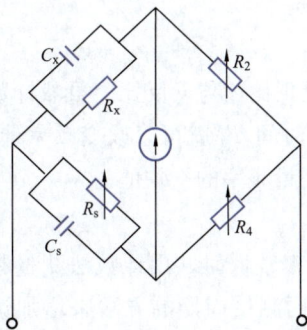

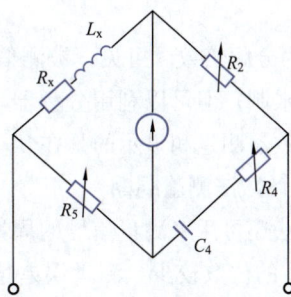

图 12-20　并联电容的电桥　　　　　　　　图 12-21　海氏电桥

调节 R_2、R_4 和 R_5 使电桥平衡。从式（12-28）即可得到被测电感的大小。

视频
频率的测量

第六节　频率和周期的测量

　　频率是交流电的基本参量之一。交流电路中的阻抗、交流电动机的同步转速等参量都与频率有关，电力系统将频率作为电能质量的一个重要指标。我国电力系统的额定频率为 50Hz，通常称之为**工频**。工频测量可采用电动系频率计、变换式频率计、振簧式频率计等模拟指示仪表实现，但是最常用的是使用电子计数器进行的数字测量法，简称计数法。计数法可适用于工频、低频与高频，由于集成化程度的提高，计数器电路体积小、价格便宜，几乎取代了所有其他形式的测频仪器。

一、计数法测量频率

　　计数法测量频率的原理框图如图 12-22 所示。

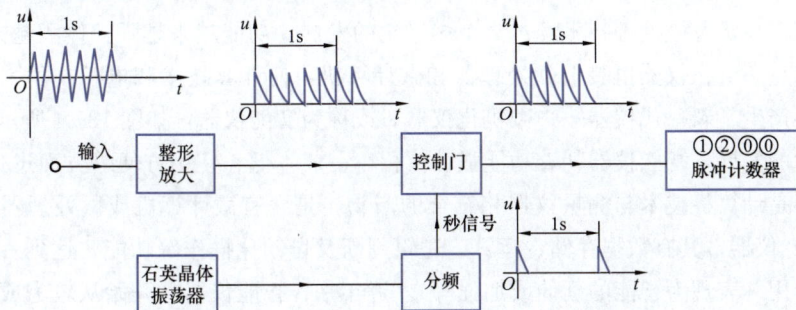

图 12-22　计数法测量信号频率的原理框图

　　石英晶体振荡器产生的标准时钟信号经过分频后，得到周期为 T_d（图 12-22 中为 1s）的脉冲信号，用来控制计数器的门电路的开启。如果被测量信号的周期为 T_x，经过放大整形成脉冲信号后，周期保持不变，在 T_d 这段时间内进入计数器的脉冲个数 N_x 为

$$N_x = \frac{T_d}{T_x} = T_d f_x = k f_x$$

　　即

$$f_x = \frac{1}{k}N_x \qquad (12-29)$$

其中，k 为分频倍数。可见，被测信号频率与 N_x 成正比，与 k 反比。虽然计数器有一定的计数限制，但可以利用分频器，通过改变开门时间 T_d 就可以改变频率计的量限。显然，计数器测量和显示的是在 T_d 这段时间内被测量频率的平均值。

二、计数法测量周期

计数法还可用来测量信号的周期。被测信号频率较低时，用计数法测量频率得到的读数 N_x 的位数较少，测量误差增大，因此常采用测量周期的方法来增加读数的位数，降低测量误差。计数法测量周期的原理框图如图 12-23 所示。

被测量信号的周期为 T_x，经过放大整形成脉冲信号后，周期保持不变，再经过分频后得到周期为 T_x' 的脉冲用来控制计数器的门电路的开启。石英晶体振荡器产生的标准时钟信号经过分频后，得到周期为 T_0 的脉冲信号，在 T_x' 这段时间内进入计数器的脉冲个数 N_x 为

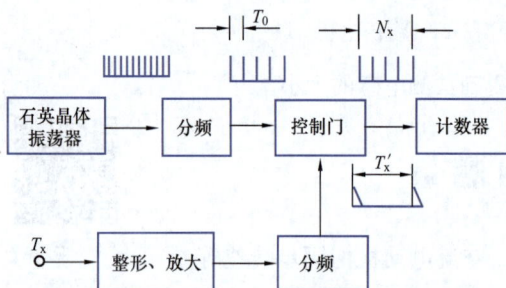

图 12-23 计数法测量信号周期的原理框图

$$T_x' = kT_x = N_xT_0 \qquad (12-30)$$

其中，k 为被测信号的分频倍数。同理，若改变填充脉冲的周期 T_0，可以改变被测周期的量限。

第七节 智能仪器和虚拟仪器

计算机技术及微处理技术经过半个多世纪的发展，功能越来越强，体积越来越小，应用越来越广。在仪器里装上微处理器和微计算机，使计算技术和电子技术、测量技术相合，产生了新一代仪器——微机化仪器，或称为**智能仪器**，如图 12-24 所示。随着微机技术的发展，智能仪器朝着功能强、体积小、成本低、使用方便等方面迅速发展。智能仪器是计算机技术与测量仪器相结合的产物，是含有微计算机或微处理器的测量（或检测）仪器，其有数据存储、运算、逻辑判断及自动化操作等功能，达到一定程度的智能作用（表现为智能的延伸或加强等）。近年来，智能仪器已开始从较为成熟的数据处理向知识处理发展，如在模糊判断、故障诊断、容错技术、传感器融合、机件寿命预测等方面的应用，使智能仪器的功能向更高的层次发展。智能仪器对仪器仪表的发展以及科学实验研究产生了深远影响，是仪器设计的里程碑。

图 12-24 智能仪器的形成框图

一、智能仪器

智能仪器的典型结构框图如图 12-25 所示。测量线路的作用是将被测信号转换为相应的数字信号，其余部分实际上是一个小型的计算机系统。其接口是与其他仪器进行通信的通道，测量所得的数据可以通过接口送出，也可以通过接口响应远程的操作命令。利用接口，智能仪器可以实现本地和远地工作方式。

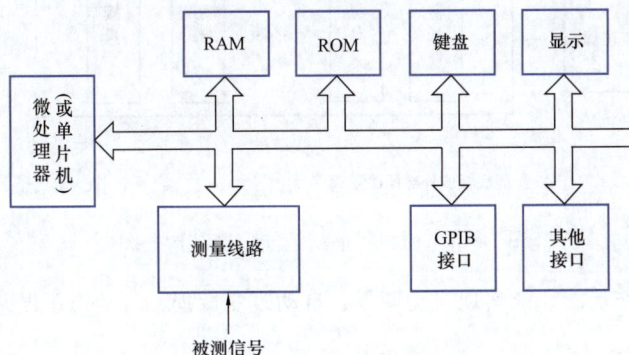

图 12-25　智能仪器的典型结构框图

智能仪器按其结构不同又有两种基本类型。

1. 微机内嵌式

指将单片或多片的微机芯片与仪器有机地结合在一起形成的单机，具有体积小、使用方便、便于携带的特点。其结构框图如图 12-26 所示。

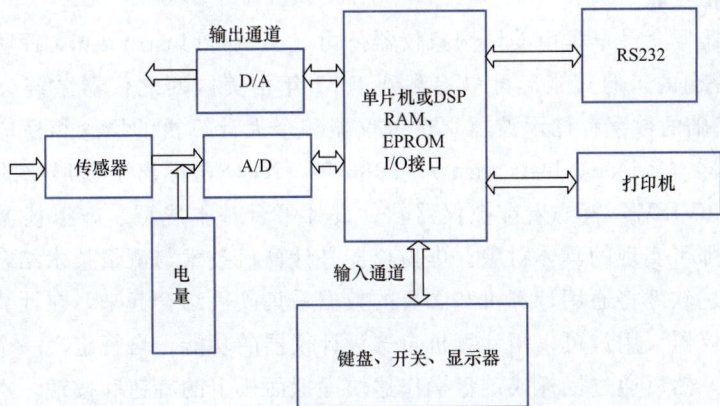

图 12-26　微机内嵌式智能仪器结构框图

2. 微机扩展式

微机扩展式智能仪器是以个人计算机（PC）为核心的应用扩展型测量仪器，又称为个人计算机仪器（PCI）或称微机卡式仪器。它具有功能强大、使用灵活、应用范围广的特点。其结构框图如图 12-27 所示。

计算机技术所具有的软件功能已使智能仪器达到一定的智能化，发展潜力巨大。与传统仪器相比，智能仪器具有以下特点。

（1）具有快速处理数据能力，能短时进行多次测量及运算，例如可即时显示所测数据的平均值、最大值、最小值等。

279

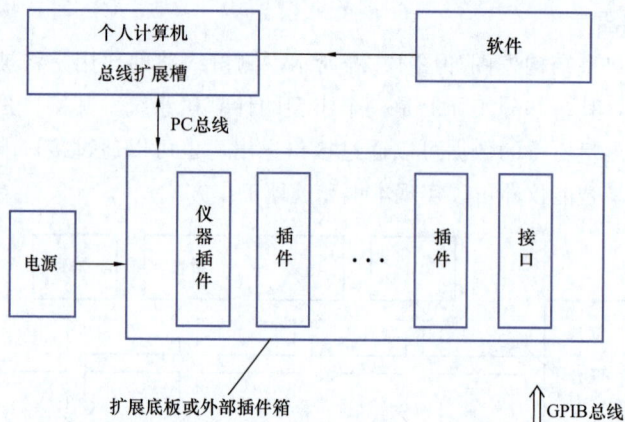

图 12-27　微机扩展式智能仪器结构框图

（2）自动操作功能，能实现自动调零、自动改变量程、自动修正误差、自动校准等功能。

（3）可以一表多用，编入不同的子程序，使用时无需改变硬件，只改变程序即能完成不同的测量任务。

（4）可将间接测量转为直读方式，利用执行运算程序从读入中间量求出被测量的值，而无需人工计算。

（5）实现数据远程能通信，可通过接口、总线实现仪器间的数据通信。

二、虚拟仪器

虚拟仪器概念最早是由美国国家仪器公司（National Instrument，简称 NI 公司）在 1986 年提出的，但其雏形可以追溯到 1981 年由美国西北仪器系统公司推出的 Apple II 为基础的数字存储示波器。这种仪器和个人计算机的概念相适应，当时被称为个人仪器（Personal Instrument）。1986 年，NI 公司推出了图形化的虚拟仪器编程环境 LabVIEW，标志着虚拟仪器软件设计平台基本成型，虚拟仪器从概念构思变为工程师可实现的具体对象。虚拟仪器是计算机技术与测量技术结合的另一种方式，是通过软件将通用计算机和必要的数据采集硬件结合起来，在计算机平台上创建的一台仪器。用户可以用计算机自选设计仪器的功能，自行定义一个仿真的仪器操作面板，然后通过鼠标或键盘操作这块虚拟面板上的旋钮和按键，实现各项测量任务。

按接口总线类型不同，通常将虚拟仪器划分成数据采集卡式虚拟仪器、RS232/RS485 虚拟仪器、并行接口虚拟仪器、USB 虚拟仪器、GPIB 虚拟仪器、VXI 虚拟仪器、PXI 虚拟仪器、IEEE1394 接口虚拟仪器等。

1. 虚拟仪器的组成

实际上虚拟仪器就是将硬件仪器搭载在笔记本电脑、台式计算机或者工作站的平台上，再加上应用软件构成测量系统。其构成如图 12-28 所示。其内部结构框图如图 12-29 所示。在计算机和必要的仪器硬件确定之后，软件就是虚拟仪器发展的关键。

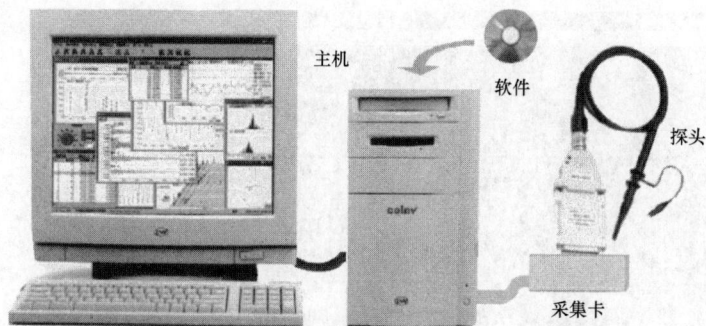

图 12-28 虚拟仪器构成

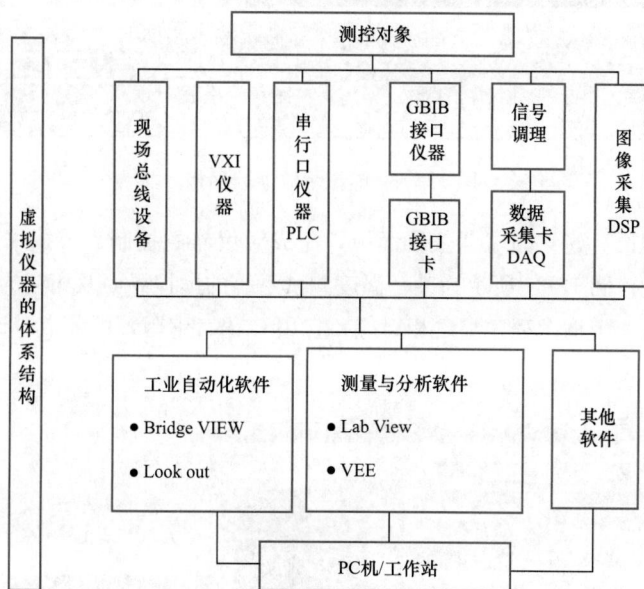

图 12-29 虚拟仪器内部结构框图

2. 虚拟仪器的性能特点

（1）可以由用户定义测量功能。虚拟仪器是一种软件化的测量装置，它将硬件采集到的被测数据送入计算机进行控制与运算。然后通过软件所定义的虚拟面板进行显示或输出。要改变仪器的功能，无需改变硬件，如开关、连接线或按键，只要更换软件、使用不同的虚拟面板，就能完成不同的测量功能。如图 12-30 所示虚拟示波器软面板，其布局形状与传统示波器基本一致，只是按键或旋钮的动作要通过键盘或鼠标来操作。

（2）虚拟仪器可以实现多任务操作。虚拟仪器一般运行于 Windows 环境，因此可以同时启动多个对象，组成一个测量系统，完成多项测量任务。例如可同时测量电压的数值、波形、频谱组成等。而且建立系统速度快，无需像传统仪表那样一个测量系统就需要多个专用仪器，进行复杂连接以后才能完成。

NI 公司 1986 年设计的 LabVIEW1.0，现已发展到 LabVIEW2016 64 位中文版，推动了虚拟仪器技术的发展。

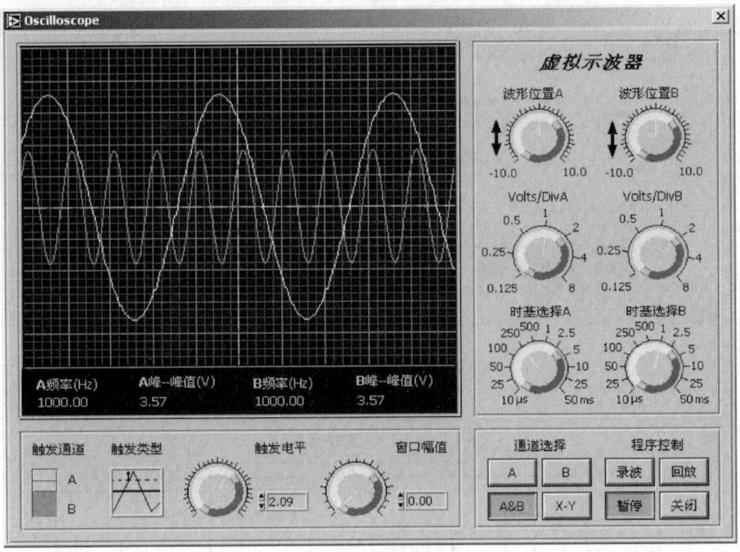

图 12-30　虚拟示波器软面板

　　图形化编程语言建立的虚拟仪器面板，完成对仪器的控制、数据采集、数据分析和数据显示功能。图 12-31 所示为某一温度测试系统的虚拟界面及相应的后台程序。每一个前面板都有一个框图程序与之相对应，它用 G 语言编写，由节点（node）、端口和数据连线（wire）组成。

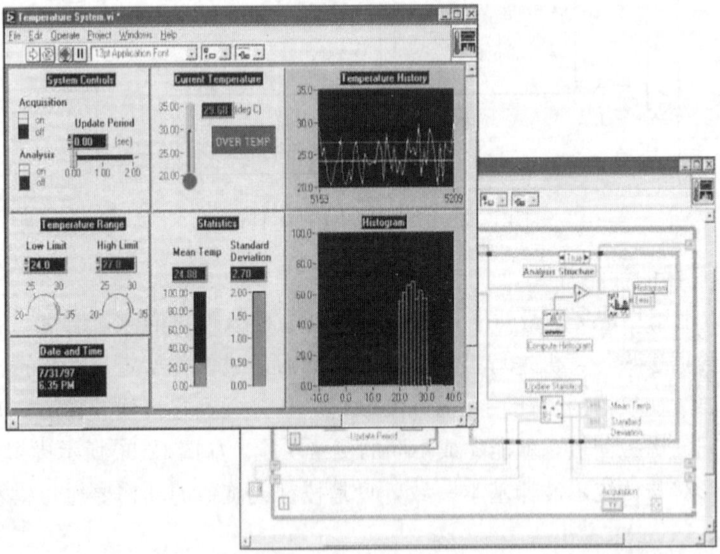

图 12-31　温度测量系统的显示界面及相应的后台程序

　　（1）节点。类似硬件中的芯片，执行某些功能的单元，分为功能函数、结构、代码及文本接口节点（CIN）、子 VI（SubVI）4 类。

　　（2）端口。类似硬件中的管脚，是数据在前后面板、节点之间传递的通道，有控制和指示端口、节点端口两类端口。

（3）数据连线。它是数据端口之间的数据通道，在连线中数据是单向树状流动的。典型的图形化编程语言程序示例如图 12-32 所示。

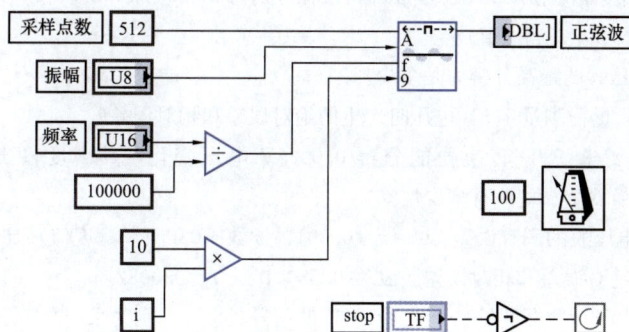

图 12-32 典型的图形化编程语言程序示例

虚拟仪器系统功能由用户自行定义；仪器硬件实现模块化，可重用和重新配置；系统功能、测试规模可通过修改软件、更换仪器硬件而增减。虚拟系统技术灵活、更新速度快(1～2 年)、开发维护费用相对较低，在航空、航天、军工、教学、通信等各个领域都有着非常广阔的应用前景。

习 题

在线测试
自测与练习12

12.1 为测量稍低于 10V 的电压，现实验室中有 0.5 级 100V 量程和 1.0 级 10V 量程两只电压表，试问应该选哪一只更好？

12.2 用伏安法测电阻，若电压表和电流表的读数和误差分别为 U、Δ_1，I、Δ_2。试求被测电阻阻值的相对误差为多少？

12.3 已知两个电阻串联，两个电阻的误差已知，试求总电阻的绝对误差和相对误差。

12.4 已知 $P=UI\cos\varphi$，如已知 P、U、I 的误差，试推导出 $\cos\varphi$、φ 的误差。

12.5 多级弹导火箭的射程为 10 000km 时，其射击偏离预定点不超过 0.1km；优秀射手能在距离 50m 远处准确地射击，偏离靶心不超过 0.2cm。试问哪一个射击精确度高？

12.6 用一系统测量频率，先后测量数据见表 12-5。试对测量数据进行分析处理，并写出测量结果的表达式。

表 12-5　　　　　习题 12.6 的表

测量序号	1	2	3	4	5	6	7	8	9	10	11
频率（Hz）	50 001	50 003	50 002	50 000	49 999	50 000	49 997	49 996	49 995	50 001	50 009
测量序号	12	13	14	15	16	17	18	19	20	21	22
频率（Hz）	50 005	50 003	49 999	49 995	49 993	49 991	49 992	49 990	49 987	49 983	51 000

12.7 有一个磁电系微安表，满度电流为 $50\mu A$，内阻是 500Ω，试问：用该表组成量限为 5A 的电流表和 50V 电压表时，该用怎么样的电路？电路的电阻各是多少？已知 $R_f=0.05\Omega$，$R_V=999\,500\Omega$。

12.8　有一个磁电式电流表，当无分流器时，表头的满标值电流为 5mA。表头内阻为 20Ω，现欲使其量程（满标值）为 1A，试问分流器的电阻应为多少？

12.9　某数字电压表显示最大数为 9999，量程分别为 20mV、200mV、2V，固有误差 $\Delta U=\pm(0.001\%$读数$+0.002\%$满度值$)$。

（1）试问该电压表的最高分辨力是多少？

（2）试求在 2V 量程测量 1.8V 电压时产生的绝对误差和相对误差？

12.10　如果要求 A/D 转换器能分辨 0.0025V 电压变化，其满度输出所对应的电压 9.9976V，试问转换器字长应该有多少位？

12.11　数字电压表的固有误差 $\Delta U=\pm(0.001\%$读数$+0.002\%$满度值$)$。试求在 2V 量程测量 1.8V 时产生的绝对误差和相对误差。$\Delta U=0.58\times10^4$，$r=0.0032\%$。

12.12　欲用电子计数器测量一个 $f_x=1kHz$ 的信号频率，分别为采用测频率法（选闸门时间为 1s）和测周期法（选时标为 $0.1\times10^{-7}s$），试比较这两种方法由量子化误差引起的测量误差。

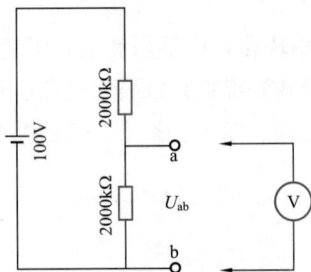

图 12-33　习题 12.16 的图

（1）试计算 U_{ab}（理论值）。

（2）用电压表 100V 挡，内阻为 2000kΩ 测量 U_{ab}，忽略其他误差，电压表示值各为多少？

（3）相对误差为多少？

12.17　已知电阻上的电压的相对误差为 $\pm3\%$，电流的相对误差为 $\pm2\%$，试问电阻消耗功率 P 的相对误差是多少？

12.18　用二表法测量三相三线制电路中的总功率，设所用的两个功率表的准确度级均为 0.5 级，电压量限为 0~380V，电流量限为 0~5A，它们的读数分别为 $P_1=1500W$ 及 $P_2=1800W$，试求测量总功率的误差为多少？

12.19　用三表法测量三相交流电路中的功率，若各仪表的读数和误差分别为 P_1、P_2、P_3 及 Δ_1、Δ_2、Δ_3，试求测量总功率的相对误差为多少？

12.20　在图 12-34 所示的交流电桥中，检测计 D 能否指零，如果能写出其平衡方程式。

12.13　某一 4 位数字电压表的固有误差 $\Delta U=\pm(0.001\%$读数$+1$ 个字$)$。试求在 2V 量程测量 1.8V 时产生的绝对误差和相对误差。

12.14　阻值为 3235、576 000、33.22Ω 的电阻，用 QJ23a 型电桥测量，试求 R_4 的值、R_2/R_3 的值。

12.15　若直流电桥的桥臂电阻为 $R_2=1000\Omega$、$\Delta R_2=1\Omega$；$R_3=10\ 000\Omega$、$\Delta R_3=-3\Omega$；$R_4=5477\Omega$、$\Delta R_4=2\Omega$。试求 R_x 及其绝对误差和相对误差。

12.16　某待测电路如图 12-33 所示：

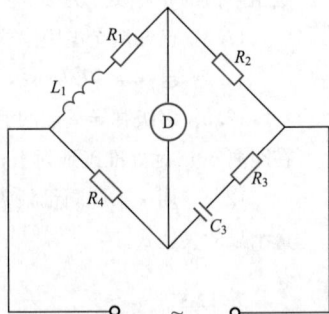

图 12-34　习题 12.25 的图

附录 A 部分习题参考答案

第一章

1.2　−2mA, 60V

1.3　3.7kΩ, 20W

1.5　107V

1.6　13A, −1A

1.8　8V, 6V

1.9　2kΩ

1.11　(1) 3Ω; (2) 1V

1.12　−14.3V

第二章

2.1　20Ω, 20Ω

2.2　1A

2.3　图 2-43 (a) $R=3Ω$, $U_R=9V$, $I=3A$; 图 2-43 (b) $R=9Ω$, $U=18V$, $I=3A$

2.4　$I=6A$, $U=12V$, $P=324W$

2.5　2.5F, 10H

2.7　1A

2.8　$I_1=−0.2A$, $I_2=1.6A$, $I_3=1.4A$

2.9　$I_3=1.4A$

2.10　$I_1=−0.5A$, $I_2=1A$, $I_3=−0.5A$

2.11　图 2-52 (a) $I_x=−0.075A$; 图 2-52 (b) $I_x=−0.125A$

2.12　80V

2.13　图 2-54 (a) $U_s=0$, $R_0=2.4Ω$; 图 2-54 (b) $U_s=2V$, $R_0=2Ω$; 图 2-54 (c) $U_s=12V$, $R_0=8Ω$; 图 2-54 (d) $U_s=αU_s$, $R_0=α(1−α)R+R_1$

2.14　−1A

2.15　开路电压 $U=2−\dfrac{7}{3}×1=−\dfrac{1}{3}$ （V），等效电阻 $R=1+\dfrac{2}{2+1}=\dfrac{5}{3}$ （Ω）

$$U_{AB}=−\dfrac{\dfrac{1}{3}}{2}×\dfrac{1}{3}=−\dfrac{1}{18} \text{ （V）}$$

2.16　1.5A, 6V

第三章

3.1　(1) 0.02s, 50Hz, 90°; (2) $\dfrac{2π}{5}$s, $\dfrac{5}{2π}$Hz, 20°; (3) 1s, 1Hz, 0°; (4) 0.2s, 5Hz, −45°

3.2　$5∠0°V$, $5∠60°V$, $5∠150°V$, $5∠120°V$

3.3　7.37sin（314t−16.32°）A

3.4　14.55∠9.9°V，5∠−150°V，3.77∠−169.2°A

3.5　0.39sin（314t+90°）A，796∠−30°V

3.6　$u=22\sqrt{2}\sin$（314t+90°）V，$\dot{I}=40.44\angle-30°$A

3.7　$i=12.3\sin$（ωt+65.9°）A

3.8　0.707，45°

3.9　8A，16A（或2A），9A（或3A）

3.10　80V，20V（60V），20V（100V）

3.11　$\dot{U}_{oc}=5\sqrt{2}\angle75°$V，$Z_0=\dfrac{j+3}{2}$Ω

3.12　9∠61.07°V，4.99∠4.76°V

3.13　523.42Ω，1.67H，0.5，2.58μF

3.14　9.19kΩ，0.5V

3.15　4.4A，176V，352V，132V

3.16　250W，0.5

3.17　20+j10Ω

3.18　2.5$\sqrt{2}$∠−25°A，$\sqrt{2}$∠45°A

3.19　50$\sqrt{2}$∠45°V，63.24∠−18.4°V，63.24∠−18.4°V

3.20　（1）10^4rad/s，20A；（2）2000V，2000V，20；（3）20

3.22　10∠−53°A，800W，0.8

3.24　（1）图略；　（2）$I_A=5.37\times10^3\angle-24.5°$A，$I_B=5.37\times10^3\angle-155.5°$A，$I_C=5.37\times10^3$∠95.5°A，$I_o=0$；（3）$I_A=2.68\times10^3\angle-24.5°$A，$I_B=4.02\times10^3\angle-144.5°$A，$I_C=5.37\times10^3\angle95.5°$A $I_o=4.4\angle108°$A；（3）略

3.25　$I_\triangle/I_Y=3$，$P_\triangle/P_Y=3$

第四章

4.1　图4-24(a) 1.5A，3A；图4-24（b）0A，1.5A

4.2　60V，12mA

4.3　4V，1A，4V，−2A，0V

4.4　$5e^{-2t}$V

4.5　$10(1-e^{-0.1t})$V，$10^{-3}e^{-0.1t}$A

4.6　$2.5+7.5e^{-4t}$V，1.5，$0.5-1.5e^{-4t}$A

4.7　$3e^{-25t}$mA，396×10^{-6}J

4.8　$\dfrac{1}{4}(1-e^{-3t})$A，$\dfrac{3}{4}(1+e^{-3t})$V

4.9　$1.2e^{-80t}$A，$-36e^{-80t}$V

4.10　$1.5+2e^{-500t}$A

4.11　$2-e^{-2t}$A，$3-2e^{-2t}$A，$5-3e^{-2t}$A

4.12　$20-10e^{-2t}$V，$2\times10^{-4}e^{-2t}$A，$20-4e^{-2t}$V

第五章

5.1　$N=1625$

5.2　$I_{1N} = \dfrac{S_N}{U_{1N}} = \dfrac{500 \times 10^3}{10 \times 10^3} = 50$（A），$I_{2N} = \dfrac{S_N}{U_{2N}} = \dfrac{500 \times 10^3}{0.4 \times 10^3} = 1250$（A）

5.3　(1) $I_2 = 1.67A$，$k = 10.56$，$I_1 = 0.158A$；(2) $R_L = 21.6\Omega$，$R'_L = 2407\Omega$

5.4　330V，1500VA；110V，500VA

5.5　(1) $E_1 = 9970V$，$E_2 = 230V$；(2) $I_0 = 10.18A$；(3) $I_2 = 18\ 000A$，$I_1 = 415A$

5.6　铜损 12.5W，铁损 337.5W

5.7　$n_0 = 600r/min$，$p = 5$，$s_N = 3.67\%$

5.8　(1) $T_N = 437.18N \cdot m$，$T_{st} = 830.64N \cdot m$，$T_{max} = 961.80N \cdot m$；(2) 可以，$T'_{st} = 1.37T_N > T_N$

5.9　(1) $36.48N \cdot m$，$80.25N \cdot m$，$80.25N \cdot m$；(2) 4%；(3) $11.64A$，$81.48A$

5.10　(1) 135.08A，143.22N·m；(2) 不可以；(3) 可以

5.11　最大转矩下降，起动转矩下降，起动电流上升

5.12　不能，会产生堵转现象

第六章

6.7

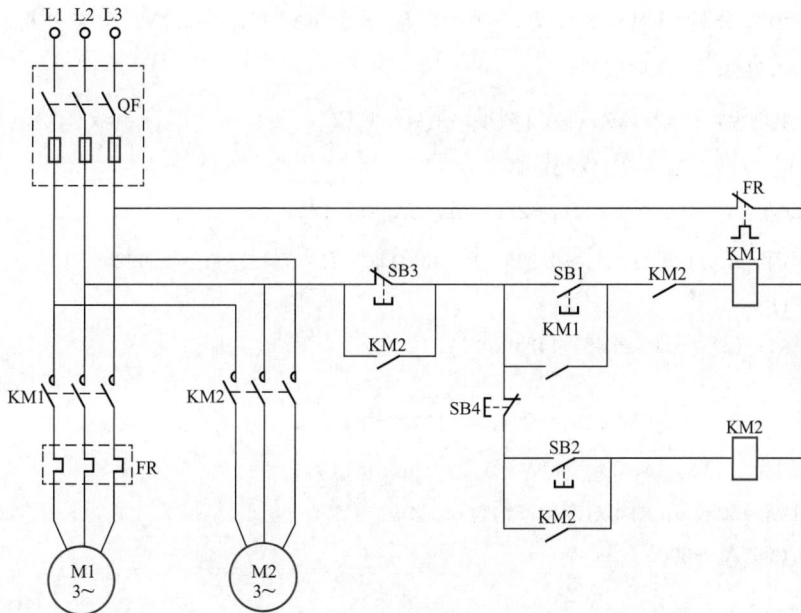

第七章

7.1

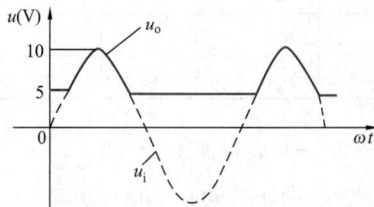

7.3 图 7-20(a) $U_o=14$V；图 7-20（b）$U_o=6$V；图 7-20（c）$U_o=8.7$V；图 7-20（d）$U_o=0.7$V。

7.4 （1）$I_C\approx6.5$mA；（2）$I_B\approx38\mu$A；（3）$\beta\approx2000/20\approx100$

7.5 （1）$I_C\approx3.6$mA；（2）$I_C\approx5$mA；（3）$\beta\approx2400/30\approx80$

第八章

8.2 空载时：$I_{BQ}=20\mu$A，$I_{CQ}=2$mA，$U_{CEQ}=6$V；最大不失真输出电压峰值约为 5.3V。带载时：$I_{BQ}=20\mu$A，$I_{CQ}=2$mA，$U_{CEQ}=3$V；最大不失真输出电压峰值约为 2.3V

8.3 （1）$U_C=6.4$V；（2）$U_C=12$V；（3）$U_C=U_{CES}=0.5$V；（4）$U_C=12$V；（5）$U_C=U_{CC}=12$V

8.4 （1）Q 点：$I_B=30\mu$A；$I_C=1.5$mA；$I_E=1.53$mA；$U_{CE}=7.5$V

$r_{be}=1.167$kΩ；

（2）微变等效电路图（略）

（3）$A_u=-107$；$r_i\approx1.167$kΩ；$r_o=5$kΩ

8.5 （a）饱和失真，增大 R_b，减小 R_c；（b）截止失真，减小 R_b；（c）同时出现饱和失真和截止失真，应增大 U_{CC}

8.6 （1）静态分析：$U_{BQ}\approx2$V，$I_{EQ}\approx1$mA，$I_{BQ}\approx10\ \mu$A，$U_{CEQ}\approx5.7$V。动态分析：$r_{be}\approx2.8$kΩ，$\dot{A}_u\approx-7.5$，$r_i\approx3.7$kΩ，$r_o=5$kΩ

（2）输入电阻增大，$r_i\approx4.1$kΩ；$|\dot{A}_u|$ 减小，$\dot{A}_u\approx-1.92$

8.7 （1）$\dot{A}_{u1}=-2$，$\dot{A}_{u2}\approx+1$；（2）略

8.8 （1）Q 点：$I_{BQ}\approx32.3\mu$A，$I_{EQ}\approx2.61$mA，$U_{CEQ}\approx7.17$V

（2）$R_L=\infty$ 时，$R_i\approx110$kΩ，$\dot{A}_u\approx0.996$；$R_L=3$kΩ 时，$R_i\approx76$kΩ，$\dot{A}_u\approx0.992$

（3）$R_o\approx37\Omega$

8.9 （1）略；（2）-21，-68，1428

第九章

9.2 u_o 分别为 1、10、14、14、-1、-10、-14、-14V

9.3 $A_f\approx1/F=500$，A_f 的相对变化率约为 0.1%

9.4 $F\approx0.05$，$A_u\approx2000$

9.6 $u_o=-\dfrac{1}{RC}\displaystyle\int_{t_1}^{t_1}u_i\mathrm{d}t+u_o(t_1)$，图略

9.7 $u_{o1}=-R_f\left(\dfrac{u_{i1}}{R_1}+\dfrac{u_{i2}}{R_2}\right)+\left(1+\dfrac{R_f}{R_1/\!/R_2}\right)\dfrac{R_4}{R_3+R_4}u_{i3}$，$u_o=-\dfrac{1}{RC}\displaystyle\int u_{o1}\mathrm{d}t$

9.8

u_i(V)	0.1	0.5	1.0	1.5
u_{o1}(V)	-1	-5	-10	-14
u_{o2}(V)	1.1	5.5	11	14

9.9 图 9-38（a）$u_o=-2u_{I1}-2u_{I2}+5u_{I3}$；图 9-38（b）$u_o=-10u_{I1}+10u_{I2}+u_{I3}$；图 9-38（c）$u_o=8(u_{I2}-u_{I1})$；图 9-38（d）$u_o=-20u_{I1}-20u_{I2}+40u_{I3}+u_{I4}$

9.10 （1）带阻滤波器；（2）带通滤波器；（3）低通滤波器；（4）低通滤波器

第十章

10.1 (1) $47=(101111)_B=(57)_O=(2F)_H=(01000111)_{BCD}$;

(2) $136=(10001000)_B=(210)_O=(88)_H=(000100110119)_{BCD}$;

(3) $257.25=(100000001.1)_B=(401.4)_O=(101.8)_H=(001001010111.00100102)_{BCD}$;

(4) $3.781=(11.110)_B=(3.6)_O=(3.C)_H=(0011.011110000001)_{BCD}$

10.2 (1) 10010111 作为自然数的十进制数为 151；作为 BCD 码的十进制数为 97；

(2) 100001110001 作为自然数的十进制数为 2161；作为 BCD 码的十进制数为 871；

(3) 010100101001 作为自然数的十进制数为 1321；作为 BCD 码的十进制数为 529

10.3

$$Z=\overline{\overline{ABC+\overline{A}+B}}=\overline{\overline{A+B}}=\overline{A}\cdot\overline{B}$$

逻辑功能：两输入的或非门。

10.5 (1) $Y=\overline{C}$；(2) $Z=A+\overline{B}D+C\overline{D}+B\overline{C}$；(3) $F=\overline{B}\,\overline{C}+\overline{B}\,\overline{D}+\overline{A}C\overline{D}$

(4) $Y=1$

10.6 $F=\overline{A}\,\overline{B}C+A\overline{B}\,\overline{C}+A\overline{B}C$

10.8 $F=\overline{A}\,\overline{B}\,\overline{C}+AC+AB+BC$

10.9 逻辑功能：判断 A、B 输入是否同时为 0。

10.10 化简为 $F=A+B$；用与非门实现 $F=\overline{\overline{A}\cdot\overline{B}}$

10.11 逻辑表达式：$Y=C\overline{A}+CB+B\overline{A}$

10.22 $D_7=\overline{\overline{I_3+I_2+\overline{I_1}+I_0}}$; $D_6=\overline{\overline{I_3+I_2+I_1+I_0}}$;

$D_5=\overline{\overline{I_3+\overline{I_2}+I_1+I_0}+\overline{I_3+I_2+I_1+\overline{I_0}}}$; $D_4=\overline{\overline{I_3+I_2+I_1+\overline{I_0}}}$;

$D_3=\overline{\overline{I_3+\overline{I_2}+I_1+I_0}+\overline{I_3+I_2+I_1+I_0}}$; $D_2=\overline{\overline{\overline{I_3+I_2+I_1+I_0}}+\overline{I_3+I_2+\overline{I_1}+I_0}}$;

$D_1=\overline{\overline{I_3+\overline{I_2}+I_1+I_0}+\overline{I_3+I_2+I_1+\overline{I_0}}}$; $D_0=\overline{\overline{I_3+I_2+\overline{I_1}+I_0}}$

10.13 $Y_1=m_0+m_2+m_4+m_6=\overline{C}\,\overline{B}\,\overline{A}+\overline{C}B\overline{A}+C\overline{B}\,\overline{A}+CB\overline{A}$

$Y_2=m_1+m_3+m_5+m_7=\overline{C}\,\overline{B}A+\overline{C}BA+C\overline{B}A+CBA$

10.15 当 $U>0$ 时，显示数字 2；当 $U<0$ 时，显示数字 5

10.16 (1) $S_{i-1}=\overline{A}\,\overline{B}C_{i-1}+\overline{A}B\,\overline{C_{i-1}}+A\overline{B}\,\overline{C_{i-1}}+ABC_{i-1}$

$=A\oplus B\oplus C_{i-1}$

$C_i=AB+A\overline{B}C_{i-1}+\overline{A}BC_{i-1}$

$=AB+(A\oplus B)C_{i-1}$

(2)

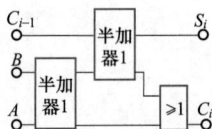

10.17 高电平触发的由或非门构成钟控 RS 触发器。

10.25 49 进制

10.26 (1) $U_{T+}=8V$, $U_{T-}=4V$, $\Delta U=4V$ (3) $U_{T+}=4V$, $U_{T-}=2V$, $\Delta U=2V$

第十一章

答案略

第十二章

12.1 选后者

12.2 $\gamma = \pm \left(\dfrac{\Delta_1}{U} + \dfrac{\Delta_2}{I} \right) \times 100\%$

12.3 $\Delta R = \Delta R_1 + \Delta R_2$，$\gamma_R = \dfrac{\Delta R_1 + \Delta R_2}{R_1 + R_2} \times 100\%$

12.4 $\gamma = \gamma_P - \gamma_U - \gamma_I$

12.5 $\gamma_1 = \pm 0.001\%$，$\gamma_2 = \pm 0.04\%$，火箭射击精确度高

12.6 $X = (49\ 998 \pm 1)\,\text{Hz}$

12.7 $R_f = 0.05\Omega$，$R_V = 999\ 500\Omega$

12.8 $R_f = 0.1\Omega$

12.9 0.001mV

12.10 12 位

12.11 $\Delta U = 0.58 \times 10^4$，$r = 0.0032\%$

12.12 $\gamma_f = \pm 0.1\%$，$\gamma_T = \pm 0.001\%$

12.13 $\Delta U = \pm 0.218\text{mV}$，$\gamma = \pm 0.0012\%$

12.14 $R_x = 3235\Omega$，$R_4 = 3235\Omega$，$R_2/R_3 = 1$；

$R_x = 576\ 000\Omega$，$R_4 = 5760\Omega$，$R_2/R_3 = 10^2$；

$R_x = 33.22\Omega$，$R_4 = 3322\Omega$，$R_2/R_3 = 10^{-2}$

12.15 $R_x = 547.7\Omega$，$\Delta R_x = 0.9\Omega$，$r_x = 0.16\%$

12.16 (1) $U = 50\text{V}$；(2) $U = 33.33\text{V}$；(3) $\gamma = 66.66\%$

12.17 $\gamma_P = \pm 5\%$

12.18 $\gamma_P = \pm 0.57\%$

12.19 $\gamma_P = \dfrac{\Delta_1 + \Delta_2 + \Delta_3}{P_1 + P_2 + P_3}$

12.20 能平衡，$(R_1 + j\omega L_1)(R_3 + 1/j\omega C_3) = R_2 R_4$

附录 B 常用电器分类及图形符号、文字符号

常用电器分类及图形符号、文字符号见表 B-1。

表 B-1　　　　　　　常用电器分类及图形符号、文字符号

分类	名称	图形符号 文字符号	分类	名称	图形符号 文字符号
A 组件部件	起动装置	SB1 SB2 KM KM HL	F 保护器件	欠电压 继电器	$U<$ FV
				过电压 继电器	$U>$ FV
B 将电量变换 成非电量， 将非电量 变换成电量	扬声器	B （将电量变换成非电量）		热继电器	FR FR FR FR FR
	传声器	B （将非电量变换成电量）			
C 电容器	一般电 容器	C		熔断器	FU
	极性电 容器	C	G 发生器， 发电机， 电源	交流 发电机	G
	可变电 容器	C		直流 发电机	G
D 二进制元件	与门	D &		电池	－ GB ＋
	或门	D ≥1	H 信号器件	电喇叭	HA
	非门	D		蜂鸣器	HA HA 优选形　　一般形
E 其他	照明灯	EL		信号灯	HL
F 保护器件	欠电流 继电器	$I<$ FA	I		（不使用）
	过电流 继电器	$I>$ FA	J		（不使用）

续表

分类	名称	图形符号 文字符号	分类	名称	图形符号 文字符号
K 继电器， 接触器	中间 继电器	KA　KA	M 电动机	并励直流 电动机	M
	通用 继电器	KA　KA		串励直流 电动机	M
	接触器	KM　KM		三相步进 电动机	M
	通电延时 型时间继 电器	或 KT　KT KT　KT KT		永磁直流 电动机	M
	断电延时 型时间继 电器	或 KT　KT KT　KT KT	N 模拟元件	运算 放大器	▷ ∞ N + +
L 电感器， 电抗器	电感器	L（一般符号） L（带磁芯符号）		反相 放大器	N ▷ 1 +
	可变 电感器	L		数模 转换器	#/U N
	电抗器	L	N	模数 转换器	U/# N
M 电动机	鼠笼型 电动机	U V W M 3~	O		（不使用）
			P 测量设备， 试验设备	电流表	PA A
	绕线型 电动机	U V W M 3~		电压表	PV V
				有功 功率表	kW PW
	他励直流 电动机	M		有功 电度表	kWh PJ

分类	名称	图形符号 文字符号	分类	名称	图形符号 文字符号
Q 电力电路 的开关器件	断路器	QF	S 控制、记忆、 信号电路开 关器件选 择器	行程开关	SQ
	隔离开关	QS		压力 继电器	SP
	刀熔开关	QS		液位 继电器	SL　SL　SL SL
	手动开关	QS　QS		速度 继电器	SV SV　SV
	双投刀 开关	QS		选择开关	SA
	组合开关 旋转开关	QS		接近开关	SQ
	负荷开关	QL		万能转换 开关，凸 轮控制器	SA 2 1 0 1 2
R 电阻器	电阻	R	T 变压器 互感器	单相 变压器	T
	固定抽头 电阻	R		自耦变压器	T 形式1　形式2
	可变电阻	R			
	电位器	RP		三相变压器 （星形/三角 形接线）	T 形式1　形式2
	频敏变 阻器	RF			
S 控制、记忆、 信号电路 开关器件、 选择器	按钮	SB		电压互 感器	电压互感器与变压器图形符 号相同，文字符号为 TV
	急停按钮	SB		电流互感器	TA 形式1　形式2

分类	名称	图形符号 文字符号	分类	名称	图形符号 文字符号
U 调制器 变换器	整流器	~ U	X 端子、插头、插座	插头、插座	优选型　其他型 ⟨ X
	桥式全波整流器	U		连接片	XB 接通时　断开时
	逆变器	~ U	Y 电气操作的机械器件	电磁铁	或 YA
	变频器	f_1／f_2 U		电磁吸盘	或 YH
V 电子管 晶体管	二极管	▷⊢ VD		电磁制动器	Ⓜ YB
	三极管	⊢ VT　⊢ VT PNP型　NPN型		电磁阀	或　或 YV
	晶闸管	◁⊢ VT　◁⊢ VT 阳极侧受控　阴极侧受控	Z 滤波器、限幅器、均衡器	滤波器	～ Z
W 传输通道，波导，天线	导线，电缆，母线	—— W		限幅器	Z
	天线	Y W		均衡器	◇ Z
X 端子、插头、插座	插头	优选型　其他型 ← XP			
	插座	优选型　其他型 ⟨ XS			

参 考 文 献

[1] 秦曾煌. 电工学（上、下册）. 7 版. 北京：高等教育出版社，2009.

[2] 王鸿明，段玉生，王艳丹. 电工与电子技术（上、下册）. 2 版. 北京：高等教育出版社，2005.

[3] 叶挺秀，张伯尧. 电工电子学. 3 版. 北京：高等教育出版社，2011.

[4] 史仪凯. 电工技术电工学. 3 版. 北京：科学出版社，2014.

[5] 徐淑华. 电工电子技术. 3 版. 北京：电子工业出版社，2013.

[6] 周良权，傅恩锡，李世馨. 模拟电子技术基础. 3 版. 北京：高等教育出版社，2008.

[7] 周良权，方向乔. 数字电子技术基础. 4 版. 北京：高等教育出版社，2011.

[8] 阎石. 数字电子技术基础. 5 版. 北京：高等教育出版社，2006.

[9] 杨晖，张凤言. 大规模可编程逻辑器件与数字系统设计. 北京：北京航空航天大学出版社，1998.

[10] 吴舒辞，朱俊杰. 电工与电子技术. 2 版. 北京：北京大学出版社，2007.

[11] 李宝树. 电磁测量技术. 北京：中国电力出版社，2004.

[12] 张秀艳，黄海平，朱艳. 实用电工电路一本通. 北京：科学出版社，2012.

[13] 王晓荣. 电工电子技术基础. 武汉：武汉理工大学出版社. 2010.

[14] 唐育正. 数字电子技术. 上海：上海交通大学出版社. 2001.

[15] 赵景波. 电工电子技术. 北京：人民邮电出版社. 2008.

[16] 史仪凯. 电工电子技术. 北京：科学出版社，2009.

[17] 李守成. 电工电子技术. 2 版. 西安：西安交通大学出版社，2009.

[18] 付植桐. 电工技术. 北京：清华大学出版社，2001.

[19] 郑宗亚. 电工电子技术（上、下册）. 北京：中国电力出版社，2008.

[20] 尤德斐. 数字化测量技术. 北京：机械工业出版社，1986.

[21] 袁禄明. 电磁测量. 北京：机械工业出版社，1983.

[22] 陶时澍. 电气测量. 哈尔滨：哈尔滨工业大学出版社，2007.

[23] 陈立周. 电气测量. 5 版. 北京：机械工业出版社，2009.